NCS 국가직무능력표준
National Competency Standards

MASTER
제빵기능사
필기

부록

YouTube 동영상 강의
제과제빵의 모든것

유형분석 예상문제 220선

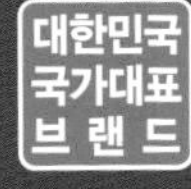

국가자격
시험문제
전문출판

에듀크라운
국가자격시험문제 전문출판

최고의 적중률!! 최고의 합격률!!
크라운출판사
제과제빵 · 조리 등 서비스서적 사업부
http://www.crownbook.com

완전합격

NCS 제빵기능사

필기완성 부록

유형분석 예상문제 220선

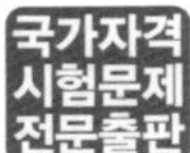

에듀크라운
국가자격시험문제전문출판
www.educrown.co.kr

상시시험 유형분석 예상문제 220선

제1편 빵류 재료

001 감미도가 가장 높은 당류와 낮은 당류는?

풀이

과당이 가장 높고, 유당이 가장 낮음

002 당류 7개의 상대적 감미도 순은?

풀이

과당(175) 〉 전화당(130) 〉 자당(100) 〉 포도당(75) 〉 맥아당(32), 갈락토오스(32) 〉 유당(16)

003 이당류를 가수분해하면 생성되는 단당류 2분자의 종류는?

풀이

① 자당을 가수분해하면 포도당과 과당을 생성
② 맥아당을 가수분해하면 포도당과 포도당을 생성
③ 유당을 가수분해하면 포도당과 갈락토오스를 생성

004 아밀로오스의 특징은?

풀이

① 분자량은 적음
② 포도당 결합 형태는 α-1, 4의 직쇄상 구조
③ 요오드 용액 반응은 청색 반응을 함
④ 호화와 노화가 빠름

005 아밀로펙틴의 특징은?

풀이

① 분자량은 많음
② 포도당 결합 형태는 α-1, 4(직쇄상 구조)와 α-1, 6(측쇄상 구조)
③ 요오드 용액 반응은 적자색 반응을 함
④ 호화와 노화가 느림

006 밀가루 전분을 구성하는 포도당 결합 형태의 비율은?

풀이

아밀로펙틴은 72~83% 정도, 아밀로오스는 17~28% 정도 함유되어 있음

007 전분 노화대의 범위는?

풀이

노화대란 노화의 최적 상태를 가리키며, 수분함량 : 30~60%, 저장온도 : -7~10℃

008 노화의 정의는?

풀이

빵의 노화는 빵 껍질의 변화, 풍미 저하, 내부조직의 수분 보유 상태를 변화시키는 것으로 α-전분(익힌 전분)이 β-전분(생 전분)으로 변화하는데, 이것을 노화라고 함

009 지방의 구조는?

풀이

지방(지질)은 지방산 3분자와 글리세린 1분자로 구성되어 있음

010 복합지방에 속하는 지질은?

풀이

인지질인 레시틴과 당지질이 있음

011 레시틴의 특징은?

풀이

지질(지방)의 분류상 복합지방에 속하며 난황(달걀노른자), 콩, 간 등에 많이 함유되어 있으며 천연 유화제로 쓰임

012 유지의 융점(발연점)을 결정하는 것은?

풀이

우선은 탄소의 수가 적은 것, 탄소의 수가 같으면 수소의 수가 적은 유지가 융점(발연점)이 가장 낮음. 예를 들어 $C_7H_{33}COOH$, $C_7H_{32}COOH$, $C_7H_{30}COOH$, $C_7H_{29}COOH$ 등이 있다면 이 지방 중에서 융점이 가장 낮은 화학식은 $C_7H_{29}COOH$가 됨

013 지방을 구성하는 지방산의 특징은?

풀이

① 한 개의 카르복실기(–COOH)를 가진 탄화수소 사슬의 지방족 화합물
② 지방 전체의 94~96%를 구성
③ 횡으로 연결된 탄소를 축으로 해서 수소와 카르복실기(–COOH)가 붙어 있음
④ 천연 식용 유지의 탄소수는 거의가 짝수
⑤ 횡으로 연결된 탄소와 탄소 사이의 이중결합 유무에 따라 지방산이 나뉨

014 불포화지방산과 포화지방산의 차이는?

풀이

횡으로 연결된 탄소와 탄소 사이에 전자가 2개이면 이중결합으로 불포화지방산이고, 전자가 1개이면 단일결합으로 포화지방산임

015 대표적인 불포화지방산과 포화지방산의 종류는?

풀이

① 불포화지방산의 종류에는 올레산, 리놀레산, 리놀렌산, 아라키돈산 등이 있음
② 포화지방산의 종류에는 뷰티르산, 카프르산, 미리스트산, 스테아르산, 팔미트산 등이 있음

016 글리세린의 특성은?

풀이

① 3개의 수산기(–OH)를 가지고 있어 글리세롤이라고도 함
② 무색, 무취, 감미를 가진 시럽 형태의 액체
③ 물보다 비중이 크므로 글리세린은 물에 가라앉음
④ 지방을 가수분해하여 얻을 수 있음
⑤ 수분 보유력이 커서 식품의 보습제로 이용
⑥ 물–기름 유탄액에 대한 안정기능이 있어 유화제로 사용
⑦ 향미제의 용매로 이용

017 효소의 특성은?

풀이

① 단백질로 구성된 효소는 유기화학 반응의 촉매 역할을 함
② 효소는 온도, pH, 수분 등의 영향을 받음
③ 효소가 손상되지 않는 온도범위 내에서 매 10℃ 상승마다 활성은 약 2배가 됨
④ 효소 활성의 최적 온도범위를 지나면 활성이 떨어지기 시작함

018 이당류 탄수화물을 분해하는 효소와 분해 산물은?

풀이

① 맥아당은 말타아제에 의하여 가수분해되어 포도당과 포도당을 생성
② 자당은 인베르타아제에 의하여 가수분해되어 포도당과 과당을 생성
③ 유당은 락타아제에 의하여 가수분해되어 포도당과 갈락토오스를 생성

019 전분을 가수분해하는 효소는?

풀이

아밀라아제(일명 디아스타아제)

020 탄수화물 산화효소인 치마아제의 기능은?

풀이

발효 시 과당과 포도당을 이산화탄소(탄산가스)와 에틸알코올로 만드는 효소

021 유지(지방)를 가수분해하는 효소는?

풀이

리파아제와 스테압신이 있음

022 프로테아제의 특징은?

풀이

단백질을 펩톤, 폴리펩티드, 펩티드, 아미노산 등으로 가수분해하는 효소

023 알파 아밀라아제와 베타 아밀라아제의 차이는?

풀이

① 알파－아밀라아제(액화효소, 내부아밀라아제) : 전분을 덱스트린 단위로 잘라 액화시키는 효소
② 베타－아밀라아제(당화효소, 외부아밀라아제) : 잘려진 전분(덱스트린)을 맥아당 단위로 자르는 효소

024 밀알의 구조를 이루는 배유의 특징은?

풀이

① 밀알의 83%를 차지하며 내배유와 외배유로 구분
② 내배유 부위를 분말화한 것이 밀가루
③ 제빵적성에 알맞은 글리아딘과 글루테닌이 거의 같은 양으로 들어 있음

025 밀알을 제분하는 공정순서는?

풀이

밀알 저장소 → 제품 통제 → 분리기 → 흡출기 → 디스크 분리기 → 스카우러 → 자석 분리기 → 세척, 돌 고르기 → 템퍼링 → 혼합 엔톨레터 → 제1차 파쇄 → 제1차 체질 → 정선기 → 리듀싱롤 → 제2차 체질 → 정선 → 표백 → 저장 → 영양 강화 → 포장

026 빵 제품별 적합한 밀가루 분류 기준은?

풀이

밀가루	밀가루 분류 기준인 단백질 함량(%)	용 도
강력분	11.5～13.0%	빵용 (식빵, 과자빵)
중력분	9.1～10.0%	우동, 면류
박력분	7～9%	과자용 (케이크, 과자)
듀럼분	11.0～12.5%	스파게티, 마카로니

027 밀가루에 함유되어 있는 효소는?

풀이

제빵에 중요한 영향을 미치는 효소인 전분을 분해하는 아밀라아제와 단백질을 분해하는 프로테아제가 있음

028 밀가루 구성성분의 특징은?

풀이

① 단백질 : 밀가루로 빵을 만들 때 품질을 좌우하는 중요한 지표
② 탄수화물 : 밀가루 함량의 70%를 차지하는 전분과 덱스트린, 셀룰로오스, 당류(올리고당, 맥아당, 포도당), 펜토산이 있음
③ 지방 : 밀가루에는 1~2%가 포함되어 있음
④ 회분 : 회분을 구성하는 성분은 무기질임. 주로 껍질에 많으며 함유량에 따라 정제 정도를 알 수 있음
⑤ 수분 : 밀가루에 함유되어 있는 수분 함량은 10~14% 정도
⑥ 효소 : 밀가루에는 다양한 효소가 함유되어 있음

029 제빵 팽창제가 발생시키는 가스의 형태는?

풀이

제빵 팽창제는 이스트이며, 이스트는 탄산가스(이산화탄소)와 에틸알코올을 발생시킴

030 이스트에 없는 분해효소는?

풀이

전분을 분해하는 효소 아밀라아제, 유당을 분해하는 락타아제, 섬유소를 분해하는 셀룰라아제 등이 없음

031 압착효모의 최적 보관온도와 기간은?

풀이

−1℃가 이스트도 얼지 않으면서 정상적인 일관성도 잃지 않는 가장 적합한 온도인 것으로 나타났으며 보관기간은 3개월까지 가능함. 그러나 업계의 현실을 고려하여 다른 제빵재료와 함께 보관할 수 있는 냉장고 온도(0~5℃)가 현실적인 생이스트 보관온도

032 생달걀 15kg을 분말달걀로 대치하는 경우는?(단, 생달걀의 수분함량은 72%이고, 분말달걀의 수분함량은 4%이다)

풀이

① 생달걀의 고형분 함량을 구함. 15kg×{(100−72)÷100}=4.2kg
② 생달걀의 고형분 함량을 분말달걀의 고형분 함량으로 생각하며 비율은 96%으로 놓음. 그러므로 분말달걀 96%일 때 4.2kg이면 100%일 때 χkg임. 이를 계산식으로 나타내면 4.2kg×100%÷96%=4.38kg

033 달걀 전란 1,000g이 필요할 때 껍질 포함 계란 60g짜리 몇 개가 필요한가?

풀이

1,000／(60×0.9)=18.5 즉, 19개

034 500g의 노른자가 필요하고 껍질 포함 계란 1개의 무게가 60g일 때 필요한 개수는?

풀이

500／(60×0.3)=27.7 즉, 28개

035 달걀 흰자가 360g 필요하다고 할 때 전체 무게 60g짜리 달걀이 몇 개 정도 필요한가?

풀이

360÷{60×(60÷100)}=10개

036 달걀을 소금물에 넣었을 때 신선한 달걀의 위치는?

풀이

바닥에 수평으로 누워 있을 때 신선한 달걀임

037 제빵에 좋은 물의 경도와 pH는?

풀이

물의 경도는 아경수(121~180ppm), pH는 약산성(pH 5.2~5.6)

038 빵을 만들 때 물의 경도에 따른 조치나 반죽에 부여하는 특징은?

풀이

① 연수 시 조치사항
  ㉠ 반죽이 부드럽고 끈적거리므로 2% 정도의 흡수율을 낮춤
  ㉡ 가스 보유력이 적으므로 이스트 푸드와 소금을 증가시킴
  ㉢ 가스 보유력이 떨어지므로 발효시간을 단축시킴
② 경수 시 조치사항
  ㉠ 이스트 사용량을 증가시키거나 발효시간을 연장시킴
  ㉡ 맥아를 첨가, 효소 공급으로 발효를 촉진시킴
  ㉢ 이스트 푸드, 소금과 무기질(광물질)을 감소시킴
  ㉣ 반죽에 넣는 물의 양을 증가시킴

039 물을 결합수와 유리수로 나눌 때 다음 그래프에서 유리수 영역에 속하는 부분은?

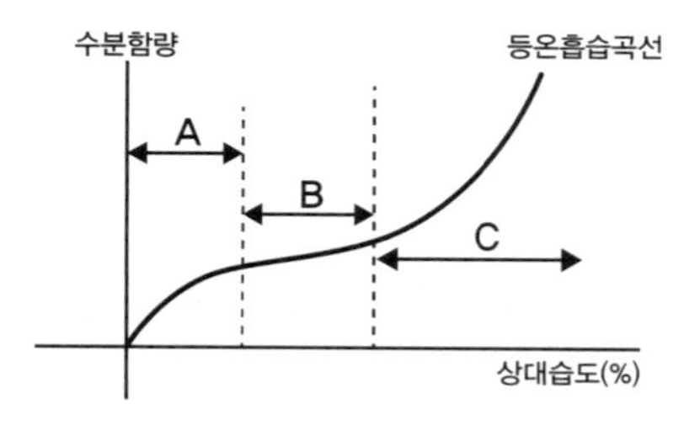

풀이

① 고습도 영역인 굴곡점 이상의 C영역의 수분은 식품의 다공질 구조에 응축하여 존재하며, 결합도가 가장 약하여 이동이 자유로운 자유수(유리수)로서 전체물의 95% 이상을 차지함
② 식품의 수분이 존재하는 형태는 결합수와 자유수(유리수)가 있음. 여기서 식품의 보존성, 미생물 생육과 밀접한 관계를 갖고 있는 수분의 존재 형태는 유리수이고 유리수의 비율을 수분활성도(Aw)라고 표현함

040 식염(소금)이 빵 반죽의 물성 및 발효에 미치는 영향은?

풀이

① 점착성을 방지하고 저항성과 신장성 등의 물리적 특성을 빵 반죽에 부여함
② 잡균의 번식을 억제하는 방부 효과가 있음
③ 빵 내부를 누렇게 만듦
④ 껍질색을 조절하여 빵의 외피색이 갈색이 되는 것을 도움
⑤ 설탕의 감미와 작용하여 풍미를 증가시키고 맛을 조절함
⑥ 글루텐 막을 얇게 하여 빵 내부의 기공을 좋게 하고 빵의 외피를 바삭하게 함
⑦ 글루텐을 강화시켜 반죽은 견고해지고 제품은 탄력을 갖게 됨
⑧ 삼투압에 의하여 이스트의 활력에 영향을 미치므로 소금의 양은 빵 반죽의 발효진행 속도와 밀접한 상관관계를 가짐
⑨ 반죽의 물 흡수율을 감소시키므로 믹싱 시 클린업 단계 이후 넣으면 반죽의 물 흡수율을 증가시켜 제품의 저장성을 높임

041 전화당의 특징은?

풀이

① 설탕을 산이나 효소로 처리하여 제조할 수 있음
② 설탕을 가수분해시켜 생긴 포도당과 과당의 혼합물임
③ 단당류의 단순한 혼합물이므로 갈색화반응이 빠름
④ 설탕의 1.3배의 감미를 가짐
⑤ 전화당은 시럽의 형태로 존재하기 때문에 고체당으로 만들기 어려움

⑥ 설탕에 소량의 전화당을 혼합하면 설탕의 용해도를 높일 수 있음

042 당밀의 특징은?

풀이

① 사탕수수에서 원액을 채취한 후 원심분리통으로 원심분리하여 원당과 함께 생산하는 제1분산물
② 제빵 시 특유의 단맛과 풍미를 내는 데 사용하기도 함
③ 럼주를 만드는 데 사용함

043 식물성 유지 추출과정의 순서는?

풀이

원료 – 정선 – 파쇄 – 가열 – 추출 – 정제 – 제품 등의 공정과정을 거침

044 버터의 수분함량과 지방함량은?

풀이

수분함량 : 14~17%, 우유지방함량 : 80~85%

045 기름의 산패(산화)를 촉진시키는 원인은?

풀이

공기(산소), 물(수분), 이물질, 온도(반복가열), 금속(구리와 철), 이중결합수

046 튀김 시 튀김기름의 유리지방산이 0.1% 이상이 되면 발연현상이 일어난다. 도넛 튀김용 유지로 발연점이 높아 적합한 것은?

풀이

면실유(목화씨 기름)

047 튀김기름이 갖추어야 할 요건은?

풀이

① 발연점이 높아야 함
② 산패에 대한 안정성이 있어야 함
③ 산가가 낮아야 함
④ 여름철에는 융점이 높고, 겨울철에는 융점이 낮아야 함
⑤ 거품이나 검(점성) 형성에 대한 저항성이 있어야 함

048 유지의 물리적 특성 중 쇼트닝(쇼트닝가)의 정의와 제과 · 제빵 품목은?

풀이

빵에는 부드러움을 주고 과자에는 바삭함을 주는 성질(수치)을 의미하고 제품에는 식빵, 크래커가 필요로 하는 특성

049 120g짜리 컵에 물 250L, 우유 254L를 담았다면 우유의 비중은?

풀이

(컵 무게 포함 우유 무게－컵 무게)÷(컵 무게 포함 물 무게－컵 무게)＝우유의 비중

$(254-120) \div (250-120) = 1.03$

050 우유에 가장 많이 함유되어 있는 단백질의 응고 과정을 설명하라.

풀이

카세인은 정상적인 우유의 pH인 6.6에서 pH 4.6으로 내려가면 칼슘(Ca^{2+})과의 화합물 형태로 응고

051 우유 속에 함유되어 있는 카세인 함유량의 %는?

풀이

카세인은 우유 속에 약 3% 함유되어 있으면서 우유에 함유된 모든 단백질의 약 80%를 차지함

052 우유에 함유되어 있는 단백질 중 13~20% 정도 차지하며 열에 응고되는 단백질의 종류는?

풀이

락토알부민, 락토글로블린

053 시유(Market milk)의 탄수화물 중 함량이 가장 많은 것은?

풀이

유당

054 시유에 대한 특징은?

풀이

음용하기 위해 가공된 액상우유로 시장에서 파는 것을 가리킴, 수분 88~90%, 고형분 10~12%으로 구성됨

055 제빵 시 우유의 기능은?

풀이

① 우유 단백질에 의해 믹싱내구력을 향상
② 발효 시 완충작용으로 반죽의 pH가 급격히 떨어지는 것을 막음
③ 겉껍질 색깔을 강하게 함
④ 보수력이 있어서 노화를 지연시킴
⑤ 영양을 강화시킴
⑥ 이스트에 의해 생성된 향을 착향시킴
⑦ 맛을 향상시킴

056 이스트 푸드가 처음 만들어진 목적은?

풀이

제빵용으로 사용할 물의 경도를 조절할 목적으로 개발함

057 계면활성제의 역할은?

풀이

① 반죽의 기계내성을 향상시킴
② 유지를 분산시킴
③ 제품의 조직과 부피를 개선시킴
④ 노화를 지연시킴

058 초콜릿에 사용하는 유화제의 종류는?

풀이

모노-디 글리세리드, 레시틴, 아실락테이트, SSL, 슈거에스테르, 기타 에스테르류

059 화학팽창제인 베이킹파우더, 중조, 이스파타 등을 많이 사용하면 나타나는 제품의 결과는?

풀이

① 밀도가 낮고 부피가 큼
② 속결이 거침
③ 속색이 어두움
④ 오븐 스프링이 커서 찌그러들기 쉬움

060 제과제빵 시 정확한 계량을 요하는 재료는?

풀이

소량으로 제품에 미치는 영향이 큰 화학팽창제인 베이킹파우더, 중조, 이스파타 등

061 베이킹파우더 10g 중량에 10% 전분을 포함하고 있으며 중화가 80일 때 탄산수소나트륨의 양은?(중화가란 산염제(산작용제) 100을 중화시키는 데 필요한 중조의 양)

풀이

① 전분의 양을 구함. 10g×0.1=1g
② 탄산수소나트륨(중조, 소다)의 양과 산염제(산작용제)의 양의 합을 구함. 10g−1g=9g

③ 산염제(산작용제)의 양을 구함.

9g=산염제 100 : 중조 80의 비율

그러므로 $9=\chi+0.8\chi$, $\chi=5g$

④ 탄산수소나트륨(중조, 소다)의 양을 구함.

$9-5=4g$

062 동물의 껍질과 연골 속에 있는 콜라겐에서 추출하는 동물성 단백질인 안정제의 종류는?

풀이

젤라틴

063 한천, 알긴산, 펙틴, 젤라틴의 기능은?

풀이

물과 기름, 기포 등의 불완전한 상태를 안정된 구조로 바꾸어 주는 안정제의 기능을 함

064 펙틴의 특징은?

풀이

① 메톡실기 7% 이상의 펙틴에 당과 산이 가해져야 젤리나 잼이 만들어짐

② 당분 60~65%, 펙틴 1.0~1.5%, pH 3.2의 산이 되면 젤리가 형성됨

065 구아검, 로커스트 빈검, 카라야검, 아라비아 검 등 검류의 특징은?

풀이

① 유화제, 안정제, 점착제 등으로 사용함

② 냉수에 용해되는 친수성 물질임

③ 낮은 온도에도 높은 점성을 나타냄

④ 탄수화물로 구성됨

066 계피의 특징은?

풀이

식물의 열매에서 채취하지 않고 껍질에서 채취하는 향신료임

067 오렌지 계열의 리큐르 종류는?

풀이

그랑마니에르, 쿠앵트로, 큐라소 등

068 체리 계열의 리큐르 종류는?

풀이

마라스키노

069 초콜릿에 함유된 코코아 버터(카카오 버터)의 양을 계산하는 공식은?

풀이

초콜릿의 양×0.375=코코아 버터의 양

070 껍질 부위, 배유, 배아로 구성된 카카오 빈으로 만드는 코코아 분말의 특징은?

풀이

카카오 매스를 압착하여 카카오 버터와 카카오 박으로 분리한 후 카카오 박을 분말로 만든 것이 코코아 분말임

071 비터 초콜릿의 특징은?

풀이

다른 성분이 포함되어 있지 않아 카카오 빈 특유의 쓴 맛이 그대로 살아 있음. 일명, 카카오 매스 혹은 카카오 페이스트라고도 함

072 초콜릿 템퍼링의 효과와 템퍼링 조절 온도는?

풀이

초콜릿은 사용 전에 반드시 템퍼링을 거쳐 카카오 버터를 β형의 미세한 결정으로 만들어 매끈한 광택이 나도록 해야 초콜릿의 구용성이 좋아짐. 38~40℃로 처음 용해한 후 27~29℃로 냉각시켰다가 30~32℃로 두 번째 용해시켜 사용함. 단, 초콜릿의 종류에 따라 템퍼링 온도는 약간 다름

073 지방 블룸(Fat bloom)의 특징은?

풀이

초콜릿의 템퍼링이 잘못되면 카카오 버터에 의한 지방 블룸이 나타남

074 슈가 블룸(Sugar bloom)의 특징은?

풀이

초콜릿을 습도가 높은 곳에 보관할 경우와 공기 중의 수분이 표면에 부착한 뒤 그 수분이 증발해 버려 설탕이 결정 형태로 남아 흰색이 나타나는 현상임

075 보관 시 습도가 가장 낮아야 하는 제품은?

풀이

초콜릿을 습도가 높은 곳에 보관하면 슈거블룸이 생길 수 있음

076 영양소의 열량을 계산하는 방법은?

풀이

3대 열량영양소의 g당 Kcal는 탄수화물 1g당 4Kcal, 지방 1g당 9Kcal, 단백질 1g당 4Kcal

077 각각 10g씩 주어진 탄수화물, 단백질, 지방의 총 열량을 계산하는 방법은?

풀이

(탄수화물 10g×4Kcal)+(지방 10g×9Kcal)+(단백질 10g×4Kcal)=170Kcal

078 쌀을 주식으로 하는 민족이 섭취하는 영양소의 종류는?

풀이

탄수화물

079 섬유소를 완전하게 가수분해하면 생성되는 당의 종류는?

풀이

포도당

080 불포화지방산 중 이중결합 수가 가장 많은 것은?

풀이

아라키돈산

081 빵 100g에 함유되어 있는 지방 5%의 열량을 계산하는 공식은?

풀이

(100g×0.05)×9=45Kcal

082 단백질을 구성하는 아미노산의 특징은?

풀이

① 단백질을 구성하는 기본 단위
② 단백질을 가수분해하면 알파 아미노산이 됨
③ 아미노($-NH_2$) 그룹과 카르복실기($-COOH$) 그룹을 함유하는 유기산

④ 1개의 아미노 그룹과 1개의 카르복실기 그룹을 가지면 중성 아미노산이 됨
⑤ 1개의 아미노 그룹과 2개의 카르복실기 그룹을 가지면 약산성 아미노산이 됨
⑥ 2개의 아미노 그룹과 1개의 카르복실기 그룹을 가지면 약염기성 아미노산이 됨

083 필수아미노산의 종류는?

풀이

이소류신, 류신, 리신, 메티오닌, 페닐알라닌, 트레오닌, 트립토판, 발린, 히스티딘

084 필수아미노산의 영양학적 가치는?

풀이

① 체내 합성이 안 되므로 음식물에서 섭취해야 함
② 체조직의 구성과 성장 발육에 반드시 필요함
③ 동물성 단백질에 많이 함유됨

085 단백질 섭취량이 1kg당 1.13g이다. 66kg당 섭취한 단백질 열량을 계산하는 공식은?

풀이

1.13g × 66kg × 4Kcal = 298.32Kcal

086 무기질의 종류는?

풀이

칼슘, 인, 마그네슘, 황, 아연, 요오드, 나트륨, 염소, 칼륨, 철, 구리, 코발트

087 칼슘의 흡수에 관여하는 비타민의 종류는?

풀이

비타민 D는 칼슘과 인의 흡수력을 증강시킴

088 갑상선에 이상(즉, 갑상선종)을 일으키는 무기질은?

풀이

요오드

089 비타민의 영양학적 특성은?

풀이

① 탄수화물, 지방, 단백질의 대사에 조효소 역할을 함
② 반드시 음식물에서 섭취해야만 함
③ 에너지를 발생하거나 체조직을 구성하는 물질이 되지는 않음
④ 신체기능을 조절하는 조절영양소

090 수용성 비타민의 종류는?

풀이

비타민 B_1(티아민), 비타민 B_2(리보플라빈), 나이신, 비타민 C(아스코르빈산), 비타민 P(바이오플라보노이드), 다양한 비타민 B군

091 지용성 비타민의 종류는?

풀이

비타민 A(레티놀), 비타민 D(칼시페롤), 비타민 E(토코페롤), 비타민 K(필로퀴논), 비타민 F(리놀릭산)

092 지방에 항산화 작용을 하는 비타민은?

풀이

비타민 E(토코페롤)

093 간유에 함유되어 있는 비타민은?

풀이

비타민 A(레티놀)

제2편 빵류 제조

094 스트레이트법에서 1차 발효 중간에 펀치를 하는 목적은?

풀이

① 반죽온도를 균일하게 함
② 산소를 공급하여 이스트에 활성을 줌
③ 반죽의 산화와 숙성을 촉진시킴
④ 반죽에 탄력성이 더해지고, 글루텐을 강화하여 볼륨 있는 빵을 만들 수 있음

095 처음의 반죽을 스펀지 반죽, 나중의 반죽을 본 반죽이라 하여 배합을 두 번하므로 스펀지법(중종법)이라고 한다. 스펀지 반죽온도와 본 반죽온도는?

풀이

스펀지 반죽온도는 24℃ 전 · 후, 본 반죽 온도는 27℃ 전 · 후

096 스펀지법에서 스펀지 반죽에 사용하는 기본재료(일반 재료)의 종류는?

풀이

스펀지 반죽의 기본 재료는 밀가루, 생이스트, 이스트 푸드, 물 등

097 액종법의 특징은?

풀이

스펀지 도우법의 스펀지 발효에서 생기는 결함(공장의 공간을 많이 필요로 함)을 없애기 위하여 만들어진 제조법으로 완충제로 분유를 사용하기 때문에 ADMI(아드미)법이라고도 함

098 이스트, 이스트 푸드, 물, 설탕, 분유 등을 섞어 2~3시간 발효시킨 액종을 만들어 사용하는 스펀지 도우법의 변형인 액체발효법과 비슷한 반죽법은?

풀이

연속식 제빵법

099 연속식 제빵법의 특징은?

풀이

① 액체 발효법을 이용하여 연속적으로 제품을 생산
② 3~4기압의 디벨로퍼로 반죽을 제조하기 때문에 많은 양의 산화제가 필요함
③ 발효 손실 감소, 인력 감소 등의 이점이 있음
④ 자동화 시설을 갖추기 때문에 설비공간의 면적이 감소함

100 연속식 제빵법의 장점은?

풀이

① 발효손실 감소
② 설비감소, 설비공간과 설비면적 감소
③ 노동력 1/3로 감소

101 스트레이트법을 노타임 반죽법으로 변경 시 조치사항은?

풀이

① 물 사용량을 1~2% 정도 줄임
② 설탕 사용량을 1% 감소
③ 이스트 사용량을 0.5~1% 증가
④ 브롬산칼륨, 요오드칼륨, 아스코르빈산(비타민 C)을 산화제로 사용
⑤ L-시스테인을 환원제로 사용
⑥ 반죽온도를 30~32℃로 함

102 비상 스트레이트법의 필수조치사항은?

풀이

① 반죽시간을 20~30% 증가
② 설탕 사용량을 1% 감소
③ 1차 발효시간을 줄임
④ 반죽온도를 30℃로 함
⑤ 이스트 사용량을 2배로 증가
⑥ 물 사용량을 1% 증가

103 비상 반죽법의 특징은?

풀이

갑작스런 주문에 빠르게 대처할 때 표준 스트레이트법 또는 스펀지법을 변형시킨 방법으로 공정 중 발효를 촉진시켜 전체공정시간을 단축하는 방법

104 비상 반죽법의 장점은?

풀이

제조 시간과 노동력이 가장 덜 드는 제빵법

105 냉동반죽법에서 냉동온도와 저장온도는?

풀이

반죽을 −40℃로 급속냉동 후 −25~−18℃에서 저장. 반죽을 −40℃로 급속냉동을 하는 이유는 수분이 얼면서 팽창하여 이스트를 사멸시키거나 글루텐을 파괴하는 것을 막기 위함

106 냉동저장 시 이스트가 죽음으로써 발생하는 글루타치온의 특징은?

풀이

밀가루 단백질들이 엉기어 만들어진 글루텐에 환원제 작용을 함. 글루타치온은 글루타티온이라고도 혼용합니다.

107 냉동반죽을 해동시키는 방법은?

풀이

냉장고(5~10℃)에서 15~16시간 완만하게 해동시키거나 도 컨디셔너, 리타드 등의 해동기기를 이용. 차선책으로 실온해동을 하기도 함

108 냉동반죽법의 장점은?

풀이

① 계획생산이 가능
② 생산성 향상, 재고관리 용이
③ 인건비 절감, 다품종 소량생산 가능
④ 가맹점의 생산시설투자비 감소

109 밀가루를 체질하는 목적은?

풀이

이물질 제거, 공기혼입, 재료의 균일한 혼합, 부피 증가

110 빵 반죽의 가소성이란?

풀이

반죽이 성형과정에서 형성되는 모양을 유지시키려는 물리적 성질

111 반죽에 물을 투입하는 가수율이 높고 렛다운 단계까지 믹싱하는 빵은?

풀이

햄버거빵, 잉글리시 머핀

112 글루텐이 결합한 형태의 종류는?

풀이

−S−S 결합, 이온 결합, 수소 결합, 물 분자사이의 수소 결합

113 반죽 시 밀가루 단백질 함량이 1% 증가할 때 물 함량 비율은 어떻게 되는가?

풀이

밀가루 단백질 함량이 1% 증가할 때 반죽에 넣는 물 함량은 1.5~2% 증가

114 반죽의 흡수율에 영향을 미치는 요소는?

풀이

① 반죽온도가 5℃가 상승하면 물 흡수율이 3% 감소하고 5℃가 하락하면 물 흡수율이 3% 증가
② 설탕 5% 증가 시 반죽의 물 흡수율은 1% 감소
③ 손상 전분 1% 증가에 반죽의 물 흡수율은 2% 증가
④ 분유 1% 증가에 반죽의 물 흡수율은 0.75~1% 증가

115 후염법의 소금을 투입하는 믹싱 단계와 장점은?

풀이

클린업 단계 직후에 투입, 반죽시간 단축, 반죽의 흡수율 증가, 조직을 부드럽게 함, 빵의 속색을 갈색으로 만듦, 반죽온도 감소, 수화촉진

116 빵 반죽온도에 영향을 미치는 요인들에는 어떠한 것들이 있는가?

풀이

① 실내온도(작업장 온도)
② 재료온도(밀가루, 물, 유지, 설탕, 달걀 등 이지만, 빵 반죽온도에 영향을 미치는 변수로는 밀가루와 물 온도만 적용한다.)
③ 마찰열(마찰계수 : 반죽기 내에서 마찰력에 의해 상승한 온도)

117 마찰계수를 먼저 계산한 후에 사용할 물의 온도를 계산하는 공식은?

풀이

① 마찰계수=(결과 반죽온도×3)−(실내온도+밀가루 온도+수돗물 온도)
② 사용할 물 온도=(희망 반죽온도×3)−(실내 온도+밀가루 온도+마찰계수)

118 제빵반죽을 만들 때 여러 가지 재료들이 들어가는데, 반죽온도에 가장 큰 영향을 미치면서 온도 조절이 가장 쉬운 재료는?

풀이

물

119 반죽의 온도에 영향을 주는 변수는?

풀이

① 실내 온도(작업장 온도)
② 재료의 온도(빵에는 많은 종류의 재료가 사용되지만, 밀가루와 물만 사용량이 많기 때문에 변수값으로 삼음)
③ 마찰열(반죽의 양과 믹싱 속도, 믹싱 시간 등이 마찰열에 영향을 미침)
④ 혹 온도는 반죽 온도에 영향을 미치기는 하나 영향이 작아 변수 값으로 산정하지 않음

120 밀가루 속의 알파–아밀라아제나 혹은 맥아의 액화효과를 측정하는 기계는?

풀이

아밀로그래프(Amylograph)

121 밀가루 글루텐의 흡수율과 밀가루 반죽의 점탄성을 나타내는 그래프는?

풀이

패리노그래프(Farinograph)

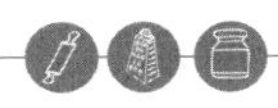

122 반죽의 신장성을 알아보는 그래프는?

풀이

익스텐시그래프(Extensigraph)

123 패리노그래프를 그렸을 때 믹싱시간이 짧은 경우 보안법은?

풀이

글루텐을 강화시킬 수 있는 조치를 취함

124 패리노그래프로 측정할 수 있는 항목은?

풀이

고속 믹서 내에서 일어나는 물리적 성질을 기록하여 글루텐의 흡수율, 글루텐의 질, 반죽의 내구성, 믹싱시간, 점탄성 등을 측정

125 익스텐시그래프의 특징은?

풀이

일정한 굳기를 가진 반죽의 신장도 및 신장저항력을 측정하여 자동 기록함으로써 반죽의 점탄성을 파악하고 밀가루 중의 효소나 산화제, 환원제의 영향을 자세히 알 수 있음

126 밀가루의 물리적 특성과 제빵적정을 나타내는 기계 3가지는?

풀이

아밀로그래프, 패리노그래프, 익스텐시그래프

127 발효(즉, 가스 발생력)에 영향을 미치는 요인은?

풀이

이스트의 양과 질, 발효성 탄수화물, 반죽온도, 반죽의 산도, 소금

128 가스 보유력에 영향을 미치는 요인은?

풀이

밀가루 단백질의 양과 질, 쇼트닝(유지)의 양, 산도, 산화제, 유제품 등 여러 가지가 있음

129 글루테닌과 글리아딘이 물과 믹싱에 의해 형성하는 단백질 복합체는?

풀이

글루텐

130 발효시간이 길어졌을 때 반죽무게가 줄어드는 이유는?

풀이

① 반죽 속의 수분이 증발
② 탄수화물이 탄산가스로 산화되어 휘발
③ 탄수화물이 에틸알코올로 산화되어 휘발

131 완제품의 무게 200g짜리 식빵 100개를 만들려고 한다. 1차 발효손실 2%, 굽기손실12%, 전체 배합률이 181.8%일 때 밀가루의 양은?

풀이

① 제품의 총 무게=200g×100개=20kg
② 반죽의 총 무게=20kg÷{1−(12÷100)}÷{1−(2÷100)}=23.19kg
③ 밀가루의 무게=23.19kg×100%÷181.8%=12.75kg

132 둥글리기 후 작업의 효과(둥글리기의 목적)는?

풀이

① 가스를 균일하게 분산하여 반죽의 기공을 고르게 조절
② 가스를 보유할 수 있는 반죽구조를 만들어 줌
③ 반죽의 절단면은 점착성을 가지므로 이것을 안으로 넣고 표면에 막을 만들어 점착성을 적게 함
④ 분할로 흐트러진 글루텐의 구조와 방향을 정돈
⑤ 분할된 반죽을 성형하기 적절한 상태로 만듦

133 중간 발효를 하는 목적은?

풀이

① 반죽의 신장성을 증가시켜 정형 과정에서의 밀어 펴기를 쉽게 함
② 가스 발생으로 반죽의 유연성을 회복
③ 성형할 때 끈적거리지 않게 반죽표면에 얇은 막을 형성
④ 분할 둥글리기 하는 과정에서 손상된 글루텐 구조를 재정돈

134 제빵성형기에서 성형한 반죽이 아령모양이 되었다. 무엇이 문제인가?

풀이

제빵성형기의 압력이 강했음

135 정형공정 순서(넓은 의미의 정형을 뜻함)는?

풀이

분할 → 둥글리기 → 중간 발효 → 정형 → 팬닝

136 패닝할 때 팬의 온도는?

풀이

32℃

137 정형공정 시 식빵 반죽을 팬에 넣을 때 이음매의 위치는?

풀이

정형한 식빵 반죽을 팬에 넣을 때 이음매의 위치를 아래로 향하게 놓아 2차 발효나 굽기 공정 중 이음매가 벌어지는 것을 막음

138 산형 식빵과 풀먼 식빵의 비용적은?

풀이

산형 식빵 : 3.2~3.4㎤/g
풀먼 식빵 : 3.3~4.0㎤/g

139 분할하기 이후 제조공정단계 중 팽창이 많이 이루어지는 제조공정단계는?

풀이

2차 발효공정단계

140 2차 발효실의 습도는 반죽의 흐름성을 결정한다. 2차 발효실의 습도가 가장 높은 제품과 가장 낮은 제품은?

풀이

습도가 가장 높은 제품은 햄버거빵과 잉글리시 머핀, 습도가 가장 낮은 제품은 바게트, 하드 롤, 빵도넛

141 2차 발효 시 습도가 낮을 때 빵에 일어나는 현상은?

풀이

① 반죽에 껍질 형성이 빠르게 일어남
② 오븐에 넣었을 때 팽창이 저해됨
③ 껍질색이 불균일하게 되기 쉬움
④ 얼룩이 생기기 쉬우며 광택이 부족
⑤ 제품의 윗면이 터지거나 갈라짐

142 빵을 구웠을 때 위가 터지거나 갈라지는 이유는?

풀이

2차 발효 시 발효실의 습도가 낮아 반죽이 건조했을 때 빵을 구우면 완제품의 위가 터지거나 갈라짐

143 굽기를 하는 목적은?

풀이

① 껍질에 구운 색을 내어 맛과 향을 향상시킴
② 이스트의 가스 발생력을 막으며 각종 효소의 작용도 불활성화시킴
③ 전분을 α화하여 소화가 잘 되는 빵을 만듦
④ 발효에 의해 생긴 탄산가스를 열 팽창시켜 빵의 부피를 갖추게 함

144 식빵 굽기 시 오븐 스프링이 발생하는 데 걸리는 기간은?

풀이

처음 굽기 시간의 25~30%는 오븐 팽창시간

145 빵 굽기 과정 중 전분입자의 호화 온도는?

풀이

전분입자는 54℃에서 팽윤하기 시작함

146 빵 굽기 시 단백질이 열변성되는 온도는?

풀이

오븐 온도가 74℃를 넘으면 단백질이 굳기 시작함

147 빵 굽기 시 빵 속 최대 상승온도는?

풀이

97~99℃로 100℃를 넘지 않음

148 굽기 시 오븐 안에서 일어나는 반죽의 변화는?

풀이

① 오븐 스프링과 오븐 라이즈에 의한 오븐 팽창
② 전분의 호화
③ 단백질의 열변성
④ 효모와 효소의 불활성
⑤ 향의 생성

149 오븐 온도가 높을 때 식빵 제품에 미치는 영향은?

풀이

① 부피가 작음
② 껍질색이 진함
③ 언더 베이킹이 되기 쉬움
④ 굽기손실이 작음
⑤ 눅눅한 식감이 남
⑥ 불규칙한 색이 나며 껍질이 분리됨

150 굽기 도중에 생기는 물리적, 화학적 반응은?

풀이

① 반죽 표면에 얇은 막을 형성
② 반죽 안의 물에 용해되어 있던 가스가 유리되어 기화
③ 반죽 안에 포함된 에틸알코올과 탄산가스가 휘발
④ 전분의 호화와 단백질의 열변성이 일어남
⑤ 메일라드 반응과 캐러멜화 반응에 의하여 껍질에 착색이 일어남

151 빵의 냉각이란 무엇인가?

풀이

갓 구워낸 빵은 빵 속의 온도가 97~99℃이고 수분 함량은 껍질에 12%, 빵 속에 45%를 유지하는데 이를 식혀 빵 속의 온도는 35~40℃로 수분 함량은 껍질에 27%, 빵 속에 38%로 낮추는 것을 냉각이라고 함

152 빵을 냉각시키는 방법과 특징은?

풀이

① 자연냉각 : 바람이 없는 실내에서 냉각시키는 것이 가장 이상적이며, 3~4시간 정도 소요됨
② 터널식 냉각 : 공기배출기를 이용한 냉각으로 2~2.5시간 정도 소요됨
③ 공기조절식 냉각 : 온도 20~25℃, 습도 85%의 공기에 통과시켜 90분간 냉각함

153 식빵을 냉각하는 제일 빠른 방법은?

풀이

90분간 냉각을 시키는 공기조절식 냉각(에어콘디션식 냉각)

154 빵을 포장할 때 적당한 실내 습도는?

풀이

80~85%가 적당

155 식빵의 포장온도는?

풀이

빵 속의 온도가 35~40℃일 때 적당

156 완제품 빵을 충분히 식히지 않고 높은 온도에서 포장을 했을 경우 나타나는 현상은?

풀이

① 빵을 썰기가 어려움
② 곰팡이가 발생할 수 있음
③ 형태를 유지하기가 어려움

157 빵의 포장 재료가 갖추어야 할 조건은?

풀이

① 방수성이 있고 통기성이 없어야 함
② 포장재의 가소제나 안정제 등의 유해물질이 용출되어 식품에 전이되어서는 안 됨
③ 단가가 낮고 포장에 의하여 제품이 변형되지 않아야 함
④ 용기와 포장지의 유해물질이 없는 것을 선택하여야 함
⑤ 포장했을 때 상품의 가치를 높일 수 있어야 함
⑥ 세균, 곰팡이가 발생하는 오염포장이 되어서는 안 됨

158 빵의 껍질과 속이 노화하면 어떤 특징을 갖게 되는가?

풀이

① 빵의 표피는 눅눅해지고 질겨짐
② 빵 속은 건조해지고 탄력을 잃으며 향미가 떨어짐

159 빵의 노화를 지연시킬 수 있는 방법에는 어떠한 것이 있는가?

풀이

① 반죽에 알파-아밀라아제를 첨가
② 저장온도를 -18℃ 이하 또는 21~35℃로 유지
③ 모노-디 글리세리드 계통의 유화제를 사용
④ 물의 사용량을 높여 반죽의 수분함량을 증가시킴
⑤ 탈지분유와 계란을 넣어 반죽의 단백질 함량을 증가시킴
⑥ 당류와 유지류의 함량을 증가시킴

160 제품 보관 시 상대습도가 미치는 영향은?

풀이

제품을 보관하는 장소의 상대습도는 완제품의 수분이동에 관여하므로 완제품의 노화와 부패에 영향을 미침

161 제빵 생산현장에서 정형공정, 포장공정, 데커레이션 공정 등의 적합한 조도는?

풀이

500lux가 적합

162 방충망 눈의 단위는 X(mesh)로 나타내 수치가 클수록 눈이 작다. 작업장 방충, 방서용 금속망의 적당한 그물눈의 크기는?

풀이

30X(mesh)가 적당함

163 어느 제빵생산공장에서 1시간에 500개의 단팥빵을 생산한다고 가정하자. 만약에 800개의 단팥빵을 생산하고자 한다면 몇 분이 소요되겠는가?

풀이

60분 : 500개=χ분 : 800개
60분×800개÷500개=95분

164 제품회전율을 계산하는 공식은?

풀이

제품회전율=(매출액÷평균재고액)×100

165 ppm의 단위 정의는?

풀이

ppm은 part per million의 약자로 1/1,000,000임

166 바게트에서 비타민 C를 10ppm을 사용했다. 밀가루 1,000g을 기준으로 넣어야 하는 비타민 C의 g을 계산하는 방법은?

풀이

바게트에서 비타민 C는 10~15ppm 정도를 사용함. 10~15ppm(밀가루 1,000g 사용 시 바게트에 사용한 비타민 C의 양)×1,000g(사용한 밀가루의 중량)÷1,000,000(ppm의 수) 방식으로 계산하여 비타민 C의 양은 0.01~0.015g

167 바게트 제조 시 2차 발효실의 습도는?

풀이

상대습도는 75~80%

168 데니시 페이스트리 반죽의 적정 온도는?

풀이

18~22℃가 적당

169 건포도 식빵 제조 시 건포도의 투입 시기는?

풀이

믹싱 마지막 단계인 최종 단계에서 전처리한 건포도를 믹서 볼에 넣고 으깨지지 않도록 저속으로 고루 혼합

170 식빵 제조 시 이스트의 사용 범위는?

풀이

2~5%가 적당

171 어린반죽의 특성은?

풀이

① 위, 옆, 아랫면이 모두 검음
② 기공이 거칠고 두꺼운 세포를 만듦
③ 찢어짐과 터짐이 아주 적음
④ 부피가 작음
⑤ 예리한 모서리, 매끄럽고 유리 같은 옆면을 만듦
⑥ 껍질색이 어두운 적갈색임

172 식빵 제조 시 가스 보유력에 좋은 유지의 적절한 함량 비율은?

풀이

유지를 3~4% 첨가 시 가스 보유력에는 좋은 효과가 생김

173 제빵에서 유지의 기능은?

풀이

완제품 빵의 부피, 껍질색, 외형의 균형, 껍질의 특성, 기공, 속색, 향, 맛 등에 영향을 미침

174 식빵의 껍질색이 연할 때의 원인은?

풀이

① 설탕 사용량이 부족
② 오븐에서 반죽을 거칠게 다룸
③ 2차 발효실의 습도가 낮음
④ 믹싱이 부적당함
⑤ 효소제를 과다하게 썼음
⑥ 1차 발효시간이 초과함
⑦ 굽기 시간이 부족함
⑧ 오븐 속의 습도와 온도가 낮음
⑨ 단물(연수)을 사용함

제3편 위생관리

175 식품에서 대장균의 검출이 중요한 이유는?

풀이

대장균은 식품을 오염시키는 다른 균들의 오염정도를 측정하는 지표로 사용됨

176 설탕과 소금이 미생물을 억제하는 방식은?

풀이

삼투압에 의해서 세균 증식에 영향을 끼침

177 당장법에서 설탕의 비율은?

풀이

당장법은 설탕을 50% 이상을 넣어 만든 설탕액에 식품을 저장하여 삼투압에 의해 일반 세균과 부패 세균의 생육 · 번식을 억제시키는 방법

178 생물테러감염병 또는 치명률이 높거나 집단 발생의 우려가 커서 발생 또는 유행 즉시 신고하여야 하고, 음압격리와 같은 높은 수준의 격리가 필요한 제1급 법정감염병의 종류는?

풀이

에볼라바이러스병, 마버그열, 라싸열, 크리미안콩고출혈열, 남아메리카출혈열, 리프트밸리열, 두창, 페스트, 탄저, 보툴리눔독소증, 야토병, 신종감염병증후군, 중증급성호흡기증후군(SARS), 중동호흡기증후군(MERS), 동물인플루엔자 인체감염증, 신종인플루엔자, 디프테리아

179 회충의 감염경로는?

풀이

채소를 통해 경구감염, 인분을 비료로 사용하는 나라에서 감염률이 높음

180 경구감염병과 세균성 식중독의 차이는?

풀이

구 분	경구감염병	세균성 식중독
필요한 균량	소량의 균이라도 숙제 체내에서 증식하여 발병	대량의 생균 또는 증식과정에서 생성된 독소에 의해서 발생
감 염	원인병원균에 의해 오염된 물질에 의한 2차 감염이 있음	종말감염이며 원인식품에 의해서만 감염되어 발병하고 2차 감염이 없음
잠복기	일반적으로 길	경구감염병에 비해 짧음
면 역	면역이 성립되는 것이 많음	면역성이 없음

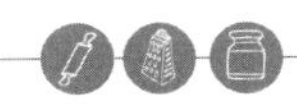

181 세균성 식중독의 분류와 종류는?

풀이

① 감염형 식중독 : 살모넬라균, 장염 비브리오균, 병원성 대장균, 클로스트리디움 퍼프린젠스, 리스테리아 모노사이토제네스, 캠필로박터 제쥬니 등
② 독소형 식중독 : 포도상구균, 보툴리누스균, 웰치균, 바실러스 세레우스 등

182 세균성 식중독균을 예방할 수 있는 온도와 시간은?

풀이

① 비교적 열에 강한 세균인 황색 포도상구균은 80℃에서 30분간 가열하면 사멸되지만 황색 포도상구균에 의해 생산된 장독소(Enterotoxin)는 100℃에서 30분간 가열해도 파괴되지 않음
② 웰치균은 열에 강하며 아포는 100℃에서 4시간 가열해도 살아남음
③ 살모넬라균은 열에 약하여 저온 살균(62~65℃에서 30분 가열)으로도 충분히 사멸되기 때문에 조리식품에 2차 오염이 없다면 살모넬라에 의한 식중독은 발생되지 않음
④ 보툴리누스균은 내열성이 강하여 100℃에서 6시간 정도의 가열 시 겨우 살균되나 독소인 뉴로톡신은 80℃에서 30분 정도 가열로 파괴됨
⑤ 장염 비브리오균은 열에 약하여 60℃에서 15분, 100℃에서 수분 내로 사멸됨

183 살모넬라균 식중독이 일으키는 증상의 이름은?

풀이

급성 위장염

184 장염 비브리오균의 특징은?

풀이

해수세균의 일종으로 식염농도 3%에서 잘 생육하며 어패류를 생식할 경우 중독될 수 있는 균

185 포도상구균이 생산하는 독소는?

풀이

장독소인 엔테로톡신(Enterotoxin)

186 음식을 먹기 전에 가열하여도 식중독 예방이 가장 어려운 균은?

풀이

황색 포도상구균과 독소, 보툴리누스균과 독소, 웰치균과 독소

187 포도상구균 식중독의 특징은?

풀이

① 화농성 질병이 있는 사람이 만든 제품을 먹고 발생할 수 있는 식중독
② 크림빵과 슈크림 같은 주원인 식품에 의해 걸리는 식중독
③ 잠복기가 평균 3시간으로 매우 짧음

188 보툴리누스균 식중독의 특징은?

풀이

① 독소는 뉴로톡신
② 균은 비교적 내열성이 강하여 100℃에서 6시간 정도의 가열 시 겨우 살균됨
③ 증상은 구토 및 설사, 호흡곤란, 시력저하, 동공확대, 신경마비가 발생함
④ 세균성 식중독 중 일반적으로 치사율이 가장 높음
⑤ 클로스트리디움 보툴리늄균이라고 함

189 자연성 식중독인 조개의 독소는?

풀이

① 모시조개, 굴, 바지락 : 베네루핀
② 섭조개, 대합 : 삭시톡신

190 유해한 인공착색료는?

풀이

아우라민(황색 합성색소), 로다민 B(핑크색 합성색소)

191 수은이 일으키는 화학성 식중독의 증상은?

풀이

미나마타병

192 감염성이 적은 식중독의 종류는?

풀이

화학성 식중독

193 ADI란?

풀이

환경오염이나 음식물 섭취로 하루 동안 먹어도 몸에는 해롭지 않은 양을 나타내는 수치로 뜻은 1일 섭취허용량이다.

194 중금속이 일으키는 식중독 증상은?

풀이

① 납 : 적혈구의 혈색소 감소, 체중감소 및 신장장애, 칼슘대사 이상과 호흡장애를 유발
② 수은 : 구토, 복통, 설사, 위장장애, 전신 경련, 미나마타병 등을 일으킴
③ 카드뮴 : 신장장애, 골연화증, 이타이이타이병, 등을 유발함
④ 비소 : 구토, 위통, 경련 등을 일으키는 급성 중독과 습진성 피부질환을 일으킴

195 장티푸스가 일으키는 증상은?

풀이

급성 전신감염 질환으로 두통, 오한, 40℃ 전후의 고열, 백혈구의 감소 등을 일으킴

196 경구감염병의 종류는?

풀이

장티푸스, 파라티푸스, 콜레라, 세균성이질, 디프테리아, 성홍열, 급성 회백수염, 유행성 간염, 감염성 설사증, 천열

197 1세부터 2세, 5세, 10세의 아이가 바이러스성 감염에 의해 발생할 수도 있는 신경손상마비에 관련된 폴리오(소아마비, 급성 회백수염)의 예방법은?

풀이

적절한 예방법은 예방접종

198 마시는 물(음료수)에 의한 제2급 법정 감염병은?

풀이

콜레라

199 인수공통감염병의 종류는?

풀이

탄저병, 파상열(브루셀라증), 결핵, 야토병, 돈단독, Q열, 리스테리아증

200 산양, 양, 돼지, 소 등의 유산을 유발하는 인수공통감염병은?

풀이

파상열(브루셀라증)

201 결핵이 감염될 수 있는 경로는?

풀이

병에 걸린 동물의 젖을 통해 경구적으로 감염

202 개인음식점 혹은 단체급식 등에서 식중독 발생 시 의사가 환자의 식중독이 확인되는 대로 가장 먼저 보고해야 할 사람은?

풀이

의사는 환자의 식중독이 확인되는 대로 행정기관(관할 시 · 군 보건소장)에 보고함

203 조리사의 건강검진은 1년에 몇 번 받는가?

풀이

1년에 1번

204 식품업체(제과제빵업계)에 HACCP 도입의 효과는?

풀이

① 자주적 위생관리체계의 구축
② 위생적이고 안전한 식품의 제조
③ 위생관리 집중화 및 효율성 도모
④ 경제적 이익 도모
⑤ 회사의 이미지 제고와 신뢰성 향상

205 HACCP 적용의 7가지 원칙은?

풀이

① 위해분석
② 중요 관리점 확인
③ 한계기준 설정
④ 모니터링 방법의 설정
⑤ 개선조치의 설정
⑥ 검증방법의 설정
⑦ 기록의 유지관리

206 식품 첨가물 규격과 사용기준은 누가 정하는가?

풀이

식품의약품안전처장

207 식품 첨가물의 조건은?

풀이

① 미량으로도 효과가 클 것
② 독성이 없거나 극히 적을 것
③ 사용하기 간편하고 경제적일 것
④ 변질 미생물에 대한 증식억제 효과가 클 것
⑤ 무미, 무취이고 자극성이 없을 것
⑥ 공기, 빛, 열에 대한 안정성이 있을 것
⑦ pH에 의한 영향을 받지 않을 것

208 식자재 교차오염 방지법은?

풀이

① 원재료와 완성품을 구분하여 보관
② 바닥과 벽으로부터 일정 거리를 띄워서 보관
③ 뚜껑이 있는 청결한 용기에 덮개를 덮어서 보관
④ 식자재와 비식자재를 구분하여 창고에 보관
⑤ 동일한 종업원이 하루 일과 중 여러 개의 작업을 수행하지 않음

209 밀가루를 부패시키는 미생물(곰팡이)은?

풀이

아플라톡신을 생성하는 아스퍼길러스종의 곰팡이(Aspergillus flavus)

210 허가된 식품 보존료의 종류는?

풀이

프로피온산 칼슘(빵류), 프로피온산나트륨(빵류, 과자류), 디하이드로초산(치즈, 버터, 마가린), 안식향산(간장, 청량음료), 소르브산(팥앙금류, 잼, 케찹, 식육가공물)

211 아스파탐의 특징은?

풀이

아스파르산과 페닐알라닌 2종류의 아미노산으로 이루어졌으며 설탕의 200배인 인공 감미료

212 방사선 강하물 중에 식품위생상 가장 문제가 되는 핵종은?

풀이

Sr^{90}(스트론튬90), Cs^{137}(세슘137)

213 파상풍의 특징은?

풀이

파상풍은 녹이 슨 불결한 곳에서 상처를 입은 후 상처 부위에서 증식한 파상풍균(Clostridium tetani)이 번식과 함께 생산해내는 신경 독소가 신경 세포에 작용하여 근육의 경련성 마비와 몸이 쑤시고 아픔을 동반한 근육 수축을 일으키는 감염성 질환

214 조리사 자격증을 발급받을 때 서류를 제출하는 곳은?

풀이

자격증에 관련해서는 노동부(산업인력관리공단)가 총괄관리하고 있지만 조리사 관련 주무부처는 보건복지부이므로, 발급받을 때 서류는 보건복지부장관 앞으로 제출

215 제과제빵 직업에 종사해도 무방한 질병은?

풀이

일반 감기나 치질 등 조리사의 질병이 식품을 오염시키지 않으면 종사 가능

216 농약 유기인제는 인을 함유한 유기화합물로 된 농약으로, 독성이 너무나도 강하여 현재는 사용과 판매가 금지됨. 대표적인 농약 유기인제는?

풀이

Parathion(파라티온)과 Folidol(폴리돌) 등

217 집단급식소의 정의는?

풀이

① 대통령령에 따라 지정된 시설
② 영리를 목적으로 하지 않음
③ 1회 50인 이상의 특정다수인에게 계속하여 음식물을 공급하는 급식시설

218 자외선 살균의 장점은?

풀이

① 살균효과가 큼
② 자외선 조사 후 피조사물의 변화가 작음
③ 표면 투과성이 나쁨
④ 거의 모든 균종에 대해 유효

219 우리나라 식품위생행정의 가장 중요한 목적은?

풀이

유해식품을 섭취함으로써 발생되는 위해사고의 방지

220 HACCP의 12절차 중 위해요소를 예방, 제거 또는 허용 가능한 수준까지 감소시킬 수 있는 최종 단계 또는 공정은?

풀이

중요 관리점(CCP) 결정 혹은 중요 관리지점 결정이라고 하며 Critical Control Point의 약자이다.

MASTER 제빵기능사 필기

부록

YouTube 동영상 강의
제과제빵의 모든것

유형분석 예상문제 220선

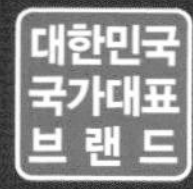

에듀크라운
국가자격시험문제 전문출판

최고의 적중률!! 최고의 합격률!!
크라운출판사
제과제빵 · 조리 등 서비스서적 사업부
http://www.crownbook.com

NCS 국가직무능력표준
National Competency Standards

MASTER 제빵기능사 필기

머리말

우리가 살아가는 사회는 산업사회에서 고령화 사회로 들어가며, 제조에 기반을 둔 산업에서 지식에 기반을 둔 산업인 4차 산업시대를 열어가야 하는 상황에 직면하고 있다. 이러한 상황에서 우리 제과인은 시대의 변화에 대응할 수 있는 대안을 만들어내는 사회적 책임을 느껴야 한다고 생각한다. 그래서 우리 제과인의 사회적 책임이라는 입장에 서서 2가지 과제와 대안을 제시하고자 한다.

첫째, 고령화 사회가 요구하는 영양성분을 제공하여 국민건강향상에 노력해야 한다.
둘째, 4차 산업의 한 축인 인공지능과 로봇을 제조공정에 활용할 수 있도록 제과제빵의 암묵적 지식을 현실세계데이터(RWD)로 만드는 전향적 자세로 제과제빵업계의 경쟁력을 향상시키고 국가경제발전에 이바지하기 위한 노력을 해야 한다.
그러기 위해서 우리는 작금의 시대가 요구하는 빵, 과자를 만들기 위해 어떻게 진화해야 할까? 우리 모두 알고 있듯이 빵, 과자가 진화해야 하는 방향은 바로 '발효와 숙성의 공정'이 첨가된 빵, 과자이다. 발효와 숙성이 잘된 빵, 과자는 이 시대가 요구하는 영양성분을 인체가 효과적으로 소화 · 흡수하여 체내에서 이용할 수 있기 때문이다. 그리고 이러한 빵, 과자는 많은 제조시간을 요구하므로 슬로우 푸드이며, 이는 성실과 인내를 요구한다. 우리는 성실과 인내로 천연발효 메커니즘을 적용한 빵, 과자를 만들어 국민건강향상에 이바지해야 한다.

다음은 우리 사회가 요구하는 국가경제발전에 도움이 되는 핵심 인재의 자질에 관한 이야기를 하고자 한다. Homo Hundred가 출현하는 현시점의 사회에서는 인간의 행복지수를 높일 수 있게 만들어진 여러 기술을 다시 엮어 모을 수 있는 인재가 필요하다. 이러한 시대적 요구에 맞춰 기술을 재편성(Reorganization)할 수 있는 창조적 인재가 되기 위해 노력해야 한다. 그러기 위해 우리 제과제빵 기능인은 한 분야에서 오랫동안 근무하면서 행위적 에너지를 축적하여 암묵적 지식을 만든 다음 이를 명시적 지식으로 바꾸어 놓아야 한다. 이렇게 치환(Substitution)된 지식을 인공지능 생산로봇에 적용하여 품질을 유지하면서 생산성을 향상한 제품을 만든 후 소비자의 구매로 검증을 받아야 한다. 이렇게 검증된 명시적 지식을 표현한 데이터와 문자는 책으로, 데이터와 언어는 세미나로 승화되어 제과제빵업계의 후배들에게는 여러분들의 노하우가 전수되어 후배들이 시행착오를 적게 하도록 도움이 되어야 하며, 동료와 선배들에게는 인공지능 로봇생산시스템을 만드는 데 필요한 현실세계데이터(RWD)를 제시하여야 한다. 우리의 선배들이 노력해왔듯이 이런 식으로 제과제빵업계의 발전을 통하여 국가 경제에 이바지해야 한다.

끝으로 저자는 NCS에서 제시한 제과 · 제빵 직무지식에 관한 이해를 돕고자 이 책을 집필하게 되었다. 이 책에서 저자는 NCS 제과 · 제빵 직무지식에 수록된 개념 중에서 필기시험에 자주 출제되는 개념만 정리했다. 그래서 수험생 여러분이 필기시험에 꼭 합격하리라 생각한다. 아무쪼록 필기에 합격하시고 실기에서도 합격하시길 기원한다.

이 책이 나아갈 방향에 대해 항상 많은 영감(Inspiration)과 격려(Encouragement)를 해주신 크라운출판사 편집부 일동, 저의 학교 이사장님, 그리고 많은 선배님들에게 감사의 말씀을 드립니다.

천연발효 마스터 김창석 드림

제빵기능사 출제기준

제빵기능사 시험은 국가직무능력표준(NCS)를 기반으로 시험을 보게되며 시험과목은 아래와 같습니다.

필기시험 출제기준

과목명	활용 NCS 능력단위	NCS 세분류
빵류 재료, 제조 및 위생관리	빵류제품 재료혼합	제빵
	빵류제품 반죽발효	
	빵류제품 반죽정형	
	빵류제품 반죽익힘	
	빵류제품 마무리	
	빵류제품 위생안전관리	
	빵류제품 생산작업 준비	

실기시험 출제기준

과목명	활용 NCS 능력단위	NCS 세분류
제빵 실무	빵류제품 재료혼합	제빵
	빵류제품 반죽발효	
	빵류제품 반죽정형	
	빵류제품 반죽익힘	
	빵류제품 마무리	
	빵류제품 위생안전관리	
	빵류제품 생산작업 준비	

국가직무능력표준(NCS)란 산업현장에서 직무를 수행하기 위해 요구되는 지식과 기술 업무 태도 등을 국가가 산업부문별, 수준별로 체계화 한 것으로 현장성 및 활용성을 제고하기 위해 2020년부터 적용하여 보는 시험이며 제과기능사 출제기준은 아래와 같습니다.

출제기준(필기)

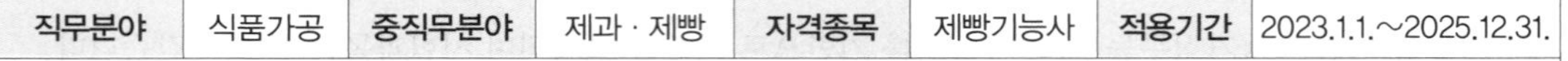

직무분야	식품가공	중직무분야	제과 · 제빵	자격종목	제빵기능사	적용기간	2023.1.1.~2025.12.31.
• 직무내용 : 빵류 제품을 제공하기 위한 체계적인 기술과 생산계획을 수립하여 생산, 판매, 위생 및 관련 업무를 실행하는 직무이다.							
필기검정방법	객관식		문제수	60		시험시간	1시간

필기 과목명	문제수	주요항목	세부항목	세세항목
빵류 재료, 제조 및 위생관리	60	1. 재료 준비	1. 재료 준비 및 계량	1. 배합표 작성 및 점검 2. 재료 준비 및 계량 방법 3. 재료의 성분 및 특징 4. 기초재료과학 5. 재료의 영양학적 특성
		2. 빵류 제품 제조	1. 반죽 및 반죽 관리	1. 재료의 특성 및 전처리 2. 충전물 · 토핑물 제조 방법 및 특징
			2. 충전물 · 토핑물 제조	1. 재료의 특성 및 전처리 2. 충전물 · 토핑물 제조 방법 및 특징
			3. 반죽 발효 관리	1. 발효 조건 및 상태 관리
			4. 분할하기	1. 반죽 분할
			5. 둥글리기	1. 반죽 둥글리기
			6. 중간발효	1. 발효 조건 및 상태 관리
			7. 성형	1. 성형하기
			8. 패닝	1. 패닝 방법
			9. 반죽 익히기	1. 반죽 익히기 방법의 종류 및 특징 2. 익히기 중 성분 변화의 특징
		3. 제품저장관리	1. 제품의 냉각 및 포장	1. 제품의 냉각 방법 및 특징 2. 포장재별 특성 3. 불량제품 관리
			2. 제품의 저장 및 유통	1. 저장 방법의 종류 및 특징 2. 제품의 유통 · 보관 방법 3. 제품의 저장 · 유통 중의 변질 및 오염원 관리 방법
		4. 위생안전관리	1. 식품위생 관련 법규 및 규정	1. 식품위생법 관련 법규 2. HACCP 등의 개념 및 의의 3. 공정별 위해요소 파악 및 예방 4. 식품첨가물
			2. 개인 위생관리	1. 개인 위생관리 2. 식중독의 종류, 특성 및 예방 방법 3. 감염병의 종류, 특징 및 예방 방법
			3. 환경 위생관리	1. 작업환경 위생관리 2. 소독제 3. 미생물의 종류와 특징 및 예방 방법 4. 방충 · 방서 관리
			4. 공정 점검 및 관리	1. 공정의 이해 및 관리 2. 설비 및 기기

직종 및 자격 취득 안내

NCS 제과/제빵 직종 정보

● **빵과 과자의 차이점**

① 밀가루의 종류가 다르다.
② 반죽의 팽창 방법이 다르다.
③ 반죽의 상태가 다르다.
④ 설탕의 함량과 기능이 다르다.

● **NCS 제과/제빵 기능사 자격증의 정의**

NCS 2수준으로 사원직급이 수행하는 직무를 구성하는 제과제빵 직무능력단위에 관한 기술, 지식, 태도, 수행준거로 이루어진 능력단위요소를 가지고 제과제빵의 가공과 관련되는 업무를 수행할 수 있는 전문인력을 양성하고자 만든 자격제도이다.

● **NCS 제과/제빵 기능사의 진로 및 전망**

식빵류, 과자빵류를 제조하는 제빵 전문업체, 비스킷류, 케이크류 등을 제조하는 제과 전문생산업체, 빵 및 과자류를 함께 제조하는 토탈생산업체, 손작업을 위주로 빵과 과자류를 생산 판매하는 소규모 빵집이나 제과점, 관광업을 하는 대기업의 제과 · 제빵부서, 기업체 및 공공기관의 단체 급식소, 장기간 여행하는 해외 유람선이나 해외로 취업이 가능하다.

취업 시 제과/제빵 기능사 자격증을 취득한 자는 NCS 제과/제빵 직무에서 2수준에 해당하는 능력단위를 갖춘 것으로 인정을 받아 취직에 결정적인 요소로 작용한다. 제과점에 따라 자격수당을 주며, 인사고과 시 유리한 혜택을 받을 수 있다. 해당 직종이 점차로 전문성을 요구하는 방향으로 나아가고 있어 제과/제빵사를 직업으로 선택하려는 사람에게는 필요한 자격직종이다.

NCS 제과/제빵 기능사 자격 취득 안내

● **자격증 취득방법**

① **시행처 :** 한국산업인력공단(http://www.q-net.or.kr)
② **필기시험과목**
  ㉠ 제과기능사 : 과자류 재료, 과자류 제조, 위생관리
  ㉡ 제빵기능사 : 빵류 재료, 빵류 제조, 위생관리
③ **방법 :** 객관식 / CBT(Computer Based Test)
④ **문제수 및 시험시간 :** 60문항, 60분
⑤ **검정방법 :** 필기(객관식 4지 택일형), 실기(제과/제빵작업)
⑥ **합격기준 및 응시자격 :** 100점 만점에 60점 이상, 제한 없음
⑦ 필기시험에 합격 후 필기시험 수험표에 접수비를 한국산업인력공단의 홈페이지에 접수하고, 별도로 시험일시와 장소를 선택하여 시험을 치른다.

● **자격 수수료**

종목	필기	실기
제과기능사	14,500원	29,500원
제빵기능사	14,500원	33,000원

목차

제 1 편 빵류 재료

02 제빵 공정

제 3 편 위생관리

제 4 편 실전모의고사

제 5 편 지난년도 상시시험 빈출문제 내용 요약

제 1 편

빵류 재료

01 기초과학 (빵류제품 재료혼합)

1 탄수화물(당질)의 재료적 이해

1. 탄수화물의 구조와 특징

① 탄수화물은 녹색 식물이 엽록소의 작용으로 태양 에너지를 이용하여 공기 중의 이산화탄소(CO2)와 뿌리에서 흡수한 물로 합성한 유기화합물이다.

② 탄소(C), 수소(H), 산소(O) 3원소로 구성되었으며, 일반식은 $C_mH_{2n}O_n$ 또는 $C_m(H_2O)_n$이다.

③ 탄수화물은 분자 내에 1개 이상의 −OH기(수산기, 알코올기, 하이드록시기)와 1개의 알데히드기(−CHO) 또는 1개의 케톤기(−CO−)를 갖는다.

④ 탄수화물은 탄소와 물이 결합된 화합물이라는 뜻이고, 탄수화물에서 단맛이 나기 때문에 일명 당질(Glucide)이라고도 한다.

2. 탄수화물의 분류

① **단당류**

㉠ 포도당(Glucose) ㉡ 과당(Fructose) ㉢ 갈락토오스(Galactose)

② **이당류**

㉠ 자당(설탕, Sucrose) ㉡ 맥아당(엿당, Maltose) ㉢ 유당(젖당, Lactose)

③ **다당류**

㉠ 덱스트린(Dextrin) ㉡ 전분(녹말, Starch)

3. 탄수화물의 상대적 감미도 순

① 상대적 감미도는 자당을 기준으로 관능검사에 의해 판정한 물질의 감미 정도를 실질적 수치로 환산한 값이다. 이와 달리 당도는 시럽 중에 함유되어 있는 당의 비율(농도)을 가리킨다.

② 과당(175) > 전화당(130) > 자당(100) > 포도당(75) > 맥아당(32), 갈락토오스(32) > 유당(16)

③ 탄수화물의 감미도가 클수록 용해도, 삼투압, 흡습조해성(수분을 흡수하여 녹는 성질)도 커진다.

4. 탄수화물의 분류와 특성

① **단당류 :** 더 이상 가수분해 되지 않는 가장 단순한 탄수화물(당질)로 물에 용해되어 단맛을 가진다. 단당류가 녹은 용액에 한 방향으로만 진동하는 성향을 가지고 있는 빛을 통과시키면 광선에 의해 진동되는 용액의 한 면이 왼쪽 또는 오른쪽으로 빛을 회전시키는 선광성(旋光性)을 보인다. 그리고 단당류는 분자 내에 다른 물질을 환원시키는 성질을 가진 알데히드를 가지고 있어서, 환원성을 가진다. 단당류를 산화시키면 에틸알코올이 생성된다.

㉠ 포도당 : 환원당으로 포도, 과일즙에 많이 함유되어 있고 혈액 중에 0.1% 포함되어 있다.

㉡ 과당 : 환원당으로 모든 당류 중에서 단맛이 가장 강하며 꿀과 과일에 다량 함유되어 있다.

㉢ 갈락토오스 : 환원당으로 자연계에서는 단당류의 형태로 존재하지 않고 유당의 구성성분으로 존재한다. 단맛이 덜하고 물에 잘 녹지 않지만 체내에서 흡수되는 속도가 가장 빠르다. 그리고 뇌신경 조직의 성분이 된다.

㉣ 만노오스

- 자연계에서 따로 떨어져 유리된 상태로 존재하지 않고, 만노오스가 주요 구성성분인 만난과 당단백질의 구성성분으로 존재한다.
- 이스트의 세포벽을 구성하며, D-만노오스는 D-글루코오스와 서로 에피머(epimer, 이성질체) 관계이다.
- 에피머란 D-글루코오스와 D-만노오스를 구성하는 탄소 사슬 중에서 2번째 탄소에 붙어 있는 H와 OH가 왼쪽과 오른쪽이 서로 반대로 붙어 있는 구조를 가진 관계를 가리킨다.

② **이당류 :** 단당류 2분자가 결합된 당류로 모든 이당류의 분자식은 $C_{12}H_{22}O_{11}$이다.

㉠ 자당(설탕)

- 효소 인베르타아제(수크라아제)에 의해 포도당과 과당으로 가수분해 된다.
- 사탕수수와 사탕무 등에 존재하며, 환원성이 없는 비환원당이다.
- 상대적 감미도 순에서 기준이 되며 상대적 감미도는 100이다.

㉡ 맥아당(엿당)

- 효소 말타아제에 의해 포도당과 포도당으로 가수분해 된다.
- 발아한 보리(엿기름)에 다량 함유되어 있다.
- 다른 물질은 환원시키고 그 물질이 잃은 산소와 결합하여 자신은 산화되는 환원성이 있는 환원당이다.
- 전분은 아밀라아제에 의해 덱스트린과 맥아당으로 분해되고, 이 중 맥아당은 말타아제에 의해 포도당과 포도당으로 가수분해 된다.

㉢ 유당(젖당)

- 효소 락타아제에 의해 포도당과 갈락토오스로 가수분해 된다.
- 포유동물의 젖에 함유된 동물성 탄수화물로 유산균에 의해 발효되어 유산을 생성한다.

- 이스트에 의해 발효되지 않고 잔당으로 남아 빵의 껍질에 착색을 유도하는 역할을 한다.
- 입상형, 분말형, 미분말형 등의 형태로 감미도와 용해도가 가장 낮고 결정화가 빠르다.

tip

환원당이란 당의 분자상에 알데히드기와 케톤기가 유리되어 있거나 헤미아세탈형으로 존재하는 것을 가리킨다. 이때 탄소수가 적은 알데히드가 환원성을 갖는다. 여기서 환원성이란 환원시키는 성질로, 알데히드 자신은 카르복시산으로 산화되기 쉬운 성질을 갖는다는 의미이다. 환원성은 은거울 반응과 펠링 용액 반응으로 확인한다. 식물체 내에서 환원당이 존재한다는 것은 대개 전분 등의 다당류가 단당류로 가수분해된다는 뜻이다. 환원당의 종류에는 포도당, 과장, 칼락토오스, 맥아당, 유당 등이 있다. 환원성은 은거울 반응과 펠링 용액 반응으로 확인한다.

③ **다당류 :** 수많은 단당류가 탈수 축합되어 결합한 고분자 화합물로 일반적으로 물에 녹지 않고 콜로이드 상태를 나타내며 감미, 환원성이 없다. 다당류 중 가장 중요한 것은 전분으로 인류의 주요 에너지원일 뿐 아니라 가공식품의 주요성분으로 이용되고 있다.

㉠ 전분 : 곡류, 고구마와 감자 등에서 존재하는 식물의 에너지원으로 이용되어지는 저장 탄수화물로, 많으면 수천 개의 포도당이 결합되어 한 개의 전분립을 구성한다.

㉡ 섬유소(셀룰로오스) : 해조류와 채소류에 많으며, 식물을 구성하는 데 이용되는 구성 탄수화물로 초식동물은 에너지원으로 사용할 수 있다.

㉢ 펙틴 : 과일류의 껍질에 많이 존재하며 젤리나 잼을 만드는 데 점성을 갖게 한다.

㉣ 글리코겐 : 동물의 에너지원으로 이용되는 동물성 전분으로 간이나 근육에서 합성 · 저장되어 있다. 외형이 일정하지 않은 상태인 무정형의 분말로 무미, 무취하다.

㉤ 덱스트린(호정) : 전분이 가수분해되는 호정화(덱스트린화)의 중간생성물이다.

㉥ 이눌린 : 과당의 결합체로 돼지감자에 다량 함유되어 있다.

㉦ 한천 : 홍조류의 한 종류인 우뭇가사리에서 추출하며 펙틴과 같은 안정제로 사용된다. 높은 온도에서 강하고 튼튼한 그물조직이 형성되어 굳어진 겔(Gel)을 형상하는 능력이 강하여 양갱, 잼, 젤리 등을 제조할 때 사용한다.

5. 전분(녹말)

빵을 만들 때 사용하는 곡류인 밀가루를 구성하는 성분 중에서 70% 차지하는 탄수화물의 대부분이 전분이다.

① **전분의 구조와 특징**

㉠ 전분은 다당류로 옥수수, 보리 등의 곡류와 감자, 고구마, 타피오카 등의 뿌리(근경류, 서류)에 존재하고 있으며, 식물의 저장성 탄수화물로 에너지원으로 이용된다.

㉡ 전분은 전분립으로 구성되어 있고, 전분립에는 수천 개의 포도당이 있다.

㉢ 한 개의 전분입자인 전분립을 구성하는 수천 개의 포도당은 두 가지 구조형태로 배열되어 있다. 포도당이 배열되어 있는 형태에 따라 아밀로오스와 아밀로펙틴이라고 한다.

㉣ 전분립을 구성하는 포도당의 배열형태인 아밀로오스와 아밀로펙틴의 비율은 전분의 종류에 따라 다르며, 전분의 물리적 성질인 호화온도, 팽윤, 점도 등을 결정한다. 이러한 전분의 물리적 성질은 빵류와 과자류제품의 식감과 질감에 영향을 미친다.

㉤ 예를 들어 곡류나 근경류의 전분을 습호화시켰을 때 빵 · 과자 제품의 찰짐과 푸석함의 정도를, 건호화시켰을 땐 바삭함과 고소함을 결정한다. 전분은 녹말(starch)이라고도 한다.

② 아밀로오스(Amylose)와 아밀로펙틴(Amylopectin)의 비교

항목	아밀로오스	아밀로펙틴
분자량	적다	많다
포도당 결합상태	α-1, 4(직쇄상 구조)	α-1, 4(직쇄상 구조) α-1, 6(측쇄상 구조 혹은 곁사슬 구조)
요오드용액 반응	청색 반응	적자색 반응
호 화	빠르다	느리다
노 화	빠르다	느리다

㉠ 찹쌀과 찰옥수수는 100% 아밀로펙틴으로 구성되어 있어 찰진 질감을 갖는다.

㉡ 메밀은 100% 아밀로오스로 구성되어 있어 부드러운 질감을 갖는다.

㉢ 밀가루는 아밀로펙틴 72~83%, 아밀로오스 17~28%로 구성되어 있다.

㉣ 대부분의 천연전분은 아밀로펙틴 구성비가 높다.

③ 전분의 물리적 성질 변화

β-전분 (생전분)	물+가열 ➡ 호화, 젤라틴화	α-전분 (호화전분)	수분 상실 ➡ 퇴화, 노화	$β_1$-전분 (노화전분)

④ 전분의 호화(덱스트린화, 젤라틴화, α화라고도 함)

전분에 물을 넣고 가열하면 수분을 흡수하면서 팽윤되며 점성이 커지는데, 투명도도 증가하여 반투명의 α-전분 상태(콜로이드 상태)가 된다. 이러한 α-전분 상태의 전분을 α-전분 혹은 호화전분이라고 한다. 밥, 떡, 과자, 빵 등이 전분의 호화로 이루어진 대표적인 식품이다. 호화된 전분으로 이루어진 식품은 소화가 잘 된다.

tip

※ 전분의 호화 현상의 특징

- 전분의 종류에 따라 호화 특성이 달라지는데 전분입자가 작을수록 호화온도가 높다.
- 수분이 많을수록 호화가 촉진되고, pH가 높을수록(알칼리성일 때) 호화가 촉진된다.
- 전분현탁액에 적당량의 수산화나트륨(NaOH, 가성소다)를 가하면 가열하지 않아도 호화될 수 있다.
- 가열 온도가 높을수록 호화시간이 단축되고 대부분의 염류는 호화를 촉진한다.

⑤ **전분의 노화**

빵의 노화는 빵 껍질의 변화, 빵의 풍미 저하, 내부조직의 수분보유 상태를 변화시켜 체내 소화력을 떨어뜨리는 것으로, 이러한 빵의 노화를 일으키는 원인은 전분의 노화이다. 전분의 노화(老化)는 α-전분(호화전분)이 β_1-전분(노화전분)으로 변화하는 것이다. 노화된 전분으로 이루어진 빵은 소화가 잘 되지 않는다.

㉠ 전분의 노화가 일어나는 이유

- α-전분을 실온에 방치하면 전분분자끼리의 결합력이 전분분자와 물분자의 결합력보다 크기 때문에 전분분자의 침전이 생기고, 전분분자의 결정이 규칙성을 나타내며 전분의 노화가 일어난다.

㉡ 노화의 최적 상태(환경조건)

- 전분의 노화가 빠르게 진행되는 전분의 노화대(Stale Zone)를 가리킨다.
- 수분함량은 30~60%이고, 저장온도는 -7~10℃이다.

㉢ 노화의 정지 상태(환경조건)

- 수분함량은 10% 이하이고, 저장온도는 -18℃이다.

㉣ 전분의 노화지연 방법을 적용한 빵의 노화방지법

- 빵류완제품을 -18℃ 이하로 급랭시키면 노화가 지연된다.
- 건빵처럼 수분함량을 10% 이하로 조절한 빵류제품은 노화가 일어나지 않는다.
- 설탕, 유지의 사용량을 증가시키면 보습작용으로 빵의 노화를 억제할 수 있다.
- 계면활성제(유화제)는 표면장력을 변화시켜 단백질과 전분 사이의 자유수를 균질화되도록 하여 빵의 부피와 조직을 개선하고 노화를 지연시킨다.
- 레시틴을 빵 반죽에 첨가하면 유화작용으로 노화를 지연한다.
- 유화제인 모노-디-글리세리드는 빵의 수분을 유화, 분산시켜 노화를 지연시킨다.

⑥ **전분의 가수분해**

전분에 묽은 산을 넣고 가열하면 쉽게 가수분해되어 당화된다. 또한 전분에 효소인 아밀라아제(Amylase)를 넣고 호화 온도(55~60℃)를 유지시켜도 쉽게 가수분해되어 당화된다.

※ 전분을 가수분해하는 과정에서 생성된 최종산물로 만드는 식품과 당류

- 식혜 : 쌀의 전분을 가수분해하여 부분적으로 당화시킨 것으로 맥아당이 많은 양을 구성한다.
- 엿 : 쌀의 전분을 가수분해하여 완전히 당화시켜 농축한 후, 조청을 만든 다음 조청을 구성하는 포도당을 결정화시킨 것이다. 당화의 정도에 따라 포도당, 맥아당, 올리고당, 덱스트린 등의 함량이 다르다. 그러나 엿을 구성하는 주된 당류는 맥아당이다.
- 물엿 : 옥수수 전분을 가수분해하여 부분적으로 당화시켜 만든 것으로, 물엿 특유의 물리적 성질인 점성이 나타나는 이유는 덱스트린 성분 때문이다.

• 포도당 : 전분을 가수분해하여 얻은 최종산물로 설탕을 사용하는 배합에 설탕의 일부분을 포도당으로 대체하면, 재료비도 절약하고 황금색으로 착색되어 껍질색도 좋아진다.
• 이성화당 : 전분당 분자의 분자식은 변화시키지 않으면서 분자 구조를 바꾼 당을 가리킨다. 예를 들면 포도당을 과당으로 바꿔 만든 액상과당이 대표적인 당류제품이다.

2 지방(지질)의 재료적 이해

1. 지방의 구조와 특징

① 지방은 탄소(C), 수소(H), 산소(O)로 구성된 유기화합물로, 일명 지질이라고 부른다.
② 지방산 3분자가 글리세린(글리세롤, 3가의 알코올) 1분자의 −OH기(수산기, 하이드록시기) 3개에 지방산이 1개씩 결합되어 만들어진 에스테르, 즉 트리글리세리드(Triglyceride)이다.

2. 지방의 분류와 특성

① **단순지방 :** 글리세린 혹은 알코올과 지방산의 에스테르 화합물인 지방이다.
㉠ 중성지방 : 상온에서 고체(지) 또는 액체(유)를 결정하는 성분인 포화지방산과 불포화지방산이 있다. 3분자의 지방산과 1분자의 글리세린으로 결합된 트리글리세리드이다.
㉡ 납(왁스) : 11개 이상의 탄소 사슬이 있는 고급 지방산과 한 분자에 함유되어 있는 탄소수가 6개 이상인 고급 알코올이 결합하여 상온에서 고체 형태인 단순지방이다.
㉢ 식용유 : 중성지방으로 되어 있고 상온에서 액체 형태의 단순지방이다.

② **복합지방 :** 글리세린 혹은 알코올과 지방산의 결합 이외에 다른 분자군을 함유한 지방이다.
㉠ 인지질 : 난황, 콩, 간 등에 함유되어 있으며 유화제로 쓰이고 노른자의 레시틴이 대표적이다.
㉡ 당지질 : 중성지방과 당류가 결합된 형태로 뇌, 신경 조직에 존재한다.
㉢ 단백지질 : 중성지방, 단백질, 콜레스테롤과 인지질이 결합된 것으로 지방을 운반한다.

③ **유도지방 :** 중성지방, 복합지방을 가수분해할 때 유도되는 지방이다.
㉠ 지방산 : 글리세린과 결합하여 지방을 구성한다.
㉡ 글리세린 : 지방산과 함께 지방을 구성하고 있는 성분으로 흡습성, 안전성, 용매, 유화제로 작용한다. 일명 글리세롤이라고도 한다.
㉢ 콜레스테롤 : 동물성 스테롤로 뇌, 골수, 신경계, 담즙, 혈액 등에 많으며 자외선에 의해 비타민 D_3가 된다. 식물성 기름과 함께 섭취하는 것이 좋다.
㉣ 에르고스테롤 : 식물성 스테롤로 버섯, 효모, 간유 등에 함유되어 있으며 자외선에 의해 비타민 D_2가 되어 비타민 D의 전구체 역할을 한다.

3. 지방의 구성형태

지방은 지방산 3분자와 글리세린 1분자로 구성되어 있다.

① 지방산(Fatty Acid)

지방산은 탄소 원자가 사슬 모양으로 연결된 카르복시산(카복실산, R–COOH)을 통틀어 이르는 말로, 지방을 가수분해하면 생기기 때문에 붙여진 이름이다. 대부분이 자연적으로 발생하는 지방산은 4~28개까지의 짝수의 탄소 분자로 이루어져 있다. 지방산의 탄소 분자 사이에서 탄소와 탄소를 연결하는 전자의 형태에 따라 포화지방산과 불포화지방산으로 나눈다.

[포화지방산과 불포화지방산의 화학적 구조 비교]

구조	포화지방산	불포화지방산
탄소와 탄소 사이의 이중결합(C=C) 유무	단일 결합 H H H H H H H │ │ │ │ │ │ │ – C – C – C – C – C – C – C – │ │ │ │ │ │ │ H H H H H H H	이중 결합 H H H H H H H H │ │ │ │ │ │ │ │ – C – C – C = C – C – C – C = C – │ │ │ │ H H H H

㉠ 포화지방산

- 지방산 사슬의 탄소원자가 2개의 수소원자와 결합(CH2, 메틸렌 그룹)하여 존재하므로 탄소와 탄소의 결합이 전자가 한 개인 단일결합만으로 이루어진 지방산을 말한다.
- 산화되기가 어렵고 융점이 높아 상온에선 고체이며, 동물성 유지에 다량 함유되어 있다.
- 종류에는 뷰티르산, 카프르산, 미리스트산, 스테아르산, 팔미트산 등이 있다.

tip

※ 유지의 융점(발연점)을 낮게 하는 요인

- 우선은 탄소의 수가 적은 것, 탄소의 수가 같으면 수소의 수가 적은 유지가 융점(발연점)이 가장 낮다.
- 예를 들어 $C_7H_{33}COOH$, $C_7H_{32}COOH$, $C_7H_{30}COOH$, $C_7H_{29}COOH$ 등이 있다면 이 지방 중에서 융점이 가장 낮은 화학식은 $C_7H_{29}COOH$가 된다.

※ 뷰티르산의 특징

- 일명 낙산이라고도 하며, 천연의 지방을 구성하는 산 중에서 탄소 수가 4개로 가장 적다.
- 버터에 함유된 지방산으로, 버터를 특징짓는 지방산이다.
- 뷰티르산은 버터를 구성하는 총 지방산 함량 중 3.7%를 차지한다.
- 버터에 더 많이 함유된 지방산은 팔미트산 25.9%, 스테아르산 11.2% 등이다.
- 자연계에 널리 분포되어 있는 지방산 중 융점이 가장 낮다.

㉡ 불포화지방산

- 지방산 사슬의 탄소원자가 2개의 수소원자를 갖지 못하여 탄소와 탄소의 결합에 전자가 두 개인 이중결합을 1개 이상 지니게 된 지방산을 말한다.
- 산화되기 쉽고 융점이 낮아 상온에서 액체이다.
- 식물성 유지에 다량 함유되어 있다.
- 종류에는 올레산, 리놀레산, 리놀렌산, 아라키돈산, EPA, DHA 등이 있다.
- 필수지방산 : 리놀레산, 리놀렌산, 아라키돈산 등이 있으며, 지방산을 영양학적 개념으로 정의한 용어로 체내에서 합성되지 않아 음식물에서 섭취해야 하는 지방산이다.

② **글리세린(Glycerin)**

㉠ 지방을 가수분해하여 얻을 수 있다.
㉡ 3개의 수산기(−OH)를 가지고 있어서 3가의 알코올이기 때문에 글리세롤이라고도 한다.
㉢ 무색, 무취, 감미를 가진 시럽 형태의 액체이다.
㉣ 글리세린의 상대적 감미도는 자당(설탕)의 3분의 1 정도이다.
㉤ 물보다 비중이 크므로 글리세린이 물에 가라앉는다.
㉥ 액체가 더욱 효과적으로 퍼지고 침투될 수 있도록 표면장력을 줄이는 습윤제로 이용된다.
㉦ 수분을 잡아들여 보유하는 능력인 수분보유력이 커서 식품의 보습제로 사용된다.
㉧ 물−기름 유탁액에 대한 유화제 기능이 있어 크림을 만들 때 물과 지방의 분리를 억제한다.
㉨ 향, 맛, 색을 내는 재료의 용매인 착향료와 착색료의 용매제로 색과 향의 보존을 도와준다.
㉩ 글리세린은 습윤제, 보습제, 유화제, 용매제로 제과 · 제빵 시 사용된다.
㉪ 이스트 발효 중에도 미량 생성되어 이스트 발효빵에 극미량이 존재한다.
㉫ 인체를 구성하는 정상적인 물질로 존재하며 식품 첨가물로 안전하게 사용되는 생리적으로 무해한 물질이다.

3 단백질의 재료적 이해

1. 단백질의 구조와 특징

① 단백질은 탄소(C), 수소(H), 질소(N), 산소(O), 유황(S) 등의 원소로 이루어진 아미노산으로 구성된 유기질소화합물로 질소가 단백질(Protein, 프로테인)의 특성을 규정짓는다.
② 단백질을 구성하는 기본 단위는 염기성의 아미노 그룹($-NH_2$)과 산성의 카르복실기($-COOH$) 그룹을 함유하는 유기산으로 이뤄진 알파 아미노산(Alpha amino acid)이다.
③ 카르복실기 그룹 가까이에 있는 탄소 원자에 아미노 그룹이 붙어있는 알파 아미노산의 종류에는 20여 가지가 있다.

④ 20여 가지의 알파 아미노산을 화학 반응을 일으키는 반응성에 따라 분류한다.

㉠ 아미노 그룹과 카르복실기 그룹을 각각 1개씩 갖는 중성 아미노산이 있다.

㉡ 1개의 아미노 그룹과 2개의 카르복실기 그룹을 갖는 산성 아미노산이 있다.

㉢ 2개의 아미노 그룹과 1개의 카르복실기 그룹을 갖는 염기성 아미노산이 있다.

⑤ 아미노산은 물에 녹아 음이온과 양이온의 양전하를 가지므로 용매의 pH에 따라서도 용해도가 달라진다.

⑥ 용매의 (+), (−) 양전하량이 같아져서 아미노산이 중성이 되면 용해도가 적어져 결정이 석출된다. 이런 용매의 pH 시기를 등전점이라고 하며, 아미노산은 종류에 따라 등전점이 다르다.

⑦ 단백질 조직은 광선을 통과시켰을 때 왼나사방향으로 회전하는 수많은 L−형 아미노산(Left-handed amino acids)의 펩티드(Peptide) 결합으로 이루어진다. 펩티드는 아미노산과 아미노산 간의 결합으로 이루어진 단백질의 1차 구조이다.

※ 빵 반죽의 탄력(경화)과 신장(연화)에 영향을 미치는 아미노산

- 시스틴 : 밀가루 단백질을 구성하는 아미노산으로 이황화 결합(−S−S−)을 갖고 있으므로 빵 반죽의 구조를 강하게 하고 가스 포집력을 증가시키며, 반죽을 다루기 좋게 한다.
- 시스테인 : 밀가루 단백질을 구성하는 아미노산으로 치올기(−SH)를 갖고 있으므로 빵 반죽의 구조를 부드럽게 하여 글루텐의 신장성을 증가시키고 반죽시간과 발효시간을 단축시키며 노화를 방지한다.

2. 단백질의 분류와 특성

① **단순단백질 :** 가수분해에 의해 아미노산만이 생성되는 단백질로 용매에 따라 분류한다.

㉠ 알부민 : 물이나 묽은 염류에 녹고, 열과 강한 알코올에 응고된다.

㉡ 글로불린 : 물에는 녹지 않으나, 묽은 염류 용액에는 녹는다.

㉢ 글루텔린 : 물과 중성 용매에는 녹지 않으나 묽은 산, 알칼리에는 녹는다. 밀알의 글루테닌이 해당된다. 70~80% 알코올에 절대 용해되지 않는다.

㉣ 프롤라민 : 물과 중성 용매에는 녹지 않으나 70~80%의 알코올, 묽은 산, 알칼리에 용해되는 특징이 있으며, 밀알의 글리아딘, 옥수수의 제인, 보리의 호르데인이 해당된다.

② **복합단백질 :** 단순단백질에 다른 물질이 결합되어 있는 단백질이다.

㉠ 핵단백질 : 세포의 활동을 지배하는 세포핵을 구성하는 단백질이다.

㉡ 당단백질 : 복잡한 탄수화합물과 단백질이 결합한 화합물로 일명 글루코프로테인이라고도 한다.

㉢ 인단백질 : 단백질이 유기인과 결합한 화합물이다.

㉣ 색소단백질 : 발색단을 가지고 있는 단백질 화합물로 일명 크로모단백질이라고 한다.

㉤ 금속단백질 : 철, 구리, 아연, 망간 등과 결합한 단백질로 호르몬의 구성 성분이 된다.

③ **유도단백질 :** 효소나 산, 알칼리, 열 등 작용제에 의한 분해로 얻어지는 단백질의 제1차, 제2차 분해산물이다. 종류에는 메타프로테인, 프로테오스, 펩톤, 폴리펩티드, 펩티드가 있다.

4 효소의 재료적 이해

1. 효소의 구조와 특징

① Enzyme(엔자임), 즉 효소는 식재료의 가수분해를 돕는 작용을 가진 단백질의 일종이다.

② 효소는 우유와 같은 유기화합물이나 생물체에 존재하며, 단백질로 구성된 Enzyme과 Enzyme에 비타민류와 무기질류가 결합되어 구성된 Apoenzyme(아포엔자임), Coenzyme(코엔자임), Holoenzyme(홀로엔자임) 등이 있다.

③ 주성분이 단백질로 구성된 효소는 생물체 속에서 일어나는 유기화학 반응을 촉진시키는 생체 촉매역할을 한다. 효소의 유기화학 반응은 온도, pH, 수분, 기질농도 등의 영향을 받는다.

④ 그런데 효소는 강한 열, 강산, 강알칼리 등에 의해 그 성질이 상실되는 변성이 일어난다.

⑤ 한 가지 효소는 한 가지 물질만을 가수분해하는 기질 특이성이 있다.

2. 효소의 분류와 특성

효소는 어느 특정한 기질에만 반응하는 선택성에 따라 다음과 같이 분류한다.

① **탄수화물 분해효소**

㉠ 이당류 분해효소

- 인베르타아제(Invertase) : 소장에서 분비, 설탕을 포도당과 과당으로 분해하며, 이스트에 존재한다. 사탕 제조 시 첨가하면 설탕의 재결정화를 막는 효과가 있다. 일명 수크라아제(Sucrase) 혹은 사카라아제(Saccharase)라고도 한다.
- 말타아제(Maltase) : 장에서 분비, 맥아당을 포도당 2분자로 분해하며, 이스트에 존재한다. 사탕 제조 시 첨가하면 설탕의 재결정화를 막는 효과가 있다.
- 락타아제(Lactase) : 소장에서 분비하며 동물성 당인 유당을 포도당과 갈락토오스로 분해한다. 단세포 생물인 이스트에는 락타아제가 없다.

㉡ 다당류 분해효소

- 아밀라아제(Amylase) : 전분을 분해하는 효소로 디아스타아제라고도 한다. 전분을 덱스트린 단위로 잘라 액화시키는 알파-아밀라아제(액화효소, 내부아밀라아제), 잘려진 전분을 맥아당 단위로 자르는 베타-아밀라아제(당화효소, 외부아밀라아제), 그리고 전분을 포도당 단위로 자르는 글루코아밀라아제 등 세 가지 종류로 나뉜다.

- 셀룰라아제(Cellulase) : 육식동물에게는 없고 초식동물에게만 있는 분해효소로 식물의 형태를 만드는 구성 탄수화물인 섬유소를 포도당으로 분해한다.
- 이눌라아제(Inulase) : 돼지감자를 구성하는 이눌린을 과당으로 분해한다.

㉢ 산화효소

- 치마아제(Zymase) : 치마아제는 포도당, 갈락토오스, 과당과 같은 단당류를 에틸알코올과 이산화탄소로 산화시키는 효소로 제빵용 이스트에 있다.
- 퍼옥시다아제(Peroxidase) : 카로틴계의 황색 색소를 무색으로 산화시키며, 대두에 존재한다. 퍼옥시다아제를 페록시다아제라고 발음하기도 한다.

② 지방 분해효소의 종류와 존재하는 소화기관

리파아제(위, 췌장, 소장)와 스테압신(췌장)이 있으며, 지방을 지방산과 글리세린으로 분해한다.

③ 단백질 분해효소의 종류와 존재하는 소화기관

단백질 분해효소의 총칭을 프로테아제라고 하며, 단백질을 아미노산으로 분해한다. 종류에는 펩신(위액), 레닌(위액), 트립신(췌액), 펩티다아제(췌장), 에렙신(장액) 등이 있다.

④ 제빵 시 효소의 작용

㉠ 제빵에 이용되는 대표적인 발효성 탄수화물인 전분의 발효과정에서 효소가 작용하는 일련의 과정은 다음과 같다.

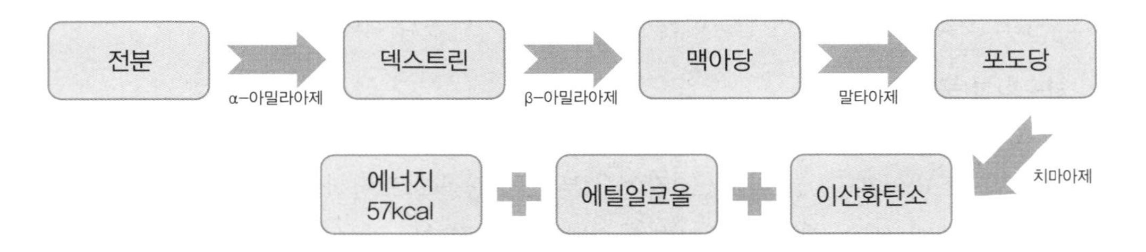

㉡ 제빵에 관여하는 효소의 종류와 특성

효소명	작용과정	함유 재료
프로테아제	반죽의 신장성 향상과 완제품의 기공과 조직을 개선시키는 단백질 분해효소이다.	밀가루, 이스트, 몰트(엿기름)
아밀라아제	효모의 활성 및 탄산가스 생성에 필요한 발효성 탄수화물을 생성시키는 전분 분해효소이다.	밀가루, 몰트(엿기름)
말타아제	맥아당을 2분자의 포도당으로 분해시켜 지속적인 발효가 진행되게 한다.	이스트
인베르타아제	설탕(자당)을 포도당과 과당으로 분해시킨다.	이스트
치마아제	포도당과 과당을 분해시켜 이산화탄소와 에틸알코올을 만든다.	이스트

⑤ **효소에 대한 pH의 영향**

㉠ 반응 혼합물인 pH(수소이온농도)는 효소활성에 중요한 영향을 주기 때문에 대부분의 효소는 pH가 달라지면 그 활성도도 달라진다.

㉡ 한 효소가 최대의 활성을 보이는 적정 pH도 효소의 종류에 따라 크게 달라진다.

㉢ 한 효소가 적정 pH에서 최대의 활성을 보이려면 적정 온도 범위 내에서 존재해야 한다. 그런데 효소를 구성하는 단백질이 손상을 받지 않는 적정 온도 범위 내에서도 매 10℃ 상승마다 효소의 활성은 약 2배가 된다.

㉣ 한 효소가 적정 pH와 온도 범위에 존재한다고 할지라도 그 효소가 작용하는 기질에 따라 활성도는 달라진다.

㉤ 그래서 제빵용 아밀라아제는 pH 4.6~4.8℃에서 효소의 활성이 활발하여 맥아당 생성량이 가장 많다. 그러나 효소의 최대 활성은 동시에 pH와 온도가 적정 범위 안에 있어야 한다.

㉥ 뿐만 아니라 효소의 반응시간, 수분의 존재, 반응산물(작용기질)의 성질 등 부가적 요소도 함께 참고해야 한다.

미리보는 출제예상문제

★★★
01 다음 당류 중 감미도가 가장 낮은 것은?

① 유당(Lactose)
② 전화당(Invert Sugar)
③ 맥아당(Maltose)
④ 포도당(Glucose)

해설 | 전화당(130) > 포도당(75) > 맥아당(32) > 유당(16)

★★
02 맥아에 함유되어 있는 아밀라아제를 이용하여 전분을 당화시켜 엿을 만든다. 이때 엿에 주로 함유되어 있는 당류는?

① 포도당(Glucose, 글루코오스)
② 유당(Lactose, 락토오스)
③ 과당(Fructose, 프락토오스)
④ 맥아당(Maltose, 말토오스)

해설 | 엿에는 엿당이라고 불리는 맥아당이 많이 함유되어 있다.

★★
03 아밀로오스는 요오드용액에 의해 무슨 색으로 변하는가?

① 적자색　② 청색
③ 황색　④ 갈색

해설 |
• 아밀로오스는 요오드용액에 의해 청색 반응을 한다.
• 아밀로펙틴은 요오드용액에 의해 적자색 반응을 한다.

★
04 전분을 효소나 산에 의해 가수분해시켜 얻은 포도당액을 효소나 알칼리 처리로 포도당과 과당으로 만들어 놓은 당의 명칭은?

① 전화당(Invert Sugar)
② 맥아당(Maltose)
③ 이성화당(Isomerose)
④ 전분당(Starch Sugar)

해설 | 이성화당이란 전분당(포도당) 분자의 분자식은 변화시키지 않으면서 분자 구조를 바꾼 당(과당)을 가리킨다.

★★★
05 전분의 노화에 대한 설명 중 틀린 것은?

① −18℃ 이하의 온도에서는 잘 일어나지 않는다.
② 노화된 전분은 소화가 잘 된다.
③ 노화란 α전분이 β전분으로 되는 것을 말한다.
④ 노화된 전분은 향이 손실된다.

해설 | 호화된 전분은 소화가 잘 된다.

★★★
06 다음 중 글리세린(Glycerin)에 대한 설명으로 틀린 것은?

① 무색, 무취로 시럽과 같은 액체이다.
② 지방의 가수분해 과정을 통해 얻어진다.
③ 식품의 보습제로 이용된다.
④ 물보다 비중이 가벼우며, 물에 녹지 않는다.

해설 | 글리세린은 물보다 비중이 무거우며, 물에 잘 섞인다.

정답 01 ① 02 ④ 03 ② 04 ③ 05 ② 06 ④

★★★
07 글리세린(Glycerin, Glycerol)에 대한 설명으로 틀린 것은?

① 무색, 무취한 액체이다.
② 3개의 수산기(-OH)를 가지고 있다.
③ 색과 향의 보존을 도와준다.
④ 탄수화물의 가수분해로 얻는다.

해설 | 지방의 가수분해로 얻는다.

★★★
08 다음 중 효소와 온도에 대한 설명으로 틀린 것은?

① 효소는 일종의 단백질이기 때문에 열에 의해 변성된다.
② 최적온도 수준이 지나도 반응속도는 증가한다.
③ 적정온도 범위에서 온도가 낮아질수록 반응속도는 낮아진다.
④ 적정온도 범위 내에서 온도 10℃ 상승에 따라 효소 활성은 약 2배로 증가한다.

해설 | 효소는 최적온도 수준에서 지나면 반응속도가 낮아진다.

★★
09 빵 발효에 관련되는 효소로서 포도당을 분해하는 효소는?

① 아밀라아제(Amylase)
② 말타아제(Maltase)
③ 찌마아제(Zymase)
④ 리파아제(Lipase)

해설 | 아밀라아제는 전분을, 말타아제는 맥아당을, 찌마아제는 포도당을, 리파아제는 지방을 가수분해한다.

★★★
10 수크라아제(Sucrase)는 무엇을 가수분해시키는가?

① 맥아당(Maltose)
② 설탕(Sucrose)
③ 전분당(Starch Sugar)
④ 과당(Fructose)

해설 |
- 설탕을 Sucrose라고 한다. 어말 'ose'를 'ase'로 만들어 효소명 Sucrase(수크라아제)를 만든다.
- 수크라아제를 일명 인베르타아제라고도 한다.

★★★
11 다음 중 효소에 대한 설명으로 틀린 것은?

① 생체 내의 화학반응을 촉진시키는 생체촉매이다.
② 효소반응은 온도, pH, 기질농도 등에 영향을 받는다.
③ β-아밀라아제를 액화효소, α-아밀라아제를 당화효소라 한다.
④ 효소는 특정기질에 선택적으로 작용하는 기질 특이성이 있다.

해설 | β-아밀라아제를 당화효소, α-아밀라아제를 액화효소라 한다.

★
12 전분에 글루코아밀라아제(Glucoamylase)가 작용하면 어떻게 변화하는가?

① 포도당으로 가수분해된다.
② 맥아당으로 가수분해된다.
③ 과당으로 가수분해된다.
④ 덱스트린으로 가수분해된다.

해설 |
- 전분을 포도당(Glucose)으로 가수분해하므로 효소명이 Glucoamylase(글루코아밀라아제)이다.
- 아밀라아제(Amylase)는 전분분해효소명이다.

07 ④ 08 ② 09 ③ 10 ② 11 ③ 12 ①

BEST QUALITY • CAKES BAKERY

02

재료과학 (빵류제품 재료혼합)

1 밀가루(Wheat Flour)

1. 밀가루(Wheat Flour)

제빵 시 밀가루는 빵의 구조를 형성하는 기능을 한다. 밀가루는 단백질 함량에 따라 강력분, 중력분, 박력분으로 구분하며, 밀가루 단백질은 비글루텐 단백질인 알부민, 글로불린, 메소닌과 글루텐 단백질인 글리아딘과 글루테닌으로 나눌 수 있다. 이중에서 글루텐 단백질은 물과 믹싱(교반)에 의해 새로운 변성단백질인 글루텐을 형성한다. 이렇게 만들어진 글루텐은 발효 시 이스트에 의해 생성되는 이산화탄소를 보유하는 역할을 하며, 굽기 시 글루텐의 열변성에 의해 빵의 단단한 구조를 형성하는 중요한 기능을 가진다. 빵 반죽 내의 밀 전분 또한 굽기 과정 중 전분의 호화과정을 통해 글루텐과 같은 구조 형성작용을 한다. 건축물의 기둥에 비유하면 글루텐은 철근이며 호화된 전분은 시멘트와 같은 역할을 한다. 밀 전분은 굽기 과정 중 열(60~82℃)에 의해 붕괴되면서 표면적이 커지고 글루텐이 방출하는 물을 흡수하는 중요한 역할을 한다. 밀가루에 함유된 글루텐 단백질은 빵의 부피, 겉껍질 색상, 내부 색상, 기공 상태, 조직 등 빵의 품질특성을 결정짓는 중요한 역할을 한다.

2. 밀알의 구조

① **배아(Germ)**

밀알의 2~3%를 차지하며 지방이 많이 있어서 밀가루의 저장성을 나쁘게 하므로 제분 시 분리하여 식용, 사료용, 약용으로 사용한다.

② **껍질층(Bran Layer)**

밀알의 14%를 차지하고 제분 과정에서 분리되며, 비타민 B_1(티아민), B_2(리보플라빈), 소화가 되지 않는 셀룰로오스(섬유소, 섬유질, 식이 섬유소), 회분(무기질) 등이 있다. 그리고 필수아미노산을 함유하고 있어 영양적으로는 좋지만 빵 만들기에 적합하지 않은 메소닌, 알부민과 글로불린 등 제빵적성의 질이 낮은 단백질을 다량 함유하고 있다. 그래서 껍질층이 함유된 통밀가루(전밀)를 사용하여 빵류 반죽을 제조하면 반죽의 수분 흡수율은 증가하나 반죽시간과 안정도는 감소한다. 그리고 반죽의 신장성과 탄력성이 떨어져 빵류제품의 부피가 작다.

③ **배유(Endosperm)**

밀알의 83%를 차지하며 내배유와 외배유로 구분한다. 내배유 부위를 분말화한 것이 밀가루이다. 빵 만들기에 적합한 70%의 알코올, 묽은 산, 알칼리에 용해되는 글리아딘과 묽은 산, 알칼리에 용해되는 글루테닌이 거의 같은 양으로 들어있다. 그리고 배유의 대부분을 차지하는 전분은 껍질과 배유에 함유된 단백질의 양이 감소할수록 증가하는 구조이며, 전분은 과자류제품인 거품형과 시폰형의 제과적성을 향상시킨다.

※ 강력분과 박력분을 만드는 밀알의 분류

- 강력분 : Spring red hard wheat(경춘밀), 즉 봄에 파종(씨 뿌림)하고 밀알의 색은 적색을 띠며 밀알이 단단하다(경질소맥). 단백질이 많아 점탄성이 크다.
- 박력분 : Winter white soft wheat(연동밀), 즉 겨울에 파종(씨 뿌림)하고 밀알의 색은 흰색을 띠며 밀알이 부드럽다(연질소맥). 단백질이 적어 점탄성이 작다. 그리고 유리된 전분을 가진 고운 밀가루이다.

3. 밀알의 제분과 제분수율

① **제분(The milling of wheat)과 템퍼링(Tempering, 조질)**

제분이란 곡류를 가루로 만드는 것으로 밀알은 배유부가 치밀하거나 단단하지 못하여 쌀처럼 도정(搗精, 껍질층을 벗기는 조작)할 경우 싸라기가 많이 나오기 때문에 처음부터 분말화하여 사용했다. 밀알의 분말화는 밀알의 내배유로부터 껍질층, 배아 부위를 분리하고, 내배유 부위를 부드럽게 만들어 전분이 손상되지 않게 고운가루로 만드는 것이고 이를 밀알의 제분이라고 한다. 밀알의 내배유로부터 껍질, 배아 부위를 분리하고, 내배유를 부드럽게 만드는 공정이 이루어지는 제분공정은 템퍼링(조질)이다. 이렇게 제분한 직후의 밀가루는 아직 제빵 적성이 좋지 않다. 그래서 밀가루를 표백하고 숙성시켜 제빵 적성을 좋게 만든다.

② **제분수율** : 밀알을 제분하여 밀가루를 만들 때 밀알에 대한 밀가루의 양을 %로 나타낸 것이다.

㉠ 제분수율이 낮을수록 껍질 부위가 적으며 고급분이 되지만 영양가는 떨어진다.

㉡ 제분수율이 증가하면 제분된 밀가루의 양이 많아지지만, 일반적으로 소화율은 감소한다.

㉢ 제분수율이 증가하면 껍질 부위에 많이 함유된 비타민 B_1, 비타민 B_2, 무기질(회분), 섬유소, 단백질 등의 함유량이 증가하여 영양가는 높아진다. 그러나 조절영양소와 구성영양소가 소화가 안되는 섬유소와 결합된 화합물 형태로 존재하기 때문에 소화흡수되어 체내에서 이용되는 비율이 떨어진다.

㉣ 밀가루의 사용 목적에 따라 제분수율이 조정되기도 한다.

4 제분공정

실제의 제분공정 자체도 지극히 복잡할 뿐만 아니라 제분회사의 제분공정에 따라 특유의 공정을 거치기도 한다. 그렇지만 그 기본원리에 따른 제분공정은 다음과 같이 요약할 수 있다.

① **밀 저장소** : 제분할 밀알을 종류별로 저장한다.

② **제품 통제** : 연구실에서 품종별 밀알의 특성을 조사하여 분류하고 사용목적에 따라 혼합비를 결정한다.

③ **분리기** : 왕복운동을 하는 그물 위에서 돌, 나무 조각 등 불순물을 제거한다.

④ **흡출기** : 공기를 불어 넣어 가벼운 불순물을 제거한다.

⑤ **디스크 분리기** : 밀알만이 들어가도록 만든 둥근 분리기로 보리, 귀리, 잡초씨 등 기타 이물질을 제거한다.

⑥ **스카우러(Scourer)** : 원통 속에서 밀알에 단단하게 붙어있는 먼지와 까락 등 불순물과 불균형 이물질을 털어낸다.

⑦ **자석 분리기** : 철로 구성된 작은 이물질을 제거한다.

⑧ **세척과 돌 고르기** : 밀알에 물을 넣은 후 고속으로 일어서 돌을 제거한다.

⑨ **템퍼링(Tempering, 조질)** : 밀알의 내배유로부터 껍질, 배아 부위를 분리하고, 내배유를 부드럽게 만든다.

⑩ **혼합** : 특정 용도에 맞도록 밀알을 조합한다.

⑪ **엔톨레터(Entoleter)** : 파쇄기에 주입되는 부분으로 부실한 밀알을 제거한다.

⑫ **제1차 파쇄** : 톱니처럼 된 롤러(roller)로 밀알을 파쇄하여 거친 입자를 만든다.

⑬ **제1차 체질** : 체의 그물눈을 점점 곱게하여 밀가루를 얻고 과피부분은 별도의 정선기로 보낸 후 다시 마쇄하여 저급 밀가루와 사료를 만든다.

⑭ **정선기** : 공기의 흐름과 그물로 만든 체로 과피부분을 분리하고 배유 입자를 분류한다.

⑮ **리듀싱 롤(Reducing Roll)** : 정선기에 온 밀가루를 다시 마쇄하여 작은 입자로 만든다.

⑯ **제2차 체질** : 고운 밀가루는 다음 단계로 넘어가고, 거친 입자는 별도의 정선기를 거쳐 배아 롤(Germ roll)에 다시 마쇄되고 계속되는 체질에 의해 배아와 밀가루가 분리된다.

⑰ **정선 → 마쇄 → 체질** 공정이 연속적으로 진행된다.

⑱ **표백 → 저장 → 영양강화** 등이 이루어진다.

※ **템퍼링 방법과 이유**

- 제분하고자 하는 밀알에 첨가하는 물의 양, 물의 온도, 처리시간 등의 변화를 주어 밀알에서 성질이 다른 배유, 배아, 껍질의 조성별 물리적 화학적 성질의 차이를 더욱 뚜렷하게 함으로써 파괴된 밀알이 잘 분리되도록 한다.
- 밀기울을 강인하게 하여 밀가루에 섞이는 것을 방지하기 위하여
- 배유와 밀기울의 분리를 용이하게 해주기 위하여
- 배유가 잘 분쇄되게 해주기 위하여

※ 밀알을 작은 입자형태로 만드는 제분공정에는 크게 부수는 파쇄작용(Break Roll)과 작은 분말로 만드는 분쇄작용(Reduction Roll)의 2가지 공정으로 크게 나뉜다.

※ 리듀싱 롤(Reducing Roll) : 밀알의 제분공정 중 정선기에 온 밀가루를 다시 마쇄하여 작은 입자로 만드는 공정이다. 이 공정은 분쇄작용(Reduction Roll)에 속한다.

※ 밀알을 1급 밀가루로 제분하면 단백질은 약 1%가 감소하고 회분은 1/4~1/5로 감소한다.

5. 밀가루의 분류

① 밀가루의 제품 유형별 분류 기준은 '단백질 함량'이다.

제품 유형	단백질 함량(%)	용 도	제분한 밀알의 종류
강력분	11.5~13.0	빵용	경질춘맥, 초자질
중력분	9.1~10.0	우동, 면류	연질동맥, 중자질
박력분	7~9	과자 및 튀김용	연질동맥, 분상질
듀럼분	11.0~12.5	스파게티, 마카로니	듀럼분, 초자질

② 밀가루의 등급별 분류 기준은 '회분 함량'이다.

밀가루 등급	회분 함량(%)	효소 활성도
특등급	0.3~0.4	아주 낮다
1등급	0.4~0.45	낮다
2등급	0.46~0.60	보통
최하 등급	1.2~2.0	아주 높다

6. 밀가루의 구성 성분과 특성

① 단백질

㉠ 빵류제품을 만드는 밀가루 제품의 품질을 좌우하는 가장 중요한 지표로, 여러 단백질들 중에서 글리아딘과 글루테닌이 물과 결합하여 글루텐을 만든다.

㉡ 밀가루의 수분 흡수율은 밀가루의 수분, 전분, 손상전분, 수용성 펜토산, 단백질 등의 함량 및 여러 가지 인자의 영향을 받는다.

㉢ 밀가루의 성분 중 빵류 반죽을 만들 때 가장 많은 수분 흡수율을 갖는 것은 단백질(글루텐)이다. 단백질은 자기 중량의 1.5~2배의 수분 흡수율을 갖는다.

※ 글루텐 형성 시 80%를 차지하는 단백질의 종류와 특성

- 글리아딘 : 70% 알코올, 묽은 산, 알칼리에 용해되며, 약 36%를 차지한다.
- 글리아딘은 반죽을 신장성과 점성(응집성) 있게 하는 물질로 빵의 부피와 관련이 깊다.
- 글루테닌 : 묽은 산, 알칼리에 용해되며, 약 20%를 차지한다.
- 글루테닌은 반죽을 질기고 탄력성 있게 하는 물질로 빵의 반죽형성 시간과 관련이 깊다.
- 메소닌 : 묽은 초산에 용해되며, 약 17%를 차지한다.
- 알부민과 글로불린 : 물에 녹는 수용성이며 묽은 염류용액에도 녹고 열에 의해 응고되며, 약 7%를 차지한다.

※ 글루텐 형성 시 단백질의 함량은 80%이고 나머지는 탄수화물, 수분, 회분 등이다.

② **탄수화물**

㉠ 탄수화물은 밀가루를 구성하는 성분함량의 70%를 차지하며 탄수화물의 대부분은 전분이다.

㉡ 나머지는 덱스트린, 셀룰로오스, 당류(올리고당, 맥아당, 포도당 등), 펜토산 등이 있다.

㉢ 펜토산은 펜토오스를 구성분자로 하는 다당류로 식물계에 널리 존재한다. 식물의 세포막 성분인 헤미셀룰로오스, 식물점질물, 식물고무질 등의 성분에 펜토산이 다량 함유되어 있다.

※ 밀가루에 함유되어야 할 손상전분은 제분 시 전분이 파손되어 만들어지며 적당한 함량은 4.5~8%이다.

※ 건전한 전분이 손상전분으로 대치되면 반죽 시 흡수가 빠르고 흡수량(흡수율)이 2배 증가한다.

※ 손상전분이 많을수록 흡수량이 증가하고 설탕이 없으면 발효성 탄수화물로 이용되어 발효를 촉진한다.

※ 밀가루의 구성성분 중에서 수분을 흡수하는 성분과 그 성분들의 흡수율은 다음과 같다.

- 전분 : 자기 중량의 0.5배의 흡수율을 갖는다.
- 단백질 : 자기 중량의 1.5~2배의 흡수율을 갖는다.
- 펜토산 : 자기 중량의 15배의 흡수율을 갖는다.
- 손상된 전분 : 자기 중량의 2배의 흡수율을 갖는다.

③ **지방 :** 밀가루에는 1~2% 정도가 함유되어 있는데, 이 중 70% 정도는 유리지방으로 유기용매에 의해 추출된다. 하지만 밀가루가 빵 반죽이 되면 인(P)의 함량이 높은 인지질이 글루테닌과 결합하여 결합지방이 된다. 결합지방은 에테르에는 추출되지 않지만, 포화된 결정수를 가진 부탄 알코올에는 추출된다.

④ **회분 :** 회분을 구성하는 성분은 무기질이다. 주로 껍질(밀기울)에 많으며 함유량에 따라 제분한 밀가루의 정제 정도를 알 수 있다. 껍질 부위(밀기울)가 적을수록 밀가루의 회분함량이 낮아진다.

※ 박력분은 연질소맥으로 단백질 함량이 7~9%, 회분은 0.4% 정도이다.
※ 부드러운 제품을 만들고자 할 경우에는 가장 낮은 회분(0.33~0.38%)이 함유된 것을 사용한다.
※ 밀알의 제분율이 낮을수록(껍질부위가 적을수록) 회분함량이 낮아지고 고급분이 된다. 이 밀가루는 빵과 과자에 부드러움을 주지만, 영양가가 높지 않고 고소함이 떨어진다.
※ 회분은 밀기울(껍질)의 양을 판단하는 기준이다.
※ 회분이란 의미는 식물의 타고 남은 재의 색인 회색분말을 줄인 것이다.

⑤ **수분**

㉠ 밀가루에 함유되어 있는 수분함량은 10~14% 정도이다.
㉡ 밀가루의 수분함량은 밀가루의 실질적인 중량을 결정하는 아주 중요한 요소이므로, 밀가루를 구입할 때 반드시 확인하여야 할 항목이다.
㉢ 밀가루의 수분함량 1% 감소 시 반죽의 흡수율은 1.3~1.6% 증가한다.

⑥ **효소**

밀가루에는 다양한 효소가 함유되어 있으며, 제빵에서 중요한 영향을 미치는 효소인 전분을 분해하는 아밀라아제와 단백질을 분해하는 프로테아제도 있다. 부족한 효소는 몰트로 첨가한다.

※ 프로테아제의 특징

- 빵류 반죽을 구성하는 글루텐 조직을 연화시키고, 빵류 반죽을 숙성시키는 데 작용을 한다.
- 햄버거 번스, 잉글리시 머핀 반죽에 흐름성을 부여하고자 할 때에 사용한다.
- 너무 많으면 활성도가 지나쳐서 글루텐 조직이 끊어져 끈기가 없어진다.

※ 아밀라아제의 특징

- 반죽이 발효하는 동안 아밀라아제가 전분을 가수분해하여 발효성 탄수화물을 생성한다.
- 발효성 탄수화물은 발효 시 적절한 가스 생산을 지탱해 줄 이스트의 먹이로 사용된다.
- 그리고 반죽의 흡수율을 증가시키고 빵의 수분 보유력을 높여 노화를 지연시킨다.
- 발효성 탄수화물인 맥아당은 완제품에 특유의 향을 가지게 하고 껍질색을 개선한다.
- 굽기 과정 중에 아밀라아제는 적정한 수준의 덱스트린을 형성한다.
- 덱스트린은 빵 질감의 기호성을 향상시키고 껍질을 윤기나게 한다.

7. 밀가루의 보관과 제빵 적성을 개선하는 자연표백, 자연숙성법의 특성

① 밀가루의 보관방법

㉠ 보관온도는 18~24℃, 보관습도는 55~65%이다.

㉡ 이상한 냄새가 나는 휘발유, 석유, 암모니아 등은 멀리하며, 환기를 잘 시킨다.

㉢ 쥐 등 위생동물은 차단하며, 반드시 오래된 밀가루부터 먼저 사용한다.

② 자연표백과 자연숙성된 밀가루의 특징

㉠ 저장(20℃, 습도 60%, 약 2~3개월) 중 밀가루는 대기 중에서 산소와 접촉하면 산화작용을 받아 자연표백과 자연숙성이 되어 밀가루의 성질이 제빵 적성에 맞게 개선된다.

㉡ 플라본, 카로틴과 황색 색소인 크산토필이 공기 중의 산소에 의해 더욱 희어진다.

㉢ 효소의 작용으로 환원성 물질이 산화되어 반죽의 글루텐 파괴가 줄어든다.

㉣ 지방이 산화되어 밀가루의 pH가 5.8~5.9로 낮아져 발효가 촉진된다.

㉤ 글루텐의 질이 개선되고 흡수성이 좋아진다.

㉥ 자연표백과 자연숙성의 방식은 생산성이 많이 떨어지므로 인공표백과 인공숙성의 방식을 사용하여 같은 효과를 얻는다.

8. 밀가루의 제빵 적성을 인위적으로 개선하는 개량제의 종류와 특성

① 표백제

갓 빻은 밀가루는 내배유 속의 카로티노이드계 색소인 크산토필, 그리고 약간의 카로틴과 플라본으로 인해 아주 연한 노란색인 크림색을 띠는데, 이것을 탈색하기 위해 표백제를 사용한다. 표백제의 재료에는 과산화벤조일, 산소, 과산화질소, 이산화염소, 염소가스가 있다.

② 영양 강화제

비타민, 무기질 등 제분하는 과정에서 밀가루에 부족해진 영양소를 보강해주는 물질이다.

③ 밀가루의 숙성과 숙성제

숙성이란, 밀알이 인위적인 제분에 의해 생리적으로 불안전한 상태이므로 일정기간 대기 중에 방치하는 자연숙성과 산화제를 사용하는 인공숙성으로 밀가루의 제빵적성을 높이는 것이다. 밀가루의 인공숙성방식은 산화제를 사용하여 두 개의 −SH(치올기)기가 −S−S−(이황화) 결합으로 바뀌게 하여 반죽의 장력을 증가시키고, 부피증대, 기공과 조직, 속색을 개선하는 것이다. 산화제인 브롬산칼륨, ADA(아조디카본아미드), 비타민 C 등은 표백작용 없이 숙성제로만 작용한다.

※ **인공적으로 만든 밀가루 개량제인 표백제와 숙성제의 기능**

- 밀가루의 표백기간과 숙성기간을 단축시키고 제빵 적성을 개선한다.
- 반죽의 기계적 적성을 좋게 하며, 산화제는 숙성제의 기능을 한다.
- 숙성기간은 온도와 습도 등에 영향을 받는다.

9. 제빵에 적합한 밀가루의 선택기준

① **품질이 안정되어 있을 것 :** 제빵공정과 빵의 완제품에 영향을 미친다.

② **2차 가공 내성이 좋을 것 :** 즉 제빵적성이 좋다는 말이다.

③ **흡수량이 많을 것 :** 밀가루가 흡수하는 물의 양은 반죽의 물리적 특성인 유동성, 가소성, 신장성 및 점성 등에 영향을 미치며, 완제품의 품질(즉, 빵의 부드러움)에도 영향을 미친다.

④ **단백질 양이 많고, 질이 좋은 것 :** 글루텐의 팽창되는 정도와 가스 보유력에 영향을 미친다.

⑤ **제품 특성을 잘 파악하고 맞는 밀가루의 등급을 선택할 것 :** 빵류제품의 가격에 영향을 미친다.

※ **제빵에 적합한 밀가루 선택 시 고려사항**

- 단백질의 양과 질 : 빵의 부피 결정
- 흡수량 : 빵의 부드러움 결정
- 회분량 : 밀가루의 등급과 가격 결정, 열반응에 관여하여 착색과 고소함 결정

2 기타 가루(Miscellaneous Flour)

1. 호밀가루(胡麥)

① 호밀가루의 단백질은 밀가루와 양적인 차이는 없으나 질적인 차이가 있다.

② 글리아딘과 글루테닌이 밀가루는 전체 단백질의 90%이고, 호밀가루는 25%이다. 그래서 탄력성과 신장성이 나쁘기 때문에 밀가루와 섞어 사용한다.

③ **호밀가루의 특징**

㉠ 청나라 오랑캐에게서 유래한 밀이라는 뜻으로 호밀이라고 한다(胡 : 오랑캐호).

㉡ 글루텐 형성 단백질이 밀가루보다 적지만 칼슘과 인이 풍부하고 영양가도 높다.

㉢ 펜토산 함량이 높아 반죽을 끈적거리게 하고 글루텐의 탄력성을 약화시킨다.

㉣ 호밀빵을 만들 때 산화된 발효종이나 샤워종을 사용하면 펜토산을 용해시켜 반죽형성과 가스 보유력을 좋게 만든다.

ⓜ 제분율에 따라 백색, 중간색, 흑색 호밀가루로 분류하는데, 흑색 호밀가루에 회분이 가장 많이 함유되어 있다. 회분은 무기질로 칼슘과 인이 이에 해당된다.

ⓑ 호밀분에 지방 함량이 높으면 저장성이 나빠진다.

2. 활성 밀 글루텐

① 밀가루에서 단백질을 추출하여 만든 미세한 분말로 연한 황갈색이며, 부재료로 인해 밀가루가 상당히 희석이 될 때 사용한다.

② **젖은 글루텐 반죽과 밀가루의 글루텐 양**

밀가루와 물을 2 : 1로 섞어 반죽한 후 물로 전분을 씻어 낸 글루텐 덩어리를 젖은 글루텐 반죽이라고 한다. 이 젖은 글루텐 반죽의 중량을 알면 밀가루의 글루텐 양을 알 수 있다.

㉠ 젖은 글루텐(%)=(젖은 글루텐 반죽의 중량÷밀가루 중량)×100

㉡ 건조 글루텐(%)=젖은 글루텐(%)÷3

㉢ 건조 글루텐의 양은 밀가루의 글루텐 양을 의미한다.

㉣ 건조 글루텐 형성 시 단백질의 함량은 80%이고 나머지는 탄수화물, 수분, 회분 등이다.

ⓜ 건조 글루텐은 순수한 단백질 이외의 다른 성분이 함유되어 있으므로 대강의 단백질이라는 뜻의 조단백질(crude protein)이라고도 한다.

3. 옥수수가루

옥수수 단백질인 제인은 트립토판이 결핍된 불완전 단백질이지만, 일반 곡류에 부족한 트레오닌과 함황아미노산인 메티오닌이 많기 때문에 다른 곡류와 섞어 사용하면 좋다.

4. 감자가루

감자를 갈아서 만든 가루로 제과 · 제빵 시 노화지연제, 이스트의 영양제, 향료제로 사용된다.

5. 땅콩가루

땅콩을 갈아서 만든 가루로 전체 단백질의 함량이 높고, 필수아미노산의 함량이 높아 영양강화식품으로 이용된다.

6. 면실분

목화씨를 갈아 만든 가루로 단백질이 높은 생물가를 가지고 있으며, 광물질과 비타민이 풍부하다.

7. 보리가루

밀가루보다 비타민과 무기질, 섬유질이 많아 잡곡 바게트 등의 건강빵을 만들 때 이용되며, 제분할 때 보리껍질이 다 벗겨지지 않아서 빵 맛은 거칠고, 색은 어두운 편이다.

8. 대두분

콩을 갈아 만든 가루로 필수아미노산인 리신이 많아 밀가루 영양의 보강제로 쓰인다. 제빵에 쓰이는 이유는 영양을 높이고 제품의 구조력을 강화시키는 물리적 특성에 영향을 주기 때문이다.

9. 프리믹스

밀가루, 분유, 설탕, 달걀 분말, 향료 등의 건조 재료에 팽창제 및 유지 재료를 알맞은 배합률로 균일하게 혼합한 가루로 물 혹은 우유와 섞어 편리하게 반죽할 수 있다.

3 이스트(Yeast)

1. 이스트의 특징

① 제빵 시 사용하는 천연팽창제인 이스트는 효모라고도 불리며 출아증식(Budding)을 한다.

② 엽록소가 없어 광합성을 하지 못하고 섬유상 구조를 갖는 운동기관인 편모가 없어 운동성이 없는 단세포 식물이다. 그래서 증식할 때 군집(Colony)을 형성한다.

③ 반죽 내에서 발효하여 탄산가스(이산화탄소)와 에틸알코올, 유기산을 생성한다.

④ 이 3가지 발효대사산물은 반죽을 팽창 · 숙성시키고 빵에 향미성분을 부여한다.

⑤ 제빵용 이스트는 고온발효 맥주효모인 에일이스트(Ale yeast)맥주효모로 학명은 Saccharomyces cerevisiae(사카로미세스 세레비시아)이다.

2. 이스트의 구성 성분과 형태

① 이스트의 구성 성분

구성 성분	수 분	단백질	회 분	인 산	pH
비율(%)	65~83%	11.6~14.5%	1.7~2.0%	0.6~0.7%	5.4~7.5

② **형태 :** 길이는 1~10㎛, 폭은 1~8㎛으로 원형 또는 타원형이며, 1개의 세포가 하나의 생명체를 이루고 있다.

③ 이스트는 단백질 함량이 높고 경제적인 비용으로 생산되기 때문에 동물의 사료와 사람의 음식물에 고단백 식재료로 등장하게 되었다.

④ 이스트 단백질과 근육 단백질을 이루는 필수아미노산의 조성이 너무 유사하며 이스트 단백질은 모든 필수아미노산을 함유하고 있기 때문에 영양학적으로 완전 단백질이다.

3. 이스트의 수분함량에 따른 분류와 특성

① **생이스트(Fresh Yeast, Compressed Yeast)**

㉠ 액체배지에서 액상의 형태로 배양한 효모를 압착하여 고형분의 형태로 만들기 때문에 압착효모라고 하며, 시장에 출시되고 있는 다양한 압착효모 제품의 평균적인 구성은 고형분 30~35%와 70~75%의 수분을 함유하고 있으므로 생이스트라고도 한다.

㉡ 30℃ 정도의 생이스트 양 기준으로 4~5배의 물을 준비하여 용해시켜 사용하면 생이스트의 활성과 분산성을 향상시킨다.

② **활성 건조효모(Active Dry Yeast)**

㉠ 활성 건조효모는 70% 이상인 생이스트의 수분을 7.5~9% 정도로 건조시킨 것이다.

㉡ 생이스트를 대체하여 활성 건조효모를 사용할 경우 생이스트의 40~50%를 사용한다.

㉢ 수화방법 : 40~45℃의 물을 건이스트 양 기준으로 4~5배 준비하여 용해시킨 후 5~10분간 수화시켜 사용해야만 건조이스트의 활성과 분산성을 향상시킨다. 그래서 이러한 불편을 없애고 밀가루에 직접 투입하여 사용할 수 있는 인스턴트 이스트(Instant Dry Yeast)를 많이 쓴다.

㉣ 수화를 시켜 사용할 때 설탕을 5% 미만으로 넣어 수화시키면 발효력이 증가한다.

㉤ 장점 : 균일성, 편리성, 정확성, 경제성, 저장성

4. 이스트에 존재하는 효소

효소	작용
말타아제	맥아당을 2분자의 포도당으로 분해시켜 지속적인 발효가 진행되게 한다.
인베르타아제	자당을 포도당과 과당으로 분해시킨다.
치마아제	포도당과 과당을 분해시켜 탄산가스와 에틸알코올을 만든다.
프로테아제	단백질을 분해시켜 펩티드, 아미노산을 생성한다.
리파아제	세포액에 존재하며, 지방을 지방산과 글리세린으로 분해한다.

5. 이스트의 증식 조건(환경요인)

① **먹이(영양원) :** 질소, 인산, 칼륨, 발효성 탄수화물(이스트의 먹이로 이용되는 당분)

② **산소 :** 통성 호기성균으로 산소가 있으면 호흡작용을 하며 증식의 속도가 빠르고, 산소가 없으면 발효작용을 하며 증식의 속도가 느리다.

③ **발육의 최적온도 :** 28~32℃

④ **발육의 최적 pH :** pH 4.5~4.8

6. 취급과 저장 시 주의할 점

① 48℃에서 파괴되기 시작하므로 너무 높은 온도의 물과 직접 닿지 않도록 주의한다.

② 반죽온도를 감안해 온도를 설정한 물에 풀어서 사용하면 고루 분산시킬 수 있다.

③ 재료를 계량하거나 믹서 볼에 넣을 때 소금, 설탕, 제빵개량제와 직접 닿지 않도록 한다.

④ 이스트를 −18℃, −6.7℃, −1℃, 7℃, 13℃, 22℃에서 3개월간 저장한 후 제빵실험을 한 결과 −1℃에 저장한 이스트가 이스트도 얼지 않으면서 정상적인 일관성도 잃지 않는 가장 적합한 온도인 것으로 나타났다. −1℃ 이외의 온도에서 3개월간을 저장한 경우, 이스트 본래의 특성을 유지하기가 어렵거나 제빵적성이 감소되는 경향이 있다. 그럼에도 불구하고 이스트 전용냉장고를 구비할 수 없는 업계의 현실을 고려하여 다른 제빵 재료와 함께 보관할 수 있는 냉장고 온도(0~5℃)가 현실적인 생이스트 보관온도이다.

※ 글루타티온(Glutathione) : 효모에 함유된 성분으로 특히 오래된 효모에 많다. 환원성 물질로 효모가 사멸하면서 나와 환원제로 작용하여 반죽을 악화시키고 빵의 맛과 품질을 떨어뜨린다.(일명 글루타치온)

※ 효모(이스트)는 당을 분해하여 이산화탄소(탄산가스)와 에틸알코올을 생성한다.

4 계란(Egg)

1. 계란의 구성

① **구성비율**

껍질 10% : 노른자 30% : 흰자 60%

② **부위별 고형분과 수분의 비율**

부위명	전 란	난황(노른자)	난백(흰 자)
고형분	25%	50%	12%
수 분	75%	50%	88%

③ **성분**

㉠ 흰자 : 콘알부민(철과 결합능력이 강해서 미생물이 이용하지 못하는 항세균 물질)

㉡ 노른자 : 레시틴(유화제), 트리글리세리드, 인지질, 콜레스테롤, 카로틴, 지용성 비타민, 무기질 등이 있다. 무기질 중 철(Fe)은 황(S)과 결합하여 노른자가 변이한 색상을 띠게 만든다.

㉢ 껍질 : 껍질은 대부분 탄산칼슘으로 구성되어 있고 세균이 침입할 수 있는 크기의 작은 구멍들이 있으나 껍질 표면은 세균 침입을 막는 큐티클(Cuticle)로 싸여 있다. 그러나 계란이 오

래 되면 큐티클이 사라져 세균에 의한 오염이 발생한다.

2. 제빵 시 작용하는 계란의 기능과 그 해당 품목

① **농후화제 :** 계란이 가열되면 열에 의하여 응고되어 제품을 걸쭉하게 한다(예 커스터드 크림, 푸딩, 알찜, 소스).

② **결합제(결착제) :** 점성과 계란 단백질의 응고성이 있다(예 일본 고로케의 원조인 러시아 크로켓에 빵가루가 붙을 수 있도록 결착시키고, 크로켓 반죽을 익힐 때 조직의 응고성을 증가시킨다. 그리고 커스타드 크림의 점성을 증가시키는 작용을 한다).

③ **유화제 :** 노른자에 들어있는 인지질인 레시틴은 기름과 수용액을 혼합시킬 때 유화제 역할을 한다(예 마요네즈, 케이크, 아이스크림).

④ **팽창제 :** 흰자의 단백질인 글로불린은 휘핑에 의한 표면활성으로 팽창의 매개체인 기포를 형성한다. 이때 글로불린은 기포를 형성하는 기포성뿐만 아니라 기포를 유지하는 안정성의 기능으로, 팽창제 역할을 한다. (예 스펀지 케이크, 엔젤 푸드 케이크)

㉠ 기포성

- 기포성이란 액체나 고체 속에 기체(공기)가 들어가 거품을 잘 일으키는 성질을 말한다.
- 거품이 일어나는 원리는 흰자를 휘핑하면 흰자의 단백질막이 공기와 접촉함으로 인해, 단백질이 공기를 품고 신장성을 가지고 늘어나며 응고(변성)되어, 단백질 막으로 둘러싸인 기포들이 형성되며 거품을 만든다.
- 계란은 30℃에서 기포성과 포집성(안정성)이 가장 좋다.

㉡ 계란 거품의 안정성이란 기포를 일으킨 거품체가 치밀하고 단단하여 안정적인 구조를 갖는 성질을 말한다. 일명 포집성이라고도 한다.

㉢ 기포성과 포집성(안정성)에 작용하는 요인과 특징

- 온도 : 낮은 온도에서는 기포성이 떨어지고 안정성이 좋아진다. 그러나 높은 온도에서 중탕하여 기포하면 기포성이 좋아지고 안정성이 떨어진다.
- 설탕의 함량 : 계란에 첨가하는 설탕의 함량이 많아지면 점도가 높아져 기포의 생성 속도는 느려지지만 안정성은 좋아진다.
- 설탕의 투입시기 : 머랭을 제조할 때 흰자에 처음부터 설탕을 넣고 기포하면 기포성은 떨어지나 안정성은 좋아진다. 그러나 흰자를 60%정도 휘핑 후 3~4번에 나누어 설탕을 투입하면 기포성은 좋아지나 안정성이 떨어진다.
- 소금의 첨가 : 소금은 계란 단백질의 응고를 도와주어 거품 표면의 변성을 촉진하고, 안정성을 좋게 하며 기포성은 약간 개선시킨다.
- 주석산 크림, 레몬즙, 식초, 과일즙 등의 산성재료 첨가 : 계란 단백질의 응고를 도와주어 거품 표면의 변성을 촉진하고, 안정성을 좋게 하며 기포성도 개선시킨다.

- 믹싱 속도 : 고속 믹싱은 기포성은 좋으나 안정성이 떨어진다. 반대로 중속 믹싱은 안정성은 좋으나 기포성이 떨어진다.
- 계란의 신선도 : 계란이 오래될수록 많아지는 점도가 묽은 흰자의 성분은 기포성을 좋게 하지만 안정성을 떨어뜨린다. 반대로 계란이 신선할수록 많아지는 점도가 높은 흰자의 성분은 안정성을 좋게 하지만 기포성은 떨어뜨린다.

⑤ **착색제 :** 빵 반죽에 칠해 구우면 당분과 아미노산이 메일라드 반응을 일으켜 갈색을 만든다.

⑥ **영양 · 풍미 :** 양질의 완전 단백질 공급원이며, 다른 재료의 맛과 향을 살린다.

3. 계란의 신선도 측정

① 껍질은 탄산칼슘 94%, 탄산마그네슘 1%, 인산칼슘 1% 등으로 구성되며, 난각(계란껍질) 표면(Cuticle)에 광택이 없고(윤기가 없고) 선명하다. 그리고 표피의 촉감은 까슬까슬하다.

② 흔들어 보았을 때 소리가 없고, 깨었을 때 노른자가 바로 깨지지 않아야 한다.

③ 소금물에 넣었을 때 계란이 바닥에 옆으로 누워있으면 신선하다.

④ 햇빛을 통해 볼 때 속이 맑게 보인다.

※ 난백계수 산출식 : 흰자의 높이÷흰자의 지름=0.3~0.4 혹은 0.3~0.4×1,000=300~400
※ 난백계수가 0.4 혹은 400일 때가 가장 신선하다.
※ 계란의 신선도 측정 시 소금물의 비율은 물 100% : 소금 6~10%
※ 계란은 5~10℃로 냉장 저장하여야 품질을 보장할 수 있다.

5 물(Water)

1. 제빵 시 작용하는 물의 기능

① 원료를 용해 혹은 부유시켜 분산하고 글루텐을 형성시키며 반죽의 되기를 조절한다.

② 효모에 활력을 주고 효소에 활성을 제공한다.

③ 빵류의 제품별 특성에 맞게 반죽온도를 조절하기가 용이하다.

④ 굽기 과정 중 물은 전분의 호화에 중요한 역할을 한다.

⑤ 밀가루 기준 물의 비율은 반죽의 물성, 즉 유동성, 가소성, 신장성 및 점성 등을 조절해 주며 빵류제품의 품질에도 영향을 미친다.

⑥ 제빵기능사 실기시험 품목을 기준으로 물의 흡수율 범위는 밀가루 무게 기준 55~65% 정도이며 일반적으로 수돗물을 사용한다.

2. 경도에 따른 물의 분류와 특성

경도는 물에 녹아 있는 칼슘염과 마그네슘염(즉 '칼슘 및 마그네슘, 그리고 이온량'을 의미함)을 이것에 상응하는 탄산칼슘의 양으로 환산해 ppm(Part Per Million의 약자로 g당 중량이 백만분의 1이라는 의미)으로 표시한다. 왜냐하면 칼슘은 빵을 만들 때 반죽의 개량효과(탄력성 향상)를 가지고 있고, 마그네슘은 반죽의 글루텐을 견고하게 만들기 때문이다.

① **경수(180ppm 이상)**

㉠ 단단한 물이라는 의미로 센물이라고도 하며, 광천수, 바닷물, 온천수가 해당한다.

㉡ 경수를 반죽에 사용했을 때 나타나는 현상

- 반죽의 글루텐을 경화시켜 반죽을 질겨지게 만든다.
- 반죽이 되지므로 반죽에 넣는 물의 양(가수량)이 증가한다.
- 반죽을 잡아당기면 늘어나지 않으려는 탄력성(저항성)이 증가한다.
- 글루텐의 지나친 경화가 원인이 되어 믹싱, 발효시간을 길어지게 만든다.

㉢ 경수 사용 시 조치사항

- 이스트 사용량을 증가시키거나 발효시간을 연장시킨다.
- 맥아를 첨가, 효소 공급으로 발효를 촉진시킨다.
- 글루텐이 경화되므로 이스트 푸드, 소금과 무기질(광물질)을 감소시켜 물의 경도를 낮춰준다.
- 반죽에 넣는 물의 양, 즉 급수량을 증가시킨다.

㉣ 경수의 종류

- 일시적 경수 : 탄산수소 이온과 칼슘염이 결합된 탄산칼슘의 형태로 함유되어 있는 경수로 끓이면 불용성 탄산염으로 분해되고 침전하여(가라앉아) 연수가 된다.
- 영구적 경수 : 황산이온과 칼슘염, 마그네슘염이 결합된 황산칼슘, 황산마그네슘의 형태로 함유되어 있는 경수로 끓여도 불변된다.

② **연수(60ppm 이하)**

㉠ 부드러운 물이라는 의미로 단물(민물)이라고도 하며 빗물, 증류수가 해당된다.

㉡ 연수를 반죽에 사용했을 때 나타나는 현상

- 반죽의 글루텐을 연화시켜 반죽을 부드럽게 만든다.
- 반죽이 질어지므로 반죽에 넣는 물의 양(가수량)이 감소한다.
- 반죽이 끈적거리는 점착성이 증가한다.
- 반죽의 지나친 점착성이 원인이 되어 굽기 시 반죽의 오븐 스프링을 나쁘게 만든다.

㉢ 연수 사용 시 조치사항

- 반죽이 부드럽고 끈적거리므로 2% 정도의 흡수율을 낮춘다.
- 가스 보유력이 적으므로 이스트 푸드와 소금을 증가시켜 물의 경도를 높여준다.

• 가스 보유력이 떨어지므로 발효시간을 단축시킨다.

③ **아연수(61~120ppm 미만) :** 부드러운 물에 가깝다는 의미이다.

④ **아경수(120~180ppm 미만) :** 반죽의 글루텐을 적당히 경화시키고 이스트에 영양물질을 제공하므로 제빵에 사용되는 물로 가장 적합한 형태이다. 단단한 물에 가깝다는 의미이다.

3. pH의 개념과 제품에 미치는 영향

물의 pH는 빵 반죽의 산성과 알칼리성의 정도에 영향을 미치며 반죽의 pH는 이스트의 발효력을 결정한다.

① **pH의 의미**

㉠ pH는 용액의 산성과 알칼리성의 정도를 나타내는 수소이온 활성도이다.

㉡ 수소이온농도$[H^+]$는 물이 다음과 같이 이온화하여 형성된다. $H_2O=H^++OH^-$

㉢ 이때 수소이온$[H^+]$과 수산화이온$[OH^-]$의 농도의 곱(이온곱)은 일정한 온도에서 일정한 값을 나타낸다.

㉣ $[H^+]$과 $[OH^-]$을 각각 이 두 이온의 몰농도라고 하며 25℃에서 순수한 물의 이온곱은 $[H^+]\times[OH^-]=10^{-14}$g ion/ℓ 으로 표시한다. 왜냐하면 용액 1ℓ 속에 존재하는 수소이온$[H^+]$과 수산화이온$[OH^-]$의 g이기 때문이다.

㉤ 순수한 물은 수소이온농도와 수산화이온농도가 같으므로 $[H^+]=[OH^-]=10^{-7}$이 되는 중성이다.

㉥ 중성인 물에 다른 용액을 첨가하여 $[H^+]$가 10−7보다 클 때는 산성이고, $[H^+]$가 10^{-7}보다 작을 때는 알칼리를 나타낸다.

㉦ pH의 p는 상용로그 밑이 10인 대수의 마이너스 값을 나타내기 때문에 pH는 $-10\log[H^+]$로 표시된다. 그래서 수소이온농도$[H^+]$가 10^{-7}일 때의 pH는 $-\log10^{-7}$이므로 pH 7이라고 쓴다.

㉧ 용액의 수소이온농도를 나타내며 범위는 pH 1~14로 표시한다.

㉨ pH 7을 중성으로 하여 수치가 pH 1에 가까워지면 산도가 커진다.

㉩ 수치가 pH 14에 가까워지면 알칼리도가 커진다.

㉪ 'pH 1의 차이는 수소이온농도가 10배 차이가 난다'는 뜻이다. 그러므로 pH의 수치가 1 상승할 때마다 수소이온농도는 10배씩 희석이 된다.

② **산도가 제품에 미치는 영향(pH가 제품에 미치는 영향)**

㉠ 산(pH가 낮음)은 글루텐을 응고시켜 부피팽창을 방해하기 때문에 기공은 작고 조직은 조밀하다. 당의 열반응도 방해하기 때문에 껍질색을 여리게 만들고 향을 약하게 만든다.

㉡ 알칼리(pH가 높음)는 글루텐을 용해시켜 부피팽창을 유도하기 때문에 기공이 열리고 조직이 거칠다. 당의 열반응도 촉진시켜 껍질색을 진하게 만들고 향을 강하게 만든다.

산이 강한 경우(pH가 낮은 경우)	알칼리가 강한 경우(pH가 높은 경우)
너무 고운 기공	거친 기공
여린 껍질색	어두운 껍질색과 속색
연한 향	강한 향
톡 쏘는 신맛	소다맛
빈약한 제품의 부피	정상보다 큰 제품의 부피

4. pH에 따른 물의 분류와 특성

① 반죽의 pH(수소이온농도)는 효모의 발효와 효소의 활성으로 만들어지는 가스 발생력과 글루텐의 물리성으로 만들어지는 가스 보유력에 영향을 준다. 그리고 최종제품의 특성에 큰 영향을 미친다.

② 약산성의 물(pH 5.2~5.6) : 제빵용 물로는 가장 양호하다.

③ **마실 수 있으나 알칼리성이 강한 물을 사용한 경우**

㉠ 알칼리성 물은 이스트의 발효대사산물인 유기산과 제빵개량제의 무기산을 중화시켜 반죽의 pH(수소이온농도)가 떨어지는 것을 막아 이스트(효모)의 발효와 효소의 활성을 방해해 발효속도를 지연시킨다.

㉡ 빵 반죽의 글루텐을 용해시켜 반죽의 신장성과 탄력성을 떨어뜨린다.

㉢ 당의 열반응을 촉진시켜 완제품의 껍질색을 진하게 만들고 향을 강하게 만든다.

㉣ 알칼리성이 강한 물 사용 시 조치사항 : 산성인산칼슘, 황산칼슘을 함유한 산성 이스트 푸드의 양을 증가시킨다.

④ **마실 수 있으나 산성이 강한 물을 사용한 경우**

㉠ 이스트의 발효와 효소의 활성을 촉진시켜 발효속도를 빠르게 한다.

㉡ 빵 반죽의 글루텐을 용해시켜 반죽이 찢어지기 쉽고 반죽의 신장성과 탄력성을 떨어뜨린다.

㉢ 당의 열반응을 늦추어 완제품의 껍질색을 여리게 만들고 향을 약하게 만든다.

㉣ 산성이 강한 물 사용 시 조치사항 : 이온교환수지를 이용해 물을 중화시킨다.

6 소금(Salt)

1. 소금의 특징

① 나트륨과 염소의 화합물로 염화나트륨(NaCl)이라 하며 빵 반죽에는 점탄성 증가, 식품 건조 시 건조속도 빠름, 식품 보관 시 방부효과가 있다.

② 제빵용 식염으로는 염화나트륨에 탄산칼슘과 탄산마그네슘의 혼합물이 1% 정도 함유된 것이 좋다. 칼슘염은 가스 보유력을 마그네슘은 가스 발생력을 향상시키기 때문이다.
③ 만약에 식염(식품용, 가정용으로 사용되는 소금)을 넣지 않으면 빵 완제품의 맛, 향, 색, 형태, 부피, 질감 등이 제대로 나지 않는다. 소금의 사용량은 2%가 평균적이며 최저 사용량은 1.7%이다.

2. 제빵에서 소금의 역할

① 삼투압과 pH 완충작용으로 잡균의 번식을 억제하는 방부효과가 있다.
② 소금을 구성하는 나트륨이 당의 열반응을 촉진하므로 빵 내부를 누렇게 만든다.
③ 소금의 나트륨이 당의 열반응을 촉진하므로 빵의 껍질색을 조절하여 빵의 외피색이 갈색이 되는 것을 돕는다.
④ 설탕의 감미와 작용하여 풍미를 증가시키고 맛을 조절한다.
⑤ 점착성을 방지하고 강한 저항성과 신장성 등의 물리적 특성을 빵 반죽에 부여한다.
⑥ 글루텐 막을 얇게 하여 빵 내부의 기공을 좋게 하고 빵의 외피를 바삭하게 한다.
⑦ 글루텐을 강화시켜 반죽은 견고해지고 제품은 탄력을 갖게 된다.
⑧ 삼투압과 pH 완충작용에 의하여 이스트의 활력에 영향을 미치므로 소금의 양은 빵 반죽의 발효진행 속도와 밀접한 상관관계를 갖는다. 소금의 사용량은 2%가 평균적이나 그 이상 사용하면 발효력이 저하된다.
⑨ 반죽의 물 흡수율을 감소시키고 반죽시간을 증가시키므로 믹싱 시 클린업 단계 이후에 넣으면 반죽의 물 흡수율을 증가시켜 제품의 저장성을 높이고 반죽시간을 단축시킬 수 있다.

7 감미제(Sweetening Agents)

설탕(자당)류와 전분당류 등의 감미제는 제품의 단맛을 내고, 이스트에게 영양원이 되며, 껍질색이 나도록 하고, 연화작용, 보습작용, 노화지연, 저장성 향상 등의 역할을 한다.

1. 설탕(자당, Sucrose)

사탕수수나 사탕무의 즙액을 농축하고 결정화시켜 원심분리하면 원당과 제1당밀이 되는데 원당으로 만드는 당류를 설탕이라 한다.

① **정제당 :** 불순물과 당밀을 제거하여 만든 설탕으로 액상형, 분말형, 입상형 당류로 나뉜다.
㉠ 액당 : 자당 또는 전화당이 물에 녹아있는 시럽을 가리킨다. 액당은 일반적으로 제과에서 많이 사용한다. 액당은 쿠키의 보습력을 높여 저장성을 높이고 촉촉한 식감을 만든다. 그리고

롤 케이크 제조에서는 완제품을 말(Rolling) 때 터짐을 방지한다. 그런데 제빵에서는 액당을 빵 반죽에는 사용하지 않는다. 왜냐하면 빵에서는 액당의 장점인 저장성과 촉촉한 식감이 나타나지 않기 때문이다. 빵에서의 저장성과 촉촉한 식감은 발효시간에 의한 결합수의 증가와 밀접한 연관이 있다. 그렇지만 빵의 부속물인 토핑물과 충전물을 제조할 때는 저장성과 식감을 향상시키기 때문에 많이 사용한다.

ⓛ 전화당 : 자당(설탕)을 산이나 효소로 가수분해하면 같은 양의 포도당과 과당이 생성되어 등분자 혼합물이 된다. 이때 비선광도가 우선성에서 좌선성으로 변화하므로 전화당(Invert Sugar)이란 이름이 붙었다. 전화당은 쿠키의 광택과 촉감을 위해 사용하고 흡습성이 강해서 제품의 보존기간을 지속시킬 수 있다. 그리고 아이싱의 일종인 퐁당 크림을 부드럽게 하고 수분 보유력을 높이기 위해 일반적으로 전화당 시럽 혹은 물엿으로 대체하여 첨가한다.

tip

※ 전화당의 특징

- 단당류의 단순한 혼합물이므로 갈색화 반응이 빨라 껍질색의 형성을 빠르게 한다.
- 설탕의 1.3배 감미도(130)를 가지며, 제품에 신선한 향을 부여한다.
- 전화당은 흡습성이 강하여 시럽의 형태로 존재하기 때문에 고체당으로 만들기 어렵다.
- 설탕에 소량의 전화당을 혼합하면 설탕의 용해도를 높일 수 있다.
- 10~15%의 전화당 사용 시 제과의 설탕결정 석출이 방지된다.
- 제빵 재료에서는 전화당을 트리몰린(Trimolin)이라고 한다.

ⓒ 분당 : 설탕을 마쇄한 분말로 3%의 옥수수 전분을 혼합하여 덩어리가 생기는 것을 방지한다.

ⓔ 입상형 당 : 설탕이 알갱이 형태를 이룬 것으로, 사용하는 용도에 따라 알갱이의 형태가 ultra fine, very fine, fine, coarse 등으로 나뉜다.

ⓜ 황설탕 : 입상형 당류로 약과, 약식, 캐러멜 색소의 원료로 사용된다.

② **함밀당 :** 불순물만 제거하고 당밀이 함유되어 있는 설탕으로, 흑설탕을 가리킨다.

2. 전분당(Starch sugar)

전분을 원료로 하는 감미료를 총칭하며, 종류에는 물엿, 맥아당, 포도당, 이성화당 등이 있다.

① **포도당**(Dextrose)

ⓖ 전분을 효소나 산으로 가수분해시켜 얻은 전분당으로 무수포도당과 함수포도당이 있다.

ⓛ 설탕 대신 포도당을 쓰고자 하면, 설탕 100g은 수분이 없는 무수포도당은 105.26g으로 수분이 있는 함수포도당은 115.67g으로 대치해야 한다.

ⓒ 전분당인 포도당액(함수포도당)을 효소나 알칼리 처리로 일부를 이성질체인 과당으로 변화시켜 포도당과 과당으로 구성된 이성화당을 만드는 데 사용한다.

ⓔ 입 안에서 용해될 때 시원한 느낌을 주므로, 충전용 크림 제조 시 많이 사용한다.

㉤ 발효성 탄수화물 중 효모에 의해 가장 먼저 발효되는 당으로 발효를 촉진시킨다.

② **물엿(Corn Syrup)**

㉠ 전분을 산 분해법, 효소 전환법, 산 · 효소법의 3가지 방법으로 만든 전분당이다.

㉡ 포도당, 맥아당, 그 밖의 이당류, 덱스트린이 혼합된 반유동성 감미물질이다.

㉢ 끈적거리는 점성과 수분을 보유하는 보습성이 뛰어나 제과 시 과자류제품의 조직을 부드럽게 할 목적으로 많이 사용한다.

㉣ 전분을 가수분해하면 물엿이 생성되고 물엿을 가수분해하여 완전히 전환시키면 순수한 포도당이 생산되는데, 이때 포도당 당량(DE)은 95%이다.

㉤ 포도당 당량은 DE(Dextrose Equivalent)로 표시하고, DE는 전환된 순수한 포도당을 계산하여 전체 고형질에 대한 %로 나타낸다.

㉥ 예를 들어 전분 100g을 분해하여 고형질 80g을 생산하고 그 중 포도당이 40g일 경우 DE는 '40g÷80g×100=50%' 이런 식으로 계산한다. 그리고 물엿제품에 DE 50이라고 표기한다.

3. 당밀(Molasses)

① **제빵에 당밀을 넣는 이유**

㉠ 당밀 특유의 단맛을 얻을 수 있다.

㉡ 제품의 노화를 지연시킬 수 있다.

㉢ 향료와의 조화를 위하여 사용한다.

㉣ 당밀의 독특한 풍미를 얻을 수 있다.

② 럼주는 당밀을 발효시킨 후 증류해서 만든다.

③ 당밀을 사용하는 제빵 품목에는 호밀빵이 있다.

④ **당밀의 종류**

㉠ 사탕수수를 압착하여 얻은 액당에서 설탕을 제조할 때에 부산물로 생산되는 자당(설탕)을 함유하는 액체의 총칭으로 더 이상 설탕을 회수하기 어려운 것을 당밀이라고 말한다.

㉡ 당함량, 회분함량, 색상을 기준으로 등급을 나누며, 고급당밀에는 오픈케틀이 있다.

㉢ 저급당밀은 식용하지 않고 가축 사료, 이스트 생산 등 제조용 원료로 사용된다.

㉣ 당밀이 원당에서 얻어지는 다른 설탕(정제당)과 구분되는 구성 성분은 회분(무기질)이다.

4. 맥아(Malt)와 맥아시럽(Malt Syrup)

① **맥아**

㉠ 맥아분(엿기름, 몰트)에 물을 넣고 열을 가하여 만든다. 일명 몰트시럽이라고 한다.

㉡ 맥아(엿기름)에 함유된 효소가 탄수화물과 단백질을 분해하여 반죽에 흐름성을 부여한다.

㉢ 탄수화물 분해효소인 아밀라아제가 전분을 맥아당으로 분해하여 발효가 촉진된다.

㉣ 전분의 당화로 생성된 맥아당으로 인해 완제품은 특유의 향을 가지게 된다.
㉤ 생성된 맥아당은 빵의 껍질색을 개선하고 저장성을 증가시킨다.

② **맥아시럽**
㉠ 맥아분(엿기름, 몰트)에 물을 넣고 열을 가하여 만든다. 일명 몰트시럽이라고 한다.
㉡ 탄수화물 분해효소, 단백질 분해효소, 맥아당, 가용성 단백질, 광물질 기타 맥아 물질을 추출한 액체로 구성된 시럽이다. 물엿과 비교하면 흡습성이 적다.
㉢ 캐러멜, 캔디, 젤리 등을 만들 때 넣어 설탕의 재결정화를 방지한다.

5. 유당(젖당, Lactose)

① 유당은 포유동물의 젖에 많이 함유된 동물성 당류이다.
② 단세포 생물인 이스트에 의해 발효되지 않고, 잔류당으로 남아 갈변반응을 일으켜 껍질색을 진하게 한다.
③ 유당은 젖산균(유산균)이나 대장균에 의해 발효가 되어 유산을 생성한다.
④ 유당의 종류에는 입상형, 분말형, 미분말형 등이 있다.

6. 빵류에 영향을 미치는 감미제의 기능

① 빵에서 단맛을 제공하는 감미제 기능을 한다.
② 빵 속에 수분을 보유하는 보습제 기능이 있다.
③ 보습제 기능은 빵의 노화를 지연시켜 저장기간(저장성)을 증가시킨다.
④ 글루텐을 연화시켜 속결(조직 속)과 기공을 부드럽게 만든다.
⑤ 캐러멜화와 메일라드 반응을 통하여 빵의 껍질색이 나고, 향이 향상된다.
⑥ 발효가 진행되는 동안 이스트에 발효성 탄수화물(이스트의 먹이)을 공급한다.

8 유지류(Fat & Oil)

1. 유지류의 특징

① 3분자의 지방산과 1분자의 글리세린(글리세롤)으로 결합된 유기화합물로 단순지질에 속한다.
② 지방의 지방산이 불포화지방산인 경우 실온에서 액체인 기름(Oil; 油)이 된다.
③ 지방의 지방산이 포화지방산인 경우 실온에서 고체인 지방(Fat; 脂)이 된다.
④ 액체인 기름(Oil; 油)과 고체인 지방(Fat; 脂)을 총칭해 유지(油脂)라고 부른다.
⑤ 버터, 마가린, 쇼트닝 등 고체 형태의 유지는 가소성이 좋으므로 제빵에 적합하다.
⑥ 빵의 종류에 따라 올리브오일, 샐러드오일 등 액체 형태의 유지를 사용하는 경우도 있다.

⑦ 제빵 시 유지는 빵에 독특한 풍미를 가져 다 주며, 가소성과 신장성을 향상시키며, 빵의 노화를 지연시키는 기능을 한다.

2. 빵류에 사용하는 유지의 종류와 특성

① 버터(Butter)

㉠ 우유의 유지방(우유지방)으로 제조하며 수분함량은 16% 내외이다.

㉡ 유지에 물이 분산되어 있는 유중수적형(W/O, Water in Oil)의 구성형태를 갖는다.

㉢ 우유지방 : 80~85%, 수분 : 14~17%, 소금 : 1~3%, 카세인, 단백질, 유당, 무기질을 합쳐 1%이며, 우유지방(유지방)은 뷰티르산(Butyric acid)을 함유하고 있는 것이 특징이다.

㉣ 포화지방산 중 탄소의 수가 4개로 가장 적은 뷰티르산으로 구성된 버터는 이 뷰티르산으로 인해 비교적 융점이 낮고 가소성(Plasticity) 범위가 좁아 18~21℃에서 작업하는 것이 좋다.

② 마가린(Margarine)

㉠ 버터 대용품으로 개발된 마가린은 주로 대두유, 면실유 등 식물성 유지로부터 만든다.

㉡ 지방 : 80%, 우유 : 16.5%, 소금 : 3%, 유화제 : 0.5%, 향료 · 색소 : 약간

㉢ 마가린과 버터는 조성에 있어 구성성분과 그 비율이 비슷하기 때문에 서로 동량으로 대체가 가능하다. 마가린은 버터처럼 유중수적형(W/O, Water in Oil)의 구성형태를 갖는다.

tip

※ 버터와 마가린의 차이점 : 구성하는 지방의 종류가 다르며 지방은 지방산의 종류에 의해 달라진다. 버터의 우유지방은 '뷰티르산'으로, 마가린의 지방은 '스테아르산'이라는 지방산으로 이루어져 있다.

※ 버터, 마가린, 쇼트닝의 공통점은 실온(20℃)에서 포화지방산의 비율이 높아 가소성을 띤 고체유지이고 이와 달리 튀김기름(식용유), 샐러드유는 불포화지방산의 비율이 높아 액상을 띤 액체유지이다.

③ 라드(Lard)

㉠ 돼지의 지방조직을 분리해서 정제한 지방으로 품질이 일정하지 않고 보존성이 떨어진다.

㉡ 쇼트닝가(부드럽고, 바삭한 식감)를 높이기 위해 빵, 파이, 쿠키, 크래커에 사용된다.

④ 쇼트닝(Shortening)

㉠ 라드의 대용품으로 정제한 동 · 식물성 유지를 구성하는 불포화지방산의 이중결합에 니켈을 촉매로 수소를 첨가하여 경화유로 제조하며, 수분함량 0%로 무색, 무미, 무취하다.

㉡ 통상 고체 및 유동성(액상) 형태로 융점과 발연점을 높게 만들기 때문에 가소성의 온도 범위가 넓다. 그래서 쇼트닝은 취급이 용이하다.

㉢ 케이크 반죽의 유동성, 기공과 조직, 부피, 저장성을 개선하며, 쇼트닝성도 갖고 있다.

㉣ 쇼트닝 제조 시 유화제 사용으로 공기혼합 능력이 크고 유연성과 노화지연이 크다.

㉤ 아이싱이나 토핑 제조 시 쇼트닝을 사용하면 첨가하는 재료에 따라 향과 맛을 살릴 수 있다.

㉥ 제빵에서 쇼트닝은 윤활작용으로 글루텐의 가스 보유력을 증진시켜 반죽의 팽창을 돕고, 반죽에 흐름성을 부여하여 반죽을 담은 팬 모양의 빵이 되도록 한다.

⑤ **튀김기름(Frying Fat)**

㉠ 적절한 튀김온도는 185~195℃이다. 그런데 반복해서 튀김기름을 사용하면 글리세린에서 떨어져 나온 지방산인 유리지방산이 증가한다. 유리지방산이 전체 튀김기름 기준 0.1% 이상이 되면 푸른 연기가 발생하는 발연현상이 일어난다.

㉡ 빵도넛 튀김용 유지는 발연점이 높은 면실유(목화씨 기름)가 적당하다.

㉢ 튀김기름 제품은 지방 100%, 수분 0%로 출시되며 사용 시 수분 0.15% 이하를 유지하며 사용한다.

㉣ 튀김기름 혹은 다른 유지류를 고온으로 계속 또는 반복 가열하면 유리지방산이 많아져 발연점이 낮아지고, 과산화물가, 산가(유리지방산가), 점도, 중합도 등이 높아진다.

㉤ 튀김 시 튀김기름이 푸른 연기를 발생시키는 발연점(Smoking Point) 이상이 되면 눈을 쏘고 악취를 내게 하며 튀김 제품에 스며들어 이상한 맛과 냄새가 배도록 하는 물질이 생성된다. 이 물질은 글리세린이 탈수되어 만들어진 아크롤레인 및 저급지방산이다.

㉥ 튀김기름의 4대적에는 공기(산소), 이물질, 온도(반복 가열), 수분(습도) 등이 있다.

㉦ 이 4대적은 튀김기름을 산패나 가수분해시켜 지방산 3개와 글리세린 1개가 결합되어 있는 트리글리세라이드에서 지방산을 분리시켜 유리지방산을 발생시킨다.

㉧ 튀김기름이 갖추어야 할 요건

- 푸른 연기가 발생하는 발연점(Smoking point)이 높아야 한다.
- 튀김용 유지가 산소와 결합하여 변질되는 산패에 대한 안정성(저항성)이 있어야 한다.
- 글리세린에서 떨어져 나온 지방산의 수치인 산가(유리지방산가)가 낮아야 한다.
- 여름철에는 융점이 높고, 겨울철에는 융점이 낮아야 한다.
- 거품이나 검(점성) 형성에 대한 저항성이 있어야 한다.

3. 유지를 변질시키는 화학적 반응

① **가수분해 :** 글리세린 1분자의 -OH(수산기, 하이드록시기) 기 3개에 지방산이 한 개씩 결합된 유지는 효소인 리파아제, 스테압신 등의 가수분해 과정을 통해 -OH 기 3개 중 두 개에 지방산이 결합된 디글리세리드와 -OH 기 3개 중 하나에만 지방산이 결합된 모노글리세리드와 같은 중간산물을 만들고, 결국 지방산과 글리세린이 된다. 이때 글리세린에서 떨어져 나온 지방산을 유리지방산이라고 한다. 가수분해는 온도의 상승으로 가속되며 가수분해에 의해 생성된 유리지방산의 함량이 많아지면 유지 1g 중의 유리지방산을 중화하는 데 쓰이는 수산화칼륨의 mg

수인 산가가 높아지고 거품이 일며 발연점이 낮아진다. 그러므로 유지의 질이 떨어지게 된다.

② **산패 :** 유지를 공기 중에 오래 두었을 때 산화되어 불쾌한 냄새가 나고 맛이 떨어지며 색이 변하는 현상이다. 이렇게 유지가 대기 중의 산소와 반응하여 산패되는 것을 자가 산화라고 한다. 유지(지방, 지질)의 자가 산화는 이중결합의 틈에 끼인 메틸기(CH_2)에서 수소가 분리되는 것에서 시작하므로 이중결합을 2개 이상 가진 고도의 불포화지방산을 많이 함유하고 있는 유지는 산화를 쉽게 일으킨다. 또한 산화에 의해 생성된 과산화수화물은 2차 산물인 과산화물을 만들어 산패취를 발생시킨다. 알데히드기(−CHO)가 생성될 때까지는 산화 속도가 느리지만 일단 알데히드가 생성되면 산패 속도는 급격히 빨라진다. 에피히드린알데히드가 0.1%정도 되면 심한 산패취가 난다.

③ **건성**

㉠ 이중결합이 있는 불포화지방산의 불포화도에 따라 유지(지방)가 공기 중에서 산소를 흡수하여 산화, 중합, 축합을 일으킴으로써 차차 점성이 증가하여 마침내 고체로 되는 성질이다.

㉡ 1g의 지방에 흡수되는 요오드의 mg 수로 지방의 불포화도를 측정하는 요오드가가 100 이하는 불건성유, 100~130은 반건성유, 130 이상이면 건성유이다. 즉 '요오드가'가 높으면 지방의 불포화도가 높고, 불포화도가 높으면 지방의 자가산화(산패)가 쉽게 일어난다.

4. 유지의 산패 정도를 나타내는 값

산가, 과산화물가, 카르보닐가, 아세틸가 등을 측정하여 유지의 산패 정도를 알 수 있다. 그러나 요오드가는 유지의 불포화도를 측정하여 산화의 진행속도를 파악하는 데 이용한다. 그래서 약간의 차이가 있지만 기능사 필기 기출문제에서는 같은 것으로 출제되었다.

① **산가(유리지방산가)**

㉠ 산가란 유지 1g에 함유되어 있는 유리지방산을 중화하는 데 필요한 수산화칼륨(KOH)의 mg 수를 말한다.

㉡ 유리지방산의 함량을 측정하기 위한 것으로, 유리지방산이 많으면 산가가 높고, 산가가 높은 유지는 변질된 것을 의미한다.

② **과산화물가**

㉠ 유지의 자가 산화는 이중결합에 산소가 반응하여 과산화물이 생성되면서부터 시작된다.

㉡ 그래서 생성된 과산화물의 양을 나타내는 과산화물가로 산화의 정도를 알 수 있다.

③ **카르보닐가**

㉠ 유지의 자가 산화 단계의 최종 단계에서 카르보닐화합물이 생성된다.

㉡ 그래서 생성된 카르보닐의 양을 나타내는 카르보닐가로 산패의 정도를 알 수 있다.

④ **아세틸가**

㉠ 유지 1g을 완전히 비누화했을 때 유리되는 아세트산을 중화시키는 데 필요한 수산화칼륨(KOH)의 mg수를 말한다.

㉡ 신선한 유지는 0에 가깝고, 산패될수록 값이 커진다.

⑤ **요오드가**

㉠ 유지의 불포화도를 나타내는 값이다.

㉡ 요오드가(아이오딘가)란 유지 100g 중에 첨가된 요오드의 g수를 말한다.

㉢ 요오드가가 클수록 유지의 불포화도가 높고, 유지의 불포화도가 높으면 유지의 산화가 빨리 진행된다.

⑥ **비누화가(검화가)**

㉠ 유지에 알칼리를 넣고 가열하면 글리세린과 지방산염(비누)이 형성되는데 이를 비누화라고 한다.

㉡ 비누화가는 유지 1g을 완전히 비누화하는 데 필요한 수산화칼륨(KOH)의 mg수를 말한다.

※ 유지의 가수분해와 산패를 촉진하는 요인들 : 높은 온도, 짧은 파장의 자외선, 수분 함량, 유리지방산 함량, 과산화물, 이물질, 산소, 효소인 리폭시다아제(Lipoxidase), 금속(구리, 철), 이중결합 수, 미량의 금속 촉매

※ 불건성유(고체가 되지 않는 기름) : 지방의 불포화도(요오드가)가 낮으므로 산소와 화합하기 어려워 공기 속에 방치하여도 고체가 되지 않는 기름으로 동백기름, 올리브유, 피마자유 등이 있다.

※ 건성유(고체가 되는 기름) : 요오드가가 높은 아마인유, 들기름이 여기에 속한다.

5. 유지를 신선한 상태로 보존하는 안정화

① **항산화제(산화방지제)**

산화적 연쇄반응을 방해함으로써 유지의 안정효과를 갖게 하는 물질이다. 식품 첨가용 항산화제에는 비타민 E(토코페롤), PG(프로필갈레이트), BHA, NDGA, BHT, 구아검 등이 있다.

② **항산화제 보완제**

비타민 C, 구연산, 주석산, 인산 등은 자신만으로는 별다른 효과가 없지만, 항산화제와 같이 사용하면 항산화 효과를 높여준다. 그래서 항산화보조제 혹은 항산화상승제라고도 한다.

③ **수소 첨가(유지의 경화)**

불포화지방산의 이중결합에 니켈(Ni)을 촉매로 수소 2분자(H_2)를 첨가시켜 지방의 불포화도를 감소시키고 포화도를 증가시킨다. 이러한 유지의 수소 첨가를 경화라 한다. 이렇게 만든 유지의 종류에는 쇼트닝, 마가린 등이 있다.

㉠ 트랜스지방의 특징

- 수소를 첨가하여 경화시킨 유지를 트랜스지방(Trans Fat)이라고 한다.
- 부분 경화유(쇼트닝, 마가린) 생산 시 많으면 트랜스지방을 40% 정도 생성시키며, 제과 시 필요한 다양한 물리적 특성을 향상시켜 과자류제품 제조를 용이하게 만든다.
- 섭취 시 인체 내 콜레스테롤의 일종인 저밀도지단백질(LDL)을 증가시켜 혈관질환을 유발하는 원인물질로 작용한다.
- 엑스트라 버진 올리브유나 참기름과 같이 압착하는 유지에는 트랜스지방이 없다.
- 버터는 천연적으로 트랜스지방이 5% 정도 들어 있다.

6. 제빵 시 작용하는 유지의 물리적 성질과 그 성질이 적용된 제품류

① **가소성 :** 유지가 상온에서 고체 모양을 유지하는 성질(퍼프 페이스트리, 데니시 페이스트리, 쇼트 페이스트리, 페이스트리를 파이라고도 하며 가소성과 신장성도 요구됨)

② **안정성 :** 지방의 산화와 산패를 장기간 억제하는 성질(튀김기름, 팬기름, 쇼트 브레드 쿠키)

③ **크림성 :** 유지가 믹싱 조작 중 공기를 끌어들여 잡고 있는 성질(버터 크림, 파운드 케이크)

④ **유화성 :** 유지가 물을 흡수하여 가지고 있는 성질(레이어 케이크류, 파운드 케이크)

⑤ **쇼트닝성(쇼트닝가) :** 빵의 Crust(껍질)에는 바삭함을 Crumb(속)에는 부드러움을 주고 과자에는 바삭함을 주는 성질(수치)(식빵, 크래커)

tip

※ BHA : Butylated Hydroxy Anisole의 약자로 마가린에 사용하는 항산화제이다.

※ 가소성 유지제품의 가소성은 지방의 종류인 고체지(고형질)와 액상유의 비율에 따라 결정된다.

※ 가소성 유지제품은 고체지 지수 15~25%에서 점토와 같이 손으로 정형할 수 있는 유연성을 갖는다.

※ 가소성 범위가 넓은 유지는 낮은 온도에서 너무 딱딱하지 않으며 높은 온도에서 너무 무르지 않는 지방 제품류이다.

※ 유지에 가소성을 주는 자연계에 존재하는 여러 지방 결정체의 형태와 융점

- 감마(γ)형 : 17℃
- 알파(α)형 : 21~24℃
- 베타프라임(β')형 : 27~29℃
- 베타(β)형 : 34℃

※ 지방의 자가 산화에 영향을 미치는 수치에는 과산화물가, 요오드가, 유리지방산가(산가) 등이 있다.

9 유제품(Milk Products)

1. 우유의 물리적 성질과 구성 성분

① **비중** : 평균 1,030 전후, **pH(수소이온농도)** : pH 6.6

② **우유의 구성 성분** : 수분 87.5%, 고형분 12.5%로 이루어져 있고, 우유 고형분 12.5%는 단백질 3.4%, 유지방 3.65%, 유당 4.75%, 회분 0.7% 등으로 이루어져 있다.

③ **유단백질** : 유단백질 중 약 80% 정도를 차지하는 주된 단백질은 카세인(카제인, Casein)으로서 산과 레닌이라는 효소에 의해서 응고되고, 카세인을 뺀 나머지 단백질의 약 20% 정도를 차지하는 락토알부민과 락토글로불린은 열에 응고되기 쉽다.

④ **유당** : 유당은 우유에 함유된 대표적이며 가장 많은 동물성 탄수화물로 이스트에 의해서 발효되지 않고 젖산균(유산균)에 의해 발효되고 대장균에 의해 변질되어 젖산(유산)으로 변화한다.

⑤ 제빵 시 탈지분유 속의 단백질은 이온화할 수 있는 산성기의 카르복실기 그룹과 염기의 아미노 그룹을 갖는 양성 물질로 pH 저하 효과에 대한 완충제로 작용하여 이스트와 효소의 활성, 빵 반죽을 구성하는 글루텐의 믹싱 및 발효 내구성을 조절할 수 있다.

⑥ 제과 시 탈지분유든 전지분유든 우유 고형분을 사용하면 밀가루 단백질과 결합하기 때문에 케이크 구조 형성 작용에 기여한다. 그리고 케이크의 모양과 형태를 만드는 글루텐이 경화되는 원인이 되며 케이크 제품의 크기를 증가시킨다.

tip

※ 우유의 미생물 오염에 대한 변화

- 대장균군의 오염이 있으면 거품을 일으키며 이상응고를 나타낸다.
- 단백질 분해균 중 일부는 우유를 점질화 시키거나 쓴맛을 주는 것도 있다.
- 생유 중의 산생성균은 산도상승의 원인이 되어 선도를 저하시키기도 한다.
- 냉장 중에도 우유에 변패를 일으키는 미생물이 증식한다.

※ 우유 단백질인 카세인은 정상적인 우유의 pH인 6.6에서 pH 4.6으로 내려가면 Ca^{2+}(칼슘)과의 화합물 형태로 응고한다.

2. 제빵에 사용하는 유제품의 종류와 특성

① **생유(生乳)** : 젖소에서 짜낸 후 살균이나 가공을 하지 않은 생우유를 말하는데, 생우유에는 사료나 환경으로부터 전달된 화학물질이 존재할 수 있으므로 살균처리 하여야 한다.

※ 우유의 살균법(가열법)

- 저온장시간 : 60~65℃에서 30분간 가열한다.
- 고온단시간 : 71.7℃에서 15초간 가열한다.
- 초고온순간 : 130~150℃에서 3초 가열한다.

※ 오염된 우유를 먹었을 때 발생할 수 있는 인축공통감염병에는 파상열(브루셀라증), 결핵, Q열 등이 있다.

② **시유** : 음용하기 위해 가공된 액상우유로 시장에서 파는 Market milk를 가리킨다. 시유를 빵 반죽에 사용할 경우에는 반죽의 글루텐 구조를 약화시키는 시유에 함유된 혈청단백질(Serum Protein)을 불활성화 시키기 위하여 반드시 끓여서 사용해야 한다. 단 초고온순간 살균한 우유는 제외한다. 시유가 현탁액인 이유는 비타민 A의 전구체인 β-카로틴 때문이다.

③ **농축우유(Concentrated Milk)** : 우유의 수분함량을 감소시켜 고형질 함량을 높인 것으로 연유나 생크림도 농축우유의 일종으로 본다.

㉠ 크림(Cream) : 우유를 교반시키면 비중의 차이로 지방입자가 뭉쳐지는데, 이것을 농축시켜 만든 것이다.

- 커피용, 조리용 생크림은 유지방(우유의 지방) 함량을 16% 전후로 만든다.
- 휘핑용 생크림은 유지방이 기포 형성의 주체가 될 수 있도록 40% 이상의 함량으로 만든다.
- 버터용 생크림은 유지방 함량을 80% 이상으로 만든다.

㉡ 연유(Condensed Milk)

- 가당연유 : 우유에 40%의 설탕을 첨가하여 약 1/3 부피로 농축시킨 것이다.
- 무당연유 : 우유를 그대로 1/3 부피로 농축시킨 것으로, 물을 첨가하여 3배 용적으로 만들면 우유와 같이 된다.

④ **분유(Milk Powder 혹은 Dry Milk)** : 우유의 수분을 제거해서 분말 상태로 만든 것이다.

㉠ 전지분유(Full Fat Dry Milk) : 우유의 수분만 제거해서 분말 상태로 만든 것이다.

㉡ 탈지분유(Non Fat Dry Milk) : 우유의 수분과 유지방을 제거한 우유의 고형분을 분말상태로 만든 것으로 유당이 50% 함유되어 있다.

㉢ 가당분유(Sweetened Milk Powder) : 원유에 당류를 가하여 분말화한 것이다.

㉣ 혼합분유(Modified Milk Powder) : 분유에 곡류 가공품을 가하여 분말화한 것이다.

⑤ **유장(유청, Whey)** : 우유에서 유지방, 카세인을 분리하고 남은 액체 제품으로, 유당이 주성분이고 락토알부민과 락토글로불린, 칼슘이 함유되어 있으며 건조시키면 유장분말(유청분말)이 된다. 첨가량은 식빵의 경우 1~5% 정도이다. 유장을 유산균으로 발효시키면 버터밀크가 된다.

⑥ **요구르트 :** 우유의 유산균 발효에 의해 만들어진 유제품의 일종으로 약간 시큼한 맛과 걸쭉한 상태가 특징이다. 우유에 첨가된 유산균이 유당을 분해해 젖산을 만드는 과정에서 pH가 감소하게 되고 이로 인해 우유 단백질인 카세인이 응고되어서 걸쭉한 상태를 만든다.

⑦ **치즈(Cheese)**

㉠ 우유나 그 밖의 유즙에 송아지의 제4위에서 추출하여 조제한 응유효소인 레닌을 넣어 카세인을 응고시킨 후, 발효 · 숙성시켜 만드는 것이 일반적이다. 그러나 블루 치즈인 고르곤졸라(Gorgonzola)는 곰팡이와 세균에 의해 발효 · 숙성시켜 만든다. 예전에는 젖산균(유산균)을 넣어 응고시킨 후, 발효 · 숙성시켜 만들었다.

㉡ 수분함량 및 경도에 따른 치즈의 분류

- 초경질 치즈 : 파미산, 페코리노 로마노 치즈 등이 있다.
- 경질 치즈 : 체다, 고다, 에멘탈 등이 있다.
- 반경질 치즈 : 고르곤졸라, 블루치즈 등이 있다.
- 연질 치즈 : 카망베르, 모짜렐라, 브리 등이 있다.

㉢ 치즈에 따른 특징

- 파미산 : 분말로 만들어 이용하므로 분말치즈라고도 한다. 지방을 뺀 탈지우유로 만든다.
- 페코리노 로마노 치즈 : 이탈리아가 원산지로 페코니노는 '양(羊)'이라는 뜻을 가진 이탈리아어 '페코라'에서 유래했다. 이 치즈는 성서에 언급되어 있는 현존하는 치즈 가운데 가장 오래된 것으로 알려져 있다.
- 고르곤졸라 : 푸른곰팡이와 세균에 의해 발효 · 숙성시켜 만든다. 이 치즈는 군데군데 푸른색이 있어 블루 치즈라고도 한다.
- 카망베르 : 페니실리움 카멤베르티 곰팡이와 세균에 의해 발효 · 숙성시켜 만든다. 이 치즈는 숙성기간이 짧으며, 표면은 흰색으로 덮여 있고 내부는 크림과 같은 부드러운 질감과 색깔을 띠고 있다.
- 크림치즈 : 숙성시키지 않은 부드러운 치즈로 수분함량이 55%이상 이며, 33%이상의 지방을 함유하고 있다.

⑧ **사워크림(Sour Cream) :** 생크림을 발효시켜 신맛이 나게 만든 것이다.

⑨ **버터(Butter) :** 고체형태로 이루어진 유제품 중의 하나로, 유지방, 유단백질, 수분으로 이루어져 있다. 신선한 우유나 발효된 크림을 차갑게 한 후 세게 휘저어 유지방을 중심으로 고형분을 엉기게 한 뒤 유청과 분리시켜 굳힌 것이다. 종류에는 무염버터, 가염버터, 발효버터 등이 있다.

3. 빵류에 영향을 미치는 유제품의 기능

① 우유 단백질은 글루텐을 강하게 하여 빵 반죽의 믹싱 내구력을 향상시킨다.

② 우유 단백질은 이온화할 수 있는 산성기와 염기를 갖는 양성 물질이기 때문에 발효 시 완충작

용으로 반죽의 pH가 급격히 떨어지는 것을 막아 발효 내구력을 향상시킨다.

③ 우유에 함유된 유당은 갈변반응 시 겉껍질 색깔을 진하게 만든다.

④ 우유 단백질은 그것을 구성하는 아미노산의 주위에 존재하는 자유수(유리수)와 결합하여 수화되면서 결합수의 비율을 증가시킨다. 이러한 작용 때문에 빵 · 과자 반죽에 물을 대신하여 우유를 첨가하면 우유 단백질은 반죽의 흡수율과 보수력을 증가시켜 완제품의 노화를 지연시킨다.

⑤ 영양을 강화시킨다(밀가루에 부족한 필수아미노산인 리신과 칼슘을 보충).

⑥ 우유 단백질 중 물에 녹는 락토알부민, 락토글로불린이 이스트에 의해 생성된 에틸알코올, 유기산 등과 함께 물에 용해되어 단백질을 수화시키면서 발효 향을 착향시키고 맛을 향상시킨다.

⑦ 우유 단백질은 빵 반죽의 가스 보유력에 작용하는 글루텐의 형성과 발전에 있어서 중요한 요소인 단백질 양과 질을 향상시킨다. 이러한 이유로 우유 단백질은 완제품의 외상인 부피를 커지게 하고 내상인 기공과 결을 개선시킨다.

4. 빵류를 만들 때 4~6%의 탈지분유 사용이 완제품에 미치는 영향

① 제품의 부피를 증가시키고 제품의 기공과 결(내상)을 개선시킨다.

② 분유 속의 유당이 껍질색을 개선시킨다.

③ 빵 반죽의 믹싱 내구성과 발효 내구성을 높인다.

④ 6%까지의 사용은 빵 반죽의 흡수율을 증가시키고 수분 보유력이 있어 노화를 지연시킨다.

⑤ 빵의 영양가치를 높이고 맛과 풍미를 좋아지게 한다.

⑥ 탈지분유의 사용량이 3% 미만일 경우에는 제품의 풍미에 영향을 미치지 않는다.

※ 탈지분유 속의 단백질은 이온화할 수 있는 산성기와 염기를 갖는 양성물질로 빵 반죽의 pH 저하 시 완충제로 작용하여 이스트와 효소의 활성, 글루텐의 믹싱과 발효 내구성을 조절할 수 있기 때문에 다음과 같은 경우 스펀지법에서 탈지분유를 스펀지에 첨가한다.

- 아밀라아제 활성이 과도할 때
- 밀가루가 쉽게 지칠 때
- 장시간에 걸쳐 스펀지 발효를 한 후 본 발효시간을 짧게 하고자 할 때
- 단백질 함량이 적거나, 약한 밀가루를 사용할 때

10 이스트 푸드(Yeast Food)

1. 이스트 푸드의 특징

① 제빵용 물 조절제로 개발 · 사용되어 오다가 현재는 pH 조절제, 이스트 조절제, 반죽 조절제로 그 기능이 향상되어 사용되고 있다.

② 사용량은 밀가루 중량대비 0.1~0.2%를 사용한다.

③ 요즘은 이스트 푸드를 대신하여 반죽 개량제를 밀가루 중량대비 1~2% 사용하며, 빵의 품질과 기계적성을 증가시키고 반죽시간과 1차 발효시간을 단축시킬 목적으로 첨가한다.

④ 반죽 개량제에는 산화제, 환원제, 반죽 강화제, 노화지연제, 효소제 등이 함유되어 있다.

2. 제빵 시 이스트 푸드를 사용하는 목적과 구성 성분

① **반죽의 pH 조절제(pH Conditioner)**

㉠ 반죽은 pH 4~6이 가스 발생력과 보유력에 좋으므로 pH의 저하를 촉진시킨다.

㉡ 종류에는 효소제, 산성인산칼슘 등이 있다.

② **이스트의 조절제(Yeast Conditioner)**

㉠ 이스트의 영양원인 질소를 공급하여 가스 발생력을 향상시킨다.

㉡ 종류에는 염화암모늄, 황산암모늄, 인산암모늄 등이 있다.

③ **물 조절제(Water Conditioner)**

㉠ 칼슘의 양을 증가시키므로 물의 경도를 조절하여 제빵성(반죽의 탄력성)을 향상시킨다.

㉡ 종류에는 황산칼슘, 인산칼슘, 과산화칼슘 등이 있다.

④ **반죽 조절제(Dough Conditioner)**

㉠ 반죽의 물리적 성질을 좋게 하기 위해 효소제와 산화제, 환원제를 사용한다.

㉡ 효소제

- 반죽의 신장성을 향상시켜 가스 보유력을 증진시킨다.
- 종류에는 프로테아제, 아밀라아제 등이 있다.

㉢ 산화제

- 반죽의 구조(글루텐)를 강화시켜 제품의 부피를 증가시키고 발효시간을 단축시킨다.
- 종류에는 아스코르브산(비타민 C), 브롬산칼륨, 요오드칼륨, 아조디카본아미드(ADA) 등이 있다.

㉣ 환원제

- 반죽의 구조(글루텐)를 연화시켜 반죽시간을 단축시킨다.
- 종류에는 글루타티온(Glutathione), 시스테인 등이 있다.

이스트 푸드에 밀가루나 혹은 전분을 사용하는 이유 : 계량의 간편화, 구성 성분의 분산제이자 충전제, 흡습에 의한 화학변화 방지의 완충제 등의 목적으로 사용한다.

11 계면활성제(Surfactants)

1. 계면활성제의 특징

① 계면활성제는 두 액체가 혼합될 때 두 액체가 동일 종류가 아닌 경우에는 계면(Surface)을 형성하게 되며 또한 장력(Tension)이 형성된다. 이와 같이 계면(界面)에 작용하게 되는 계면 자유에너지 또는 계면 장력을 급격하게 감소시켜줌으로써 혼합액체체계를 안정화시켜 주는 물질이다.

② 모든 종류의 계면활성제는 기름에 용해시키는 비극성기인 친유기와 물에 용해시키는 극성기인 친수기를 함께 갖고 있어 분산, 기포, 유화, 세척, 삼투 등의 작용을 한다.

2. 빵류에 계면활성제를 사용하는 목적

① 빵, 과자 반죽에 넣는 물과 유지의 계면에 발생하는 장력을 감소시켜 이 두 재료가 균일하게 분산하고 혼합되도록 한다. 그래서 제과제빵 자동화기계로 반죽 정형공정 시 반죽이 파손되지 않도록 반죽의 기계 내성을 향상시킨다.

② 계면의 장력을 감소시켜 빵의 조직을 부드럽게 하고 부피를 증가시키며 노화를 지연시킨다.

3. 빵류에 사용하는 계면활성제의 종류와 특성

① 모노-디 글리세리드(Mono-di-glycerides)

㉠ 가장 많이 사용하는 계면활성제로 식품을 유화시킨다. 즉, 유화제 역할을 한다.

㉡ 1분자의 글리세린과 3분자의 지방산으로 구성된 지방(유지)을 가수분해하여 추출한다.

㉢ 모노-디 글리세라이드는 1분자의 글리세린에 1분자의 지방산 혹은 2분자의 지방산이 결합된 것이다.

㉣ 유지에 녹으면서 물에도 분산되는 친유성으로 유화식품을 안정시킨다.

② 레시틴(Lecithin)

㉠ 쇼트닝과 마가린의 유화제로 쓰인다.

㉡ 옥수수와 대두유로부터 추출하여 사용한다.

㉢ 빵 반죽에 넣으면 수분의 유동성이 커져 글루텐과 전분 사이로 이동하는 자유수의 분포를 조절하여 빵의 노화를 방지한다.

㉣ 친유성기 2분자의 지방산과 친수성기 1분자인 인산콜린을 함유하므로 유화작용을 한다.

※ 모노-디 글리세리드는 지방이 가수분해되어 생긴 1분자의 글리세린에 1분자의 지방산 혹은 2분자의 지방산이 결합된 유도지방으로 식품을 유화, 분산시키고 유화식품을 안정시키는 식품 첨가물이다. 그 외에 아실락테이드(Acyl Lactylate), SSL(Sodium Stearoyl-2-Lactylate)이 있다.

※ 계면활성제는 융합되지 않는 두 가지의 액체를 섞어 한쪽의 액체를 다른 쪽의 액체 가운데에 균일하게 분산되도록 하는 유화제(乳化劑)의 기능을 한다.

4. 계면활성제의 화학적 구조

① 친유성단에 대한 친수성단의 크기와 강도의 비를 'HLB'로 표시하는데, 이는 친수성-친유성의 균형(Hydrophile-Lipophile Balance)을 의미하는 것이다.

② HLB의 값이 9 이하이면 친유성 그룹으로, 지방산처럼 비극성기를 가지고 있어 기름에 용해되고 기름 중에 물을 분산시킨다. 이를 유중수적형(Water in Oil Type; W/O)이라고 한다.

③ HLB의 값이 11 이상이면 친수성 그룹으로, 유기산처럼 극성기를 가지고 있어 물에 용해되고 물에 기름을 분산시킨다. 이를 수중유적형(Oil in Water Type; O/W)이라고 한다.

12 팽창제(Leavening Agents)

1. 팽창제의 특징

① 팽창제는 가스를 발생시켜 빵 · 과자류 제품을 부풀려 부피를 크게 하고 부드러움을 주며, 향을 개선하기 위한 식품 첨가물이다.

② 팽창제에 따라 다양한 특성을 갖고 있기 때문에 제품에 부여하고자 하는 특징을 고려해 팽창제의 종류와 양을 다르게 사용한다.

2. 빵류에 사용하는 팽창제의 종류와 특성

① **천연팽창제(생물적) :** 이스트(효모)

㉠ 주로 빵류에 사용되며 가스 발생이 많다.

㉡ 부피 팽창, 연화작용, 향 개선 등의 기능을 한다.

㉢ 사용에 많은 주의가 필요하다.

② **합성팽창제(화학적) :** 베이킹파우더, 탄산수소나트륨(중조), 암모늄계 팽창제(이스파타)

㉠ 생물적 팽창제와의 상대적 비교

- 사용하기는 간편하나, 팽창력이 약하다.

• 갈변 및 뒷맛을 좋지 않게 하는 결점이 있다.
• 화학팽창제들은 계량 오차가 제품에 큰 영향을 미친다.
• 주로 과자에 사용되며 부피 팽창, 연화작용은 하나 향은 좋아지지 않는다.

㉡ 화학팽창제를 많이 사용한 제품의 결과

• 밀도가 낮고 부피가 크다.
• 속결이 거칠다.
• 속색이 어둡다.
• 오븐 스프링이 커서 찌그러들기 쉽다.

③ **팽창방법에 따른 제품에 미치는 기능의 비교**

팽창방법	제품에 미치는 영향
물리적 팽창	부피 팽창
화학적 팽창	부피 팽창, 연화작용
생물학적 팽창	부피 팽창, 연화작용, 향의 개선

3. 베이킹파우더(Baking Powder)의 특성

① 탄산수소나트륨(일명 중조, 소다, 중탄산나트륨)이 기본이 되고 여기에 산성제(酸, 산성물질, 산염)를 첨가하여 중화가를 맞추며, 분산제, 충전제, 완충제로 전분을 첨가한 팽창제이다.

② **중화가(Neutralizing Value)** : 산 100g을 중화시키는 데 필요한 중조(탄산수소나트륨)의 양으로, 산에 대한 중조의 비율로서 적정량의 유효 이산화탄소를 발생시키고 중성이 되는 수치이다. 식을 세우면 다음과 같다.

$$\text{중화가} = \frac{\text{중조의 양}}{\text{산성제의 양}} \times 100$$

예 10g의 베이킹파우더에 28%의 전분이 들어 있고 중화가가 80일 때 전분, 산염제, 중조의 함량은?

㉠ 베이킹파우더는 전분, 산염제, 중조 등으로 이루어져 있다. 그래서 다음과 같은 순서로 문제를 푼다.

㉡ 전분의 양 $= 10g \times \frac{28}{100} = 2.8g$

㉢ 산염제와 중조의 양 $= 10g - 2.8g = 7.2g$

㉣ 중화가가 80이란 산 100g을 중화시키는 데 필요한 중조의 양이 80g이므로, 산염제와 중조의 양인 $7.2g = 100\% + 80\% = \chi + 0.8\chi = 1.8\chi$ 이다. 그러므로 $7.2g = 1.8\chi$
그래서 $\chi = 7.2 \div 1.8$이라는 식이 성립된다. ∴ $\chi = 4$이다.

ⓜ 산염제의 양=7.2g÷1.8=4.0g 그러므로 χ=4.0g, 혹은 산염제의 양=1χ이므로 1×4g=4g

ⓑ 중조의 양=7.2g−4.0g=3.2g, 혹은 중조의 양=0.8χ이므로 0.8×4g=3.2g

③ 베이킹파우더의 팽창력은 이산화탄소 가스(탄산가스)에 의한 것이며, 이산화탄소 가스를 발생시키는 물질에는 탄산염류, 중탄산염류와 아모니아염류를 주요 성분으로 한다. 이 물질에서는 베이킹파우더 무게의 12% 이상 유효 이산화탄소 가스가 발생되어야 한다. 베이킹파우더를 구성하는 가스발생물질 중 하나인 탄산수소나트륨의 화학작용원리는 다음과 같다.

$$2NaHCO_3 \rightarrow CO_2 + H_2O + Na_2CO_3$$

탄산수소나트륨 이산화탄소 물 탄산나트륨

이때 생성되는 Na_2CO_3(탄산나트륨)은 반죽의 pH를 높여 알칼리성으로 만들기 때문에 완제품을 누렇게 만든다. 그래서 반죽의 pH를 조절할 목적으로 산반응물질(산염)을 넣는다.

④ 베이킹파우더의 종류에는 산성 베이킹파우더, 중성 베이킹파우더, 알칼리성 베이킹파우더 등이 있는데, 과량의 산염제를 첨가해 만든 산성 베이킹파우더는 반죽의 pH를 낮게 만들며, 과량의 탄산수소나트륨을 첨가해 만든 알칼리성 베이킹파우더는 반죽의 pH를 높게 만든다.

⑤ 산반응물질의 종류에 따라 탄산수소나트륨의 가스 발생속도가 달라지는데, 주석산, 주석영일 때 가스 발생속도가 가장 빠르고, 황산알루미늄소다일 때 가스 발생속도가 가장 느리다.

⑥ 일반적으로 과자류제품인 케이크나 쿠키를 제조할 때 단백질을 연화시켜 조직을 부드럽게 하고 이산화탄소를 발생시켜 부피를 팽창시킬 목적으로 사용하는 식품 첨가물이다.

※ 만두, 만주, 찐빵 등의 속색을 하얗게 만들 때는 암모늄계 팽창제인 이스파타를 사용한다.

※ 이스파타(이스트 파우더, 암모니아계 합성 팽창제)의 특징

- 다른 팽창제에 비해 팽창력이 강하다.
- 완제품의 색을 희게 한다.
- 많이 사용하면 암모니아 냄새가 날 수 있다.

※ 만두, 만주, 찐빵 등의 속색을 누렇게 만들 때는 탄산수소나트륨(중조, 소다)를 사용한다.

※ 탄산수소나트륨(중조, 소다)은 베이킹파우더보다 3배의 팽창력을 갖고 있다.

※ 화학팽창제가 발생시키는 가스의 종류는 암모니아 가스와 이산화탄소 가스이다.

※ 찜을 이용한 제품에 사용되는 팽창제는 화학반응이 빠른 속효성의 특성을 가져야 좋다.

13 안정제(Stabilizer)

1. 안정제의 특징

유동성의 혼합물인 물과 기름, 기포 등의 불완전한 상태에 있는 액체의 점도를 증가시켜 젤리 상태의 보형성(保形性)을 가지게 하여 안정된 구조로 바꾸어 주는 역할을 한다.

2. 빵류에 안정제를 사용하는 목적

① 흡수제로 수분흡수율을 증가시켜 아이싱의 끈적거림과 부서지는 현상을 방지한다.

② 크림 토핑으로 사용하는 머랭과 휘핑용 크림의 수분 배출을 억제하여 거품(기포)을 안정시킨다.

③ 빵, 과자에 함유된 액체의 점도를 증가시켜 수분 증발을 막아 노화를 지연한다.

④ 젤리, 무스, 바바루아, 파이 충전물, 커스터드 크림, 아이스크림 등 많은 제품에 사용한다.

⑤ 토핑물을 부드럽게 만들며, 파이 충전물의 점도를 증가시키는 증점제 역할을 한다.

3. 빵류에 사용하는 안정제의 종류와 추출 대상

① **한천(Agar-agar) :** 해초인 우뭇가사리에서 추출하며 식물성 젤라틴이라고도 불린다.

② **젤라틴 :** 동물의 껍질과 연골 속에 있는 콜라겐에서 추출하는 동물성 단백질이다.

③ **펙틴 :** 감귤류나 사과 껍질에서 추출하며 셀룰로오스와 함께 과일의 단단함을 유지한다.

④ **씨엠씨 :** 식물 뿌리에 있는 셀룰로오스(섬유소, 섬유질)에서 추출하며 산에는 약하다.

⑤ **알긴산 :** 다시마, 대황, 미역 등 갈조류의 세포막 구성 성분에서 추출하며 알기네이트라고도 한다.

4. 제빵 시 많이 사용되는 안정제의 특성

① **젤라틴(Gelatin)의 특성**

㉠ 유도 단백질에 속하며 넓은 의미로는 검류(Gums)이다.

㉡ 물과 함께 가열하면 대략 30℃ 이상에서 녹아 친수성 콜로이드를 형성한다.

㉢ 품질이 나쁜 젤라틴은 아교로서 접착제로 사용한다.

㉣ 젤라틴의 콜로이드 용액의 젤 형성과정은 가역적 과정이다.

㉤ 무스나 바바루아의 안정제로 쓰인다.

② **펙틴(Pectin)의 특성**

㉠ 메톡실기 7% 이상의 고메톡실펙틴은 당과 산이 가해져야 젤리나 잼이 만들어진다.

㉡ 당분 60~65%, 고메톡실펙틴 1.0~1.5%, pH 3.2의 산이 되면 젤리가 형성된다.

㉢ 미숙한 과일이 익어감에 따라 프로토펙틴 가수분해효소인 프로토펙티나아제의 작용으로 수용성 펙틴이 형성되고 이 펙틴이 메톡실기 7% 이상의 고메톡실펙틴이 된다.

㉣ 메톡실기 7% 이하의 저메톡실펙틴은 당과 산이 없어도 교질(겔)이 형성된다.

③ **씨엠씨(Carboxy Methyl Cellulose)와 트래거캔스(Tragacanth)는 냉수에 쉽게 팽윤된다.**

④ **검류의 특성**

㉠ 종류에는 구아검, 로커스트 빈검, 카라야검, 아라비아검 등이 있다.

㉡ 유화제, 안정제, 점착제, 증점제 등으로 사용한다.

㉢ 냉수에 용해되는 친수성 물질로, 낮은 온도에서도 높은 점성을 나타낸다.
㉣ 탄수화물로 구성되었으며 좁은 의미의 검류(Gums)이다.

14 향료와 향신료(Flavors & Spice)

향료와 향신료는 고대 이집트, 중동 등에서 방부제, 의약품의 목적으로 사용되던 것이 식품으로 이용된 것이다. 스파이스(Spice)는 주로 열대지방에서 생산되는 향신료로 뿌리, 열매, 꽃, 나무껍질 등 다양한 부위가 이용된다. 허브(Herb)는 주로 온대지방의 향신료로 식물의 잎이나 줄기가 주로 이용된다. 예로부터 향신료(Spice&Herb)는 주로 육류와 생선 요리에 많이 사용되었다.

1. 빵류에 사용하는 향료(Flavors)의 분류와 특성

① 성분에 따른 분류

㉠ 천연향 : 식물의 꽃이나 잎 등에서 추출한 것으로 꿀, 당밀, 코코아, 초콜릿, 분말과일, 감귤류, 바닐라 등이 있다.
㉡ 합성향 : 천연향에 들어 있는 향 물질을 합성시킨 것으로 버터의 디아세틸, 바닐라빈의 바닐라향이 나는 방향족 알데히드인 바닐린, 계피의 시나몬 알데히드 등이 있다.
㉢ 인조향 : 화학성분을 조작하여 천연향과 같은 맛이 나게 한 것이다.

② 제조방법에 따른 분류

㉠ 비알코올성 향료 : 굽기 과정에 휘발하지 않으며 오일, 글리세린, 식물성유에 향물질을 용해시켜 만든 것으로 캐러멜, 캔디, 비스킷에 이용한다.
㉡ 알코올성 향료 : 굽기 중 휘발성이 큰 것으로 에틸알코올에 녹는 향을 용해시켜 만든 것으로 아이싱과 충전물 제조에 적당하다.
㉢ 유화 향료 : 유화제에 향료를 분산시켜 만든 것으로, 물속에 분산이 잘 되고 굽기 중 휘발이 적다. 그리고 알코올성, 비알코올성 향료 대신 사용할 수 있다.
㉣ 분말 향료 : 진한 수지액(나무에서 분비하는 점도가 높은 액체)과 물의 혼합물에 향 물질을 넣고 용해시킨 후 분무 건조하여 만든 것으로 가루식품, 아이스크림, 제과, 츄잉껌에 사용한다.
㉤ 수용성 향료 : 물에 녹지 않는 유상(젖과 같이 희고 걸쭉한 액체의 상태)의 방향성분을 알코올, 글리세린, 물 등의 혼합용액에 녹여 만든다. 단점은 내열성이 약하고, 고농도의 제품을 만들기 어렵다. 그래서 주로 청량음료, 빙과에 이용한다.

2. 빵류에 사용하는 향신료(Spice)의 종류와 특성

향신료는 직접 향을 내기보다는 주재료에서 나는 불쾌한 냄새를 막아주고, 다시 그 재료와 어울려 풍미를 향상시키고 제품의 보존성을 높여주는 기능을 한다. 그리고 제품에 식욕을 불러일으키는 맛과 색을 부여한다.

① **넛메그(Nutmeg) :** 육두구과 교목의 열매를 일광건조 시킨 것으로 두 개의 향신료, 즉 넛메그와 메이스를 얻는다. 넛메그는 단맛의 향기가 있는 향신료이다.

② **계피(Cinnamon) :** 녹나무과의 상록수인 계수나무의 껍질로 만든다.

③ **오레가노(Oregano) :** 꿀풀과에 속하는 다년생 식물의 잎을 건조시킨 것이며, 피자소스에 필수적으로 들어가는 것으로 톡 쏘는 향기가 특징이다.

④ **박하(Peppermint) :** 박하잎을 말린 것으로 산뜻하고 시원한 향이 난다.

⑤ **카다몬(Cardamon) :** 생강과의 다년초 열매 깍지 속의 작은 씨를 말린 것으로 푸딩, 케이크, 페이스트리에 사용된다.

⑥ **올스파이스(Allspice) :** 올스파이스나무의 열매를 익기 전에 말린 것으로 프루츠 케이크, 카레, 파이, 비스킷에 사용한다. 일명 자메이카 후추라고도 한다.

⑦ **정향(Clove) :** 정향나무의 열매를 말린 것으로 단맛이 강한 크림소스에 사용한다.

⑧ **생강(Ginger) :** 열대성 다년초의 다육질 뿌리로 매운맛과 특유의 방향을 가지고 있다.

견과류의 정의와 종류 : 견과는 단단하고 굳은 껍질과 깍정이에 1개의 종자만이 싸여 있는 나무 열매의 총칭으로 종류에는 아몬드, 마카다미아, 피스타치오, 캐슈넛, 헤이즐넛, 코코넛, 피칸넛, 잣, 호두, 땅콩 등이 있다.

3. 빵류에 사용하는 술의 종류와 특성

제과 · 제빵에서 술을 사용하는 이유는 달걀, 우유, 생크림, 버터, 마가린 등의 비리고 바람직하지 못한 냄새와 맛을 없애거나, 풍미를 내거나 향을 내기 위함이다.

① **양조주 :** 곡물이나 과일을 원료로 하여 효모로 발효시킨 것으로 대부분 알코올 농도가 낮다.

② **증류주 :** 발효시킨 양조주를 증류한 것으로 대부분 알코올 농도가 높다.

③ **혼성주 :** 양조주나 증류주를 기본으로 하여 정제당을 넣고 과일 등의 추출물로 향미를 낸 것으로 대부분 알코올 농도가 높다. 소위 리큐르가 여기에 속하며 매실주도 혼성주이다.

④ **혼성주의 일종인 리큐르(Liqueur)의 종류**

㉠ 오렌지 리큐르 : 그랑마니에르(Grand Marnier), 쿠앵트로(Cointreau), 큐라소(Curacao), 트리플 섹(Triple Sec)

㉡ 체리 리큐르 : 마라스키노(Maraschino)

㉢ 커피 리큐르 : 칼루아(Kahula)

㉣ 리큐르는 증류주를 기본으로 하여 제조한 혼성주이다.

15 초콜릿(Chocolate)

1. 초콜릿의 구성성분과 제조과정

① **초콜릿(카카오 매스, 비터 초콜릿)의 구성성분**

㉠ 코코아 : 62.5%(5/8)

㉡ 카카오 버터 : 37.5%(3/8)

㉢ 유화제 : 0.2~0.8%

② **껍질부위, 배유, 배아** 등으로 구성된 **카카오 빈(Cacao Bean)**을 발효시킨 후 볶아 마쇄하여 외피와 배아를 제거한 배유의 파편인 **카카오 닙스(Cacao Nibs)**을 미립화하여 페이스트상의 **카카오 매스(Cacao Mass, Cacao Paste, Cacao Liquor)**를 만든 다음, 압착(Press)하여 기름을 채취한 것이 **카카오 버터(Cacao Butter)**이고 나머지는 **카카오 박(Cacao Cake)**으로 분리된다. 카카오 박을 분말로 만든 것이 **코코아 분말(Cacao Powder)**이다.

③ **초콜릿의 제조 공정**

㉠ 초콜릿은 1차 가공과 2차 가공에 의해 생산된다.

㉡ 1차 가공은 원료인 카카오 빈에서 중간 제품인 카카오 매스 혹은 카카오 버터를 생산하는 공정이다. 이 공정은 정선(Cleaning)→볶기(Roasting)→껍질 제거(Winnowing)→분쇄(Grinding) 등으로 구성된다.

㉢ 2차 가공은 1차 가공이 끝난 카카오 매스에서 최종 제품인 초콜릿으로 가공하기까지의 공정이다. 이 공정은 혼합(Mixing)→정제(Refining)→콘칭(Conching)→조질(Tempering)→주입 · 진동→냉각 · 틀 제거→포장→숙성(Aging) 등으로 구성된다.

※ 제과제빵 필기시험에서 기술하는 초콜릿은 편의점에서 판매하는 허쉬초콜릿 혹은 베이커리에서 판매하는 봉봉 오 쇼콜라와 같은 완제품을 만들기 위한 1차 가공된 재료로 카카오 매스(비터 초콜릿)을 가리킨다.

※ 카카오 버터의 특징

- 단순지방으로 글리세린 1개에 지방산 3개가 결합된 구조이다.
- 실온에서는 단단한 상태이지만, 입안에 넣는 순간 녹게 만든다.
- 고체로부터 액체로 변하는 온도 범위(가소성)가 겨우 2~3℃로 매우 좁다.
- 초콜릿의 풍미, 구용성, 감촉, 맛 등을 결정한다.

※ 비터 초콜릿의 비터(Bitter)란 '맛이 쓰다'라고 하는 뜻이다.

※ 콘칭(Conching) : 콘칭은 콘체라는 기계를 사용하여 이취를 제거하고, 잔류수분을 감소시키고 초콜릿의 풍미를 향상시키는 공정이다. 이때 유화작용과 균질화도 이루어지며 점도가 감소한다.

2. 초콜릿의 종류(배합 조성에 따른 분류)와 특성

① **카카오 매스 :** 다른 성분이 포함되어 있지 않아 카카오 빈 특유의 쓴 맛이 그대로 살아 있다. 일명 카카오 페이스트 또는 비터 초콜릿이라고도 한다.

② **다크 초콜릿 :** 코코아 고형분과 카카오 버터로 구성되어 있으며 순수한 쓴맛이 나는 카카오 매스에 설탕과 카카오 버터, 레시틴, 바닐라 향 등을 섞어 만들었다.

③ **밀크 초콜릿 :** 다크 초콜릿 구성 성분에 분유를 더한 것으로 가장 부드러운 맛이 난다.

④ **화이트 초콜릿 :** 코코아 고형분과 카카오 버터 중 다갈색의 코코아 고형분을 빼고, 미국 기준으로 20% 이상 함량의 카카오 버터에 설탕, 분유, 레시틴, 바닐라 향, 대용유지 등을 넣어 만들었다.

⑤ **파타글라세(코팅용 초콜릿) :** 카카오 매스에서 카카오 버터를 제거한 다음, 식물성 유지와 설탕을 넣어 만든 것으로 템퍼링 작업을 하지 않아도 된다. 융점은 겨울에는 낮고, 여름에는 높은 것이 좋다.

⑥ **코코아**

㉠ 카카오 매스를 압착하여 카카오 버터(Cacao Butter)와 카카오 박(Press Cake)으로 분리한 후 카카오 박을 분말로 만든 것이 코코아 분말(Cacao Powder, 카카오 분말)이다.

㉡ 코코아 종류

- 천연 코코아 : 알칼리 처리를 하지 않은 산성인 코코아를 말한다.
- 더치 코코아 : 산성인 코코아를 알칼리 처리를 하여 중성으로 만든 코코아를 말한다. 이를 가공 코코아라고 한다.

㉢ 더치 코코아(가공 코코아)의 특징

- 색이 진하고 향이 좋아진다.

- 산미가 감소되어 맛이 좋다.
- 물이나 우유에 잘 분산되어 코코아 입자가 침전하지 않는다.

3. 커버추어 초콜릿의 특성과 사용법

① 커버추어는 대형 판초콜릿(Couverture Chocolate)으로 카카오 매스(버터 초콜릿)를 베이스로 융점이 34~36℃인 카카오 버터를 35~40% 함유하고 있어 일정 온도에서 유동성과 점성을 갖는 제품이다. 그 이외에 설탕, 분유, 유화제, 향 등이 함유되어 있다. 종류는 다크 초콜릿, 밀크 초콜릿, 화이트 초콜릿 등이 있다.

② 커버추어는 사용하기 전에 반드시 템퍼링을 거쳐 커버추어 초콜릿의 주요 구성성분인 카카오 버터를 β형의 미세한 결정으로 만든다. 그러면 커버추어 초콜릿의 분자구조는 안정성이 좋은 상태가 된다.

㉠ 템퍼링을 하는 이유
- 초콜릿을 구성하는 분자구조의 결정형태가 안정하고 일정하다.
- 내부 조직이 치밀해지고 수축현상이 일어나 틀에서 잘 분리된다.
- 지방 블룸(Fat Bloom)이 일어나지 않는다.
- 입안에서의 용해성 즉 구용성이 좋아진다.
- 매끄러운 광택이 난다.

㉡ 템퍼링을 하지 않으면 일어나는 현상
- 잘 굳지 않고 수축현상이 일어나지 않아 틀에서 잘 빠지지 않는다.
- 완성된 초콜릿 표면에 윤기가 없다.
- 지방 블룸(Fat Bloom)의 원인이 된다.
- 입안에서의 용해성이 나쁘다.

㉢ 템퍼링을 하는 방법
- 커버추어 초콜릿을 중탕이나 전자레인지로 녹인다.
- 용해시킨 초콜릿을 수냉법과 대리석법으로 식히기 및 최종온도(사용온도)를 맞춘다.
- 최종온도로 맞춘 초콜릿을 용도에 맞게 사용한다.

㉣ 템퍼링 시 주의사항
- 초콜릿을 용해시킬 때 직불에서 녹이지 않고 전자레인지나 중탕으로 녹인다.
- 수분이나 수증기가 새어 들어가지 않도록 중탕그릇이 초콜릿 그릇보다 작아야 한다.
- 초콜릿에 물이 들어가면, 찐득한 찰흙처럼 뭉쳐버려 템퍼링을 할 수 없게 된다.

③ **템퍼링의 온도조절 방법 :** 다크 초콜릿을 기준으로 38~45℃로 처음 용해시킨 후 27~29℃로 냉각시켰다가 30~32℃로 두 번째 용해시킨 다음 용도에 맞게 사용한다.

※ 주의 : 초콜릿의 종류에 따라 템퍼링 온도는 다르다. 데이터는 과년도 기출문제 기준으로

작성한다.

④ 템퍼링과 보관이 잘못되면 카카오 버터에 의한 지방 블룸(Fat Bloom)이, 보관이 잘못되면 설탕에 의한 설탕 블룸(Sugar Bloom)이 발생한다.

㉠ 블룸은 완성된 초콜릿 표면에 하얀 반점이나 얼룩 같은 것이 생기는 현상으로 꽃이 핀 것 같다고 하여 블룸(Bloom)이라고 한다.

㉡ 지방 블룸(Fat Bloom)

- 초콜릿의 카카오 버터가 분리(용출)되었다가 다시 굳어 얼룩이 생기는 현상이다.
- 초콜릿을 높은 온도에 보관하거나, 템퍼링이 잘 못된 경우에 발생한다.

㉢ 설탕 블룸(Sugar Bloom)

- 초콜릿의 설탕이 공기 중의 수분을 흡수하여 녹았다가 재결정화 되면서 표면에 하얗게 생기는 현상이다.
- 지나치게 온도가 높거나 혹은 지나치게 습도가 높은 곳에 보관한 경우 발생한다.

★★★
01 제분에 대한 설명 중 틀린 것은?

① 넓은 의미의 개념으로 제분이란 곡류를 가루로 만드는 것이지만 일반적으로 밀알을 사용하여 밀가루를 제조하는 것을 제분이라고 한다.

② 밀알은 배유부가 치밀하거나 단단하지 못하여 도정할 경우 싸라기가 많이 나오기 때문에 처음부터 분말화하여 활용하는 것을 제분이라고 한다.

③ 제분 시 밀기울이 많이 들어가면 밀가루의 회분 함량이 낮아진다.

④ 제분율이란 밀알을 제분하여 밀가루를 만들 때 밀알에 대한 밀가루의 백분율을 말한다.

해설 | 밀기울 부위에는 무기질이 많이 함유되어 있기 때문에 제분 시 밀기울이 많이 들어가면 밀가루의 회분(무기질) 함량이 높아진다.

★
02 밀알 제분 공정 중 정선기에 온 밀가루를 다시 마쇄하여 작은 입자로 만드는 공정은?

① 조쇄공정(Break Roll)

② 분쇄공정(Reduction Roll)

③ 정선공정(Milling Separator)

④ 조질공정(Tempering)

해설 |
- 1차 파쇄 → 1차 체질 → 정선기 → 2차 파쇄 → 2차 체질 → 정선기 순에서 '2차 파쇄'를 다른 말로 '재분쇄공정', 'Reduction Roll'이라고 한다.
- 1차 파쇄는 다른 말로 '파쇄공정', 'Break Roll'이라고 한다.

★★
03 다음 중 밀가루 제품의 품질에 가장 크게 영향을 주는 것은?

① 글루텐의 함유량 ② 빛깔, 맛, 향기

③ 비타민 함유량 ④ 원산지

해설 |
- 밀가루 제품별 분류 기준은 단백질 함량
- 밀가루 등급별 분류 기준은 회분 함량

★
04 전분은 밀가루 중량의 약 몇 % 정도인가?

① 30% ② 50%

③ 70% ④ 90%

해설 | 탄수화물은 밀가루 함량의 70%를 차지하며 대부분은 전분이고 나머지는 덱스트린, 셀룰로오스, 당류, 펜토산이 있다.

★★★
05 밀가루 중 손상전분이 제빵 시에 미치는 영향으로 옳은 것은?

① 반죽 시 흡수가 늦고 흡수량이 많다.

② 반죽 시 흡수가 빠르고 흡수량이 적다.

③ 발효가 빠르게 진행된다.

④ 제빵과 아무 관계가 없다.

해설 | 손상전분은 제빵 시 발효가 빠르게 진행되게 하고, 반죽 시 흡수가 빠르며 흡수량이 많다.

★★
06 밀 단백질 1% 증가에 대한 흡수율 증가는?

① 0~1% ② 1~2%

③ 3~4% ④ 5~6%

정답 01 ③ 02 ② 03 ① 04 ③ 05 ③ 06 ②

해설 |
• 전분 1% 증가 시 흡수율 0.5% 증가
• 손상전분 1% 증가 시 흡수율 2% 증가
• 단백질 1% 증가 시 흡수율 1.5~2% 증가

★
07 다음 중 밀가루에 함유되어 있지 않은 색소는?

① 카로틴 ② 멜라닌
③ 크산토필 ④ 플라본

해설 | 밀가루에 함유된 대부분의 색소는 크산토필이며, 약간의 카로틴과 플라본 등이 있다.

★★
08 다음 중 숙성한 밀가루에 대한 설명으로 틀린 것은?

① 밀가루의 황색색소가 공기 중의 산소에 의해 더욱 진해진다.
② 환원성 물질이 산화되어 반죽의 글루텐 파괴가 줄어든다.
③ 밀가루의 pH가 낮아져 발효가 촉진된다.
④ 글루텐의 질이 개선되고 흡수성을 좋게 한다.

해설 | 숙성한 밀가루는 밀가루의 황색색소가 공기 중의 산소와 결합해서 산화되어 백색으로 바뀐다.

★★★
09 어떤 밀가루에서 젖은 글루텐을 채취하여 보니 밀가루 100g에서 36g이 되었다. 이때 단백질의 함량은?

① 9% ② 12%
③ 15% ④ 18%

해설 |
① 젖은 글루텐의 비율=(젖은 글루텐 반죽의 중량÷밀가루 중량)×100=(36g÷100g)×100=36%
② 건조 글루텐의 비율=젖은 글루텐의 비율÷3=36%÷3=12%

★★
10 생이스트의 구성 비율로 올바른 것은?

① 수분 8%, 고형분 92% 정도
② 수분 92%, 고형분 85% 정도
③ 수분 70%, 고형분 30% 정도
④ 수분 30%, 고형분 70% 정도

해설 | 생이스트
• 압착효모라고도 한다.
• 고형분 30~35%와 수분 70~75%를 함유하고 있다.

★★★
11 이스트에 존재하는 효소로 포도당을 분해하여 알코올과 이산화탄소를 발생시키는 것은?

① 말타아제(Maltase)
② 리파아제(Lipase)
③ 찌마아제(Zymase)
④ 인버타아제(Invertase)

해설 | 포도당과 과당은 산소가 없는 조건에서 이스트에 존재하는 찌마아제(Zymase)에 의해 $2CO_2$(이산화탄소)+$2C_2H_5OH$(에틸알코올)+57kcal(에너지) 등을 생성한다.

★★★
12 빵 반죽의 이스트 발효 시 주로 생성되는 물질은?

① 물+이산화탄소
② 알코올+이산화탄소
③ 알코올+물
④ 알코올+글루텐

해설 | 이스트 발효 시 주로 생성되는 물질은 에틸알코올과 이산화탄소이다.

★★
13 달걀 껍질을 제외한 전란의 고형질 함량은 일반적으로 약 몇 %인가?

① 7% ② 12%
③ 25% ④ 50%

07 ② 08 ① 09 ② 10 ③ 11 ③ 12 ② 13 ③

해설 |
- 전란의 고형질 함량 : 25%
- 난황(노른자)의 고형질 함량 : 50%
- 난백(흰자)의 고형질 함량 : 12%

★★
14 껍질을 포함하여 60g인 달걀 1개의 가식 부분은 몇 g 정도인가?

① 35g ② 42g
③ 49g ④ 54g

해설 |
- 달걀을 구성하는 성분 중 90%가 가식 부분(먹을 수 있는 부분)이다.
- 60g×0.9=54g

★★★
15 달걀의 특징적 성분으로 지방의 유화력이 강한 성분은?

① 레시틴(Lecithin) ② 스테롤(Sterol)
③ 세팔린(Cephalin) ④ 아비딘(Avidin)

해설 | 달걀 노른자에 함유된 인지질의 유화력이 강한 성분은 레시틴이다.

★★
16 커스터드 크림에서 달걀의 주요 역할은?

① 영양가를 높이는 역할
② 결합제의 역할
③ 팽창제의 역할
④ 저장성을 높이는 역할

해설 | 커스터드 크림 제조 시 달걀은 크림을 걸쭉하게 하는 농후화제 역할을 하면서, 점성을 부여하므로 결합제 역할도 한다.

★★
17 물의 기능이 아닌 것은?

① 유화 작용을 한다.
② 반죽 농도를 조절한다.
③ 소금 등의 재료를 분산시킨다.
④ 효소의 활성을 제공한다.

해설 | 유화 작용은 유화제(계면활성제)의 기능이다.

★★★
18 제빵에 사용되는 물로 가장 적합한 형태는?

① 아경수 ② 알칼리수
③ 증류수 ④ 염수

해설 | 제빵에 적합한 물은 약산성의 아경수이다.

★★
19 제빵 시 경수를 사용할 때 조치사항이 아닌 것은?

① 이스트 사용량 증가
② 맥아 첨가
③ 이스트 푸드 양 감소
④ 급수량 감소

해설 | 급수량(반죽에 넣는 물의 양)을 증가시킨다.

★★
20 다음 중 발효시간을 단축시키는 물은?

① 연수 ② 경수
③ 염수 ④ 알칼리수

해설 | 발효시간은 가스 발생력 뿐만 아니라 가스 보유력을 고려해야 하므로 연수 사용 시 가스 보유력이 적어지므로 발효시간 단축으로 보완한다.

★★★
21 물의 경도를 높여주는 작용을 하는 재료는?

① 이스트 푸드 ② 이스트
③ 설탕 ④ 밀가루

해설 | 이스트 푸드에는 황산칼슘, 인산칼슘, 과산화칼슘 등이 함유되어 있어 물의 경도를 조절하여 제빵성을 향상시킨다.

★★
22 일시적 경수에 대한 설명으로 맞는 것은?

① 가열 시 탄산염으로 되어 침전된다.
② 끓여도 경도가 제거되지 않는다.
③ 황산염에 기인한다.
④ 제빵에 사용하기 가장 좋다.

정답 14 ④ 15 ① 16 ② 17 ① 18 ① 19 ④ 20 ① 21 ① 22 ①

해설 | 일시적 경수란 탄산칼슘의 형태로 들어 있는 경수로, 끓이면 불용성 탄산염으로 분해되어 연수가 된다.

★★
23 식염이 반죽의 물성 및 발효에 미치는 영향에 대한 설명으로 틀린 것은?

① 흡수율이 감소한다.
② 반죽시간이 길어진다.
③ 껍질색상을 더 진하게 한다.
④ 프로테아제의 활성을 증가시킨다.

해설 | 효소 프로테아제는 온도, pH, 수분의 영향은 받으나 소금의 영향을 받지 않는다.

★★
24 다음 중 설탕을 포도당과 과당으로 분해하여 만든 당으로 감미도와 수분 보유력이 높은 당은?

① 정백당 ② 빙당
③ 전화당 ④ 황설탕

해설 | 전화당
자당(설탕)을 산이나 효소로 가수분해하면 같은 양의 포도당과 과당이 생성되는데, 이 혼합물을 가리킨다.

★★★
25 전화당을 설명한 것 중 틀린 것은?

① 설탕의 1.3배의 감미를 갖는다.
② 설탕을 가수분해시켜 생긴 포도당과 과당의 혼합물이다.
③ 흡습성이 강해서 제품의 보존기간을 지속시킬 수 있다.
④ 상대적 감미도는 맥아당보다 낮으나 쿠키의 광택과 촉감을 위해 사용한다.

해설 | 상대적 감미도는 전화당(130), 맥아당(32)이다.

★★
26 퐁당 크림을 부드럽게 하고 수분 보유력을 높이기 위해 일반적으로 첨가하는 것은?

① 한천, 젤라틴 ② 물, 레몬
③ 소금, 크림 ④ 물엿, 전화당 시럽

해설 | 퐁당 크림을 부드럽게 하고 수분 보유력을 높이기 위해 사용하는 당의 형태는 액당(시럽)이다.

★★
27 분당(Sugar Powder)은 저장 중 응고되기 쉬운데, 이를 방지하기 위하여 어떤 재료를 첨가하는가?

① 소금 ② 설탕
③ 글리세린 ④ 전분

해설 | 분당의 응고를 방지하기 위하여 3%의 옥수수 전분을 혼합한다.

★★
28 감미만을 고려할 때 설탕 100g을 포도당으로 대치한다면 약 얼마를 사용하는 것이 좋은가?

① 75g ② 100g
③ 130g ④ 170g

해설 | 100g(설탕의 중량)×100(설탕의 감미도)÷75(포도당의 감미도)=133g(포도당의 중량). 즉, 포도당의 종류에 따라 감미도에 편차가 있으므로 정답은 130g이다.

★★
29 제과에 많이 쓰이는 '럼주'의 원료는?

① 옥수수 전분 ② 포도당
③ 당밀 ④ 타피오카

해설 | 럼주는 당밀을 발효시킨 후 증류하여 만든다.

★★
30 일반적인 버터의 수분 함량은?

① 18% 이하 ② 25% 이하
③ 30% 이하 ④ 45% 이하

23 ④ 24 ③ 25 ④ 26 ④ 27 ④ 28 ③ 29 ③ 30 ①

해설 |
- 버터의 구성비 : 우유지방(80~85%), 수분(14~18%), 소금(1~3%), 카제인, 단백질, 유당, 광물질을 합쳐서 1%
- 버터를 특징짓는 구성성분은 우유지방(유지방)이고, 유지방을 특징짓는 구성성분은 지방산인 뷰티르산이다.

★★
31 쇼트닝에 대한 설명으로 틀린 것은?

① 라드(돼지기름) 대용품으로 개발되었다.
② 정제한 동 · 식물성 유지로 만든다.
③ 온도 범위가 넓어 취급이 용이하다.
④ 수분을 16% 함유하고 있다.

해설 | 쇼트닝과 튀김용 기름에는 수분이 없다.

★★
32 버터는 쇼트닝으로 대치하려 할 때 고려해야 할 재료와 거리가 먼 것은?

① 유지 고형질 ② 수분
③ 소금 ④ 유당

해설 | 버터의 구성성분 비율은 우유지방(유지 고형질) : 80~85%, 수분 : 14~17%, 소금 : 1~3% 등이 함유되어 있으나, 유당은 극히 소량 함유되어 있어 고려 대상이 되지 않는다.

★★★
33 유지에 유리지방산이 많을수록 어떠한 변화가 나타나는가?

① 발연점이 높아진다.
② 발연점이 낮아진다.
③ 융점이 높아진다.
④ 산가가 낮아진다.

해설 | 유리지방산이란 글리세린과 결합되지 않은 지방산으로 열에 불안정하여 쉽게 기체로 바뀐다. 그래서 유지에 유리지방산이 많을수록 발연점이 낮아진다.

★★★
34 다음 중 유지의 산패와 거리가 먼 것은?

① 온도 ② 수분
③ 공기 ④ 비타민 E

해설 | 비타민 E는 유지의 산패를 억제하는 항산화제(산화방지제)이다.

★★
35 마가린의 산화방지제로 주로 많이 이용되는 것은?

① BHA ② PG
③ EP ④ NDGA

해설 | 마가린의 산화방지제는 BHA(Butylated Hydroxy Anisole)이다.

★★★
36 우유에 대한 설명으로 옳은 것은?

① 시유의 비중은 1.3 정도이다.
② 우유 단백질 중 가장 많은 것은 카제인이다.
③ 우유의 유당은 이스트에 의해 쉽게 분해된다.
④ 시유의 현탁액은 비타인 B_2에 의한 것이다.

해설 |
① 시유(시장에서 파는 우유)의 비중은 1.030 전 · 후이다.
③ 유당을 가수분해하는 락타아제가 이스트에 없다.
④ 시유의 현탁액은 비타민 A의 전구체인 β-카로틴에 의한 것이다.

★★
37 비중이 1.04인 우유에 비중이 1.00인 물을 1 : 1 부피로 혼합하였을 때 물을 섞은 우유의 비중은?

① 2.04 ② 1.02
③ 1.04 ④ 0.04

해설 | 비중이 다른 용액을 같은 부피로 혼합했을 때 혼합물의 비중은 평균값을 나타낸다. 즉, (1.04+1.00)÷2=1.02이다.

정답 31 ④ 32 ④ 33 ② 34 ④ 35 ① 36 ② 37 ②

★★
38 분유의 종류에 대한 설명으로 틀린 것은?

① 혼합분유 : 연유에 유청을 가하여 분말화한 것
② 전지분유 : 원유에서 수분을 제거하여 분말화한 것
③ 탈지분유 : 탈지유에서 수분을 제거하여 분말화한 것
④ 가당분유 : 원유에 당류를 가하여 분말화한 것

해설 | 혼합분유는 전지분유나 탈지분유에 곡분, 곡류, 가공품, 코코아 가공품, 유청분말 등의 식품이나 식품첨가물을 섞어 가공 · 분말화한 것이다.

★★★
39 우유의 성분 중 치즈를 만드는 원료는?

① 유지방 ② 카제인
③ 유당 ④ 비타민

해설 | 카제인은 우유의 주된 단백질로서 우유 단백질의 약 80% 정도를 차지하고 있다. 열에는 응고하지 않으나 산과 효소 레닌에 의해 응유된다. 이 원리로 만든 유제품의 종류에는 치즈, 요구르트 등이 있다.

★★★
40 빈 컵의 무게가 120g이었고, 이 컵에 물을 가득 넣었더니 250g이 되었다. 물을 빼고 우유를 넣었더니 254g이 되었을 때 우유의 비중은 약 얼마인가?

① 1.03 ② 1.07
③ 2.15 ④ 3.05

해설 |

$$비중 = \frac{(우유의\ 무게 - 컵무게)}{(물의\ 무게 - 컵무게)}$$

$$X = \frac{(254 - 120)}{(250 - 120)} = 1.03$$

★★★
41 과자와 빵에서 우유가 미치는 영향 중 틀린 것은?

① 우유에 함유되어 있는 단백질, 유지방, 무기질, 비타민으로 영양을 강화시킨다.
② 우유에 함유되어 있는 단백질은 이스트에 의해 생성된 향을 착향시킨다.
③ 우유에 함유되어 있는 유당은 겉껍질 색깔을 강하게 한다.
④ 우유에 함유되어 있는 단백질은 보수력이 없어서 쉽게 노화된다.

해설 | 과자와 빵에서 우유가 미치는 영향
- 영양을 강화시킨다.
- 보수력이 있어서 과자와 빵의 노화를 지연시키고 선도를 연장시킨다.
- 겉껍질 색깔을 강하게 한다.
- 이스트에 의해 생성된 향을 착향시킨다.

★★
42 이스트 푸드에 대한 설명으로 틀린 것은?

① 발효를 조절한다.
② 밀가루 중량대비 1~5%를 사용한다.
③ 이스트의 영양을 보급한다.
④ 반죽조절제로 사용한다.

해설 | 이스트 푸드의 사용량은 밀가루 중량대비 0.1%~0.2%이다.

★★
43 이스트 푸드 성분 중 물 조절제로 사용되는 것은?

① 황산암모늄 ② 전분
③ 칼슘염 ④ 이스트

해설 |
- 황산암모늄은 이스트 조절제이다.
- 전분은 분산제, 완충제, 계량 용이의 역할을 한다.
- 칼슘염은 물 조절제이다.

38 ① 39 ② 40 ① 41 ④ 42 ② 43 ③

★★
44 유화제에 대한 설명으로 틀린 것은?

① 계면활성제라고도 한다.

② 친유성기와 친수성기를 각 50%씩 갖고 있어 물과 기름의 분리를 막아준다.

③ 레시틴, 모노글리세라이드, 난황 등이 유화제로 쓰인다.

④ 빵에서는 글루텐과 전분 사이로 이동하는 자유수의 분포를 조절하여 노화를 방지한다.

해설 | 계면활성제 분자 중 친수성 부분의 (%)를 5로 나눈 수치로 9 이하는 지방에 용해되고, 11 이상은 물에 녹는다.

★★
45 다음에서 탄산수소나트륨(중조)의 반응에 의해 발생하는 물질이 아닌 것은?

① CO_2 ② H_2O

③ C_2H_5OH ④ Na_2CO_3

해설 | $2NaHCO_3$(탄산수소나트륨) → Na_2CO_3(탄산나트륨) + H_2O(물) + CO_2(이산화탄소)

★★
46 다음 중 중화가를 구하는 식은?

① $\frac{\text{중조의 양}}{\text{산성제의 양}} \times 100$

② $\frac{\text{중조의 양}}{\text{산성제의 양}}$

③ $\frac{\text{산성제의 양} \times \text{중조의 양}}{100}$

④ 중조의 양 × 100

해설 | 중화가란 산염제(산성제) 100g을 중화시키는 데 필요한 중조의 양을 가리키므로 식을 세우면 다음과 같다.

$$\text{중화가} = \frac{\text{중조의 양}}{\text{산성제의 양}} \times 100$$

★
47 베이킹파우더의 산반응물질(Acid-reacting Material)이 아닌 것은?

① 주석산과 주석산염

② 인산과 인산염

③ 알루미늄 물질

④ 중탄산과 중탄산염

해설 |
- 베이킹파우더의 이산화탄소 발생물질에는 탄산염류, 중탄산염류와 암모니아염류를 주요 성분으로 한다.
- 베이킹파우더의 산반응물질(즉 산염제)의 여러 종류 중에서 주석산, 주석영일 때 가스 발생속도가 가장 빠르고, 황산알루미늄소다일 때 가스 발생속도가 가장 느리다.

★★
48 젤리화의 요소가 아닌 것은?

① 유기산류 ② 염류

③ 당분류 ④ 펙틴류

해설 | 당분류 60~65%, 펙틴류 1.0~1.5%, pH 3.2의 산(유기산류)이 되면 젤리가 형성된다.

★★
49 검류에 대한 설명으로 틀린 것은?

① 유화제, 안정제, 점착제 등으로 사용된다.

② 낮은 온도에서도 높은 점성을 나타낸다.

③ 무기질과 단백질로 구성되어 있다.

④ 친수성 물질이다.

해설 | 검류는 탄수화물로 구성되어 있다.

★★★
50 과실이 익어감에 따라 어떤 효소의 작용에 의해 수용성 펙틴이 생성되는가?

① 펙틴리가아제

② 아밀라아제

③ 프로토펙틴 가수분해효소

④ 브로멜린

해설 | 과실의 껍질에 있으면서 과일의 껍질을 단단하고 윤기나게 만들던 펙틴이 과실이 익어감에 따라 프로토펙틴에 가수분해되면서 수용성 펙틴을 만들어 과실을 말랑말랑하게 한다.

정답 44 ② 45 ③ 46 ① 47 ④ 48 ② 49 ③ 50 ③

★★★

51 향신료(Spice & Herb)에 대한 설명으로 틀린 것은?

① 향신료는 주로 전분질 식품의 맛을 내는 데 사용된다.

② 향신료는 고대 이집트, 중동 등에서 방부제, 의약품의 목적으로 사용되던 것이 식품으로 이용된 것이다.

③ 스파이스는 주로 열대지방에서 생산되는 향신료로 뿌리, 열매, 꽃, 나무껍질 등 다양한 부위가 이용된다.

④ 허브는 주로 온대지방의 향신료로 식물의 잎이나 줄기가 주로 이용된다.

해설 | 향신료는 주로 육류와 생선 요리가 많이 사용된다.

★

52 잎을 건조시켜 만든 향신료는?

① 계피 ② 넛메그

③ 메이스 ④ 오레가노

해설 |

- 계피 : 껍질
- 넛메그, 메이스 : 열매
- 오레가노 : 잎(피자 만들 때 사용)

★

53 열대성 다년초의 다육질 뿌리로, 매운 맛과 특유의 방향을 가지고 있는 향신료는?

① 넛메그 ② 계피

③ 올스파이스 ④ 생강

해설 | 향신료는 직접 향을 내기보다는 주재료에서 나는 불쾌한 냄새를 막아주며, 다시 그 재료와 어울려 풍미를 향상시키고 제품의 보존성을 높여주는 기능을 한다.

★★

54 비터 초콜릿(Bitter chocolate) 원액 속에 포함된 코코아 버터의 함량은?

① 3/8 ② 4/8

③ 5/8 ④ 7/8

해설 | 비터 초콜릿 원액 속에 포함된 코코아 버터의 함량은 37.5%(3/8)이다.

★★

55 다크초콜릿을 구성하는 비터 초콜릿(Bitter chocolate) 32% 중에는 코코아가 약 얼마 정도 함유되어 있는가?

① 8% ② 16%

③ 20% ④ 24%

해설 | 비터 초콜릿의 62.5%(5/8)가 코코아이다.

★

56 다음의 초콜릿 성분이 설명하는 것은?

- 글리세린 1개에 지방산 3개가 결합한 구조이다.
- 실온에서는 단단한 상태이지만, 입안에 넣는 순간 녹게 만든다.
- 고체로부터 액체로 변하는 온도 범위(가소성)가 겨우 2~3℃로 매우 좁다.

① 카카오 매스

② 카카오 기름

③ 카카오 버터

④ 코코아 파우더

해설 | 카카오 버터는 초콜릿의 풍미, 구용성, 감촉, 맛 등을 결정하는 중요한 구성 성분이다.

★★

57 다음 중 코팅용 초콜릿이 갖추어야 하는 성질은?

① 융점이 항상 낮은 것

② 융점이 항상 높은 것

③ 융점이 겨울에는 높고, 여름에는 낮은 것

④ 융점이 겨울에는 낮고, 여름에는 높은 것

해설 | 코팅용 초콜릿(파티글라세) : 카카오 매스에서 카카오 버터를 제거한 다음, 식물성 유지와 설탕을 넣어 만든 것으로, 템퍼링 작업을 하지 않아도 된다. 융점은 겨울에는 낮고, 여름에는 높은 것이 코팅용 초콜릿으로 좋다.

51 ① 52 ④ 53 ④ 54 ① 55 ③ 56 ③ 57 ④

★★
58 **다크 초콜릿을 템퍼링(Tempering)할 때 처음 녹이는 공정의 온도 범위로 가장 적합한 것은?**

① 10~20℃　　② 20~30℃
③ 30~40℃　　④ 40~50℃

해설 |
- 다크 초콜릿의 처음 녹이는 공정의 온도 범위는 40~50℃이다.
- 초콜릿의 종류에 따라 템퍼링 온도는 다르다.

★★★
59 **다음과 같은 조건에서 나타나는 현상과 그와 관련한 물질을 바르게 연결한 것은?**

> 초콜릿의 보관방법이 적절치 않아 공기 중의 수분이 표면에 부착한 뒤 그 수분이 증발해버려 어떤 물질이 결정 형태로 남아 흰색이 나타났다.

① 팻블룸(Fat Bloom) – 카카오 매스
② 팻블룸(Fat Bloom) – 글리세린
③ 슈가블룸(Sugar Bloom) – 카카오 버터
④ 슈가블룸(Sugar Bloom) – 설탕

해설 | 초콜릿의 템퍼링이 잘못되면 카카오버터에 의한 지방블룸이, 보관이 잘못되면 설탕에 의한 설탕블룸이 생긴다.

★★★
60 **카카오 버터의 결정이 거칠어지고 설탕의 결정이 석출되어 초콜릿의 조직이 노화하는 현상은?**

① 템퍼링(Tempering)
② 블룸(Bloom)
③ 콘칭(Conching)
④ 페이스트(Paste)

해설 | 템퍼링이 잘못되면 카카오 버터에 의한 지방 블룸(Fat Bloom)이 생기고, 보관이 잘못되면 설탕에 의한 설탕블룸(Sugar Bloom)이 생긴다.

정답 58 ④　59 ④　60 ②

03 재료영양 (빵류제품 재료혼합)

1 체내 기능에 따른 영양소의 분류

영양소란 식품에 함유되어 있는 여러 성분 중 체내에 흡수되어 생활 유지를 위한 생리적 기능에 이용되는 것을 말한다. 체내 기능에 따라 열량영양소, 구성영양소, 조절영양소로 나눈다.

① **열량영양소 :** 에너지원으로 이용되는 영양소로서 탄수화물, 지방, 단백질이 있다.

② **구성영양소 :** 근육, 골격, 효소, 호르몬 등 신체 구성의 성분이 되는 영양소로서 단백질, 무기질, 물이 있다.

③ **조절영양소 :** 체내 생리작용을 조절하고 대사를 원활하게 하는 영양소로서 무기질, 비타민, 물이 있다.

2 탄수화물(당질)의 영양적 이해

1. 탄수화물의 종류에 따른 영양적 특성

① **포도당**

㉠ 포유동물의 혈당(혈액 중에 있는 당)으로 혈액 중 0.1% 가량 포함되어 있다.

㉡ 호르몬인 인슐린과 무기질인 Chromium(크롬, Cr)의 작용으로 적절한 혈당을 유지한다.

㉢ 각 조직에 보내져 에너지원이 되고 사용하고 남은 과잉의 포도당은 지방으로 전환된다.

㉣ 여분의 포도당은 글리코겐의 형태로 간의 조직 중에서 2~4%인 135g이 간(간장)에 저장되고, 근육의 조직 중에서 약 0.7%인 460g이 근육에 저장된다.

㉤ 뇌세포, 신경세포, 적혈구의 열량소(에너지원)로 이용되며 체내 당대사의 중심물질이다.

② **과당**

㉠ 당류 중 가장 빨리 체내에 소화 · 흡수되지만, 급격하게 혈당을 상승시키지 않는다.

㉡ 그래서 포도당을 섭취해서는 안 되는 당뇨병 환자에게 감미료로서 사용한다.

③ **갈락토오스 :** 모유와 우유에 함유된 유당(젖당)을 가수분해하여 얻으며, 지방과 결합하여 뇌, 신경 조직의 성분이 되므로 유아에게 특히 필요하다. 만약 결핍되면 지능이 떨어진다.

④ **자당(설탕)** : 당류의 단맛을 비교할 때 기준이 된다.

⑤ **전화당** : 자당이 가수분해될 때 생기는 중간산물로, 포도당과 과당이 1 : 1로 혼합된 당이다.

⑥ **맥아당(엿당)** : 쉽게 발효하지 않아 위 점막을 자극하지 않으므로 어린이나 소화기 계통의 환자에게 좋다. 식혜, 감주, 조청, 엿에 많이 함유되어 있다.

⑦ **유당(젖당)**

㉠ 장내에서 잡균의 번식을 막아 정장작용(장을 깨끗이 하는 작용)을 한다.

㉡ 칼슘의 흡수를 돕는다.

tip

유당불내증 : 체내에 우유 중에 있는 유당을 소화하는 소화효소(락타아제)가 결여되어서 유당을 소화하지 못하기 때문에 생기는 증상이다. 유당불내증 환자가 먹을 수 있는 유제품은 요구르트이다.

⑧ **전분(녹말)**

㉠ 쌀과 밀알을 통하여 섭취하는 대표적인 탄수화물(당질)의 형태이다.

㉡ 단맛과 냄새가 없고, 흰색 입자 형태로 물에 용해되지는 않으나 찬물에는 잘 풀어진다.

㉢ 물보다 비중이 커(전분 비중 1.65) 물에서 백색 침전하고 요오드용액 반응은 청색을 띤다.

⑨ **덱스트린(호정)** : 전분보다 분자량이 적고 물에 약간 용해되며 점성이 있다.

⑩ **글리코겐**

㉠ 동물이 사용하고 남은 혈당을 간과 근육에서 합성하고 저장해 둔 탄수화물이다.

㉡ 쉽게 포도당으로 변해 에너지원으로 쓰이므로 동물성 전분이다.

㉢ 호화나 노화현상은 일으키지 않는다.

⑪ **셀룰로오스(섬유소)** : 체내에서 소화되지 않으나 변의 크기를 증대시키며, 장의 연동작용을 자극하여 배설작용을 촉진한다. 반면 초식동물은 가수분해하여 포도당을 섭취한다.

⑫ **펙틴**

㉠ 펙틴산은 반섬유소라 하여 소화 · 흡수는 되지 않지만 장내세균 및 유독물질을 흡착, 배설하는 성질이 있다. 또한 장운동을 활성화시켜 배변을 촉진하고 변비를 개선한다.

㉡ 펙틴은 다량의 포도당에 유리산, 암모늄, 칼륨, 나트륨염 등이 결합된 복합다당류이다.

⑬ **올리고당(소당류)**

㉠ 단당류 3~10개 정도가 글리코사이드 결합으로 구성된 당이다.

㉡ 청량감은 있으나 감미도가 설탕의 20~30%로 낮다.

㉢ 설탕에 비해 항충치성이 있고, 장내비피디더스균을 무럭무럭 자라게 한다.

⑭ **당 알코올(Sugar alcohol)**

㉠ 당류 분자의 카르보닐기를 환원하여 얻으며 동일 분자 내에 수산기를 두 개 이상 함유하는 다가 알코올의 총칭이다.

㉡ 일반적으로 당의 어미인 오스(ose)를 이톨(itol)로 바꿔 명명한다.

㉢ 설탕 섭취에 제한을 받는 이들을 위한 설탕 대용의 감미료로 이용한다.

㉣ 종류에는 자일리톨, 솔비톨, 칼락티톨, 에리트리톨, 펜티톨, 헥시톨 등 다양한 종류가 있다.

2. 탄수화물의 체내 기능

① 탄수화물은 1g당 4kcal의 에너지 공급원이다(열량소의 기능을 한다).

② 단백질 절약작용을 한다.

③ 간에서 지방합성과 지방대사를 조절한다.

④ 간장 보호와 해독작용을 한다.

⑤ 피로 회복에 매우 효과적이다.

⑥ 중추신경 유지, 혈당량 유지, 변비 방지, 감미료 등으로도 이용된다.

⑦ 기호성을 증진시킨다(어떤 특정 식품에 대해 좋아하는 성질을 증진시킨다).

⑧ 한국인 영양섭취기준에 의한 1일 총열량의 55~70%를 탄수화물로 섭취해야 한다.

3. 탄수화물의 물질대사

① 탄수화물의 단당류는 그대로 흡수되나, 이당류와 다당류는 소화관 내에서 단당류인 포도당으로 분해되어 소장에서 흡수된다.

② 체내에 흡수된 포도당 1분자는 혈액에 섞여 각 조직 내 세포에서 피루브산 2분자로 분해되고 운반되어 TCA 회로를 거친 후 완전히 산화되어 마지막 대사산물인 이산화탄소와 물로 분해된다.

③ 에너지로 쓰이고 남은 여분의 포도당은 호르몬 인슐린에 의해 간과 근육에 글리코겐 형태로 합성하고 저장된다.

④ 당질대사 시 탄수화물이 완전히 산화할 때 비타민 B_1(티아민)을 갖는 조효소(Coenzyme, 코엔자임)가 작용하고 인(P), 마그네슘(Mg) 등의 무기질이 필요하다.

4. 과잉 섭취 시 유발되기 쉬운 질병

종류에는 비만, 당뇨병, 동맥경화증, 심혈관계 질환 등이 있다.

3 지방(지질)의 영양적 이해

1. 지방의 종류에 따른 영양적 특성

① **중성지방**

㉠ 3분자의 지방산과 1분자의 글리세린의 에스테르(Ester) 결합으로 되어 있다.

㉡ 지방산의 종류에 따라 상온에서 고체인 지방과 액체인 기름으로 나눈다.

㉢ 불포화지방산의 비율이 높으면 액체인 기름(Oil;油)이 된다.

㉣ 포화지방산의 비율이 높으면 고체인 지방(Fat;脂)이 된다.

㉤ 에스테르 결합으로 된 트리글리세라이드(Triglyceride)이며, 일명 유지라고도 부른다.

㉥ 체내에서는 지방조직에 에너지 저장체로 존재한다.

② **납(왁스)**

㉠ 식물의 줄기, 잎, 종자, 동물의 체조직의 표피 부분, 뇌, 뼈 등에 분포되어 있다.

㉡ 영양학적 가치는 없다.

③ **인지질**

㉠ 중성지방에 인산이 결합된 물질로 레시틴, 세팔린, 스핑고미엘린 등이 있다.

㉡ 레시틴 : 인체의 뇌, 신경, 간장 등의 생체막을 구성하는 성분으로 존재하며 항산화제, 유화제로 쓰이고, 지방대사에도 관여하며 글리세린에 지방산, 인산, 콜린이 결합된 인지질이다.

㉢ 세팔린 : 뇌, 혈액에 구성성분으로 들어 있고, 혈액 응고에 관여하는 인지질이다.

④ **당지질 :** 중성지방에 당이 결합된 상태이며 뇌, 신경조직 등의 생체막을 구성하는 성분이다.

⑤ **단백지질 :** 중성지방과 단백질이 결합된 상태이며, 여러 체조직의 생체막을 구성하는 성분이다.

⑥ **콜레스테롤**

㉠ 신경조직과 뇌조직에 들어 있다.

㉡ 담즙산, 성호르몬, 부신피질 호르몬 등의 주성분이다.

㉢ 특정 물질이 되기 전 단계의 물질인 전구체로서 자외선에 의해 비타민 D_3로 전환된다.

㉣ 동물성 식품에 많이 들어있는 동물성 스테롤이다.

㉤ 과잉 섭취하면 고혈압, 동맥경화를 야기한다.

㉥ 지방의 화학적 분류상 단순지질과 복합지질의 가수분해 생성물인 유도지질이다.

㉦ 고리형 구조를 이루고 유리형 또는 결합형(에스테르형)으로 존재한다.

㉧ 간, 장벽과 부신 등 체내에서도 합성된다.

㉨ 식사를 통한 평균 흡수율은 50% 정도이다.

⑦ **에르고스테롤**

㉠ 효모, 버섯 등과 같은 식물성 식품에 많은 식물성 스테롤이다.

㉡ 전구체로서 자외선에 의해 비타민 D_2로 전환되므로 프로비타민 D라고도 한다.

⑧ **필수지방산(비타민 F)**

㉠ 지방산의 영양적 분류상 특징은 체내에서 합성되지 않아 음식물에서 섭취해야 하는 지방산이다.

㉡ 성장을 촉진하고 피부건강을 유지시키며 혈액 내의 콜레스테롤 양을 저하시킨다.

㉢ 세포막의 구조적 성분이며 뇌와 신경조직, 시각기능을 유지시킨다.

㉣ 노인의 경우 필수지방산의 흡수를 위하여 콩기름을 섭취하는 것이 좋다.

㉤ 결핍되면 피부염, 시각기능 장애, 생식장애, 성장지연이 발생할 수 있다.

㉥ 종류에는 리놀레산, 리놀렌산, 아라키돈산 등이 있다.

⑨ **포화지방산**

㉠ 지방산의 화학적 분류상 특징은 탄소와 탄소 사이에 전자가 한 개인 단일결합을 갖는다.

㉡ 포화지방산을 구성하는 탄소 수에 따라 종류를 나눈다.

㉢ 유지에 포화지방산의 비율이 높을수록 융점이 상승한다.

㉣ 포화지방산을 구성하는 탄소의 개수가 많을수록 융점이 높다.

㉤ 종류에는 올레산, 리놀레산, 리놀렌산, 아라키돈산, EPA, DHA 등이 있다.

⑩ **불포화지방산**

㉠ 지방산의 화학적 분류상 특징은 탄소와 탄소 사이에 전자가 두 개인 이중결합을 갖는다.

㉡ 니켈을 촉매로 수소를 첨가하면 포화지방산이 된다.

㉢ 불포화지방산이 포화지방산으로 바뀌는 것을 전이지방산이라고 한다.

㉣ 유지에 불포화지방산의 비율이 높을수록 융점이 낮아진다.

㉤ 종류에는 올레산, 리놀레산, 리놀렌산, 아라키돈산, EPA, DHA 등이 있다.

tip

※ 불포화지방산이 함유하고 있는 이중결합의 개수

- 올레산 : 이중결합 1개
- 리놀레산 : 이중결합 2개
- 리놀렌산 : 이중결합 3개
- 아라키돈산 : 이중결합 4개

⑪ **글리세린**

㉠ 설탕 시럽과 같은 무색, 무취, 감미를 가진 액체이다.

㉡ 인체의 정상적인 구성물질로 존재한다.

㉢ 식품첨가제로 안전하게 사용되는 생리적으로 무해한 물질로 알려져 있다.

㉣ 식품의 수분을 잡아들여 보유하는 흡습성이 있다.
㉤ 물-기름 유탁액에 대한 안전기능이 있다.
㉥ 향미제의 용매로 식품의 색택을 좋게 하는 독성이 없는 극소수 용매 중의 하나이다.
㉦ 식품의 색상과 광택을 좋게 하는 독성이 없는 극소수 용매 중의 하나이다.
㉧ 보습성이 뛰어나 빵류, 케이크류, 소프트 쿠키류의 저장성을 연장시킨다.
㉨ 감미도는 자당(100)보다 작은 60이다.

2. 지질의 체내 기능

① 지질 1g당 9kcal의 에너지를 발생하므로 열량소 중에서 가장 많은 열량을 낸다.
② 외부의 충격으로부터 인체의 내장기관을 보호한다.
③ 지용성 비타민의 흡수를 촉진한다.
④ 피하지방은 체온의 발산을 막아 체온을 조절한다.
⑤ 장내에서 윤활제 역할을 해 변비를 막아준다.
⑥ 한국인 영양섭취기준에 의한 1일 총열량의 20% 정도를 지질(지방)로 섭취해야 한다.
⑦ 지질은 필수지방산을 공급하며 필수지방산은 2%의 섭취가 권장된다.

3. 지방의 물질대사

① 지방은 지방산과 글리세린으로 분해되어 소장에서 흡수된 후 혈액에 의해 간의 세포로 이동한다.
② 간의 세포에서 분해된 지방의 연소, 복합지방과 콜레스테롤의 합성이 이루어진다.
③ 지방이 TCA 회로의 산화과정을 거쳐 연소되고 남은 지방은 피하, 복강, 근육 사이에 저장된다.
④ 지방산은 산화과정을 거쳐 1g당 9kcal의 에너지를 방출하고 이산화탄소와 물이 된다.
⑤ 글리세린은 탄수화물 대사과정에 이용된다.
⑥ 비타민 A(레티놀)와 비타민 D(칼시페롤)가 지방의 대사에 관여한다.

4. 과잉 섭취 시 유발되기 쉬운 질병

종류에는 비만, 동맥경화증, 심혈관계 질환, 유방암, 대장암 등이 있다.

4 단백질의 영양적 이해

1. 식품의 단백질 함량을 산출하는 질소계수

질소는 단백질만 가지고 있는 원소로서, 단백질에 평균 16%가 들어 있다. 따라서 식품의 질소 함유량을 알면 질소계수인 6.25를 곱하여 그 식품의 단백질 함량을 산출할 수 있다.

① 일반 식품은 단백질 중 질소의 구성이 16%이기 때문에 '100÷16'으로, 질소계수는 6.25이다.

② 질소의 양=단백질 양×16/100

③ 단백질 양=질소의 양×100/16 (즉, 질소계수 6.25)

④ 단, 밀가루는 단백질 중 질소의 구성이 17.5%이기 때문에 '100÷17.5'로, 질소계수는 5.7이다.

2. 필수아미노산의 영양적 가치와 종류

① 아미노산의 영양적 분류상 특징은 체내 합성이 안 되므로 반드시 음식물에서 섭취해야 하는 아미노산이다.

② 체조직의 구성과 성장 발육에 반드시 필요하며, 동물성 단백질에 많이 함유되어 있다.

③ 성인에게는 이소류신, 류신, 리신, 메티오닌, 페닐알라닌, 트레오닌, 트립토판, 발린 등 8종류가 필요하다. 어린이와 회복기 환자에게는 8종류 외에 히스티딘을 합한 9종류가 필요하다.

※ 메티오닌은 필수아미노산이며 분자구조에 황(S)을 함유하고 있어 함황아미노산이라고 한다.
※ 함황아미노산에는 메티오닌, 시스틴, 시스테인 등이 있다.
※ 아미노산은 물에 녹아 양이온과 음이온의 양전하를 가지므로 용매의 pH에 따라서도 용해도가 달라진다. 용해도가 적어지면 단백질 결정이 석출되는데 이러한 등전점을 이용하여 단백질 식품을 제조한다.

3. 체내 영양적 특성에 따른 단백질의 분류

분류 기준은 동물성과 식물성 단백질에 함유된 아미노산의 종류와 양에 따라 나눈다.

① 완전 단백질

㉠ 생명 유지, 성장 발육, 생식에 필요한 필수아미노산을 고루 갖춘 단백질이다.

㉡ 종류에는 카세인과 락토알부민(우유), 오브알부민과 오보비텔린(계란), 미오신(육류), 미오겐(생선), 글리시닌(콩) 등이 있다.

② 부분적 완전 단백질

㉠ 생명 유지는 시켜도 성장 발육은 못 시키는 단백질이다.

㉡ 종류에는 글리아딘(밀), 호르데인(보리), 오리제닌(쌀) 등이 있다.

③ 불완전 단백질

㉠ 생명 유지나 성장 모두에 관계없는 단백질이다.

㉡ 종류에는 필수아미노산인 트립토판이 거의 없는 단백질인 제인(옥수수)과 젤라틴(육류) 등이 있다.

4. 단백질의 체내 영양가를 평가하는 방법의 이해

① **생물가(%)**

㉠ $\frac{\text{체내에 보유된 질소량}}{\text{체내에 흡수된 질소량}} \times 100 = \text{생물가(\%)}$

㉡ 체내의 단백질 이용률을 나타낸 것으로 생물가가 높을수록 체내 이용률이 높다.

예 우유(90), 달걀(87), 돼지고기(79), 소고기(76), 생선, 대두(75), 밀가루(52)

② **단백가(%)**

㉠ 필수아미노산 비율이 이상적인 표준 단백질을 가정하여 이를 100으로 잡고 다른 단백질의 필수아미노산 함량을 비교하는 방법이다.

㉡ $\frac{\text{식품 중 필수아미노산 함량}}{\text{표준 단백질 필수아미노산 함량}} \times 100 = \text{단백가(\%)}$

㉢ 단백가가 클수록 영양가가 크다.

예 달걀(100), 소고기(83), 우유(78), 대두(73), 쌀(72), 밀가루(47), 옥수수(42)

③ **제한아미노산**

㉠ 식품에 함유되어 있는 필수아미노산 중 이상형보다 적은 아미노산을 제한아미노산이라고 한다.

㉡ 제한아미노산이 2종 이상일 때는 가장 적은 아미노산을 제1 제한아미노산이라고 한다.

㉢ 쌀과 밀에서는 필수아미노산인 리신(리이신)이 가장 부족하여 제1 제한아미노산이다.

④ **단백질의 상호 보조**

㉠ 단백가가 낮은 식품이라도 부족한 필수아미노산(제한아미노산)을 보충할 수 있는 식품과 함께 섭취하면 체내 이용률이 높아진다.

㉡ 쌀－콩, 빵－우유, 옥수수－우유 등이 상호 보조효과가 좋다.

5. 단백질의 체내 기능

① 체조직과 혈액 단백질, 효소, 호르몬, 항체 등을 구성하는 것이 가장 중요한 기능이다.

② 단백질 1g당 4kcal의 에너지를 발생시킨다.

③ 체내 삼투압 조절로 체내 수분함량과 수분평형을 조절하고 체액의 pH를 유지한다.

④ 단백질의 한 종류인 γ－globulin(감마글로불린)은 병에 저항하는 면역체 역할을 하는 면역글로불린(immunoglobulin, lg)이다.

⑤ 한국인 영양섭취기준에 의한 1일 총열량의 10～20% 정도를 단백질로 섭취해야 한다.

⑥ 1일 단백질 총열량의 1/3은 필수아미노산이 많은 동물성 단백질로 섭취한다.

⑦ 한국인의 1일 단백질 권장량은 체중 1kg당 단백질의 생리적 필요량을 계산한 1.13g이다.

⑧ 체중 1kg당 단백질 권장량이 가장 많은 대상은 0~2세의 영유아이다.

6. 단백질의 물질대사

① 단백질은 아미노산으로 완전히 분해되어 소장에서 흡수되고 문맥을 거쳐 간장에 들어간다.
② 간장에서 혈액 중에 들어간 아미노산은 각 조직에 운반되어 조직 단백질을 구성한다.
③ 구성하고 남은 아미노산은 간(간장, liver)으로 운반되어 저장했다가 필요에 따라 분해한다.
④ 최종 분해산물인 요소, 요산, 크레아티닌, 그 밖의 질소 화합물들은 소변으로 배출된다.
⑤ 비타민 B_6(피리독신)이 단백질의 대사에 관여한다.

7. 단백질 장시간 결핍과 과잉 섭취 시 유발되기 쉬운 질병

① 단백질 섭취가 장시간 결핍되면 2차적 빈혈 유발, 발육 장애, 부종, 피부염, 머리카락 변색, 간 질환, 저항력 감퇴 등의 증세를 수반하는 콰시오카 혹은 마라스무스 같은 질병이 나타난다.
② 단백질을 과잉 섭취하였을 경우 발열효과인 특이동적 작용이 강하고 체온과 혈압이 증가하며 피로가 쉽게 온다.

5 무기질의 영양적 이해

1. 무기질의 영양적 특징

① 인체의 4~5%가 무기질로 구성되어 있다.
② 체내에서는 합성되지 않으므로 반드시 음식물로부터 공급되어야 한다.
③ Ca(칼슘), P(인), Mg(마그네슘), S(황), Zn(아연), I(요오드), Na(나트륨), Cl(염소), K(칼륨), Fe(철), Cu(구리), Co(코발트) 등이 있다.
④ 무기질은 다른 영양소보다 요리할 때 손실이 크다.
⑤ 산성을 띠는 무기질에는 S, P, Cl 등이 있다.
⑥ 알칼리성을 띠는 무기질에는 Ca, Na, K, Mg, Fe 등이 있다.

2. 체내 기능에 따른 무기질의 분류와 특성

① **구성영양소 기능에 따른 무기질의 분류**

㉠ 경조직 구성(뼈, 치아) : Ca, P
㉡ 연조직 구성(근육, 신경) : S, P
㉢ 체내 기능물질 구성

- 티록신 호르몬(갑상선 호르몬)의 구성 : I
- 비타민 B_{12}의 구성 : Co

• 인슐린 호르몬의 구성 : Zn
• 비타민 B_1의 구성 : S
• 헤모글로빈의 구성 : Fe

② **조절영양소 기능에 따른 무기질의 분류**

㉠ 삼투압 조절 : Na, Cl, K
㉡ 체액 중성 유지 : Ca, Na, K, Mg
㉢ 심장의 규칙적 고동 : Ca, K
㉣ 혈액 응고 : Ca
㉤ 신경 안정 : Na, K, Mg
㉥ 샘조직 분비(효소의 기능촉진) : 위액(Cl), 장액(Na)

※ 칼슘의 체내 기능
- 효소의 활성화, 혈액응고에 필수적, 근육수축, 신경흥분전도, 심장박동
- 뮤코다당, 뮤코단백질의 주요 구성성분
- 세포막을 통한 활성물질의 반출

※ 칼슘의 흡수에 관계하는 호르몬은 갑상선 옆에 있는 상피소체에서 만들어지는 부갑상선 호르몬이다.

※ 우유의 칼슘 흡수를 방해하는 인자는 다음과 같다.
- 무발효빵, 생콩, 씨앗, 견과류, 곡류 및 분리 대두에 풍부한 피트산
- 칼슘과 상호작용에서 가장 중요한 무기질인 인(P)을 콜라나 인산 첨가제 등에 의해 과잉 섭취하는 경우
- 시금치, 고구마, 담황채소(엷은 노랑 채소)에 함유된 옥살산(수산)

※ 칼슘의 흡수를 돕는 비타민은 비타민 D(칼시페롤)이다.

3. 무기질의 결핍증 및 과잉증과 급원식품

종 류	과잉증	결핍증	급원식품
인(P)	–	결핍증이 거의 없다.	우유, 치즈, 육류, 콩류, 어패류
칼슘(Ca)	–	구루병(안짱다리, 받장다리, 새가슴), 골연화증, 골다공증	우유 및 유제품, 계란, 뼈째 먹는 생선 (※ 시금치의 수산은 흡수 방해)
요오드(I)	바세도우씨병	갑상선종, 부종, 성장부진, 지능미숙, 피로	해조류(다시다, 미역, 김), 어패류, 유제품
구리(Cu)	–	악성 빈혈	동물의 내장, 해산물, 견과류, 콩류
철(Fe)	–	빈혈	동물의 간, 난황, 살코기, 녹색채소, 시금치, 두류
나트륨(Na)	동맥경화증	구토, 발한, 설사	소금, 육류, 우유, 치즈, 김치

염소(Cl)	–	소화 불량, 식욕 부진	소금, 우유, 계란, 육류
칼륨(K)	–	결핍증은 거의 없다.	밀가루, 밀알의 배아, 현미, 참깨
마그네슘(Mg)	–	근육 약화, 경련	곡류, 채소, 견과류, 콩류, 생선
코발트(Co)	–	결핍증은 거의 없다.	간, 이자, 콩, 해조류

6 비타민의 영양적 이해

1. 비타민의 영양적 특징

① 탄수화물, 지방, 단백질의 대사에 조효소(Coenzyme, 코엔자임) 역할을 한다.

② 반드시 음식물에서 섭취해야만 한다.

③ 에너지를 발생하거나 체조직을 구성하는 물질이 되지는 않는다.

④ 신체 기능을 조절하는 조절영양소이다.

2. 비타민의 분류와 종류에 따른 체내 기능

① 수용성 비타민의 종류와 생체에서의 주요 기능

㉠ 비타민 B_1(Thiamine) : 항각기병 비타민, 당질 에너지 대사의 조효소(Coenzyme) 비타민

㉡ 비타민 B_2(Riboflavin) : 성장 촉진 비타민, 항구각성 비타민

㉢ 비타민 B_3(Niacin) : 항펠라그라 비타민 전구체로는 트립토판(Tryptophan)

㉣ 비타민 B_6(Pyridoxine) : 항피부염 비타민

㉤ 비타민 B_{12}(Cyanocobalamin) : 항빈혈 비타민

㉥ 비타민 C(Ascorbic acid) : 항괴혈병 비타민

㉦ 비타민 P(Bioflavonoids) : 혈관 강화 작용 비타민

② 지용성 비타민의 종류와 생체에서의 주요 기능

㉠ 비타민 A(Retinol) : 항야맹증 비타민, 전구체로는 식물계의 황색 색소인 β–카로틴

㉡ 비타민 D(Calciferol) : 항구루병 비타민, 전구체로는 에르고스테롤, 콜레스테롤

㉢ 비타민 E(Tocopherol) : 항산화성 비타민

㉣ 비타민 K(Phylloguinone) : 혈액 응고 비타민

㉤ 비타민 F(Linolic acid) : 필수지방산을 지칭함

tip

비타민 D(칼시페롤)는 일명 '태양광선 비타민'이라고도 불리며 칼슘과 인의 흡수력을 증강시킨다.

3. 지용성 비타민과 수용성 비타민의 비교

구 분	지용성 비타민	수용성 비타민
용 매	기름과 유기용매에 용해	물에 용해
섭취량이 필요량 이상	체내에 저장	소변으로 배출
결핍증세	서서히 나타남	신속하게 나타남
공 급	매일 공급할 필요 없음	매일 공급

tip

※ 지용성 비타민의 체내 기능적 특징

- 지질과 함께 소화, 흡수되어 이용된다.
- 간장에 운반되어 저장된다.
- 섭취 과잉으로 인한 독성을 유발시킬 수 있다.
- 림프관(가슴관)으로 흡수된다.

※ 수용성 비타민의 체내 기능적 특징

- 포도당, 아미노산, 글리세린 등과 함께 소화 • 흡수되어 이용된다.
- 체내에 저장되지 않는다.
- 과잉 섭취하면 체외로 배출된다.
- 모세혈관으로 흡수된다.

4. 비타민의 결핍증과 급원식품

① 수용성 비타민 종류의 결핍증과 급원식품

종 류	결핍증	급원식품
비타민 B_1(티아민)	각기병, 식욕부진, 피로, 권태감, 신경통	쌀겨, 대두, 땅콩, 돼지고기, 난황, 간, 배아
비타민 B_2(리보플라빈)	구순구각염, 설염, 피부염, 발육 장애	우유, 치즈, 간, 계란, 살코기, 녹색 채소
비타민 B_3 니아신(나이아신)	펠라그라병, 피부염	간, 육류, 콩, 효모, 생선
비타민 B_6(피리독신)	피부염, 신경염, 성장 정지, 충치, 저혈색소성 빈혈	육류, 간, 배아, 곡류, 난황
비타민 B_{12}(시아노코발라민)	악성 빈혈, 간 질환, 성장 정지	간, 내장, 난황, 살코기
엽산(폴라신)	빈혈, 장염, 설사	간, 두부, 치즈, 밀, 효모, 난황
판토텐산	피부염, 신경계의 변성	효모, 치즈, 콩
비타민 C(아스코르브산)	괴혈병, 저항력 감소	신선한 채소(시금치, 무청), 과일류(딸기, 감귤류)

㉠ 각기병(Beriberi)은 팔, 다리에 신경염이 생겨 통증이 심하고 붓는 질환이다.

㉡ 펠라그라병(Pellagra)은 여러 기관에 병변을 나타내는 영양장애에 의한 질환이다.

② 지용성 비타민 종류의 결핍증과 급원식품

종 류	결핍증	급원식품
비타민 A(레티놀)	야맹증, 건조성 안염, 각막 연화증, 발육지연, 상피세포의 각질화	간유, 버터, 김, 난황, 녹황색 채소(시금치, 당근)
비타민 D(칼시페롤)	구루병, 골연화증, 골다공증	청어, 연어, 간유, 난황, 버터
비타민 E(토코페롤)	쥐의 불임증, 근육 위축증	곡류의 배아유, 면실유, 난황, 버터, 우유
비타민 K(필로퀴논)	혈액 응고 지연	녹색 채소(양배추, 시금치), 간유, 난황

7 물의 영양적 이해

1. 물의 체내 기능

① 영양소의 용매로서 체내 화학반응의 촉매 역할을 한다.

② 영양소와 노폐물을 운반한다.

③ 삼투압을 조절하여 체액을 정상으로 유지시킨다.

④ 체온을 조절한다.

⑤ 외부의 자극으로부터 내장 기관을 보호한다.

⑥ 체내 분비액의 주요 성분이다.

2. 체액(물)의 손실로 인해 신체에 나타나는 증상

① 심한 경우 혼수에 이른다.

② 전해질의 균형이 깨진다.

③ 혈압이 낮아진다.

④ 허약, 무감각, 근육부종 등이 일어난다.

⑤ 손발이 차고 호흡이 잦고 짧아진다.

⑥ 맥박이 빠르고 약해진다.

⑦ 창백하고 식은땀이 난다.

3. 체내의 수분 필요량을 증가시키는 요인과 흡수하는 방법

① 장시간의 구토, 설사, 발열과 수술, 출혈, 화상 그리고 에틸알코올 또는 카페인 섭취 등이 필요한 수분의 흡수량과 소요량을 증가시킨다.

② 인체는 기온, 체온, 활동량과 활동력, 염분의 섭취량 등의 영향을 받아 필요한 수분의 흡수량과 소요량을 증가시킨다.

③ 음료수로부터 물을 섭취하거나 식품으로부터 물을 섭취한다.
④ 물질대사과정에서 생성되는 산화수인 물을 흡수하여 필요로 하는 흡수량과 소요량을 채운다.
⑤ 탄수화물과 지방이 많은 음식을 먹을 경우 물질대사과정에서 산화수인 물이 생성되어 수분의 필요량이 증가하지 않는다.

4. 체내에서 물을 흡수하는 신체기관은 대장이다.

5. 체외로 물을 배설 및 배출하는 방법

① 신장에서 불필요하게 많은 수분을 소변(오줌)으로 배설한다.
② 피부로 수분을 증발시켜 배출한다.
③ 폐를 통한 호흡과정에서 수분을 배출한다.
④ 대변에 의해서 수분(물)을 배설한다.

8 영양소의 소화흡수

1. 소화작용의 분류

① **기계적 소화작용 :** 이로 씹어 부수는 저작운동, 위와 소장의 분절운동과 연동운동이다.
② **생화학적 소화작용 :** 소화액에 있는 소화효소의 작용을 받아 소화시키는 작용이다.
③ **장내발효작용 :** 소장의 하부에서 대장에 이르는 곳(Gut)까지 장내세균류가 분해하는 작용이다.
④ **체외발효작용 :** 체외에서 식품과 식재료에 발효 미생물을 증식시켜 분해시키는 작용이다.

2. 소화흡수율

영양소의 소화 흡수 정도를 나타내는 지표이다. 일정 기간 동안 흡수된 식품 속의 영양성분과 대변 속의 영양성분의 차이로, 섭취량에 대한 이용량을 백분율로 나타낸 값이다.

① $\text{소화흡수율(\%)} = \frac{\text{섭취식품 속의 각 성분} - \text{대변 속의 배설 성분}}{\text{섭취식품 속의 각 성분}} \times 100$

② 열량영양소의 소화흡수율 : 탄수화물 98%, 지방 95%, 단백질 92%

tip

단백질효율(Protein Efficiency Ratio; PER)이란, 어린 동물의 체중이 증가하는 양에 따라 단백질의 영양가를 판단하는 방법으로 단백질의 질을 측정하는 방법이다.

3. 소화효소

① 체내 소화효소의 물리적 · 화학적 특징

㉠ Enzyme(엔자임), 즉 효소는 음식물의 소화를 돕는 작용을 가진 단백질의 일종이다.

㉡ 효소는 소화액에 존재하며, 단백질로 구성된 Enzyme에 비타민류와 무기질류가 결합되어 Apoenzyme, Coenzyme, Holoenzyme 등이 된다.

㉢ 열에 약하고 최적의 pH를 갖는다. 즉, pH(수소이온농도)에 영향을 받는다.

㉣ 한 가지 효소는 한 가지 물질만을 분해한다(기질에 대한 특이성이 있다).

㉤ 온도에 따라 작용 능력에 큰 차이가 있다(일반적으로 온도가 높아질수록 작용능력이 커지지만 고온이 되면 효소를 구성하는 단백질이 열변성되어 효소작용 능력이 없어진다).

㉥ 효소는 활성을 위해 온도, pH, 수분 이외에 특정 금속이온을 요구하기도 한다.

② 작용기질에 따른 소화효소의 분류

㉠ 탄수화물 소화(분해)효소 : 아밀라아제, 수크라아제, 말타아제, 락타아제 등이 있다.

㉡ 지방 소화(분해)효소 : 리파아제, 스테압신 등이 있다.

㉢ 단백질 소화(분해)효소 : 펩신, 트립신, 에렙신, 펩티다아제, 레닌 등이 있다.

4. 체내 소화 과정

음식물로 섭취된 고분자 유기화합물이 각 신체기관에서 분비되는 소화효소의 작용을 받아 흡수 가능한 저분자 유기화합물로 분해되는 일련의 과정이다.

작용부위	효소명	분비선(소재)	기 질	작용(생성물질)
구 강	프티알닌(타액 아밀라아제)	타액선(타액)	가열전분	덱스트린, 맥아당
위	펩 신 리파아제 레 닌	위선(위액)	단백질 지 방 우 유	프로테오스, 펩톤, 지방산과 글리세롤, 카세인 응고
췌장(이자), 소장	트립신	췌장(췌액)	단백질 펩 톤	프로테오스 폴리펩티드
	키모트립신	–	펩 톤	폴리펩티드
	엔테로키나제	장 액	–	트립신의 부활작용
	펩티다아제	췌액, 장액	펩티드	디펩티드
	디펩티다아제	–	디펩티드	아미노산
	아밀롭신(췌 아밀라아제)	췌장(췌액)	전분, 글리코겐, 덱스트린	맥아당
	수크라아제 또는 인버타아제	장 액	자 당	포도당 · 과당
	말타아제	장 액	맥아당	포도당
	락타아제	유아의 장액	유 당	포도당 · 갈락토오스
	스테압신(췌 리파아제)	췌장(췌액)	지 방	지방산 · 글리세롤
	리파아제	장 액	지 방	지방산 · 글리세롤

9 체내 주요 소화효소의 종류와 특성

1. 프티알린(Ptyalin)

① 침 속에 들어있는 아밀라아제로 아밀라아제와 구별하기 위해 프티알린이라 한다.

② 녹말(전분)을 덱스트린과 엿당(맥아당, 말토오스) 등의 간단한 당류로 분해한다.

2. 펩신(Pepsin)

① 위선에서 분비되어 위액 속에 존재하며, pH 2의 산성용액에서 작용하는 단백질 분해효소이다.

② 펩신은 육류 속 단백질 일부를 폴리펩티드로 만든다.

3. 리파아제(Lipase)

① 지방분해 효소로 위, 췌장(이자), 소장에서 분비된다.

② 단순지질(중성지방)을 지방산과 글리세롤로 가수분해하는 역할을 한다.

tip

※ 담즙(쓸개즙)의 특징

- 담즙은 간에서 분비되어 쓸개에 저장되었다가 십이지장으로 배출되어 지방을 유화시킨다. 그러나 소화효소는 아니다.
- 지방은 물에 잘 녹지 않아 소화기관에서 리파아제의 작용을 잘 받지 못한다. 그래서 담즙(쓸개즙)이 지방을 유화하여 지방분해효소가 잘 작용할 수 있도록 돕는다.

4. 레닌(Renin)

① 위에서 분비되는 단백질 응유효소이다.

② 우유 단백질인 카제인을 응고시킨다.

5. 트립신(Trypsin)

① 췌장(이자)에서 효소 전구체 트립시노겐으로 생성된다.

② 췌액의 한 성분으로 분비되고 십이지장에서 단백질을 가수분해하는 필수적인 물질이다.

③ α-아미노산의 하나인 아르기닌(Arginine) 등 염기성의 아미노 그룹 2개와 산성의 카르복실기 그룹 1개로 이루어진 염기성 아미노산의 카르복실기(-COOH)의 위치에서 축합되어 만들어진 펩티드(Peptide) 결합을 가수분해한다.

6. 아밀롭신(Amylopsin)

① 췌장(이자)에서 분비되는 아밀라아제이다.

② 전분(녹말), 글리코겐(동물성 전분) 등의 글루코오스(포도당)로 구성된 다당류를 덱스트린, 말토오스(맥아당) 등으로 가수분해하는 반응을 촉매하는 효소이다.

7. 스테압신(Steapsin)

① 지방분해효소로 췌장(이자)에서 분비된다.

② 단순지질(중성지방)을 지방산과 글리세롤로 가수분해하는 역할을 한다.

8. 수크라아제(Sucrase)

① 소장에서 분비되며, 일명 인버타아제(Invertase)라고도 한다.

② 설탕을 포도당과 과당으로 분해하는 역할을 한다.

9. 말타아제(Maltase)

① 장에서 분비한다.

② 맥아당(엿당)을 2분자의 포도당으로 분해하는 역할을 한다.

10. 락타아제(Lactase)

① 보통 소장에서 분비된다.

② 유당을 포도당과 갈락토오스(Galactose)로 분해하는 역할을 한다.

③ 소화액 중 락타아제의 결여는 유당불내증의 원인이 된다.

tip

※ 유당불내증 : 우유 중에 있는 유당을 소화하지 못하기 때문에 오는 증상

※ 요구르트는 유당이 유산균에 의하여 발효가 되어 유산을 형성하므로 유당불내증이 있는 사람에게 적합한 식품이다.

10 영양소의 소화흡수와 에너지 대사

1. 영양소의 소화흡수

① 음식물이 소화기관을 거치는 동안 분해되어 만들어진 각종 영양소는 소장의 모세혈관과 림프관을 통해 흡수되어 혈액과 림프액에 의하여 각 조직에 운반된 후, 합성적인 변화를 일으키는 동화작용(Anabolism)을 거쳐 그 조직을 구성하거나 분해적인 변화를 일으키는 이화작용(Catabolism)을 거쳐 에너지원으로 소비되고, 불필요한 최종 산물은 체외로 배설된다. 이 모든 영양소의 소화흡수 작용을 영양소의 물질대사(Metabolism)라고 한다.

② **영양소의 흡수원리 :** 영양소는 소장에서 농도경사에 의한 흡수와 에너지가 사용되는 능동수송에 의한 흡수의 원리로 이루어진다. 소장구조도 효율적인 흡수를 위해 융털구조라는 특수한 구조로 되어 있다.

③ **수용성 영양소의 흡수와 이동경로 :** 소장의 모세혈관 → 간문맥 → 간 → 간정맥 → 심장

④ **지용성 영양소의 흡수와 이동경로 :** 소장의 림프관 → 가슴관 → 쇄골하정맥 → 심장

⑤ 간에서 쓸개즙(담즙)이 만들어져서 십이지장으로 배출된다. 쓸개즙(담즙)은 소장에서 지방을 유화하여 효소가 잘 작용할 수 있도록 도와주는 역할을 하나 소화효소는 아니다.

⑥ 소장은 융털구조라는 특수한 구조로 이루어져 효율적인 소화와 흡수가 되도록 한다.

⑦ 수분은 대장에서 흡수되고, 흡수가 안 된 영양소는 변으로 배설된다.

2. 에너지 대사

인체 내에서 일어나고 있는 에너지의 방출, 전환, 저장 및 이용의 모든 과정을 에너지 대사라고 말한다. 에너지 대사과정에서 인체가 필요로 하는 총 에너지는 기초대사량(60~70%), 활동대사량(20~40%), 특이동적 대사량(5~10%) 등 세 가지 요소의 합으로 이루어진다.

① **기초대사량**

생명유지에 꼭 필요한 최소의 에너지 대사량으로, 체온유지나 호흡, 심장박동 등의 무의식적 활동에 필요한 열량이다.

1일 기초대사량	성인 남자	성인 여자
	1,400~1,800kcal	1,200~1,400kcal

② **활동대사량**

일상생활에서 운동이나 노동 등 활동을 하면서 소모되는 에너지 대사량이다.

③ **특이동적 대사량**

식품자체의 소화, 흡수, 대사를 위해 사용되는 에너지 소비량으로 특이동적 대사량 기준 당질은 섭취 시 6%, 지질은 4%, 단백질은 30%가 열(에너지)로 소비된다. 이는 균형적인 식사를 할 경우 영양소의 소화, 흡수, 대사를 위한 특이동적 대사량은 하루 총 에너지 소모량의 10% 정도에 해당된다. 그리고 특이동적 대사량을 식품의 열생산효과(TEF)라고도 한다.

④ **1일 총 에너지 소요량 계산**

1일 총 에너지 소요량 = 1일 기초대사량+특이동적대사량 +활동대사량

⑤ **에너지 권장량**

㉠ 1일 에너지 권장량

성인 남자	성인 여자	청소년 남자	청소년 여자
2,500kcal	2,000kcal	2,600kcal	2,100kcal

㉡ 성인이 필요로 하는 총 에너지 소모량을 구성하는 영양소의 적정 비율은 탄수화물 : 65%, 지방 : 20%, 단백질 : 15% 이다.

㉢ 에너지원 영양소의 1g당 칼로리(에너지, 열량)

탄수화물	지방	단백질	알코올	유기산
4kcal	9kcal	4kcal	7kcal	3kcal

칼로리 계산법 : [(탄수화물의 양 + 단백질의 양)× 4kcal] + (지방의 양 × 9kcal)

03 미리보는 출제예상문제

★★
01 적혈구, 뇌세포, 신경세포의 주요 에너지원으로 혈당을 형성하는 당은?

① 과당 ② 설탕
③ 유당 ④ 포도당

해설 | 포도당은 포유동물의 혈당(혈액 중에 있는 당)으로 0.1% 가량 포함되어 있다.

★★
02 단당류의 성질에 대한 설명 중 틀린 것은?

① 선광성이 있다.
② 물에 용해되어 단맛을 가진다.
③ 산화되어 다양한 알코올을 생성한다.
④ 분자 내의 카르보닐기에 의하여 환원성을 가진다.

해설 |
- 단당류는 산화되어 에틸알코올을 생성한다.
- 선광성이란 물질에 어느 한 방향에서 직선의 빛을 비추었을 때, 물질 속을 진행하는 빛이 회전하면 그 물질은 선광성을 가진다고 한다.

★
03 다음 중 당 알코올(Sugar alcohol)이 아닌 것은?

① 자일리톨 ② 솔비톨
③ 갈락티톨 ④ 글리세롤

해설 |
- 글리세롤은 글리세린을 가리키며 유도지방이다.
- 당 알코올(Sugar alcohol)의 명칭은 일반적으로 당의 어미 –ose를 –itol(톨) 또는 it(잇)으로 바꿔 명명한다.

★★
04 단당류 3~10개로 구성된 당으로, 장내의 비피더스균 증식을 활발하게 하는 당은?

① 올리고당 ② 고과당
③ 물엿 ④ 이성화당

해설 | 올리고당
- 청량감은 있으나 감미도가 설탕의 20~30%로 낮다.
- 설탕에 비해 항충치성이다.
- 고과당 : High fructose
- 이성화당 : 포도당의 일부를 과당으로 변환시키고 포도당과 과당의 혼합체를 만든 것으로 감미도는 설탕에 비해서 1.5배가 높아진다.

★★
05 혈당의 저하와 가장 관계가 깊은 것은?

① 인슐린 ② 리파아제
③ 프로테아제 ④ 펩신

해설 | 혈당(혈액을 구성하는 당, 포도당)의 저하 : 인슐린

★★★
06 빵, 과자 중에 많이 함유된 탄수화물이 소화, 흡수되어 수행하는 기능이 아닌 것은?

① 에너지를 공급한다.
② 단백질 절약 작용을 한다.
③ 뼈를 자라게 한다.
④ 분해되면 포도당이 생성된다.

해설 | 뼈를 자라게 하는 것은 무기질이다.

★★
07 글리세롤 1분자에 지방산, 인산, 콜린이 결합한 지질은?

① 레시틴 ② 에르고스테롤
③ 콜레스테롤 ④ 세파린

정답 01 ④ 02 ③ 03 ④ 04 ① 05 ① 06 ③ 07 ①

해설 | 레시틴은 달걀노른자에 함유되어 있으며, 인지질로 복합지질에 분류된다. 유화제로 작용을 한다.

★★★
08 불포화지방산에 대한 설명 중 틀린 것은?

① 불포화지방산은 산패되기 쉽다.
② 고도 불포화지방산은 성인병을 예방한다.
③ 이중결합 1개 이상의 불포화지방산은 모두 필수지방산이다.
④ 불포화지방산이 많이 함유된 유지는 실온에서 액상이다.

해설 |
- 올레산은 이중결합 1개 이상의 불포화지방산인 불필수지방산이다.
- 고도 불포화지방산은 이중결합을 4개 이상 갖는 불포화도가 높은 지방산을 총칭한다.

★★
09 빵 · 과자 속에 함유되어 있는 지방이 리파아제에 의해 소화되면 무엇으로 분해되는가?

① 동물성 지방+식물성 지방
② 글리세롤+지방산
③ 포도당+과당
④ 트립토판+리신

해설 | 지방을 효소 리파아제로 가수분해하면 1분자의 글리세롤(글리세린)과 3분자의 지방산으로 분해된다.

★★★
10 생체 내에서 지방의 기능으로 틀린 것은?

① 생체기관을 보호한다.
② 체온을 유지한다.
③ 효소의 주요 구성 성분이다.
④ 주요한 에너지원이다.

해설 | 효소의 주요 구성 성분은 단백질이다.

★★
11 단백질에 대한 설명으로 틀린 것은?

① 조직의 삼투압과 수분평형을 조절한다.
② 약 20여 종의 아미노산으로 되어있다.
③ 부족하면 2차적 빈혈을 유발하기 쉽다.
④ 동물성 식품에만 포함되어 있다.

해설 | 단백질은 동물성 단백질뿐만 아니라 식물성 단백질도 있다.

★★
12 아미노산의 성질에 대한 설명 중 옳은 것은?

① 모든 아미노산은 선광성을 갖는다.
② 아미노산은 융점이 낮아서 액상이 많다.
③ 아미노산은 종류에 따라 등전점이 다르다.
④ 천연단백질을 구성하는 아미노산은 주로 D형이다.

해설 |
- 등전점이란 용매의 (+), (−) 전하량이 같아져서 단백질이 중성이 되는 pH 시기를 말한다. 등전점에서는 용해도가 낮아져 결정을 석출한다.
- L−형 아미노산은 천연 단백질을 구성하며 아미노산의 종류가 단백질의 특성을 부여한다.

★★★
13 유아에게 필요한 필수아미노산이 아닌 것은?

① 발린　② 트립토판
③ 히스티딘　④ 글루타민

해설 | 유아에게 필요한 필수 아미노산 : 이소류신, 류신, 리신, 메티오닌, 발린, 페닐알라닌, 트레오닌, 트립토판, 히스티딘

★★★
14 단백질의 가장 주요한 기능은?

① 체온유지
② 유화작용
③ 체조직 구성
④ 체액의 압력 조절

해설 | 단백질은 체조직과 혈액 단백질, 효소, 호르몬, 항체 등을 구성하는 것이 주된 기능이다.

08 ③ 09 ② 10 ③ 11 ④ 12 ③ 13 ④ 14 ③

★
15 단백질의 소화, 흡수에 대한 설명으로 틀린 것은?

① 단백질은 위에서 소화되기 시작한다.
② 펩신은 육류 속 단백질 일부를 폴리펩티드로 만든다.
③ 십이지장과 췌장에서 분비된 트립신에 의해 더 작게 분해된다.
④ 소장에서 단백질이 완전히 분해되지는 않는다.

해설 |
- 위에서 펩신과 레닌을 분비하여 단백질을 소화하기 시작한다.
- 소장에서 펩티다아제와 디펩티다아제에 의해 단백질이 완전히 분해되어 아미노산이 생성된다.

★★★
16 시금치에 들어 있으며 칼슘의 흡수를 방해하는 유기산은?

① 초산 ② 호박산
③ 수산 ④ 구연산

해설 | 칼슘
- 결핍증 : 구루병, 골연화증, 골다공증
- 급원식품 : 우유 및 유제품, 계란, 뼈째 먹는 생선
- 흡수방해물질 : 시금치의 수산(옥살산), 콩류(대두)의 피트산

★★★
17 무기질에 대한 설명으로 틀린 것은?

① 나트륨은 결핍증이 없으며 소금, 육류 등에 많다.
② 마그네슘 결핍증은 근육약화, 경련 등이며 생선, 견과류 등에 많다.
③ 철은 결핍 시 빈혈증상이 있으며 시금치, 두류 등에 많다.
④ 요오드 결핍 시에는 갑상선증이 생기며 유제품, 해조류 등에 많다.

해설 | 나트륨 결핍증은 구토, 발한, 설사 등이며, 소금, 우유, 치즈, 김치 등에 많다.

★★★
18 니아신(Niacin)의 결핍증은?

① 야맹증 ② 신장병
③ 펠라그라 ④ 괴혈병

해설 | 펠라그라는 체조직 내의 니아신이나 그 전구체인 트립토판이 결핍되어 여러 기관에 병변을 나타내는 영양장애에 의한 질환으로 피부염, 설사, 치매를 일으키며, 치료하지 않으면 사망에 이를 수 있다.

★★★
19 티아민(Thiamin)의 생리작용과 관계가 없는 것은?

① 각기병 ② 구순구각염
③ 에너지 대사 ④ TPP로 전환

해설 |
- 티아민은 비타민 B_1을 가리킨다.
- 구순구각염은 비타민 B_2(Riboflavin)와 관계가 있다.
- 티아민은 당질 에너지대사의 조효소 기능을 한다.
- 흡수된 비타민 B_1은 체내에서 비타민 B_1의 80%는 Thiamin pyrophosphate(TPP)로 전환되어 존재한다.

★
20 비타민 B_1의 특징으로 옳은 것은?

① 인체의 성장인자이며 항빈혈작용을 한다.
② 결핍증은 펠라그라(Pellagra)이다.
③ 탄수화물 대사에서 조효소로 작용한다.
④ 단백질의 연소에 필요하다.

해설 |
- 비타민 B_1의 기능
  - 탄수화물 대사의 보조작용을 한다.
  - 뇌, 심장, 신경조직의 유지에 관계한다.
  - 식욕을 촉진시킨다.
- 조효소(Coenzyme) : 복합단백질로 이루어진 효소의 비단백질 성분을 가리키며, 효소 반응과정에서 그 자신이 화학적으로 관여하여 변화를 받아 보조작용을 한다. 그래서 보효소라고도 한다.
- 펠라그라는 니아신(Niacin)의 결핍증이다.

정답 15 ④ 16 ③ 17 ① 18 ③ 19 ② 20 ③

★
21 단백질 효율(PER)은 무엇을 측정하는 것인가?

① 단백질의 질　② 단백질의 열량
③ 단백질의 양　④ 아미노산 구성

해설 | 단백질 효율(Protein Efficiency Ratio, PER)
어린 동물의 체중이 증가하는 양에 따라 단백질의 영양가를 판단하는 방법으로 단백질의 질을 측정하는 방법이다.

★★
22 당질을 소화시키는 데 관계되는 효소는?

① 리파아제(Lipase)
② 레닌(Rennin)
③ 아밀라아제(Amylase)
④ 펩신(Pepsin)

해설 |
- 리파아제 : 지질 분해효소
- 레닌 : 우유 단백질 카세인 응고
- 펩신 : 단백질 분해효소

★★★
23 소화작용의 연결 중 바르게 된 것은?

① 침 – 아밀라아제(Amylase) – 단백질
② 위액 – 펩신(Pepsin) – 맥아당
③ 췌액 – 말타아제(Maltase) – 지방
④ 소장 – 말타아제(Maltase) – 맥아당

해설 |
- 위액 – 펩신 – 단백질
- 췌액 – 트립신 – 단백질
- 소장 – 말타아제 – 맥아당
- 침 – 프티알린(아밀라아제) – 전분

★★★
24 유당불내증이 있는 사람에게 적합한 식품은?

① 우유　② 크림소스
③ 요구르트　④ 크림스프

해설 | 유당이 유산균에 의하여 발효가 되어 유산을 형성한 요구르트는 유당불내증이 있는 사람에게 적합한 식품이다.

★★★
25 췌장에서 생성되는 지방 분해효소는?

① 트립신　② 아밀라아제
③ 펩신　④ 리파아제

해설 | 췌장(이자)에서의 소화
- 췌액의 아밀라제에 의해 녹말이 맥아당으로 분해된다.
- 췌액의 스테압신에 의해 지방이 지방산과 글리세롤(글리세린)로 가수분해된다.
- 췌액의 트립신은 단백질을 폴리펩티드로 분해하고 일부는 아미노산으로 분해된다.

★★
26 당질 분해효소는?

① 스테압신　② 트립신
③ 아밀롭신　④ 펩신

해설 |
- 스테압신 : 지방 분해효소
- 트립신, 펩신 : 단백질 분해효소
- 아밀롭신 : 당질 분해효소(췌액)
- 당질(탄수화물)의 한 종류인 전분 분해효소에는 아밀라아제, 프티알린, 아밀롭신, 디아스타아제

21 ①　22 ③　23 ④　24 ③　25 ④　26 ③

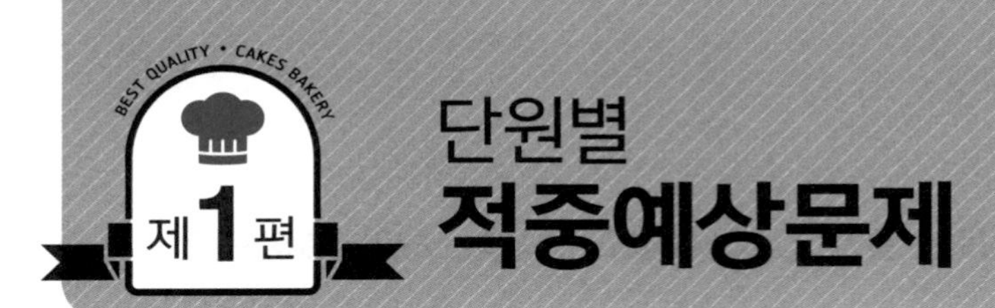

단원별 적중예상문제

★★
01 글리세린(Glycerin, Glycerol)에 대한 설명으로 틀린 것은?

① 무색투명하다.
② 3개의 수산기(−OH)를 가지고 있다.
③ 자당의 1/3 정도의 감미가 있다.
④ 탄수화물의 가수분해로 얻는다.

해설 | 글리세린은 지방의 가수분해로 얻는다.

★★
02 밀가루 중에 가장 많이 함유된 물질은?

① 단백질 ② 지방
③ 전분 ④ 회분

해설 | 밀가루를 구성하는 성분 중 70% 정도가 전분이다.

★★
03 밀가루 50g에서 젖은 글루텐 18g을 얻었다. 이 밀가루의 조단백질 함량은?

① 6% ② 12%
③ 18% ④ 24%

해설 |
- 젖은 글루텐＝(젖은 글루텐 반죽의 중량÷밀가루 중량)×100
  ＝(18÷50)×100＝36%
- 건조 글루텐(조단백질)＝젖은 글루텐(%)÷3＝36%÷3＝12%

★★
04 다음 중 신선한 계란의 특징은?

① 8% 식염수에 뜬다.
② 흔들었을 때 소리가 난다.
③ 난황계수가 0.1 이하이다.
④ 껍질에 광택이 없고 거칠다.

해설 |
① 8% 소금물에 가라앉는다.
② 흔들었을 때 소리가 안 난다.
③ 난황계수가 0.40이다.

★★
05 ppm을 나타낸 것으로 옳은 것은?

① g당 중량 백분율 ② g당 중량 만분율
③ g당 중량 십만분율 ④ g당 중량 백만분율

해설 |
- ppm은 Part Per Million의 약자이다.
- $1mg = 0.001g = \frac{1}{1,000}g$
- $1ppm = 0.000001g = \frac{1}{1,000,000}g$

★★★
06 이스트의 가스 생산과 보유를 고려할 때 제빵에 가장 좋은 물의 경도는?

① 0～60ppm
② 120～180ppm
③ 180ppm 이상(일시)
④ 180ppm 이상(영구)

해설 | 제빵에 좋은 물은 아경수(120～180ppm)로 약산성(pH 5.2～5.6)을 띤다.

★★
07 유지 산패와 관계없는 것은?

① 금속 이온(철, 구리 등)
② 산소
③ 빛
④ 항산화제

해설 | 항산화제란 유지의 산화(산패)를 억제하는 재료라는 뜻이다.

정답 01 ④ 02 ③ 03 ② 04 ④ 05 ④ 06 ② 07 ④

★★★
08 유지의 경화란?

① 포화지방산의 수증기 증류를 말한다.
② 불포화지방산에 수소를 첨가하는 것이다.
③ 규조토를 경화제로 하는 것이다.
④ 알칼리 정제를 말한다.

해설 |
- 유지의 경화란 액체지방을 고체지방으로 만드는 것이다.
- 규조토 : 이산화 규소로 이루어진 조류의 일종인 규조의 껍질로 된 퇴적물

★★★
09 유지의 기능 중 크림성의 기능은?

① 제품을 부드럽게 한다.
② 산패를 방지한다.
③ 밀어 펴지는 성질을 부여한다.
④ 공기를 포집하여 부피를 좋게 한다.

해설 | 유지의 물리적인 특성인 크림성은 버터크림, 파운드 케이크 제조 시 필요한 기능이다.

★★
10 일반적으로 신선한 우유의 pH는?

① pH 4.0～4.5 ② pH 3.0～4.0
③ pH 5.5～6.0 ④ pH 6.5～6.7

해설 | 가장 많이 쓰는 재료의 pH
- 박력분 : pH 5.2
- 흰자 : pH 8.8～9
- 우유 : pH 6.6
- 증류수 : pH 7

★★
11 우유를 pH 4.6으로 유지하였을 때, 응고되는 단백질은?

① 카세인(Casein)
② α－락트알부민(Lactalbumin)
③ β－락트알부민(Lactalbumin)
④ 혈청알부민(Serum albumin)

해설 | 우유 단백질인 카세인은 정상적인 우유의 pH인 6.6에서 pH 4.6으로 내려가면 칼슘과의 화합물 형태로 응고한다.

★★
12 우유를 살균할 때 고온단시간살균법(HTST)으로 가장 적합한 조건은?

① 72℃에서 15초 처리
② 75℃ 이상에서 15초 처리
③ 130℃에서 2～3초 처리
④ 62～65℃에서 30분 처리

해설 | 우유의 살균법
- 저온장시간 : 60～65℃, 30분간 가열
- 고온단시간 : 71.7℃, 15초간 가열
- 초고온순간 : 130～150℃, 3초 가열

★★★
13 유화제를 사용하는 목적이 아닌 것은?

① 물과 기름이 잘 혼합되게 한다.
② 빵이나 케이크를 부드럽게 한다.
③ 빵이나 케이크가 노화되는 것을 지연시킬 수 있다.
④ 달콤한 맛이 나게 하는 데 사용한다.

해설 | 유화제의 종류에 따라서는 감미를 갖고 있기도 하지만, 유화제의 주된 기능은 아니다.

★★★
14 모노글리세리드(Monoglyceride)와 디글리세리드(Diglyceride)는 제과에 있어 주로 어떤 역할을 하는가?

① 유화제 ② 항산화제
③ 감미제 ④ 필수영양제

해설 | 유화제란 융합되지 않는 두 가지의 액체를 섞어 어느 한쪽의 액체를 다른 한쪽의 액체 가운데에 분산하도록 하는 기능이다.

★★
15 소다 1.5%를 사용하는 배합 비율에서 팽창제를 베이킹파우더로 대체하고자 할 때 사용량은?

① 4% ② 4.5%
③ 5% ④ 5.5%

08 ② 09 ④ 10 ④ 11 ① 12 ① 13 ④ 14 ① 15 ②

해설 |
- 소다는 베이킹파우더보다 3배의 팽창력을 갖고 있다.
- 1.5%×3배=4.5%

★★★
16 동물의 가죽이나 뼈 등에서 추출하며 안정제로 사용되는 것은?

① 젤라틴　② 한천
③ 펙틴　④ 카라기닌

해설 |
① 젤라틴 : 동물의 가죽이나 뼈에서 추출
② 한천 : 우뭇가사리에서 추출
③ 펙틴 : 과일의 껍질에서 추출
④ 카라기닌 : 홍조류인 카라기니에서 추출

★★★
17 안정제의 사용 목적이 아닌 것은?

① 흡수제로 노화 지연 효과
② 머랭의 수분 배출 유도
③ 아이싱이 부서지는 것 방지
④ 크림 토핑의 거품 안정

해설 | 안정제는 물과 기름, 기포 등의 불안정한 상태를 안정된 구조로 바꾸어 주는 역할을 한다.

★★★
18 술에 대한 설명으로 틀린 것은?

① 달걀 비린내, 생크림의 비린 맛 등을 완화시켜 풍미를 좋게 한다.
② 양조주란 곡물이나 과실을 원료로 하여 효모로 발효시킨 것이다.
③ 증류주란 발효시킨 양조주를 증류한 것이다.
④ 혼성주란 증류주를 기본으로 하여 정제당을 넣고 과실 등의 추출물로 향미를 낸 것으로 대부분 알코올 농도가 낮다.

해설 | 혼성주는 대부분 알코올 농도가 높다.

★★
19 다음 혼성주 중 오렌지 성분을 원료로 하여 만들지 않는 것은?

① 그랑 마르니에(Grand Marnier)
② 마라스키노(Maraschino)
③ 쿠앵트로(Cointreau)
④ 큐라소(Curacao)

해설 | 마라스키노는 체리를 원료로 한 리큐르이다.

★★
20 카카오 버터를 만들고 남은 카카오 박을 분쇄한 것은?

① 코코아　② 카카오 닙스
③ 비터 초콜릿　④ 카카오 매스

해설 | 카카오 박(Cacao Cake)을 분말로 만든 것이 코코아 분말(Cacao Powder)이다. 흔히 코코아라는 명칭을 많이 사용한다.

★★★
21 한 개의 무게가 50g인 과자가 있다. 이 과자 100g 중에 탄수화물 70g, 단백질 5g, 지방 15g, 무기질 4g, 물 6g이 들어 있다면 이 과자 10개를 먹을 때 얼마의 열량을 낼 수 있는가?

① 1,230kcal　② 2,175kcal
③ 2,750kcal　④ 1,800kcal

해설 | {(70×4kcal)+(5×4kcal)+(15×9kcal)}×(50g×10개÷100g)=2,175kcal

★★★
22 장 점막을 통하여 흡수된 지방질에 관한 설명 중 틀린 것은?

① 복합 지방질을 합성하는 데 쓰인다.
② 과잉의 지방질은 지방조직에 저장된다.
③ 발생하는 에너지는 탄수화물이나 단백질보다 적어 비효율적이다.
④ 콜레스테롤을 합성하는 데 쓰인다.

정답 16 ① 17 ② 18 ④ 19 ② 20 ① 21 ② 22 ③

해설 | 발생하는 에너지가 9kcal 지방질은 탄수화물의 4kcal나 단백질의 4kcal보다 많다.

★★★
23 다음은 지질의 체내기능에 대하여 설명한 것이다. 옳지 않은 것은?

① 뼈와 치아를 형성한다.
② 필수지방산을 공급한다.
③ 지용성 비타민의 흡수를 돕는다.
④ 열량소 중에서 가장 많은 열량을 낸다.

해설 |
- 칼슘, 인, 마그네슘이 뼈와 치아를 형성한다.
- 지방을 지질 혹은 지방질이라고 한다.

★★
24 글리코겐(Glycogen)이 주로 합성되는 곳은?

① 간, 신장　② 소화관, 근육
③ 간, 혈액　④ 간, 근육

해설 | 글리코겐
동물의 에너지원으로 이용되는 동물성 전분으로 간이나 근육에서 합성 • 저장되어 있다.

★★★
25 체내에서 단백질의 역할과 가장 거리가 먼 것은?

① 항체 형성
② 체조직의 구성
③ 대사작용의 조절
④ 체성분의 중성 유지

해설 | 단백질의 기능
- 근육, 피부, 머리카락 등 체조직을 구성한다.
- 체내에서 에너지 공급이 부족하면 에너지 공급을 한다(1g당 4kcal 방출). 항체를 형성한다.
- 체내 수분함량 조절, 조직내 삼투압 조정, 체내에서 생성된 산성물질 · 염기성 물질을 중화하여 pH(수소이온농도)의 급격한 변동을 막는 완충작용을 한다. 즉, 체성분을 중성으로 유지한다.
  ※ 대사작용을 조절하는 조절영양소에는 무기질, 물, 비타민 등이 있다.

★★★
26 다음 무기질 중에서 혈액응고, 효소작용, 막의 투과작용에 필요한 것은?

① 요오드　② 나트륨
③ 마그네슘　④ 칼슘

해설 | 칼슘의 기능
- 효소활성화, 혈액응고에 필수적, 근육수축, 신경흥분전도, 심장박동
- 뮤코다당, 뮤코단백질의 주요 구성성분
- 세포막을 통한 활성물질의 반출

★★★
27 다음 무기질의 작용을 나타낸 말이 아닌 것은?

① 인체의 구성 성분
② 체액의 삼투압 조절
③ 혈액응고 작용
④ 에너지를 낸다.

해설 | 무기질의 기능
- 골격 및 치아 구성
- 근육, 신경조직 구성
- 티록신 구성, 인슐린 합성
- 삼투압 조절
- 조혈작용, 혈액응고작용. 즉, 무기질은 구성 조절영양소이다.

★★★
28 다음은 비타민에 관한 설명이다. 틀린 것은?

① 체내에서 생성되지 않으므로 외부로부터 섭취해야 한다.
② 비타민 B군 니아신은 보효소를 형성하여 활성부를 이룬다.
③ 체내에서 비타민 A가 되는 물질(카로틴)을 프로비타민 A라 한다.
④ 에르고스테롤을 프로비타민 B라 한다.

해설 | 에르고스테롤은 프로비타민 D_2라 한다.

23 ①　24 ④　25 ③　26 ④　27 ④　28 ④

★★★
29 비타민의 특성 또는 기능인 것은?

① 많은 양이 필요하다.
② 인체 내에서 조절물질로 사용된다.
③ 에너지로 사용된다.
④ 일반적으로 인체 내에서 합성된다.

해설 | 비타민의 특성과 기능
• 체내에 극히 미량 함유되어 있다.
• 3대 영양소의 대사에 조효소 역할을 한다.
• 체내에서 합성되지 않는다.
• 부족하면 영양장애가 일어난다.
• 신체기능을 조절한다.

★★
30 수분의 필요량을 증가시키는 요인이 아닌 것은?

① 장기간의 구토, 설사, 발열
② 지방이 많은 음식을 먹은 경우
③ 수술, 출혈, 화상
④ 알코올 또는 카페인의 섭취

해설 | 지방이 많은 음식을 먹은 경우, 지방이 가수분해 되면서 1분자의 글리세린과 3분자의 지방산, 3분자의 물이 빠져나오면서 에스테르 결합이 분해되기 때문에 수분의 필요량이 증가하지 않는다.

★★
31 소화란 어떠한 과정인가?

① 물을 흡수하여 팽윤하는 과정이다.
② 열에 의하여 변성되는 과정이다.
③ 여러 영양소를 흡수하기 쉬운 형태로 변화시키는 과정이다.
④ 지방을 생합성하는 과정이다.

해설 | 생화학적 소화작용
침, 위액, 이자액, 장액에 의한 가수분해 작용으로 여러 영양소를 흡수하기 쉬운 형태로 변화시키는 과정이다.

★★★
32 소화기관에 대한 설명으로 틀린 것은?

① 위는 강알칼리의 위액을 분비한다.
② 이자(췌장)는 당대사호르몬의 내분비선이다.
③ 소장은 영양분을 소화 · 흡수한다.
④ 대장은 수분을 흡수하는 역할을 한다.

해설 | 위는 pH 2인 강산의 위액을 분비한다.

정답 29 ② 30 ② 31 ③ 32 ①

제 2 편

빵류 제조

01 **제빵법**(빵류제품 재료혼합)

02 **제빵 공정**

(빵류제품 재료혼합) (빵류제품 반죽발효)
(빵류제품 반죽정형) (빵류제품 반죽익힘)
(빵류제품 마무리) (빵류제품 생산 작업준비)

03 **제품 평가**(빵류제품 마무리)

04 **빵류제품 능력단위 적용**

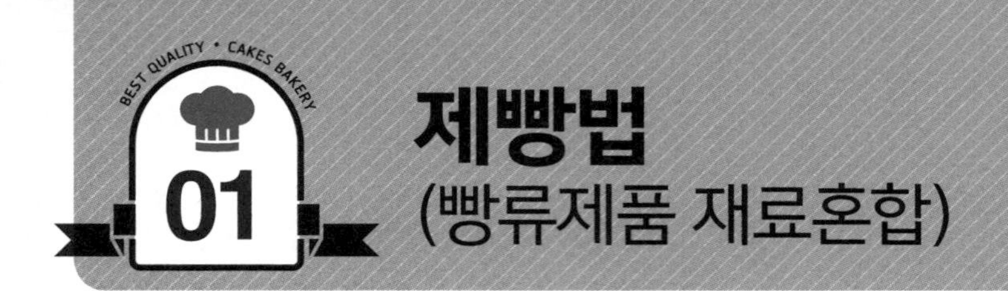

01 제빵법 (빵류제품 재료혼합)

제빵법은 반죽을 만드는 방법에 의한 물리적 숙성과 발효를 시키는 방법에 의한 화학적 · 생화학적 숙성을 기준으로 스트레이트법, 스펀지법, 액체발효법 등으로 나눈다. 그 이외의 다양한 제빵법들은 이 세 가지 제빵법을 약간씩 변형시킨 것이다. 이 장에서 학습하는 현대적인 제빵법을 통하여 반죽을 숙성시키는 작동원리(Mechanism)를 이해하는 것은 매우 중요하다. 왜냐하면 오랫동안 경험적으로 체득되어 만들어진 암묵적 지식으로 제조하는 전통적인 천연발효빵의 발효(숙성) 메커니즘을 이해하여 명시적 지식으로 만드는 데 매우 중요한 선수학습이 되기 때문이다. 이렇듯 빵에는 대대로 전해 오는 전통적인 제조법이 있는가 하면 오랜 연구를 통해 개발된 현대적 제조법도 있다. 요즘은 제빵 시 사용하는 소재의 질적 향상과 과학의 발달로 빵의 체계가 갖춰지면서 다양한 빵의 제조법이 생겨났다. 같은 빵이라도 제조법의 선택에 따라 맛, 향, 식감, 질감 등이 달라진다. 여러 가지 제조법을 이해하는 것은 빵의 종류를 늘릴 뿐 아니라 빵을 고객의 취향에 맞게 만드는 일을 높은 수준에서 가능하게 해준다. 현재 리테일 베이커리에서는 전통적인 천연발효빵의 발효(숙성) 메커니즘을 과학적으로 재해석하여 적용한 제조법을 많이 사용한다.

1 빵과 과자 반죽의 차이점

① 빵은 밀가루에 소금, 이스트(효모), 물을 넣고 한 덩어리로 만든 후 부풀려서 굽는 제품이다.
② 과자는 각 재료를 한 덩어리로 만든 후 패닝(성형)하여 굽는 제품이다. 그러나 과자의 종류에 따라 들어가는 기본재료(주재료)가 다르고, 제과 공정에는 반죽을 부풀리는 발효공정이 없다.
③ 빵은 다양한 영양소를 섭취할 수 있는 주식이고, 과자는 기분을 전환시킬 수 있는 기호식품이다.
④ Boulangerie(블랑제리, 빵 전문점)와 Pàtisserie(파티쓰리, 과자 전문점)에서 생산 · 판매하는 빵류과 과자류의 구분은 다음과 같은 반죽의 특징을 기준으로 한다.

분류기준	빵	제 과
팽창 형태	생물학적	화학적, 물리적
설탕의 함량과 기능	적음, 이스트의 먹이	많음, 윤활작용
밀가루의 종류	강력분	박력분
반죽 상태	글루텐의 생성, 발전	글루텐의 생성을 가능한 한 억제

2 빵류제품의 분류기준

빵류제품을 적절하게 분류하면 ① 요즘 유행하는 단품목 전문점을 창업하고자 할 때 제품군 선정이 용이하고, ② 선정한 제품의 특징을 부각시킬 수 있는 제빵법의 선택이 용이하며, ③ 선정한 제품의 특성에 알맞은 홍보 전략을 수립하는 데 용이하다. 빵을 분류하는 기준에는 소비자의 빵에 대한 인식, 배합률, 밀가루 이외의 곡류 선택, 특정한 빵이 유래한 나라별, 정형방식 등이 있다.

1. 빵의 정의

① 빵이란 밀가루에 이스트, 소금, 물을 넣고 배합하여 만든 반죽을 발효시킨 뒤 오븐에서 구운 것을 말한다. 전통적으로 제빵공정에서 기본공정은 반죽 → 발효 → 굽기이다. 그런데 20C 초 Table Bread가 출현하면서 발효공정 사이에 정형공정이 생겨났다.

② 밀가루, 이스트(외 천연발효 미생물), 소금, 물은 주재료 혹은 기본재료라고 한다. 그 이외 재료인 설탕, 유지, 계란, 우유 및 유제품 등은 개인적 혹은 민족적 취향에 따라 취사선택하여 사용한다.

2. 빵류제품의 분류

① **식빵류 :** 한 끼 식사용으로 먹는 빵류를 가리킨다.

㉠ 식빵 : 밀가루를 주체로 한 빵류이다.

- 큰 식빵류 : 풀먼 브레드(사각 식빵), 원로프 브레드(산형 식빵), 바게트 이상 되는 크기의 프랑스빵
- 작은 식빵류 : 롤, 번스(예 햄버거 번스, 핫도그 번스), 소형 프랑스빵(예 하드 롤)
- 패닝 방법에 따라 틴 브레드(틀에 넣는 빵), 하스 브레드(구움대에 놓는 빵), 팬 브레드(평철판에 놓는 빵) 등으로 식빵을 구분할 수도 있다.

㉡ 혼합형 식빵류 : 밀가루와 호밀가루 섞은 가루를 주체로 한 빵류이다.

㉢ 배합형 식빵류 : 밀가루, 호밀가루 등을 주체로 하고 여기에 옥수수가루나 감자가루 등 곡물가루를 배합한 것

㉣ 합성형 식빵류 : 밀가루 이외의 곡물가루, 즉 전분이나 대두가루 등을 주체로 한 빵류이다.

㉤ 혼합형, 배합형, 합성형 등의 식빵류를 특수 빵류로 분류할 수 있다.

② **과자빵류 :** 간식용으로 먹는 빵류를 가리킨다.

㉠ 일본계 과자빵류 : 단팥빵, 크림빵, 잼빵, 소보로빵 등이 있다.

㉡ 스위트계(Sweet goods) 과자빵류 : 미국계 과자빵류를 가리킨다(예 스위트 롤, 커피 케이크 등 당이 많이 첨가된 제품).

㉢ 리치계(Rich goods) 과자빵류 : 프랑스계(유럽계) 과자빵류를 가리킨다(예 브리오슈, 크로

아상, 데니시 페이스트리 등 설탕과 유지가 많이 첨가된 제품).

③ **특수빵류 :** 밀가루 이외의 곡류, 견과류, 야채, 서류(감자나 고구마), 근경류(양파, 마늘, 생강) 등을 넣었거나 혹은 튀기거나 찐 빵 등을 가리킨다.

㉠ 밀가루 이외의 재료를 넣고 오븐에서 구운 특수빵류이다.

- 프루츠 빵류 : 건포도 식빵, 크랜베리 식빵, 블루베리 베이글 등이 있다.
- 너트 빵류 : 호두 바케트, 아몬드 크림빵, 헤이즐넛 빵 등이 있다.
- 건빵류 : 버터 스틱, 솔트 스틱, 빼빼로, 그리시니 등이 있다.
- 각종 농수산물을 이용한 빵류 : 시금치 빵, 부추 빵, 단호박 빵, 양파 빵 등이 있다.

㉡ 스팀(찜)류 : 만주류, 꽃빵, 찐빵 등이 있다.

㉢ 튀김류 : 도넛, 크로켓(프랑스의 Croquette), 고로케(일본식 Croquette) 등이 있다.

㉣ 두 번 구운 (Prebaked 혹은 Parbake) 특수빵류 : 러스크, 토스트, 브라운 서브 롤(Prebaked Roll 혹은 Parbake Roll) 등이 있다.

④ **조리빵류 :** 식빵류, 과자빵류, 특수빵류 등에 요리를 접목시켜 만든 소시지빵, 햄버거, 카레빵, 피자파이, 샌드위치 등을 가리킨다.

3 스트레이트법 (Straight Dough Method)

모든 재료를 믹서 볼에 한 번에 넣고 배합을 하는 방법으로 직접법이라고도 한다. 이 제법은 미생물(Microflora consisted of SCOBY)의 생화학적 작용으로 반죽을 장시간 숙성시키는 정통적인 제빵법을 대체하기 위하여 발효력이 좋은 공장제 효모(Saccharomyces cerevisiae), 믹서를 이용한 기계적(물리적)인 작용과 이스트 푸드를 이용한 화학적인 작용 등을 함께 사용하여 반죽을 단시간에 숙성시키는 현대적인 제빵법이다.

① **제조공정**

㉠ 배합표 작성 : 스트레이트 반죽의 재료 사용 – 일반 식빵의 Baker's % 배합표이다.

재료명	비율(%)	재료명	비율(%)
밀가루	100	소 금	2
물	63	설 탕	5
생이스트	2~3	유 지	4
이스트 푸드	0.2	탈지분유	3

㉡ 재료 계량 : 배합표대로 신속하게, 정확하게, 청결하게 계량한다.

㉢ 반죽 만들기

- 스트레이트법은 모든 원료를 한꺼번에 혼합하는 1단계 공정으로서 반죽이 최적의 탄성(optimum consistency)을 가질 때까지 혼합한다.
- 반죽시간은 밀가루의 종류, 제품의 종류, 믹서기의 형태에 따라 달라진다.
- 반죽공정(mixing operation)에서의 시작은 유지를 제외한 모든 재료가 균일하게 분산될 때까지 수화시키면서 반죽을 혼합(믹싱, 교반)해주고, 글루텐이 형성될 때까지 반죽을 잡아 늘려주는 것이다.
- 반죽의 흡수와 반죽이 완료되었을 때, 반죽의 되기나 반죽온도는 한 번의 반죽(믹싱, 교반)으로 의도한대로 만들어야 한다.
- 반죽의 되기는 믹싱한 후 1~2분 안에 결정해야 한다. 반죽에 투입하는 전체 물의 양에서 5%인 조절수의 첨가가 늦어지면 글루텐이 먼저 형성돼 수분이 섞이기 힘들어진다. 잘 섞이지 않은 물은 반죽에 남는 잉여수가 되어 반죽을 퍼지게 만든다.
- 반죽은 혼합(믹싱, 교반)이 진행됨에 따라 반죽의 점성이 줄어들면서 볼의 벽면에 더 이상의 반죽이 묻어 붙지 않고 글루텐이 생성되는 클린업 단계에 도달한다. 이때 반죽시간을 단축할 목적으로 유지를 넣는다.
- 그리고 계속 혼합(믹싱, 교반)하게 되면 반죽을 잡아당길 때 늘어나는 성질인 신장성을 갖게 되고 글루텐이 적절하게 형성된 상태에서는 반죽이 매끄러운 모양을 하고 있으며 흐름성을 보인다.
- 이 단계에서 반죽의 일부를 떼어내어 반죽을 양손으로 펼치게 되면 균일하고 얇으며 투명한 셀로판과 같은 글루텐 필름이 형성되어 있음을 확인할 수 있다.
- 제품의 특성을 표현할 수 있는 적절한 단계까지 글루텐을 발전시킨다.
- 소금 등의 발효억제 물질을 포함한 모든 재료를 믹싱 시점부터 사용하기 때문에 발효촉진의 의미로 27℃를 반죽온도로 맞춘다.

㉣ 1차 발효

- 발효온도 : 27℃(발효온도는 반죽온도와 같게 설정한다.)
- 상대습도 : 75~80%(상대습도는 반죽의 수분함량과 같게 설정한다.)
- 발효시간 : 1~3시간(발효시간은 이스트의 함량과 배합률에 따라 달라진다.)
- 1차 발효의 완료점을 확인하는 기준은 다음과 같다.
  - 반죽이 처음 부피보다 3~3.5배로 팽창한 상태를 확인한다.
  - 반죽을 들어 올렸을 때 실 같은 직물구조(섬유질 상태) 상태를 확인한다.
  - 손가락에 밀가루를 묻혀 반죽을 찔렀을 때 반죽 위에 생긴 손가락 자국이 약간 오므라드는 상태를 확인한다.

tip

보통 1개의 이스트가 분열해서 독립된 2개의 이스트가 될 때까지의 시간은 가장 좋은 환경조건에서 약 2시간이 소요된다. 그래서 고온단시간 발효빵의 1차 발효시간 안에서는 이스트의 개체수가 증가하지 않는다. 여기서 말하는 고온단시간 발효빵은 제빵기능사 실기시험품목에서 60분 미만으로 1차 발효가 진행되는 현대적인 제빵법을 가르킨다.

ⓜ 펀치(가스빼기)

- 발효 중 펀치(가스빼기) 여부는 재료를 배합할 때 미리 결정한다. 이는 펀치를 할 경우와 안 할 경우에 따라 이스트의 양이 달라지기 때문이다. 펀치를 하면 이스트의 가스 발생량이 늘어 빵 볼륨이 증가한다. 이스트 양이 많으면 가스량이 너무 많아져 반죽의 신전성이 따라가지 못해 반죽 파열을 초래하게 된다. 따라서 펀치를 하는 반죽은 펀치를 하지 않는 반죽보다 이스트의 양을 줄여 균형 있는 제품을 만든다.
- 발효 전 반죽의 부피보다 2~2.5배 팽창하거나, 발효시간의 60%가 지난 때 한다.
- 팽창한 반죽에 압력을 주어 가볍게 누르거나, 반죽을 접어가며 압력을 주어 가스를 뺀다.
- 1차 발효 도중에 부풀어 오른 반죽의 가스를 빼는 펀치를 하는 이유는 다음과 같다.
  - 발효가 진행되면 이스트가 만드는 열량에 의해 반죽의 전체온도가 상승한다. 그런데 발효실의 설정온도가 원인이 되어 반죽의 내부온도와 외부온도가 편차를 일으킨다. 이 때 발효 중인 반죽에 펀치를 가하면 반죽의 온도차가 균일하게 된다.
  - 1차 발효시간이 60분 정도 경과하면 반죽 내부에 산소가 없어져 혐기성 상태가 된다. 이 상태에서 효모는 이산화탄소 발생을 줄이고 에틸알코올을 생성한다. 이 에틸알코올은 2차 발효할 때 산화되어 초산으로 변하고 빵에서 신맛을 낸다. 그래서 산소 공급으로 이스트의 에틸알코올을 생성하는 발효는 억제하고 이산화탄소를 생성하는 호흡에는 활력을 준다. 그리고 산소 공급으로 반죽의 산화와 숙성을 촉진한다.
  - 발효로 인해 탄력성이 약해진 반죽에 산소 공급으로 반죽의 산화와 숙성을 촉진시켜 글루텐 형성을 진행시키고 강화시켜 탄력을 준다.

ⓑ 분할 : 발효가 진행되지 않도록 15~20분 이내에 원하는 양만큼 반죽을 나눈다.

ⓢ 둥글리기

- 발효 중 생긴 큰 기포를 제거한다.
- 반죽 표면을 매끄럽게 만든다.

ⓞ 중간 발효

- 발효온도 : 27~29℃
- 상대습도 : 75%
- 발효시간 : 15~20분

ⓙ 정형 : 원하는 모양으로 만든다.

ⓒ 패닝 : 팬에 정형한 반죽을 넣을 때 이음매를 밑으로 하여 반죽을 놓는다.

㉠ 2차 발효

- 발효온도 : 35~43℃
- 상대습도 : 85~90%
- 발효시간 : 30분~1시간

㉡ 굽기 : 반죽의 크기, 배합 재료, 제품 종류에 따라 오븐의 온도를 조절한다.

㉢ 냉각 : 구워낸 빵을 35~40℃로 식힌다.

② 장 · 단점(스펀지법과 비교)

㉠ 장점

- 발효시간이 짧고 제조 공정이 단순해 만들기 쉽다.
- 발효시간이 짧아 발효 시 발생하는 발효손실을 줄일 수 있다.
- 재료혼합과 반죽발효가 한 번에 이루어지기 때문에 제조시설과 제조장비가 간단하다.
- 재료혼합과 반죽발효가 한 번에 이루어지기 때문에 노동력과 노동시간이 절감된다.
- 발효시간이 짧아 발효향이 생성되지 않으므로 재료의 풍미가 살아난다.
- 크럼(crumb)에 당기는 힘이 있어 씹는 질감이 좋다.

㉡ 단점

- 발효시간이 짧기 때문에 수화가 불충분해 빵의 경화와 노화가 빠르다.
- 발효시간이 짧기 때문에 발효향과 식감이 떨어진다.
- 반죽의 신전성이 나쁘기 때문에 기계성형 시 취급에 무리가 생기므로 정형공정 기계에 대한 내구성이 약하다.
- 반죽의 신전성이 나쁘기 때문에 발효 내구성도 나쁘다.
- 반죽은 환경의 변화에 민감해 각 공정의 오차허용범위가 좁다. 그래서 잘못된 공정을 수정하기가 어렵다.
- 발효시간에 문제가 발생하면 그대로 제품 불량으로 이어질 수도 있다.

4 스펀지 도우법(Sponge Dough Method)

처음의 반죽을 스펀지(Sponge) 반죽, 나중의 반죽을 본(Dough) 반죽이라 하여 배합을 한 번 더 하므로 중종법(中種法 ; 발효의 씨앗을 가운데 넣는 법)이라고도 한다. 이 제법은 믹서를 이용한 기계적(물리적)인 작용과 이스트 푸드를 이용한 화학적인 작용 등을 활용하여 반죽을 단시간 숙성시키는 현대적인 제빵법을 보완하기 위해 공장제 효모(Cerevisiae)를 사용하여 생화학적 작용으로 반죽을 장시간 숙성시키는 정통적인 방법을 일정 부분 구현한 제빵법이다. 공장제 효모의 장시간 발효로 밀가루의 수화가 잘 되어 결합수가 증가하므로 빵 완제품의 저장성이 향상된다. 그리고 반죽 피막이 얇게 되며 가스 보유력이 크므로 부피가 큰 제품을 얻을 수 있고 빵의 조직과 속결, 촉감도 부드럽다. 그리고 또 에틸알코올과 유기산의 생성으로 빵 완제품에 발효향이 생성된다. 그러나 스펀지(Sponge) 반죽을 만들 때 이스트 푸드가 들어가는 것은 다른 발효종과는 다른 스펀지 반죽만의 특징이다.

① 제조 공정

㉠ 배합표 작성 : 스펀지 반죽의 재료 사용 – 일반 식빵의 Baker's % 배합표이다.

재 료	스펀지 비율(100%)	80%	g	본 반죽 비율(100%)	20%	g
강력분	80~100	80	800	0~40	20	200
생이스트	전체 밀가루의 1~3	2	20	–	–	–
이스트 푸드	전체 밀가루의 0~0.75	0.5	2	–	–	–
물	스펀지 밀가루의 55~60	55	?	전체 밀가루의 60~70	63	?
소 금	–			1.75~2.25	2	20
설 탕	–			3~8	3	30
유 지	–			2~7	2	20
탈지분유	–			2~4	2	20

※ 배(倍) : g÷%=10, 스펀지의 물 : 80×0.55×10=440, 본 반죽의 물 : 630–440=190

㉡ 재료 계량 : 배합표대로 신속하게, 정확하게, 청결하게 계량한다.

㉢ 스펀지 만들기

- 반죽시간 : 저속에서 4~6분 정도 믹싱하여 가루기가 없어지는 상태에서 끝낸다.
- 반죽온도 : 22~26℃(통상 24℃)
- 1단계(혼합 단계)까지 반죽을 만든다.

㉣ 스펀지 발효

- 스펀지 발효에서는 이스트의 먹이로 설탕을 첨가하지 않기 때문에 밀가루의 전분을 발효성 탄수화물로 전환시키는 아밀라아제가 스펀지 반죽을 만들 때 사용하는 밀가루에 충분히 함유되어 있어야 한다.
- 아밀라아제는 기본적으로 제분 시 발생하는 손상전분을 맥아당으로 분해하며, 맥아당은 이스트의 말타아제에 의해 2분자의 포도당으로 분해되어 이스트의 먹이로 이용된다.
- 스펀지 발효에서는 밀가루 내의 아밀라아제 활성도와 양에 따라 이스트 먹이의 공급량이 결정되며 이것은 결과적으로 발효 속도에 영향을 크게 주게 된다.
- 스펀지의 숙성정도를 보는 기준은 탄력이 없이 쉽게 반죽이 끊기는 상태로 되어 있는지, 거기에 향은 어떤지를 보고 판단한다.
- 스펀지 발효 시 발효온도가 너무 높거나 발효시간이 너무 길어지면 스펀지 반죽의 산화가 지나쳐 완제품에서 시큼한 냄새가 난다.
- 발효온도 : 27℃(발효온도는 반죽온도와 같게 설정한다.)

• 상대습도 : 75~80%(상대습도는 반죽의 수분함량과 같게 설정한다.)
• 발효시간 : 3~5시간(발효시간은 이스트의 함량과 배합률에 따라 달라진다.)
• 스펀지 발효의 완료점을 확인하는 기준
  – 부피 : 4~5배 증가
  – 반죽 중앙이 오목하게 들어가는 현상(드롭 ; drop)이 생길 때
  – pH가 4.8을 나타내며, 스펀지 내부의 온도는 28~30℃를 나타낼 때
  – 반죽표면은 유백색을 띠며 핀홀이 생긴다.

※ 스펀지 반죽에 밀가루를 증가할 경우

• 스펀지 발효시간은 길어지고 본 반죽의 발효시간은 짧아진다.
• 본 반죽의 반죽시간이 짧아지고 플로어 타임도 짧아진다.
• 반죽의 신장성이 좋아져 성형공정이 개선된다.
• 부피 증대, 얇은 기공막, 부드러운 조직으로 제품의 품질이 좋아진다.
• 풍미가 강해진다.

※ 스펀지 도우법의 단점인 노동력과 제조시간의 증가를 줄일 방법으로 마스터 스펀지법을 사용한다. 마스터 스펀지법은 하나의 스펀지 반죽으로 2~4개의 도우(Dough)를 제조하는 방법이다.
※ 스펀지 내부의 온도 상승이 5.6℃를 초과하지 않도록 한다.
※ 스펀지는 발효 초기에 pH 5.5 정도이나, 발효가 끝나면 pH 4.8로 떨어진다.
※ 발효가 진행되면 온도는 올라가고 pH는 떨어진다.

㉤ 도우(본 반죽) 만들기

• 발효가 끝난 스펀지 반죽에 나머지 원료를 넣고 본 반죽이 최대한 가스 보유력을 갖도록 믹서기에서 글루텐 형성을 이루게 하는데 이 공정이 스펀지 도우법에서 가장 중요하다. 본 반죽은 최대한의 물을 흡수시켜야 하며 동시에 가장 건조한 느낌이 들고 신장성이 있도록 글루텐을 형성시켜야 정형공정 시 기계에 대한 내구성이 우수하다.
• 반죽시간 : 8~12분 정도로 본 반죽의 신전성을 살리기 위해 충분히 믹싱한다.
• 반죽온도 : 25~29℃(통상 27℃)
• 본 반죽 완료점의 기준 : 반죽이 부드러우면서 잘 늘어나고 약간 처지는 상태가 되었을 때

㉥ 플로어 타임

• 플로어 타임은 최종제품의 특성과 혼합시간과 관련하여 결정한다.
• 본 반죽 시 파괴된 글루텐 층을 다시 재결합시키기 위하여 믹싱한 본 반죽을 발효통에 담아 작업실 바닥에 두고 10~40분 정도 발효시킨다.
• 지나치게 혼합된 반죽은 반죽이 회복될 수 있도록 플로어 타임이 길어야 하며, 혼합시간이 짧은 반죽은 플로어 타임이 짧아야 한다.

- 플로어 타임을 주는 동안에도 이스트는 계속 발효를 하면서 반죽을 팽창시키기 위한 이산화탄소를 발생시키며 글루텐 층을 조절하여 더 안정한 구조를 형성시킨다.
- 플로어 타임의 완료시기는 반죽의 끈적임이 없어 졌는지를 보고 판단한다.

※ 본 반죽의 시간 및 속도에 영향을 미치는 경우

- 재료들이 알맞은 상태의 빵 반죽으로 만들어지는 데 걸리는 시간 및 속도를 의미한다.
- 반죽시간은 반죽온도의 차이, 반죽의 굳기(되기), 밀가루의 종류, 소금과 유지를 배합하는 시기, 설탕과 유지의 양, 탈지분유와 소금의 양 등에 따라 달라진다.
- 반죽기의 회전속도, 믹서 볼의 크기, 반죽의 양 등에 따라 달라진다.
- 스펀지 반죽의 배합량이 많거나 혹은 스펀지 반죽의 발효시간이 길수록 본 반죽의 반죽시간이 짧아진다.
- 믹싱 시 본 반죽의 온도가 높을수록 반죽시간이 짧아진다.
- 반죽의 산도가 낮을수록 반죽시간이 짧아지고 최종단계의 폭이 좁아진다.

※ 플로어 타임이 길어지는 경우

- 본 반죽 시간이 길다.
- 본 반죽 온도가 낮다.
- 스펀지에 사용한 밀가루의 양이 적다.
- 사용하는 밀가루 단백질의 양과 질이 좋다.
- 본 반죽 상태의 쳐지는 정도가 크다.

ⓢ 분할 : 발효가 진행되지 않도록 15분에서 20분 이내에 원하는 양만큼 저울을 사용하여 반죽을 나눈다.

ⓞ 둥글리기
- 발효 중 생긴 큰 기포를 제거한다.
- 반죽 표면을 매끄럽게 만든다.

ⓩ 중간 발효
- 발효온도 : 27~29℃
- 상대습도 : 75%
- 발효시간 : 15~20분

ⓩ 정형 : 원하는 모양으로 만든다.

ⓚ 패닝 : 팬에 정형한 반죽을 넣을 때 이음매를 밑으로 하여 반죽을 놓는다.

ⓣ 2차 발효
- 발효온도 : 35~43℃
- 상대습도 : 85~90%
- 발효시간 : 60분

ⓟ 굽기 : 반죽의 크기, 배합재료, 제품 종류에 따라 오븐의 온도를 조절하고 완제품의 pH는 5.7 정도가 적당하다.

ⓗ 냉각 : 구워낸 빵을 35~40℃로 식힌다.

② 장 · 단점(스트레이트법과 비교)

㉠ 장점

- 발효 시 발생하는 가스압력에 반죽이 견디는 발효 내구성이 강하다.
- 반죽정형 시 분할기계(정형공정 기계)가 반죽에 가해지는 힘에 견디는 내구성이 증가한다.
- 반죽의 유연성이 증가함으로서 각 공정에서 작업의 정밀도나 시간의 로스(loss) 등에 대한 허용범위가 넓다.
- 전체의 발효시간이 길어 반죽의 숙성이 진행됨과 동시에 수화가 충분히 이루어져 완제품에 부드러운 크럼이 만들어진다.
- 발효시간이 길어 반죽의 수화가 충분히 일어나므로 보수력이 우수해 빵의 노화를 더디게 만든다.
- 발효시간이 길어 반죽의 신전성이 증가해 반죽이 유연하므로 취급이 쉬우며 볼륨 있는 빵이 된다.

㉡ 단점

- 스펀지의 발효시간이 길어 빵 제조에 시간이 걸리고 두 번 믹싱하는 번거로움이 있다.
- 발효시간이 길기 때문에 발효손실이 증가한다.
- 스펀지 반죽을 발효시킬 수 있는 별도의 발효장소가 필요하다.
- 반죽의 믹싱과 발효를 두 번에 걸쳐 진행하므로 발효시설, 노동력, 장소 등 경비가 증가한다.
- 발효시간이 길어 발효향이 충분히 생성되므로 재료 자체의 향을 살리기 힘들다.
- 완제품의 크럼이 지나치게 부드러워지면 씹는 맛이 없을 수 있다.

5 액체발효법(Brew Method)

이스트, 이스트 푸드, 물, 설탕, 분유 등을 섞어 2~3시간 발효시킨 액종을 만들어 사용하는 스펀지 도우법(스펀지 반죽법)의 변형이다. 스펀지 도우법의 스펀지 발효에서 생기는 결함(공장의 공간을 많이 필요로 함)을 없애기 위하여 만들어진 제조법으로 pH(수소이온농도) 완충제로 분유를 사용하기 때문에 ADMI(아드미, 미국 분유협회의 약자임)법이라고도 한다. 그리고 액체발효법은 액체 발효 시 효모에 의해 생성되는 신진대사산물인 에틸알코올과 유기산을 축적시킨 후 발효 완료점은 화학적 특성인 pH로 확인한다. pH로 확인하여 발효 완료점을 관리한 액종을 본 반죽에 투입하여 생화학적 숙성을 진행시키므로 균일한 제품 생산이 가능한 제빵법이다.

① **제조 공정**

㉠ 배합표 작성 : 액종 반죽의 재료 사용 – 일반식빵의 Baker's % 배합표이다.

• 액종

재료명	비율(%)	재료명	비율(%)
물	30	탈지분유	0~4
생이스트	2~3	설 탕	3~4
이스트 푸드	0.1~0.3	–	–

• 본 반죽

재료명	비율(%)	재료명	비율(%)
액 종	35	설 탕	2~5
밀가루	100	소 금	1.5~2.5
물	32~34	유 지	3~6

㉡ 재료 계량 : 배합표대로 신속하게, 정확하게, 청결하게 계량한다.

㉢ 액종 만들기

• 액종용 재료를 같이 넣고 섞는다.

• 액종온도 : 30℃

• 발효시간 : 2~3시간 발효

tip

※ 액종의 발효 완료점은 pH로 확인하며, pH 4.2~5.0이 최적인 상태이다.

※ 액종을 발효시킬 때 효모가 발생시키는 신진대사산물인 탄산가스와 유기산은 액종의 pH를 급격히 떨어뜨려(즉, 산도를 급격히 높여) 효모의 활력을 저해시킨다.

※ 액종의 배합재료 중 분유, 탄산칼슘과 염화암모늄을 pH(수소이온농도) 완충제로 넣는 이유는 발효하는 동안에 생성되는 유기산과 작용하여 산도가 급격히 높아지는 것을 조절하는 역할을 하기 때문이다.

※ 액종이 발효하는 동안에 생성되는 이산화탄소가 물에 용해된 탄산가스인 기포를 제거할 목적으로 쇼트닝, 실리콘 화합물[즉, 실리콘(규소) 수지], 탄소수가 적은 지방산을 소포제로 사용한다.

㉣ 본 반죽 만들기

• 믹서에 액종과 본 반죽용 재료를 넣고 반죽한다.

• 반죽온도 : 28~32℃

㉤ 플로어 타임 : 15분 발효시킨다.

㉥ 분할 : 발효가 진행되지 않도록 15분에서 20분 이내에 원하는 양만큼 저울을 사용하여 반죽을 나눈다.

ⓢ 둥글리기

• 발효 중 생긴 큰 기포를 제거한다.
• 반죽 표면을 매끄럽게 만든다.

ⓞ 중간 발효

• 발효온도 : 27~29℃ • 상대습도 : 75%
• 발효시간 : 15~20분

ⓙ 정형 : 원하는 모양으로 만든다.

ⓒ 패닝 : 팬에 정형한 반죽을 넣을 때 이음매를 밑으로 하여 반죽을 놓는다.

ⓚ 2차 발효

• 발효온도 : 35~43℃ • 상대습도 : 85~95%
• 발효시간 : 50~60분

ⓣ 굽기 : 반죽의 크기, 배합 재료, 제품 종류에 따라 오븐의 온도를 조절하여 굽는다.

ⓟ 냉각 : 구워낸 빵을 35~40℃로 식힌다.

② **장 · 단점**

장 점	단 점
• 단백질 함량이 적어 발효 내구력이 약한 밀가루로 빵을 생산하는 데도 사용할 수 있다. • 한 번에 많은 양을 발효시킬 수 있다. • 발효손실에 따른 생산손실을 줄일 수 있다. • 펌프와 탱크설비로만 이루어지므로 공간, 설비가 감소된다. • 균일한 제품 생산이 가능하다.	• 환원제, 연화제가 필요하다. • 산화제 사용량이 늘어난다.

6 연속식 제빵법(Continuous Dough Mixing System)

액체발효법이 더 발달된 방법으로 공정이 자동으로 진행되며 기계적인 설비를 사용하여 적은 인원으로 많은 빵을 만들 수 있는 방법이다. 밀폐된 발효 시스템으로 인한 산화제의 사용이 필수적이며, 1차 발효실, 분할기, 환목기(라운더, Rounder), 중간 발효기, 성형기 등의 설비가 감소되어 공장 면적이 감소한다.

① **제조 공정**

㉠ 재료 계량 : 배합표대로 정확히 계량한다.

㉡ 액체발효기 : 액종용 재료를 넣고 섞어 30℃로 조절한다.

㉢ 열교환기 : 발효된 액종을 통과시켜 온도를 30℃로 조절 후 예비 혼합기로 보낸다.

㉣ 산화제 용액기 : 브롬산칼륨, 인산칼륨, 이스트 푸드 등 산화제를 녹여 예비 혼합기로 보낸다.

㉤ 쇼트닝 온도 조절기 : 쇼트닝 플레이크(조각)를 녹여 예비 혼합기로 보낸다.

㉥ 밀가루 급송장치 : 액종에 사용하고 남은 밀가루를 예비 혼합기로 보낸다.

㉦ 예비 혼합기 : 각종 재료들을 고루 섞는다.

㉧ 디벨로퍼 : 3~4 기압 하에서 30~60분간 반죽을 발전시켜 분할기로 직접 연결시킨다. 디벨로퍼에서 숙성시키는 동안 공기 중의 산소가 결핍되므로 기계적 교반과 많은 양의 산화제에 의하여 만들고자 하는 빵의 특성을 부여한 반죽을 형성시킨다.

㉨ 분할기

㉩ 패닝 : 팬에 정형한 반죽을 넣는다.

㉪ 2차 발효 : 발효온도 35~43℃, 상대습도 85~90%, 발효시간 40~60분

㉫ 굽기 : 반죽의 크기, 배합재료, 제품 종류에 따라 오븐의 온도를 조절하여 굽는다.

㉬ 냉각 : 구워낸 빵을 35~40℃로 식힌다.

② **장 · 단점**

장 점	단 점
• 발효 손실 감소 • 설비감소, 설비공간 감소, 설비면적 감소 • 노동력을 1/3 감소	• 일시적 기계 구입비용의 부담이 크다. • 산화제를 첨가하기 때문에 발효향이 감소한다.

7 재반죽법(Remixed Straight Dough Method)

물리적인 작용과 화학적인 작용을 병용하여 반죽을 숙성시키는 스트레이트법의 변형으로 모든 재료를 넣고 물을 8% 정도 남겨 두었다가 발효(생화학적 작용으로 반죽 숙성) 후 나머지 물을 넣고 다시 반죽하는 방법이다. 이렇게 하면 완제품의 식감이 가볍고 질감이 부드러우며 발효향이 생성되는 스펀지법의 장점을 받아들이면서 스펀지법보다 짧은 시간에 공정을 마칠 수 있다. 여기서 이야기하는 반죽의 숙성은 글루텐을 부드럽게 만드는 연화의 정도이다. 반죽이 연화되면 반죽의 가스 보유력이 향상되어 완제품의 부피가 커지고 식감이 가볍고 질감이 부드러워진다. 재반죽법은 제법의 분류상 스트레이트법에 해당된다.

① **제조 공정**

㉠ 배합표 작성 : 재반죽의 재료 사용 – 일반 식빵의 Baker's % 배합표이다.

재료명	비율(%)	재료명	비율(%)
밀가루	100	설 탕	5

물	58	쇼트닝	4
생이스트	2.2	탈지분유	2
이스트 푸드	0.5	재반죽용 물	8~10
소 금	2	–	–

㉡ 재료 계량 : 배합표대로 정확히 계량한다.

㉢ 믹싱

- 반죽시간 : 저속에서 4~6분
- 반죽온도 : 25~26℃

㉣ 1차 발효

- 발효시간 : 2~2.5시간
- 발효온도 : 26~27℃
- 상대습도 : 75~80%

㉤ 재반죽

- 반죽시간 : 중속에서 8~12분
- 반죽온도 : 28~29℃

㉥ 플로어 타임 : 15~30분

㉦ 분할 : 반죽을 정확히 나눈다.

㉧ 둥글리기

- 발효 중 생긴 기포를 제거한다.
- 반죽 표면을 매끄럽게 만든다.

㉨ 중간 발효

- 발효온도 : 27~29℃
- 상대습도 : 75%
- 발효시간 : 15~20분

㉩ 정형 : 반죽을 밀대로 밀어 편 뒤 말기를 한 후 이음매를 봉한다.

㉪ 패닝 : 팬에 정형한 반죽을 넣는다.

㉫ 2차 발효 : 발효온도 36~38℃, 시간 40~50분, 상대습도 85~95%

㉬ 굽기 : 반죽의 크기, 배합 재료, 제품 종류에 따라 오븐의 온도를 조절하여 굽는다.

㉭ 냉각 : 구워낸 빵을 35~40℃로 식힌다.

② **장점**

장 점	
• 반죽의 기계 내성이 양호	• 스펀지 도우법에 비해 공정시간 단축
• 균일한 제품 생산	• 식감과 색상 양호

8 노타임 반죽법(No Time Dough Method)

이스트 발효에 의한 밀가루 글루텐의 생화학적 숙성을 산화제와 환원제의 화학적 숙성으로 대신함으로써 믹싱시간과 발효시간을 단축하며, 장시간 발효과정을 거치지 않고 배합 후 정형공정을 거쳐 2차 발효를 하는 제빵법이다.

① 산화제와 환원제의 종류 및 특성

산화제	환원제
요오드칼륨 : 속효성 작용	L-시스테인 : 시스틴의 이황화 결합(-S-S)을 절단
브롬산칼륨 : 지효성 작용	프로테아제 : 단백질을 분해하는 효소
ADA(Azodicarbonamide) : 표백과 숙성 작용	소르브산, 중아황산염, 푸마르산 등을 사용함

② 산화제와 환원제의 기능

㉠ 산화제

- 산화제는 두 개의 -SH(치올기)기가 -S-S-(이황화) 결합으로 바뀌게 하여 글루텐 단백질의 구조를 강하게 함으로써 반죽의 가스 보유력과 취급성을 좋게 한다.
- 글루텐을 강하게 하므로 1차 발효가 길어지면 반죽을 성형하기가 힘들어진다. 그래서 1차 발효시간을 단축시킬 수 있다.

㉡ 환원제

- 환원제는 글루텐 단백질 사이의 -S-S-(이황화) 결합을 절단시켜서 반죽 시 단백질들이 빨리 재정렬될 수 있게 한다.
- 단백질들을 재정렬시켜 글루텐을 빨리 발전시키므로 반죽시간을 단축시킬 수 있다.

③ 장 · 단점

장 점	단 점
• 반죽이 부드러우며 수분 흡수율이 좋다. • 반죽의 기계내성이 양호하다. • 빵의 속결이 치밀하고 고르다. • 제조시간이 절약된다.	• 제품에 광택이 없다. • 제품의 질이 고르지 않다. • 발효시간이 짧아 맛과 향이 좋지 않다. • 반죽의 발효내성이 떨어진다.

④ 스트레이트법을 노타임 반죽법으로 변경할 때의 조치사항

㉠ 환원제 사용으로 반죽시간이 짧아지기 때문에 물 사용량을 1~2% 정도 줄인다.

㉡ 산화제 사용으로 발효시간이 단축되어 이스트가 설탕을 가수분해하지 못한 잔류당이 많아지므로 껍질색을 맞추기 위해 설탕 사용량을 1% 감소시킨다.

㉢ 가스 발생력을 증가시키기 위해 생이스트 사용량을 0.5~1% 증가시킨다.

㉣ 브롬산칼륨, 요오드칼륨, 아스코르빈산(비타민 C)을 산화제로 사용한다.
㉤ L-시스테인을 환원제로 사용한다.
㉥ 이스트의 활력을 증진시켜 가스 발생력을 증가시키기 위해 반죽온도를 30~32℃로 한다.

9 비상 반죽법(Emergency Dough Method)

갑작스런 주문에 빠르게 대처할 때 표준 스트레이트법 또는 표준 스펀지법을 변형시킨 방법으로 공정 중 발효(가스 발생력과 가스 보유력)를 촉진시켜 전체 공정시간을 단축하는 방법이다.

① 표준 반죽법을 비상 반죽법으로 변경 시 필수조치와 선택조치

필수조치	선택조치
• 반죽시간 : 20~30% 증가 • 설탕 사용량 : 1% 감소 • 1차 발효시간 　– 비상 스트레이트법은 15~30분 　– 비상 스펀지법은 30분 이상 • 반죽온도 : 30℃ • 생이스트 : 2배 증가 • 물 사용량 : 1% 증가	• 이스트 푸드 사용량 증가 • 젖산이나 초산(식초) 0.5~1% 첨가 • 탈지분유 감소 • 소금을 1.75%로 감소

※ 반죽시간을 20~30% 증가시키면 기계적인 반죽의 발전으로 글루텐의 신장성을 향상시켜 가스 보유력을 증가시킨다.
※ 이스트 사용량을 2배로 늘리면 이산화탄소 발생량을 향상시켜 가스 발생력을 증가시킨다.
※ 반죽온도를 30℃로 높이면 이스트의 가스 발생력을 증가시킨다.
※ 생산시간을 단축하기 위해 가스 발생력과 가스 보유력을 증가시켜 1차 발효시간을 15~30분간 시킨다.
※ 발효시간이 단축되어 이스트가 설탕을 가수분해하지 못한 잔류당이 많아지므로 껍질색을 맞추기 위해 설탕 사용량을 1% 줄인다.
※ 물의 양을 1% 정도 증가시키면 반죽의 기계에 대한 적성이 향상되고, 이스트의 활성이 높아진다.
※ 반죽의 pH를 낮추어 이스트의 가스 발생력과 글루텐의 가스 보유력을 높이고자 식초(젖산) 첨가, 탈지분유 감소, 이스트 푸드 사용량 증가 등의 선택조치를 취한다. 그리고 삼투압으로 이스트의 가스 발생력을 저해시키고 글루텐의 경화로 가스 보유력을 떨어뜨리는 소금을 1.75%로 감소시킨다.

② 표준 스트레이트법을 비상 스트레이트법으로 변경시키는 방법

재 료	스트레이트법(100%)	비상 스트레이트법(100%)
강력분	100	100
물	63	필수조치 : 64
생이스트	2	필수조치 : 4
이스트 푸드	0.2	선택조치 : 0.3
설 탕	5	필수조치 : 4
탈지분유	4	선택조치 : 3
소 금	2	선택조치 : 1.75
쇼트닝	4	4
반죽온도	27℃	필수조치 : 30℃
반죽시간	18분	필수조치 : 22분
1차 발효시간	1~3시간	필수조치 : 15~30분
젖산이나 초산(식초)		선택조치 : 0.5~1

③ 표준 스펀지법을 비상 스펀지법으로 변경시키는 방법

㉠ 스펀지 배합비에서 변경해야 할 사항들

- 스펀지의 밀가루 양을 80%로 증가시킨다.
- 사용할 물의 양에 1% 증가시켜 전부 스펀지에 첨가한다.
- 생이스트의 양을 2배로 증가시킨다.
- 설탕의 양을 1% 감소시킨다.

㉡ 스펀지 및 본 반죽 공정에서 변경할 사항들

- 스펀지 반죽의 온도를 29~30℃로 조절한다.
- 스펀지의 혼합시간을 50% 증가시킨다.
- 스펀지 반죽의 발효시간을 30분 이상으로 한다.
- 본 반죽의 혼합시간을 20~25% 증가시킨다.
- 본 반죽의 온도를 29~30℃로 조절한다.
- 플로어 타임을 10분 이상 준다.

④ 장 · 단점

장 점	단 점
• 비상 시 대처 용이 • 제조시간이 짧아 노동력, 임금 절약	• 부피가 고르지 못할 수도 있다. • 이스트 냄새가 날 수도 있다. • 노화가 빠르다.

10 찰리우드법(Chorleywood Dough Method)

① 영국의 찰리우드 지방에서 고안된 기계적(물리적) 숙성 반죽법으로 초고속 반죽기를 이용하여 반죽하므로 초고속 반죽법이라고도 한다.
② 기계적(물리적) 숙성 반죽법으로 이스트 발효에 따른 생화학적 숙성을 대신한다.
③ 초고속 믹서로 반죽을 기계적으로 숙성시키므로 플로어 타임 후 분할한다.
④ 공정시간은 줄어드나 제품의 발효향이 떨어진다.

11 냉동반죽법(Frozen Dough Method)

① **냉동반죽법의 특징**
㉠ 1차 발효 또는 성형을 끝낸 반죽을 −40℃로 급속 냉동시켜 −25~−18℃에 냉동 저장하여 이스트의 활동을 억제시켜둔 후 필요할 때마다 꺼내어 쓸 수 있도록 반죽하는 방법이다.
㉡ 냉장고(5~10℃)에서 15~16시간을 해동시킨 후 온도 30~33℃, 상대습도 80%의 2차 발효실에 넣는데 반드시 완만 해동, 냉장 해동을 준수한다.
㉢ 냉동 저장기간이 길수록 품질 저하가 일어나므로 선입선출을 준수한다.
㉣ 냉동할 반죽의 분할량이 크면 냉해를 입을 수 있어 좋지 않다.
㉤ 바게트, 식빵 같은 저율배합 제품은 냉동 시 노화의 진행이 빠르기 때문에 냉동처리에 더욱 주의해야 한다.
㉥ 고율배합 제품은 비교적 완만한 냉동에도 잘 견디기 때문에 크로와상, 단과자 등의 제품 제조에 많이 이용된다.

tip

빵 완제품의 노화를 결정하는 성분은 전분이다. 전분은 −7~10℃ 범위의 노화대(Stale zone)에서 노화가 빠르게 진행된다. 그러나 노화대를 빠르게 통과하는 급속냉동 시에는 전분의 노화 속도가 지연되고 빵 반죽 속의 얼음결정이 작아져 반죽의 글루텐과 이스트의 냉해를 어느 정도 피할 수 있다.

② **재료 준비**
㉠ 밀가루 : 단백질 함량이 많은 밀가루를 선택한다.
㉡ 물 : 물이 많아지면 이스트가 파괴되므로 가능한 한 수분량을 줄인다.
㉢ 생이스트 : 냉동 중 이스트가 죽어 가스 발생력이 떨어지므로 생이스트의 사용량을 2배 정도 늘린다.

㉣ 소금, 이스트 푸드 : 반죽의 안정성을 도모하기 위해 약간 늘린다.

㉤ 설탕, 유지, 계란 : 물의 사용량은 줄이는 대신에 설탕, 유지, 계란은 늘린다.

㉥ 노화방지제(SSL) : 제품의 신선함을 오랫동안 유지시켜 주므로 약간 첨가한다.

㉦ 산화제(비타민 C, 브롬산칼륨) : 반죽의 글루텐을 단단하게 하므로 냉해에 의해 반죽이 퍼지는 연화작용(軟化作用)을 막을 수 있어서 많이 사용한다. 주로 비타민 C가 60~120ppm 정도 사용된다.

㉧ 환원제(L-시스테인) : 반죽의 혼합시간을 단축시키며 반죽을 더 유연하게 만든다.

㉨ 유화제 : 냉동반죽의 가스 보유력을 높이는 역할을 한다.

③ **제조 공정**

㉠ 반죽(노타임 반죽법이나 혹은 비상 스트레이트법을 사용함)

- 반죽온도는 반죽의 글루텐 생성과 발전능력, 급속냉동 시 냉해의 피해 등을 고려하여 20℃로 정한다.
- 수분 : 63% → 58%(다른 제빵법보다 반죽은 조금 되게 한다)
- 노타임 반죽법과 비상 스트레이트법을 사용하는 이유는 기계적, 화학적 숙성으로 수분이 생성되는 1차 발효시간을 줄이고자 함이다.

㉡ 1차 발효 : 발효시간은 0~15분 정도로 짧게 한다. 왜냐하면 발효 시 생성되는 물이 반죽 냉동 시 얼면서 부피가 팽창하여 이스트와 글루텐을 손상시키기 때문이다.

㉢ 분할 : 냉동할 반죽의 분할량이 크면 냉해를 입을 수 있어 좋지 않다.

㉣ 정형 : 원하는 모양으로 만든다.

㉤ 냉동저장 : -40℃로 급속 냉동하여 -25~-18℃에서 보관한다.

㉥ 해동(Thawing) : 냉장고(5~10℃)에서 15~16시간 완만하게 해동시키거나 도 컨디셔너(Dough Conditioner)나, 리타드(Retard)에서 해동시켜 해동시간을 작업흐름에 맞추어 조절이 가능하다. 차선책으로 급하게 해동시킬 경우 실온해동을 하기도 한다.

㉦ 2차 발효 : 다른 제법과 달리 온도가 낮은 30~33℃, 습도도 낮은 80%로 설정한다.

㉧ 굽기 : 반죽의 크기, 배합 재료, 제품 종류에 따라 오븐의 온도를 조절한다.

④ **장 · 단점**

장 점	단 점
• 소비시장의 변화에 따른 생산 및 공급의 조절이 용이해져 계획생산이 가능해진다. • 생산시간을 효율적으로 조절이 가능하므로 생산성이 향상되고 재고 관리가 편리해진다. • 손님이 많은 시간대에 반죽을 갓 구워 신선한 제품으로 제공할 수 있다. • 다양한 제품을 소량씩 생산할 수 있으므로 손님에게 다양한 선택의 기회를 제공할 수 있다. • 누구나 쉽게 빵을 만들 수 있으므로 인건비 절감의 효과가 높다. • 공장의 시설 및 장비의 투자비는 높아지나 가맹점의 시설 및 장비의 투자비는 낮아진다.	• 반죽이 끈적거린다. • 반죽이 퍼지기 쉽다. • 가스 보유력이 떨어진다. • 이스트가 죽어 가스 발생력이 떨어진다. • 많은 양의 산화제를 사용해야 한다.

※ −40℃로 급속 냉동을 시키는 이유는 수분이 얼면서 팽창하여 이스트를 사멸시키거나 글루텐을 파괴하는 것을 막기 위함이다.

※ 냉동 시 일부 이스트가 죽어 환원성 물질(글루타치온, Glutathione)이 나와 반죽이 퍼지는 것을 막기 위해 반죽을 되게 한다.

※ 냉해를 막기 위하여 수분을 줄이고 설탕, 유지, 계란을 많이 넣는다.

※ 냉동반죽법은 바게트와 같은 저율배합보다 단과자 빵 같은 고율배합에 적합한 제법이다.

※ 해동은 냉장온도에서 완만해동을 시킨다. 그 이유는 반죽 전체의 균일한 발효상태를 유도하기 위함이다.

12 오버나이트 스펀지 도우법(Over Night Sponge Dough Method)

① 장시간 스펀지법의 일종으로 스펀지 반죽을 12시간에서 24시간 발효시키는 것이다.

② 하루 작업이 끝날 무렵에 된 반죽으로 저온인 스폰지(중종) 반죽을 준비하고 발효시킨다.

③ 이때 이스트는 0.5~1.0% 사용하며 소량의 소금(0.3% 정도)을 첨가한다.

④ 본 반죽에서는 이스트를 추가하고 소금과 기타 부재료를 넣은 후 반죽한다.

⑤ 플로어 타임 이후는 표준 중종법과 동일하다. 그러나 전체적인 발효시간이 길기 때문에 발효 시 발생하는 손실이 제법 중 가장 크다.

⑥ 표준 스펀지 도우법과 다른 점은 스펀지 반죽에 이스트를 아주 적은 양 사용하고 매우 천천히 발효시키는 부분이다.

⑦ 긴 발효시간 동안에 효소의 작용이 천천히 진행되어 글루텐이 강한 신장성을 갖기 때문에 반죽의 가스 보유력이 매우 좋아진다.

⑧ 밀가루에 착상되어 있는 미생물, 특히 젖산균이 발효에 관여 하도록 하여 반죽의 신장성을 크게 하고, 강한 발효향이 나도록 하며, 저장성이 증가된다.

⑨ 오늘날 이 방법은 일반 제빵에서는 많이 사용되지 않으나 크랙커의 제조에서는 보편화된 방법이다.

13 사워종법(Sour Dough Method)

① 공장제 이스트를 사용하지 않고 호밀가루나 밀가루에 자생하는 효모균류, 유산균류, 초산균류와 대기 중에 존재하는 야생 이스트나 유산균을 착상시킨 후 물과 함께 반죽하여 자가 배양한 발효종을 이용하는 제빵법이다. 여기서 사워(Sour)라는 의미는 '신, 시큼한'이라는 뜻이다.

② 사워(Sour)는 시료로 사용하는 식재료의 종류, 계대방법, 생육온도와 습도 등에 따라 지역마다 독특한 풍미를 지니는 사워가 제조된다.

③ 이태리의 파네토네종과 미국의 샌프란시스코 사워종이 대표적인 예이다.

④ 사워종의 종류에는 밀가루를 주재료로 만드는 화이트 사워종과 호밀가루를 주재료로 만드는 다크 사워종이 있다.

⑤ 호밀가루로 발효종을 만들 때에는 반죽의 개량을 위주로 하여 본 반죽에 사워종을 덧댄다.

⑥ **다크(Dark) 사워종 만들기**

㉠ 호밀가루에 물을 넣고 원종(Starter)을 만든다.

㉡ 원종을 종자로 하여 몇 번의 계대배양을 거쳐 pH 3.9의 초종을 만든다.

㉢ 이때 배양온도는 26℃를 유지해야 하며 초종은 8~12℃에서 5일간 보존이 가능하다.

⑦ 밀가루로 발효종을 만들 때에는 풍미의 개량을 위주로 하여 본 반죽에 사워종을 덧댄다.

⑧ **화이트(White) 사워종 만들기**

㉠ 밀가루에 물을 넣고 원종(Starter)을 만든다.

㉡ 원종을 종자로 하여 몇 번의 계대배양을 거쳐 pH 4.0의 초종을 만든다.

㉢ 이때 배양온도는 26℃를 유지해야 하며 초종은 8~12℃에서 5일간 보존이 가능하다.

⑨ **샌프란시스코 사워종 만들기**

㉠ 감자껍질을 벗겨 쪄서 으깬즙(감자퓌레)을 이용한다.

㉡ 감자즙에 고단백분(단백질 함량이 많은 밀가루)을 넣고 크림형태로 혼합한다.

㉢ 밀가루를 넣고 여러 공정을 거쳐 초종(원종, 스타터)을 만들어 14~15℃로 보존한다.

⑩ 사워종의 장점은 다음과 같다.

㉠ 제품의 풍미를 개량하고 신맛을 증가시킨다.

㉡ 반죽을 개선하여 믹싱과 발효의 시간을 단축시키는 효과가 있다.

㉢ 제품의 노화를 억제시키고 보존성을 향상시킨다.

㉣ 제품에 벌집 기공과 거친 조직을 형성시킨다.

㉤ 빵을 구성하는 영양성분의 소화흡수 · 체내이용율을 향상시킨다.

BEST QUALITY • CAKES BAKERY

01

미리보는 출제예상문제

★★
01 스트레이트법으로 일반 식빵을 만들 때 사용하는 생이스트의 양으로 가장 적당한 것은?

① 2% ② 8%
③ 14% ④ 20%

해설 |
- 스트레이트법에서의 생이스트의 양은 2.5% 전 · 후이다.
- 여러 제법에서 사용되는 이스트의 양은 발효시간과 상관관계가 있다.

★★★
02 스펀지법에 비교해서 스트레이트법의 장점은?

① 노화가 느리다.
② 발효에 대한 내구성이 좋다.
③ 노동력이 감소된다.
④ 분할기계에 대한 내구성이 증가한다.

해설 | 스펀지법은 2번 반죽하고 스트레이트법은 1번 반죽하므로, 스트레이트법이 노동력과 시설이 감소된다.

★★★
03 다음 중 표준 스트레이트법에 믹싱 후 반죽온도로 가장 적합한 것은?

① 21℃ ② 27℃
③ 33℃ ④ 39℃

해설 |
- 비상 스트레이트법의 반죽온도 : 30℃
- 표준 스트레이트법의 반죽온도 : 27℃
- 표준 스펀지법의 스펀지 온도 : 24℃
- 비상 스펀지법의 스펀지 온도 : 30℃

★★★
04 1차 발효 중 펀치를 하는 이유는?

① 반죽의 온도를 높인다.
② 이스트를 활성화시킨다.
③ 효소를 불활성화시킨다.
④ 탄산가스 축적을 증가시킨다.

해설 | 펀치를 하는 이유
- 이스트의 활동에 활력을 준다.
- 산소공급으로 산화, 숙성을 시켜준다.
- 반죽온도를 균일하게 해준다.

★★
05 표준 스펀지/도법에서 스펀지 발효시간은?

① 1시간 ~ 2시간 30분
② 3시간 ~ 4시간 30분
③ 5시간 ~ 6시간
④ 7시간 ~ 8시간

해설 |
- 표준스트레이트법의 1차 발효시간은 1~3시간이다.
- 표준 스펀지/도법의 스펀지 발효시간은 3~4시간 30분이다.

★★
06 스펀지법에서 스펀지 발효점으로 적합한 것은?

① 처음 부피의 8배로 될 때
② 발효된 생지가 최대로 팽창했을 때
③ 핀홀(Pinhole)이 생길 때
④ 겉표면의 탄성이 가장 클 때

해설 | 스펀지 발효의 완료점
① 반죽의 부피가 처음의 4~5배로 부푼 상태
② 수축현상이 일어나 반죽 중앙이 오목하게 들어가는 현상이 생길 때
③ pH가 4.8을 나타낼 때

정답 01 ① 02 ③ 03 ③ 04 ② 05 ② 06 ③

④ 반죽 표면이 유백색(우유의 흰색)을 띨 때
⑤ 핀홀(바늘구멍)이 생길 때

★★★
07 제빵의 일반적인 스펀지 반죽방법에서 가장 적당한 스펀지 온도는?

① 12～15℃ ② 18～20℃
③ 23～25℃ ④ 29～32℃

해설 | 표준 스펀지법의 스펀지 반죽온도는 24℃, 도우 반죽온도는 27℃가 적당하다.

★★
08 스펀지 도법에 있어서 스펀지 반죽에서 사용하는 일반적인 밀가루의 사용범위는?

① 0～20% ② 20～40%
③ 40～60% ④ 60～100%

해설 | 스펀지 반죽의 배합
• 강력분 : 60～100% • 생이스트 : 1～3%
• 이스트 푸드 : 0～0.75% • 물 : 스펀지 밀가루의 55～60%

★★
09 스펀지 도법에서 스펀지 밀가루 사용량을 증가시킬 때 나타나는 결과가 아닌 것은?

① 도우 제조 시 반죽시간이 길어진다.
② 완제품의 부피가 커진다.
③ 도우 발효시간이 짧아진다.
④ 반죽의 신장성이 좋아진다.

해설 | 스펀지 제조 시 밀가루 사용량이 증가하면 본 반죽 제조 시 밀가루 사용량이 감소한다. 그래서 도우(본 반죽, Dough) 제조 시 반죽시간이 짧아진다.

★★
10 80% 스펀지에서 전체 밀가루가 2,000g, 전체 가수율이 63%인 경우 스펀지에 55%의 물을 사용하였다면 본 반죽에 사용할 물의 양은?

① 380g ② 760g
③ 1,140g ④ 1,260g

해설 |
• 스펀지에 사용한 물의 양 = 2,000g × 0.8 × 0.55 = 880g
• 전체 가수량 = 2,000g × 0.63 = 1,260g
• 본 반죽에 사용할 물의 양 = 1,260 − 880 = 380g

★★
11 다음 중 스트레이트법과 비교한 스펀지 도법에 대한 설명이 옳은 것은?

① 노화가 빠르다.
② 발효 내구성이 좋다.
③ 속결이 거칠고 부피가 작다.
④ 발효향과 맛이 나쁘다.

해설 | 스펀지 도법의 장점
• 노화가 지연되어 제품의 저장성이 좋다.
• 부피가 크고 속결이 부드럽다.
• 발효 내구성이 강하다.
• 작업 공정에 대한 융통성이 있어 잘못된 공정을 수정할 기회가 있다.

★★
12 하나의 스펀지 반죽으로 2～4개의 도우(Dough)를 제조하는 방법으로 노동력, 시간이 절약되는 방법은?

① 가당 스펀지법
② 오버나잇 스펀지법
③ 마스터 스펀지법
④ 비상 스펀지법

해설 | 마스터 스펀지법은 스펀지법의 가장 큰 단점인 생산성 저하를 보완하기 위해 만든 제법이다.

★★
13 액체발효법(액종법)에 대한 설명으로 옳은 것은?

① 균일한 제품 생산이 어렵다.
② 발효손실에 따른 생산손실을 줄일 수 있다.
③ 공간 확보와 설비비가 많이 든다.
④ 한 번에 많은 양을 발효시킬 수 없다.

해설 | 액체발효법의 장점
• 단백질 함량이 적어 발효내구력이 약한 밀가루로 빵을 생산하는 데도 사용할 수 있다.
• 한 번에 많은 양을 발효시킬 수 있다.

07 ③ 08 ④ 09 ① 10 ① 11 ② 12 ③ 13 ②

• 발효손실에 따른 생산손실을 줄일 수 있다.
• 펌프와 탱크설비로만 이루어지므로 공간, 설비가 감소된다.
• 균일한 제품 생산이 가능하다.

★★★
14 액체발효법에서 액종 발효 시 완충제 역할을 하는 재료는?

① 탈지분유 ② 설탕
③ 소금 ④ 쇼트닝

해설 | 완충제(탄산칼슘, 염화암모늄, 분유)는 발효하는 동안에 생기는 유기산과 작용하여 반죽의 산도를 조절하는 역할을 한다.

★★★
15 연속식 제빵법의 특징이 아닌 것은?

① 발효손실 감소
② 설비 감소, 설비공간 및 설비면적 감소
③ 노동력 감소
④ 일시적 기계 구입 비용의 경감

해설 | 연속식 제빵법은 일시적 기계 구입 비용이 증가한다.

★★★
16 연속식 제빵법(Continuous Mixing System)에 관한 설명으로 틀린 것은?

① 액체발효법을 이용하여 연속적으로 제품을 생산한다.
② 발효 손실 감소, 인력 감소 등의 이점이 있다.
③ 3~4기압의 디벨로퍼로 반죽을 제조하기 때문에 많은 양의 산화제가 필요하다.
④ 자동화 시설을 갖추기 위해 설비공간의 면적이 많이 소요된다.

해설 | 연속식 제빵법은 설비 감소, 설비공간과 설비 면적이 감소하는 장점이 있다.

★
17 오랜 시간 발효 과정을 거치지 않고 혼합 후 정형하여 2차 발효를 하는 제빵법은?

① 재반죽법 ② 스트레이트법
③ 노타임법 ④ 스펀지법

해설 | 노타임 반죽법은 이스트 발효에 의한 밀가루 글루텐의 생화학적 숙성을 산화제와 환원제의 사용으로 대신함으로써 발효시간을 단축, 제조하는 방법이다.

★★
18 산화제와 환원제를 함께 사용하여 믹싱시간과 발효시간을 감소하는 제빵법은?

① 스트레이트법 ② 노타임법
③ 비상 스펀지법 ④ 비상 스트레이트법

해설 | 노타임 반죽법은 장시간 발효과정을 거치지 않고 배합 후 정형하여 2차 발효하는 제조공정의 특징을 갖고 있다.

★★
19 다음 중 반죽에 산화제를 사용하였을 때의 결과에 대한 설명으로 잘못된 것은?

① 가스 보유력이 증가한다.
② 기계 내성이 개선된다.
③ 반죽 강도가 증가된다.
④ 믹싱시간이 짧아진다.

해설 | ①, ②, ③은 산화제의 기능이고, 믹싱시간이 짧아지는 것은 환원제의 기능이다.

★
20 노타임 반죽법에 사용되는 산화제와 환원제의 종류가 아닌 것은?

① ADA(azodicarbonamide)
② 소르브산
③ L-시스테인
④ 요오드칼슘

해설 |
• 산화제 : 비타민 C, 브롬산칼륨, 요오드칼륨, 아조디카본아미드(ADA)
• 환원제 : L-시스테인, 소르브산

정답 14 ① 15 ④ 16 ④ 17 ③ 18 ② 19 ④ 20 ④

★
21 스트레이트법을 노타임법에 의한 빵 제조 시에 관한 설명 중 틀린 것은?

① 산화제와 환원제를 사용한다.
② 물의 양을 1% 정도 줄인다.
③ 설탕의 사용량을 다소 감소시킨다.
④ 믹싱시간을 20～25% 길게 한다.

해설 | 환원제 사용으로 믹싱시간이 단축된다.

★★
22 비상 스트레이트법 반죽의 가장 적당한 온도는?

① 20℃ ② 25℃
③ 30℃ ④ 45℃

해설 | 표준 스트레이트법 27℃, 비상 스트레이트법 30℃

★★
23 제조공정상 비상 반죽법에서 가장 많은 시간을 단축할 수 있는 공정은?

① 재료계량 ② 믹싱
③ 1차 발효 ④ 굽기

해설 | 제빵 제조 공정상 빵의 풍미와 생산성을 조절할 수 있는 공정은 1차 발효이다.

★★★
24 냉동반죽법에서 혼합 후 반죽의 결과 온도로 가장 적합한 것은?

① 0℃ ② 10℃
③ 20℃ ④ 30℃

해설 | 냉동반죽법의 반죽온도는 반죽의 글루텐 생성과 발전능력, 급속냉동 시 냉해에 대한 피해 방지를 고려하여 설정한다.

★★
25 다음 중 냉동 반죽을 저장할 때의 적정 온도로 옳은 것은?

① −5～−1℃ 정도
② −10～−6℃ 정도
③ −24～−18℃ 정도
④ −45～−40℃ 정도

해설 | −40℃로 급속 냉동하여 −24～−18℃에서 보관한다.

★★★
26 냉동과 해동에 대한 설명 중 틀린 것은?

① 전분은 −7～10℃ 범위에서 노화가 빠르게 진행된다.
② 노화대(Stale zone)를 빠르게 통과하면 노화속도가 지연된다.
③ 식품을 완만히 냉동하면 작은 얼음결정이 형성된다.
④ 전분이 해동될 때는 동결 때보다 노화의 영향이 적다.

해설 | 식품을 급속냉동하면 얼음결정이 팽창하지 않아서 결정 크기가 작게 형성된다.

★★
27 냉동반죽의 해동을 높은 온도에서 빨리 할 경우 반죽의 표면에서 물이 나오는 드립(Drip)현상이 발생하는데 그 원인이 아닌 것은?

① 얼음결정이 반죽의 세포를 파괴 손상
② 반죽 내 수분의 빙결분리
③ 단백질의 변성
④ 급속냉동

해설 | 냉동반죽은 냉동 시 수분이 얼면서 팽창하여 이스트를 사멸시키거나 글루텐을 파괴하는 것을 막기 위하여 급속냉동한다.

21 ④ 22 ③ 23 ③ 24 ③ 25 ③ 26 ③ 27 ④

★★
28 냉동반죽법에 대한 설명 중 틀린 것은?

① 저율배합 제품은 냉동 시 노화의 진행이 비교적 빠르다.
② 고율배합 제품은 비교적 완만한 냉동에 견딘다.
③ 저율배합 제품일수록 냉동 처리에 더욱 주의해야 한다.
④ 프랑스빵 반죽은 비교적 노화의 진행이 느리다.

해설 | 프랑스빵 반죽은 저율배합 제품이므로 냉동 시 비교적 노화의 진행이 빠르다.

★★
29 냉동반죽에 사용되는 재료와 제품의 특성에 대한 설명 중 틀린 것은?

① 일반 제품보다 산화제 사용량을 증가시킨다.
② 저율배합인 프랑스빵이 가장 유리하다.
③ 유화제를 사용하는 것이 좋다.
④ 밀가루는 단백질의 함량과 질이 좋은 것을 사용한다.

해설 | 냉동반죽은 고율배합인 단과자빵이나 크로와상 등의 제품 제조에 가장 유리하다.

★★★
30 냉동반죽의 장점이 아닌 것은?

① 노동력 절약
② 작업 효율의 극대화
③ 설비와 공간의 절약
④ 이스트 푸드의 절감

해설 | 냉동반죽은 일부 이스트의 냉해로 인한 글루타치온의 생성으로 반죽이 퍼진다. 반죽이 퍼지는 것을 막기 위하여 이스트 푸드를 증가시킨다.

★
31 오버나이트 스펀지(Overnight Sponge)법에 대한 설명으로 틀린 것은?

① 발효손실(Fermentation Loss)이 적다.
② 12~24시간 발효시킨다.
③ 적은 이스트로 매우 천천히 발효시킨다.
④ 강한 신장성과 풍부한 발효향을 지니고 있다.

해설 | 발효시간이 길기 때문에 발효손실도 크다.

정답 28 ④ 29 ② 30 ④ 31 ①

BEST QUALITY • CAKES BAKERY

02 제빵 공정

제빵 공정은 제빵법에 따라 달라지며 여기서는 NCS를 기반으로 한 능력단위로 각 공정을 설명한다. 빵을 만드는 일련의 과정을 설명하면 다음과 같다. 제빵법 결정 → 배합표 작성 → 재료 계량 → 원료의 전처리 → 반죽(믹싱) → 1차 발효 → 분할 → 둥글리기 → 중간 발효 → 정형 → 패닝 → 2차 발효 → 굽기 → 냉각 → 슬라이스 → 포장 → 저장 → 유통 등의 과정을 거쳐 판매대에 놓이게 된다.

빵을 만들기 위해서는 제일 먼저 다양한 종류의 제빵법 중에서 한 가지를 결정해야 한다. 반죽법(Dough Method)을 결정할 때는 영업적인 면과 생산적인 면을 고려해야 한다. 영업적인 고려사항에는 소비자의 기호에 따른 빵 완제품의 크러스트(껍질)와 크럼(속)의 질감, 맛, 향 등과 소비자의 구매 패턴에 따른 판매형태가 있다. 생산적인 고려사항에는 기계설비, 생산인원(노동력), 기술력, 생산량 등이 있다.

빵류제품 재료혼합

반죽을 한 번에 완성하는 스트레이트 반죽, 스펀지 반죽을 하고, 완성된 스펀지를 이용하여 본 반죽을 완성하는 스펀지 도우, 사우어 도우법 또는 액종법으로 반죽을 완성하는 특수 반죽 등으로 재료를 혼합할 수 있는 능력을 함양하는 능력단위이다.

1 배합표 작성(Formula)

1. 배합표란

배합표는 재료의 종류와 비율, 무게를 표시하는 것으로 Formula라고 한다. 각각의 빵 완제품에 독특한 특성을 부여하려면 배합표를 구성하는 재료의 종류와 비율에 대한 황금비를 찾아야 한다. 황금비를 찾을 때 고려해야 하는 제빵 시 작동원리(메커니즘)는 숙성방법과 숙성 정도, 가스 발생력과 가스 보유력, 고형분과 수분의 비(比) 등의 평행 · 균형이다. 황금비는 소비자의 기호를 충족하기 위해 선택한 재료들이 빵 반죽의 메커니즘에 미치는 영향을 이해하고 숙성방법과 숙성 정도, 가스 발생력과 가스 보유력, 고형분과 수분의 비(比) 등의 평행 · 균형의 좌표를 정하는 것이다. 이와 같이 제빵 시 일어나는 다양한 물리 · 화학적 작용과 제조과정들이 정교한 실험이 진행되는 생화학실험실과 동일하게 일어나기 때문에 배합표를 Formula라고 한다.

2. 배합표 작성법에는 다음과 같은 2가지 방법이 있다.

① **Baker's % :** 밀가루의 양을 100%로 보고, 각 재료가 차지하는 양을 %로 표시한 것을 말한다.

㉠ 소규모 제과점, 실험실, 개발실, 교육기관에서 사용한다. 왜냐하면 연상된 맛을 수치화하기가 쉽기 때문이다.

㉡ 배합비상에 표시된 무게 단위가 무엇이든(예 kg, g 등) 배합비를 변경하여 사용하는 데 편리하다.

② **True % :** 전 재료의 합을 100%로 보고, 각 재료가 차지하는 양을 %로 표시한 것을 말한다.

㉠ 대량 생산 공장에서 많이 사용한다. 왜냐하면 주문량을 생산하는 데 필요한 재료량을 정확히 산출할 수 있기 때문이다.

㉡ 배합비상에 표시된 무게 단위가 무엇이든(예 kg, g 등) 배합비를 변경하여 사용하는 데 편리하다.

3. 주문 물량에 따른 Baker's % 배합량 조절공식

① 배합량 조절공식은 총 반죽 무게, 밀가루 무게, 각 재료의 무게순으로 계산을 하여야 한다.

② 총 반죽무게(g)=완제품 중량÷{1−(굽기 및 냉각손실÷100)}÷[1−(발효손실÷100)}

③ $\text{밀가루 무게(g)} = \dfrac{\text{밀가루 비율(\%)} \times \text{총 반죽무게(g)}}{\text{총 배합률(\%)}}$

④ 각 재료의 무게(g)=밀가루 무게(g)×각 재료의 비율(%)

※ 단, 중량은 무게 단위인 kg, g을 사용한다.

2 재료 계량(Weighing)

재료를 측정하여 준비하는 계량 방법에는 무게 계량법과 부피 계량법이 있으나 무게를 기준으로 재료를 계량하는 것이 보다 정확하기 때문에 제과제빵 분야에서는 무게 계량법을 사용한다. 재료를 계량할 때는 신속하게, 정확하게, 청결하게 진행해야 한다.

3 원료의 전처리(Preprocessing)

작성된 배합표를 기준으로 계량한 재료로 반죽을 만들기 전에 재료에 행하는 모든 사전작업을 전처리라고 한다. 재료별 전처리 방법은 다음과 같다.

① **가루 재료 :** 뭉친 재료를 풀어주고 이물질을 제거하고 공기를 혼입시키면서 가루재료를 균일하게 섞기 위하여 밀가루, 탈지분유, 설탕, 제빵개량제 등을 함께 체로 쳐서 사용한다. 그런데 일반적인 규모의 베이커리 공장에서는 빵 반죽을 배합할 때 사용하는 밀가루의 양이 너무 많아 수작업으로는 체질을 하지 못하고 있다. 그러나 대량생산라인에서는 체질공정을 자동화 기기로 수행할 수 있기 때문에 반드시 가루재료를 체질하고 있다. 왜냐하면 체질하는 과정에서 반죽 속에 혼입되는 산소는 이스트의 활력을 증진시키고 반죽을 산화시켜 반죽의 탄력성을 좋게 만들기 때문이다. 그래서 제품을 개발하거나 실기시험을 준비할 때는 반죽의 양이 적기 때문에 체질하기를 권장한다.

※ **가루 재료를 체로 치는 이유는 다음과 같다.**
- 가루 속에 있을 수 있는 불순물을 제거한다.
- 공기를 혼입시켜 이스트의 활성을 촉진한다.
- 재료의 고른 분산에 도움을 준다.
- 밀가루의 15%까지 부피를 증가시킬 수 있다.
- 밀가루의 흡수율도 증가한다.
- 공기를 혼입시켜 반죽의 산화를 촉진한다.

② **생이스트 :** 잘게 부수어 사용하거나 생이스트 양 기준으로 4~5배 되는 30℃ 정도의 물에 풀어준 후 바로 사용한다. 그러나 건조효모(건이스트)는 건조효모 양 기준으로 4~5배 되는 40~45℃의 물에 풀어준 후 5~10분간 수화시킨 다음 용해시켜 사용한다.

③ **이스트 푸드 :** 이스트 푸드는 설탕과 소금처럼 이스트에 직접 접촉하면 이스트의 활력을 저해하므로 가루 재료(밀가루 등)에 직접 혼합하고 분산시켜 사용한다.

④ **우유 :** 원유(살균 · 가공되지 않은 우유)는 끓여서 살균과 혈청단백질을 불활성시킨 뒤 차게 해서 사용하고, 시유(시장에서 파는 우유)는 반죽의 희망온도를 고려하여 데워서 사용한다.

⑤ **물 :** 반죽의 희망온도를 맞추기 위해 경제성과 작업성이 좋은 물의 온도를 적절히 조절한다.

⑥ **유지 :** 반죽 속에 넣을 경우, 27℃의 작업실에 미리 두어 부드러운 상태로 만들어 사용한다.

⑦ **탈지분유 :** 반죽에 아주 작은 덩어리를 만들므로 설탕 또는 밀가루와 분산시켜 사용한다.

⑧ **견과일류 :** 견과일은 오븐에 구워 사용하면 빵 속에서도 고소함을 유지한다.

⑨ **건과일류 :** 미지근한 물로 가볍게 씻은 후 다양한 술에 절이면 풍미와 부드러움이 개선된다.

4 믹싱(Mixing)

1. 믹싱이란

반죽(믹싱)은 밀가루, 이스트, 소금, 그 밖의 재료에 물을 혼합하여 모든 재료를 균질화시키고, 반죽 속의 단백질들을 결합시켜 글루텐을 생성 · 발전시키며, 반죽에 산소를 혼입시켜 이스트의 활력과 반죽의 산화를 촉진한다. 그리고 빵의 특성에 따라 반죽 속의 글루텐에 믹서를 이용한 기계적인 숙성작용을 지속적으로 일으켜 다양한 물리적 성질을 부여하는 것이다.

2. 반죽을 만드는 목적

① 원재료를 균일하게 분산하고 혼합한다.

② 수용성 재료를 용해시켜 밀가루의 성분 중 수분을 흡수하는 전분과 단백질을 수화시킨다.

③ 반죽에 산소를 혼입시켜 이스트의 활력과 반죽의 산화를 촉진한다.

④ 글루텐을 생성시킨 후 숙성(발전)시켜 반죽에 가소성, 탄력성, 점성, 신장성, 흐름성 등을 부여한다.

3. 반죽을 발전시켜 부여하고자 하는 물리적 성질의 종류와 특성

빵 반죽은 액체와 고체의 성질을 동시에 지니고 있다. 다시 말해 일정한 모양을 유지할 수 있는 고체의 성질로서 가소성, 탄력성(저항성), 점탄성 등을 갖고 있으며, 외부의 힘을 받아 변형된 물체가 그 힘이 없어졌을 때 원래대로 되돌아가려는 액체의 성질인 점성, 신장성, 흐름성(유동성) 등을 함께 갖고 있다. 이러한 빵 반죽의 성질을 물리적 특성이라고 말한다.

① **탄력성(저항성) :** 성형 단계에서 반죽을 밀대로 밀었을 때 본래의 형태로 되돌아가려는 성질

② **점탄성 :** 점성과 탄력성을 동시에 가지고 있는 성질

③ **신장성 :** 성형 단계에서 반죽을 밀대로 밀었을 때 반죽이 늘어나는 성질

④ **흐름성 :** 2차 발효 시 반죽이 팬 또는 용기의 모양이 되도록 흘러 모서리까지 차게 하는 성질

⑤ **가소성 :** 성형 단계에서 반죽에 힘을 가하여 변형시킬 때 영구변형을 일으키는 성질

4. 반죽에 부여한 탄력(경화)과 신장(연화)의 물리적 성질에 영향을 미치는 아미노산의 결합형태

① 빵 반죽은 분자 수준에서 3차원의 상호결합 방식이 단백질 중합체 고리(chain)의 5가지 유형

을 가지고 있는데, 여기서 가장 중요한 것은 이황화 결합(공유결합, −S−S−결합) 이외에 수소 결합(−SH기, 치올기)이다. 밀단백질은 −SH기(치올기)보다 −S−S−결합(이황화 결합)을 15 ~ 20배 더 함유하고 있어서 −S−S−결합(이황화 결합)의 함량은 상호교체 반응속도에 거의 영향을 주지 않는다.

② 글루텐의 탄력(경화)에 영향을 미치는 시스틴(Cystine)은 밀가루 단백질을 구성하는 아미노산으로 이황화 결합(−S−S−)을 갖고 있으므로 빵 반죽의 구조를 강하게 하고 가스 포집력을 증가시키며, 반죽을 다루기 좋게 한다.

③ 글루텐의 신장(연화)에 영향을 미치는 시스테인(Cysteine)은 밀가루 단백질을 구성하는 아미노산으로 치올기(−SH)를 갖고 있으므로 빵 반죽의 구조를 부드럽게 하여 글루텐의 신장성을 증가시키고 반죽시간과 발효시간을 단축시키며 노화를 방지한다.

5. 반죽을 만드는 믹싱방법

① 반죽을 발전시키기 위해 반죽에 가하는 믹싱속도의 형태

㉠ 저속 믹싱으로 재료의 균일한 분산과 혼합을 한다.

㉡ 중속 혹은 고속으로 반죽에 가소성, 신장성, 탄력성, 흐름성, 점탄성 등을 부여한다.

② 반죽을 발전시키기 위해 반죽에 가하는 물리적 힘의 형태

㉠ 혼합 : 수직형 믹서의 믹싱방법으로 반죽에 산소를 혼입시키기가 용이하다.

㉡ 이김 : 수평형 믹서의 믹싱방법으로 글루텐을 생성 • 발전시키기가 용이하다.

㉢ 두드림 : 암 믹서의 믹싱방법으로 산소의 혼입, 글루텐의 발전 모두 용이하다.

※ 글루텐을 숙성(발전)시키는 믹싱 속도는 굽기 시 반죽의 오븐 팽창과 완제품의 질감에 영향을 미친다.

- 중속으로 믹싱하면 글루텐이 유연해져 오븐 팽창은 작고 완제품의 질감은 부드럽다.
- 고속으로 믹싱하면 글루텐이 질겨져 오븐 팽창은 크고 완제품의 질감은 쫄깃하다.

6. 글루텐의 결합과 SH-SS의 교환반응

① 글루텐의 결합

㉠ 밀가루 단백질의 주성분인 글리아딘과 글루테닌은 물과 함께 글루텐이라는 거대한 분자의 특수한 단백질을 만든다.

㉡ 글리아딘은 신장성과 점성의 물리적 성질을 갖고 있고, 글루테닌은 탄력성(저항성)의 물리적 성질을 갖고 있다.

② **SH-SS의 교환반응**

㉠ 글리아딘과 글루테닌에는 일정한 간격을 두고 시스틴, 시스테인이라는 황(S)을 함유한 아미노산이 존재한다.

㉡ 시스틴은 단백질을 구성하는 2개의 폴리펩티드 사슬을 연결하는 -S-S-(이황화)결합을 갖고 있으며, 쉽게 -S-S-결합이 끊어져 시스테인으로 환원된다.

㉢ 시스테인에는 -SH기(치올기)가 달려있는데, 시스테인 2분자가 만나면 2개의 -SH기가 반응해 산화되어 즉 수소를 잃어버려 -S-S-(이황화)결합을 하여 시스틴이 된다.

- 시스틴(-S-S-결합)이 환원되면 시스테인(-SH기)이 된다.
- 시스테인(-SH기)이 산화되면 시스틴(-S-S-결합)이 된다.

㉣ -S-S-결합(시스틴)은 점탄성의 한 가지 원인이 되며, 특히 빵 반죽의 탄력성은 글루테닌 중 -S-S-결합과 관련되어 있다.

㉤ -SH기(시스테인)은 신장성과 점성의 한 가지 원인이 되며, 특히 빵 반죽의 신장성과 점성은 글리아딘 중 -SH기와 관련되어 있다.

㉥ -S-S-결합(시스틴)은 -SH기(시스테인)와의 사이에서 교환반응을 연쇄적으로 일으켜서, 빵 반죽의 물리적 성질을 발현시키고 망상구조를 이루게 한다.

㉦ -S-S-결합(시스틴)은 산화된 분자구조이므로 빵 반죽의 구조를 강하게 하고 가스 포집력을 증가시키며, 반죽을 다루기 좋게 한다.

㉧ -SH기(시스테인)은 환원된 분자구조이므로 빵 반죽의 구조를 부드럽게 하여 글루텐의 신장성을 증가시키고 반죽시간과 발효시간을 단축시키며 노화를 방지한다.

③ **반죽의 강도에 영향을 미치는 재료**

㉠ 글루텐을 강하게 하여 반죽을 탄력성 있게 만드는 재료에는 소금, 산화제, 탈지분유, 반죽개량제, 경수 등이 있다.

㉡ 글루텐을 부드럽게 하여 반죽을 신장성 있게 만드는 재료에는 유지, 설탕, 환원제, 연수 등이 있다.

7. 반죽의 상태

① **믹싱 정도에 따른 반죽의 발전상태**

㉠ 최적의 믹싱 상태

- 최적의 믹싱 상태는 절대적 개념이 아니며, 제품과 제법에 따라 가장 좋은 빵을 만들었을 때가 최적의 믹싱 상태이다.
- 예를 들어 강력분으로 부드러운 빵을 만들고자 할 때에는 최적의 믹싱 상태가 탄력성이

다소 약해지면서 신장성이 최대인 최종 단계이다.

㉡ 부족한 믹싱 상태(언더 믹싱)

- 이러한 반죽은 수화가 완료되지 않아 끈적임이 많고 잘 늘어나지 않으며 작업성이 떨어진다.
- 또 반죽의 신장성이 떨어져 완제품의 부피가 작고 내상의 막이 두껍다.

㉢ 과다한 믹싱 상태(오버 믹싱)

- 이러한 반죽은 탄력성이 떨어지며 점성이 높아져 매우 끈적이고 작업성이 떨어진다.
- 부피가 작고 내상의 막이 두꺼워지는 언더 믹싱과 같은 현상이 나타난다.

② **반죽의 되기가 제조공정과 완제품에 미치는 영향**

제조공정 및 완제품	된 반죽인 경우	진 반죽인 경우
반죽(믹싱)	• 시간이 짧다.	• 시간이 길다.
발효	• 가스 보유력이 떨어진다. • 반죽에 끈기가 없고 둥글리기가 어렵다. • 발효력이 떨어진다.	• 가스 보유력이 떨어진다. • 반죽이 달라붙고 덧가루가 많이 들어간다. • 발효과다가 되기 쉽다.
완제품	• 신장성이 부족하여 부피가 작다. • 정형 시 반죽의 융통성이 떨어져 완제품의 형태가 균일하지 않다. • 빵이 푸석푸석 하다. • 노화가 빠르다. • 완제품의 수율(收率)이 낮아진다.	• 구조형성이 나빠져 부피가 적다. • 2차 발효와 굽기 시 반죽이 변형 되거나 옆면이 들어가기 쉬워 완제품의 형태가 균일하지 않다. • 수분이 많아 이 끝에 달라붙고 식감이 떨어진다. • 곰팡이가 피기 쉽다.

8. 반죽이 만들어지는 발전단계와 믹싱 단계별 제품류

M. J 스튜어트 피거는 믹싱(교반) 시 빵 반죽이 만들어지는 발전단계, 즉 반죽 과정을 반죽의 외관에서 나타나는 변화와 반죽의 일부분을 떼어 펼칠 때 나타나는 물리적 성질에 따라 다음 6단계로 나누고 있다.

① **픽업 단계(Pick up Stage) :** 데니시 페이스트리

㉠ 밀가루와 원재료에 물을 첨가하여 균일하게 대충 혼합하는 단계이다.

㉡ 만약에 재료의 혼합시간을 단축시키고자 중속으로 믹싱하면 글루텐이 생성되어 재료의 이동을 막아 균일한 호합이 이루어지지 않으므로 믹싱속도는 저속을 유지한다.

㉢ 재료의 균일한 혼합을 위해 저속으로 믹싱하기 때문에 반죽에 가해지는 힘이 약해 반죽은 축축하고 끈기가 없이 끈적거리는 상태이다.

② **클린업 단계(Clean up Stage) :** 스펀지법의 스펀지 반죽

㉠ 믹싱속도는 중속을 유지하며 반죽이 한 덩어리가 되고 믹싱볼이 깨끗해진다.

㉡ Windowpane Test를 위해 반죽을 펼치면 글루텐의 결합이 적어 두꺼운 채로 끊어진다.

㉢ 글루텐이 형성되기 시작하는 단계로 이 시기 이후에 유지를 넣으면 믹싱시간이 단축된다.
㉣ 클린업 단계는 끈기가 생기는 단계로 흡수율을 높이기 위하여 이 시기 이후에 소금을 넣는다.

③ **발전 단계(Development Stage)** : 하스 브레드
㉠ 믹싱 중 생지 변화에 있어 탄력성이 최대로 증가하며 반죽이 강하고 단단해지는 단계이다.
㉡ 믹서의 최대 에너지가 요구되며 필름(얇은 막)이 형성되는 반죽형성 단계라고도 한다.

④ **최종 단계(Final Stage)** : 식빵, 단과자빵
㉠ 믹서 볼을 두들기는 소리가 발전 단계보다 부드럽게 나며 글루텐이 결합하는 마지막 단계로 특별한 종류를 제외하고는 이 단계가 빵 반죽에서 최적의 상태이다.
㉡ 반죽을 떼어 Windowpane test를 위해 반죽을 펼치면 찢어지지 않고 얇게 늘어난다.
㉢ 탄력성과 신장성이 가장 좋으며, 반죽이 부드럽고 윤이 나는 반죽형성 후기 단계라고도 한다.

⑤ **렛다운 단계(Let down Stage)** : 햄버거빵, 잉글리시 머핀
㉠ 생지가 탄력성을 잃으며 신장성이 커져 고무줄처럼 늘어지며 점성이 많아지는 단계이다.
㉡ 최종 단계를 지나 흐름성(퍼짐성)이 최대인 상태로 오버 믹싱, 과반죽이라고 한다.
㉢ 밀가루 기준 수분함량이 가장 많은 잉글리시 머핀 반죽을 수화시키려면 장시간 믹싱을 해야만 한다. 그래서 모든 빵 반죽에서 가장 오래 믹싱하는 제품이다.

⑥ **파괴 단계(Break down Stage)**
㉠ 반죽이 푸석거리고 완전히 탄력을 잃어 빵을 만들 수 없는 단계를 말한다.
㉡ 탄력성과 신장성이 상실되고 반죽에 생기가 없어지면서 글루텐 조직이 흩어진다.
㉢ 이 반죽을 구우면 팽창이 일어나지 않고 제품이 거칠게 나온다.

tip

※ 이론적으로 물이 반죽에 균일하게 분산되는(수화가 완료되는) 시간은 보통 10분 정도가 소요된다.
※ 반죽 부족은 어린 반죽이라고도 하며 반죽이 다 되지 않은 상태로 완제품의 모서리를 예리하게 만든다.
※ 밀가루 단백질인 글루테닌과 글리아딘이 물의 첨가와 믹싱으로 글루텐을 만든다.
※ 글루텐의 결합 형태는 –S–S(이황화) 결합, 이온 결합, 수소 결합, 물 분자 사이의 수소 결합이 있다.
※ 글루텐의 생성, 발전(숙성) 정도를 확인하는 방법은 반죽의 일부를 떼어내어 양쪽을 잡아당겨 늘릴 때 반죽에서 일어나는 물리적 성질 변화를 경험적으로 파악한다. 일명 Windowpane Test이다.

9. 반죽의 흡수율에 영향을 미치는 요소

흡수율이란 밀가루 반죽이 물을 흡수하여 보유할 수 있는 정도를 말한다. 흡수율이 높아 수분을 많이 보유한 반죽으로 만든 완제품은 노화가 더디고, 비교적 부드러운 식감을 갖는다. 그리고 물의 양이 많음으로 인해 완제품의 생산량이 많아진다. 예를 들어 반죽을 할 때 흡수율이 높은 밀가루에 물을 적게 넣으면 된 반죽이 되고, 흡수율이 낮은 밀가루에 물을 많이 넣으면 물을 다 흡수하지 못해 끈적이고 늘어지는 진 반죽이 된다. 그리고 제빵 시 사용하는 밀가루 이외의 재료함량과 제조공정관리 등이 반죽의 흡수율에 영향을 미치어 반죽의 되기를 다르게 만든다. 그래서 부재료의 함량과 제조공정관리 등이 반죽의 흡수율에 미치는 영향을 파악하여 물의 양을 조절할 필요가 있다. 경우에 따라서는 반죽의 흡수율을 매우 높여 요즘 유행하고 있는 하스 브레드(Hearth Bread) 계열의 기공이 매우 크고 거친 내상을 만들 수도 있다.

① 단백질 1% 증가에 반죽의 물 흡수율은 1.5~2% 증가된다.
② 손상 전분 1% 증가에 반죽의 물 흡수율은 2% 증가되고 반죽의 흡수도 빨라진다.
③ 설탕 5% 증가 시 반죽의 물 흡수율은 1% 감소된다.
④ 분유 1% 증가 시 반죽의 물 흡수율은 0.75~1% 증가한다.
⑤ 연수를 사용하면 글루텐이 약해지며 반죽의 물 흡수량이 적고, 경수를 사용하면 글루텐이 강해지며 흡수량이 많다.
⑥ 반죽의 온도가 ±5℃ 증감함에 따라 반죽의 물 흡수율은 반대로 ∓3% 감소한다.
⑦ 소금을 픽업 단계에 넣으면 글루텐을 단단하게 하여 글루텐 흡수량의 약 8%를 감소시킨다.
⑧ 소금을 클린업 단계 이후 넣으면 반죽의 물 흡수량이 많아진다.

10. 반죽시간에 영향을 미치는 요소

① 반죽기의 회전 속도가 느리고 반죽량이 많으면 반죽시간이 길다.
② 소금은 글루텐 형성을 촉진하여 반죽의 탄력성을 키운다. 그 결과 소금을 처음부터 넣으면 반죽시간이 길어지고, 클린업 단계 이후에 넣으면 짧아진다.
③ 유지와 설탕의 양이 많아지면 단백질이 글루텐으로 변성되는 것을 방해하여 반죽시간이 길다.
④ 분유, 우유의 양이 많으면 단백질의 구조(즉, 글루텐의 구조)를 강하게 하여 반죽시간이 길다.
⑤ 유지를 단백질이 글루텐으로 변성된 클린업 단계 이후에 넣으면 반죽시간이 짧아진다.
⑥ 물 사용량이 많아 반죽이 질면 글루텐으로 변성되는 데 방해를 받아 반죽시간이 길다.
⑦ 반죽온도가 높을수록 글루텐으로 변성되는 속도가 빨라져 반죽시간이 짧아진다.
⑧ pH 5.0 정도에서 글루텐이 가장 질겨지기 때문에 반죽시간이 길다.
⑨ 밀가루 단백질의 양이 많고, 질이 좋고 숙성이 잘 되었을수록 반죽시간이 길다.

tip

※ 반죽을 믹싱하면서 소금을 언제 넣느냐에 따라서, 반죽의 흡수율과 반죽시간, 그리고 빵 내부의 색과 조직에 영향을 미친다. 소금을 픽업 단계에 넣으면 반죽시간은 길어지고, 반죽의 흡수율은 감소한다.

※ 후염법 : 소금을 클린업 단계 직후에 투입한다. 장점은 다음과 같다.

- 반죽시간 단축
- 반죽의 흡수율 증가
- 수화촉진
- 반죽온도 감소
- 조직을 부드럽게 함
- 완제품의 속(crumb)색을 갈색으로 만듦

11. 반죽온도 조절

① 반죽온도의 높고 낮음에 따라 반죽의 발전 상태, 반죽의 되기와 발효의 속도가 달라진다.

② 경제성과 작업성의 관점에서는 온도 조절이 가장 쉬운 물을 사용해 반죽온도를 조절한다.

③ 반죽온도가 너무 낮으면 발효가 둔해져 반죽이 신전성을 가져도 팽창력이 없어 볼륨이 부족하게 된다.

④ 반죽온도가 너무 높으면 발효가 활발해 발효시간이 짧아진다. 반죽숙성에 의한 신전성이 갖춰지지 않은 상태에서 발효가스가 반죽을 팽창시켜 반죽이 파열되고 가스는 날아간다. 이 경우 역시 볼륨 없는 빵이 된다.

⑤ 일반적인 빵 반죽의 온도는 24~30℃ 범위로 맞춘다.

⑥ 반죽온도는 발효에 영향을 주는 것과 동시에 품질관리의 지표가 된다.

⑦ 반죽온도는 발효가 진행됨에 따라 높아져 오븐에 구울 때 반죽온도는 32~35℃가 되도록 조절한다.

⑧ 반죽온도는 굽기 시 반죽온도에서부터 발효까지 걸리는 시간을 역산하여 산출한다.

⑨ 발효시간이 긴 것은 반죽온도를 낮게, 발효시간이 짧은 것은 반죽온도를 높게 조절한다.

⑩ 일반적으로 반죽온도는 1차 발효의 단계에서는 30℃의 경우 1시간에 1℃씩 올라간다.

⑪ 그러나 2차 발효의 단계에서는 저배합 반죽의 경우엔 32 ~ 33℃의 환경에서 3~4℃, 고배합 반죽의 경우엔 35℃의 환경에서 5~6℃ 상승한다.

⑫ 재료들을 믹서볼에 넣고 믹싱을 하면 반죽온도가 변화하게 되는데, 두 가지 원인이 작용한다.

㉠ 첫째, 반죽을 하는 동안 글루텐이 형성되기 시작하면서 반죽은 단단하게 되며, 훅에 매달린 반죽은 훅이 돌아가는 속도에 의하여 믹서볼에 부딪히며 때려주면서 마찰열을 발생시켜 반죽온도를 높인다.

㉡ 둘째, 고에너지 상태에서 안정화된 무수물인 밀가루가 물을 흡수할 때 낮은 에너지 상태가 되고, 이때 기존에 가지고 있던 에너지를 열의 형태로 발산하는 수화열을 발생시켜 반죽온도를 낮춘다.

㉢ 마찰열이 수화열에 의해 중화되면서도 마찰열이 더 크기 때문에 반죽온도는 지속적으로 상승하게 된다.

※ 실내 온도 : 제품의 완성도 관점에서는 작업실의 온도를 조절하여 반죽온도를 맞추는 것이 이상적이다.

※ 수돗물 온도 : 반죽에 사용한 물의 온도로 결과 반죽온도에 영향을 미친다.

※ 계산된 사용수 온도 : 반죽에 사용할 물의 온도로 희망 반죽온도에 영향을 미친다.

※ 마찰계수 : 일정량을 일정한 방법으로 믹싱할 때 반죽의 상승한 온도를 실질적 수치로 환산한 값이다.

※ 결과온도 : 반죽온도에 영향을 준 환경요인들을 더한 후 환경요인들의 개수로 나눈 평균값이다.

※ 희망온도 : 배합률, 곡류의 특성, 숙성정도 등을 고려한 발효의 조건과 시간에 따라 결정한다.

③ 스트레이트법에서 반죽온도를 조절하기 위한 물온도 계산과정

㉠ 마찰계수=(결과온도×3)−(밀가루 온도+실내 온도+수돗물 온도)

㉡ 계산된 사용수 온도=(희망온도×3)−(밀가루 온도+실내 온도+마찰계수)

㉢ 얼음 사용량= $\dfrac{\text{사용할 물의 양} \times (\text{수돗물 온도} - \text{계산된 사용수 온도})}{80 + \text{수돗물 온도}}$

㉣ 조절하여 사용할 수돗물량=사용할 물의 양−얼음 사용량

④ 스펀지법에서 반죽온도를 조절하기 위한 물온도 계산과정

㉠ 마찰계수=(결과온도×4)−(밀가루 온도+실내 온도+수돗물 온도+스펀지 반죽온도)

㉡ 계산된 사용수 온도=(희망온도×4)−(밀가루 온도+실내 온도+마찰계수+스펀지 반죽온도)

㉢ 얼음 사용량= $\dfrac{\text{사용할 물의 양} \times (\text{수돗물 온도} - \text{계산된 사용수 온도})}{80 + \text{수돗물 온도}}$

㉣ 조절하여 사용할 수돗물의 양=사용할 물의 양−얼음 사용량

※ 반죽온도는 반죽온도에 영향을 미치는 환경요인의 평균값이므로 마찰계수와 계산된 사용수 온도를 산출하기 위하여 equal '=' 앞으로 뺄 때, (결과온도×뒤에 오는 환경요인과 같은 개수), (희망온도×뒤에 오는 환경요인과 같은 개수)가 되는 것이다.

※ 계산된 사용수 온도를 구하는 공식은 경우에 따라 (희망온도×3)일 경우도 있고 (희망온도×4)일 경우도 있다. 이 경우에는 '실내 온도+밀가루 온도+마찰계수'가 제시되면 '3'으로 하고, '실내 온도+밀가루 온도+마찰계수+스펀지 반죽온도'가 제시되면 '4'로 한다.

※ 얼음량 계산 공식 중 '80'은 80cal를 뜻하며, 얼음 1g이 녹아 물 1g이 되는 데 흡수하는 열량인 융해열(흡수열량)을 나타낸 것이다. 이 융해열을 잠열(Latent Heat)이라고 한다.

※ 잠열은 물질의 상태가 고체와 액체, 또는 액체와 기체 사이에서 변화할 때 온도는 변화하지 않으면서 흡수하거나 방출하는 같은 양의 열(cal)을 가리킨다.

※ 물 1g을 1℃ 올리는 데 흡수하는 열량은 1cal이다.

※ 계산된 사용수 온도가 56℃ 이상일 때는 뜨거운 물을 사용할 수 없으며, 영하로 나오더라도 절대치의 차이라는 개념에서 얼음계산법을 적용한다.

※ 얼음 사용량=총 변동열량÷흡수열량

- 총 변동열량 : 사용할 물의 양을 수돗물 온도에서 계산된 사용수 온도까지 변화시킬 때 필요한 열량을 가리킨다. 그래서 산출식은 (수돗물 온도-계산된 사용수 온도)×1cal×사용할 물량=총 변동 열량
- 흡수열량=1g의 얼음이 수돗물의 온도까지 도달하는 데 필요한 열량을 가리킨다. 수돗물 온도가 기준이 되는 이유는 사용할 물의 양의 온도가 수돗물 온도이기 때문이다. 그래서 산출식은 80cal+수돗물 온도×1cal=흡수열량이다.

12. 밀가루 반죽 제빵적성 시험기계

① **믹소그래프(Mixograph) :** 온도와 습도 조절 장치가 부착된 고속기록 장치가 있는 믹서로 반죽의 형성 및 글루텐 발달 정도를 기록한다. 밀가루 단백질의 함량과 흡수와의 관계를 판단할 수 있으며, 믹싱시간, 믹싱내구성을 알 수 있다.

② **아밀로그래프(Amylograph)**

㉠ 일정량의 밀가루와 물을 섞어 만든 현탁액에 25℃에서 90℃까지 1분에 1.5℃씩 올렸을 때 변화하는 혼합물의 점성도를 자동 기록하는 기계이다.

㉡ 온도 변화에 따라 밀가루 현탁액의 점도에 미치는 밀가루 속의 알파-아밀라아제나 혹은 맥아의 액화효과를 측정한다.

㉢ 양질의 빵 속을 만들기 위한 전분의 호화력, 즉 전분이 호화과정 중 나타내는 최고의 점도를 그래프 곡선으로 나타내면 곡선의 높이는 400~600B.U.이다.

③ **익스텐소그래프(Extensograph) :** 일정한 굳기를 가진 반죽의 신장도(신장성) 및 신장 저항력을 측정하여 자동 기록함으로써 반죽의 점탄성을 파악하고, 밀가루 중의 효소나 산화제, 환원제의 영향을 자세히 알 수 있는 기계이다.

④ **레오그래프(Rheograph) :** 반죽이 기계적 발달을 할 때 일어나는 변화를 측정하는 기계이다.

⑤ **패리노그래프(Farinograph)**

㉠ 고속 믹서 내에서 일어나는 물리적 성질을 기록하여 글루텐의 흡수율, 글루텐의 질, 반죽의 내구성, 믹싱시간을 측정하는 기계이다.

㉡ 그래프의 곡선이 500B.U.(Blender Unit의 약자임)에 도달하는 시간, 떠나는 시간 등으로 밀가루의 특성을 알 수 있다.

㉢ 밀가루 반죽의 점탄성, 안정성, 저항성을 측정하여 수치화하는 데 사용한다.

㉣ 패리노그래프의 그래프 곡선이 500B.U.를 떠나는 순간을 나타낸 출발시간(Departure

Time)이 빠른 경우, 즉 믹싱시간이 짧은 경우에는 글루텐(Gluten)을 강화시킬 수 있는 조치를 취한다.

⑥ **믹사트론(Mixatron)**

㉠ 믹서 모터에 전력계를 연결하여 반죽의 상태를 전력으로 환산하여 곡선으로 표시하는 장치로, 표준곡선과 비교하여 새로운 밀가루의 정확한 반죽조건을 신속하게 점검할 수 있는 기기이다.

㉡ 재료계량 및 혼합시간의 오판 등 사람의 잘못으로 일어나는 사항과 계량기의 부정확 또는 믹서의 작동 부실 등 기계의 잘못을 계속적으로 확인하는 기계이다.

※ 밀가루를 전문적으로 시험하는 기기로도 사용되는 시험기계

- 패리노그래프 : 반죽 공정에서 일어나는 밀가루의 흡수율을 측정한다.
- 아밀로그래프 : 굽기 공정에서 일어나는 밀가루의 알파-아밀라아제의 효과를 측정한다.
- 익스텐시그래프 : 발효 공정에서 일어나는 밀가루 개량제의 효과를 측정한다.

빵류제품 반죽발효

빵의 종류에 따라 부피와 풍미를 결정하는 것으로 1차 발효하기, 2차 발효하기, 다양한 발효하는 능력을 함양하는 능력단위이다.

5 1차 발효(Fermentation)

1. 1차 발효란

빵류 반죽의 발효는 재료의 혼합과 동시에 시작하여 굽기 과정에서 이스트가 불활성화 될 때까지 계속되지만 1차 발효는 재료혼합 후 반죽정형에 들어가기 전까지의 발효기간을 말한다. 반죽을 발효시키면 물리적이고 생화학적인 변화가 일어나 고분자 유기화합물이 저분자 유기화합물로 분해되어 소화흡수율이 향상되고 빵 반죽만의 특징인 부피 팽창과 풍미 생성을 시킬 수 있다. 이렇게 1차 발효가 진행된 반죽은 취급성이 좋아 1차 발효 다음 공정인 분할, 둥글리기, 성형 등이 쉽게 된다. 그리고 빵류제품의 맛과 향을 좋게 하고, 노화를 지연시킨다. 1차 발효조건은 레시피에 따라 다르지만 표준 스트레이트법을 기준으로 보면, 1차 발효는 온도 27℃, 상대습도 75~80% 조건에서 1~3시간 진행한다. 1차 발효의 완료점을 정할 때에는 레시피에 적힌 시간보다는 빵 반죽에 일어난 이화학적 특성(물리적이고 화학적인 상태)을 바탕으로 판단하는 것이 좋다.

2. 반죽을 발효시키는 목적

① **반죽의 팽창 작용 :** 반죽이 잘 부풀 수 있게 이스트가 활동할 수 있는 최적의 환경조건을 만들어 주어 가스 발생력을 극대화시킨다. 그리고 반죽의 신장성을 향상시켜 가스 보유력을 증대시킨다. 그러면서 가스 발생력과 가스 보유력이 평행과 균형을 이루도록 조절한다.

② **반죽의 숙성 작용 :** 이스트의 효소와 발효대사산물에 의한 생화학적 작용과 제빵개량제의 효소제와 환원제에 의한 화학적 작용이 반죽을 분해하여 유연하게 만든다. 이러한 일련의 분해과정을 거쳐 만들어진 빵류제품은 소화흡수율이 향상된다.

③ **빵의 풍미 생성 :** 발효에 의해 탄수화물, 지방, 단백질이 분해, 산화되어 생성된 알코올류, 유기산류, 에스테르류, 알데히드류, 케톤류 등을 축적하여 독특한 맛과 향을 부여한다.

3. 발효 중 반죽에 일어나는 물리 · 생화학적 숙성의 변화과정

① 프로테아제가 단백질을 분해하고 글루텐을 연화시켜 반죽의 신장성을 증가시킨다.

② 반죽의 pH는 발효가 진행됨에 따라 생성된 유기산과 첨가된 무기산의 영향으로 pH 4.8 정도까지 떨어진다. pH의 이러한 하강은 전분의 수화와 팽윤, 효소의 작용 속도, 반죽의 산화 · 환원과정을 포함하는 여러 가지 생화학반응에 영향을 미치게 된다.

③ 설탕의 사용량이 5%를 초과하거나 소금의 사용량이 1%를 넘으면 삼투압 작용으로 이스트의 활력을 방해하여 이스트가 반죽에서 일으키는 생화학적 작용을 저하시킨다.

④ 전분은 아밀라아제에 의해 맥아당으로 변환되고 맥아당은 말타아제에 의해 2개의 포도당으로 변환된다. 그리고 이로 인해 반죽 내 수분량이 증가하는데, 이 물은 글루텐에 의하여 흡수된다.

⑤ 산소가 불충분한 경우(혐기적 조건) $C_6H_{12}O_6$(포도당과 과당)은 찌마아제에 의해 $2CO_2$(이산화탄소)+$2C_2H_5OH$(에틸알코올)+57kcal(에너지) 등을 생성한다. 에너지의 생성은 반죽온도를 지속적으로 올라가게 하고 에틸알코올의 생성은 반죽을 숙성시킨다.

⑥ 산소가 충분히 존재하는 경우(호기적 조건) $C_6H_{12}O_6$(포도당과 과당)은 찌마아제에 의해 $6CO_2$(이산화탄소)+$6H_2O$(물)+688kcal(에너지) 등을 생성한다. 대량의 에너지 생성은 반죽온도를 급격히 올라가게 하고 이산화탄소는 반죽을 급격히 팽창시킨다.

⑦ 설탕은 인베르타아제(일명 슈크라아제)에 의해 포도당+과당으로 가수분해된다.

⑧ 유당은 이스트의 먹이로 사용되지 않으므로 잔당으로 남아 캐러멜화 반응을 일으킨다.

4. 글루텐의 가스 보유력에 영향을 미치는 요인

요 소	보유력이 커짐	보유력이 낮아짐
밀가루 단백질의 양	많을수록	적을수록
밀가루 단백질의 질	좋을수록	나쁠수록

발효성 탄수화물	설탕 2~3%	적정량 이상
유지의 양과 종류	쇼트닝 3~4%	쇼트닝 4% 이상
반죽의 되기	정상 반죽	진 반죽
이스트의 양	양이 많을수록	양이 적을수록
반죽의 산도(pH)	pH 5.0~5.5	pH 5.0 이하
소금	–	첨가
계란	첨가	–
유제품	첨가	–
산화제	알맞은 양	–
산화 정도	낮을수록	높을수록

5. 이스트의 가스 발생력에 영향을 미치는 요인(발효에 영향을 미치는 요인)

요 소	발생력이 커짐	발생력이 낮아짐
이스트의 질	제조 15일 이하	제조 15일 이상
이스트의 양	많을수록	적을수록
발효성 탄수화물	설탕 5%	설탕 6% 이상
반죽온도	10→35℃	36→60℃
반죽의 산도(pH)	pH 4.5~5.5	pH 4 이하, pH 6 이상
소금	–	1% 이상

tip

※ 이스트의 가스 발생력에 영향을 주는 요소 : 충분한 물, 적당한 온도, 적절한 산도, 무기물(질소, 인산, 칼륨), 발효성 탄수화물(이스트의 먹이로 이용되는 설탕, 맥아당, 포도당, 과당, 갈락토오스), 설탕과 소금의 삼투압 등이 발효에 영향을 미친다.

※ 빵효모(이스트)의 발효에 가장 적당한 pH의 범위는 pH 4~6이다.

6. 가스 발생력과 가스 보유력에 관여하는 요인의 변화

① 이스트 사용량의 변화

㉠ 이스트가 발효성 탄수화물을 산소가 없는 혐기성 상태에서 소비하여 만들어내는 대사산물(에틸알코올과 약간의 유기산)은 반죽의 산도(pH)를 낮추고 글루텐을 연화해서 반죽의 팽창작용에 영향을 미치는 가스압의 증가와 가스 보유력을 향상시킨다.

㉡ 1차 발효시간에 따라 발효 중의 이스트는 어느 정도 성장하고 증식하지만 이스트의 사용량이 적을수록 발효 시간은 길어지고 이스트의 사용량이 많을수록 발효시간은 짧아진다.

$$가감하고자\ 하는\ 이스트량 = \frac{기존\ 이스트량 \times 기존\ 발효시간}{조절하고자\ 하는\ 발효시간}$$

※ **이스트 사용량이 변화하는 경우**

- 사용량을 감소시키는 경우 : 발효시간을 지연시킬 때, 천연 효모와 병용할 때
- 사용량을 다소 감소시키는 경우 : 수작업 공정이 많을 때, 실온이 높을 때, 작업량이 많을 때
- 사용량을 다소 증가시키는 경우 : 미숙성 밀가루를 사용할 때, 물이 알칼리성일 때, 글루텐의 질이 좋은 밀가루를 사용할 때
- 사용량을 증가시키는 경우 : 설탕, 소금, 우유, 분유 등의 사용량이 많을 때, 발효시간을 감소시킬 때

② **전분의 변화**

맥아나 이스트 푸드에 들어있는 α–아밀라아제가 전분을 분해하여 이스트의 먹이로 이용되는 발효성 탄수화물을 생성시켜 발효를 촉진하고 풍미와 구운 색을 좋게 하며 노화를 방지한다.

③ **단백질의 변화**

㉠ 분유와 밀가루에 함유된 단백질의 양이 많고 질이 좋으면, 발효 시 완충작용으로 발효시간을 길어지게 만든다.

㉡ 발효 시에도 물, 힘, 온도, pH의 작용으로 글루테닌과 글리아딘이 글루텐으로 변한다.

㉢ 프로테아제와 이스트의 발효산물인 에틸알코올과 유기산의 분해 작용으로 글루텐은 발효 시 이스트가 발생시키는 이산화탄소를 최대한 보유할 수 있도록 반죽에 신장성, 탄력성을 준다.

㉣ 발효 시 프로테아제의 단백질 가수분해작용으로 생성된 아미노산은 당과 메일라드 반응을 일으켜 껍질에 황금색을 부여하고 빵 특유의 향을 생성한다.

㉤ 프로테아제의 작용으로 생성된 아미노산은 이스트의 영양원으로도 이용된다.

※ 프로테아제는 단백질을 가수분해하여 반죽을 부드럽게 만들고 반죽의 신장성을 증대시킨다.
※ 프로테아제는 이스트와 밀가루에 존재한다.

7. 발효관리

제빵법에 따라 3대 발효조건인 온도, 습도, 시간을 정확한 기준으로 관리하여 가스 발생력과 가스 보유력이 평행과 균형이 이루어지게 하는 것을 발효관리라고 하며, 발효관리가 잘되면 완제품의 기공, 조직, 껍질색, 부피, 맛과 향 등이 좋아진다.

① 제빵법에 따른 발효관리 조건의 비교와 장점

항목	표준 스트레이트법	표준 스펀지법
발효조건	1~3시간	3.5~4.5시간
	온도 27~28℃	온도 27℃
	상대습도 75~80%	상대습도 75~80%
발효조건에 따른 제품에 미치는 영향	발효시간이 짧아 발효손실이 적다.	• 발효내구성이 강하다. • 부피가 크다. • 속결이 부드럽다. • 노화가 지연된다.

※ 상대습도란 발효실에 설정한 온도에서 최대 포화수증기압에 대한 실제 수증기압의 비를 백분율로 나타낸 값이다.

※ 발효공정(반죽발효)은 제빵과정에서 빵에 자신만의 Individual(개성 있는)한 Fermentation Conditions(발효 상태)를 담아내어 남들과 차별화시킬 수 있게 Physical and Chemical Characteristics(이화학적 특성)을 부여해야만 하는 공정이다. 그리고 4차 산업시대에 인공지능이 탑재된 로봇과 경쟁 시 인간이 우위를 점할 수 있는 능력단위이다.

② 발효완료시점을 이화학적 특성으로 확인하는 방법

㉠ 반죽에서 일어나는 물리적인 변화로 확인하는 방법
- 반죽의 부피가 증가한 상태, 반죽 표면의 색과 냄새의 변화, 핀홀(바늘구멍) 등을 확인한다.
- 반죽 내부에 글루텐에 의해 만들어진 망상조직 상태를 확인한다.
- 손가락으로 반죽을 찔렀을 때 손가락 자국이 수축하는 탄력성 정도를 확인한다.
- 손가락으로 반죽을 찔러 발효 완료점을 확인하는 것을 Finger test라고 한다.

㉡ 반죽에서 일어나는 생화학적인 변화로 확인하는 방법
- 반죽 내부의 온도 변화 확인 : 발효가 진행됨에 따라 온도는 올라간다.
- 반죽 내부의 pH 변화 확인 : 발효가 진행됨에 따라 pH는 내려간다.

㉢ 반죽의 pH가 제품에 미치는 영향
- 일반적으로 어떤 빵류 반죽의 pH(수소이온농도)는 그 반죽의 액성(산성 혹은 알칼리성)을 지배하며, 따라서 빵류제품의 특성을 파악하는 데 아주 중요하다.
- 과일의 신맛과 단맛이 합쳐져서 독특한 과일의 풍미를 이루는 것과 같이 빵류에 있어서도 반죽의 액성(산성 혹은 알칼리성)에 따라 겉껍질 색깔과 최종제품의 특성에 큰 영향을 미친다.
- 제빵 시 pH를 조절하여 제품의 품질을 일정하게 유지하는 것이 중요하기 때문에 제품마다 최상의 제품을 만들기 위한 적정 pH가 있다.

③ 1차 발효완료시점

㉠ 1차 발효완료시점을 판단하는 기준은 반죽 글루텐의 팽창력이나 탄성을 보아 어느 정도 가스 보유력이 있는가를 테스트하는 것이다. 반죽의 1차 발효완료시점은 빵의 종류, 반죽의 특성 등에 따라 결정한다.

㉡ 손가락 테스트(Finger Test)

- 1차 발효의 완료시점을 손가락 테스트를 통해 판단할 수 있는데, 반죽에 덧가루를 묻힌 손가락으로 찔렀을 때의 모양으로 판별한다.
- 1차 발효가 부족한 경우, 반죽의 발효가 부족하면 반죽에 탄력이 강하여 손가락을 뺀 자국이 안쪽으로 오므려진다.
- 1차 발효가 과다한 경우, 반죽의 발효가 지나치면 탄성을 잃어버려 손가락으로 찌르면 반죽이 꺼지면서 가스가 빠진다.
- 1차 발효가 최적인 경우, 반죽의 발효가 최적이면 반죽을 손가락으로 찔렀을 때 모양이 그대로 남아 있는 상태로 발효가 완료된 상태이다.

㉢ 반죽의 상태

- 1차 발효의 완료시점을 반죽의 상태와 색, 냄새 등을 통해 판단할 수 있다.
- 1차 발효가 부족한 경우, 반죽의 발효가 부족하면 반죽의 표면이 습하고 끈적이며 색이 약간 진하고 이스트 냄새가 난다.
- 1차 발효가 과다한 경우, 반죽의 발효가 지나치면 반죽의 표면이 건조하고 색이 약간 희고 알코올 냄새가 난다.
- 1차 발효가 최적인 경우, 반죽의 발효가 최적이면 반죽의 취급성이 좋고 특정 냄새가 강하지 않다.

㉣ 반죽의 pH 측정

- 반죽의 pH 측정은 반죽의 발효가 정상적으로 진행되는지 확인할 수 있는 지표 중의 하나이다.
- 스트레이트법의 혼합 후 반죽의 pH는 5.5–5.8이나 발효가 완료되었을 때의 pH는 5.0–5.2로 낮아진다.
- 스펀지 도우법의 스펀지 반죽의 pH는 5.35 전후에서 발효가 완료되면 pH는 4.8 전후로 내려간다.
- 반죽의 pH를 측정하는 방법은 반죽 15g을 취하여 증류수 100mL에 균일하게 용해한 후 pH 측정기의 센서를 담가 측정한다.

④ **제빵법에 따른 1차 발효완료시점의 비교**

스트레이트법	스펀지법
• 부피 : 3~3.5배 증가 • 직물구조(섬유질 상태) 생성을 확인 • 반죽을 손가락으로 찔렀을 때 자국이 약간 오므라드는 상태 • 발효가 완료되었을 때의 pH는 5.0~5.2를 나타냄	• 부피 : 4~5배 증가 • 반죽 중앙이 오목하게 들어가는 현상(드롭 ; Drop)이 생길 때 • pH 4.8을 나타내고, 반죽온도는 28~30℃를 나타낼 때 • 반죽 표면은 유백색(우유의 흰색)을 띠며 핀홀이 생긴다.

tip

※ 소규모 현장에서는 제빵 시 제조공정별 pH를 측정하지 않고 제품을 생산해본 후 잘못되었을 경우 다시 배합비와 제조공정을 재구성하여 품질의 편차를 조정해 나가는데, 이러한 방법은 원료의 품질이 일정하지 않고 작업자의 숙련도에 따라 달라지기 때문에 시간과 경비가 많이 소요된다. 그러므로 대량생산라인에서는 pH 측정방법에 의해 빵류제품의 품질을 조절한다.

8. 발효손실

① 1차 발효공정을 거친 후 통상 1~2%(총 반죽무게 기준)의 발효 손실률이 발생하는 현상을 말한다. 그런데 발효손실이 4% 이상이면, 발효실의 온도와 상대습도 작동상태를 점검해 보아야 한다.

② **발효손실을 일으키는 원인**

㉠ 반죽 속의 수분이 증발하며, 탄수화물이 에틸알코올로 산화되어 휘발한다.

㉡ 탄수화물이 탄산가스(이산화탄소가 물에 용해된 상태)로 산화되어 휘발한다.

③ **발효손실에 영향을 미치는 요인**

영향을 미치는 요인	발효손실이 작은 경우	발효손실이 큰 경우
배합률	소금과 설탕이 많을수록	소금과 설탕이 적을수록
발효시간	짧을수록	길수록
반죽온도	낮을수록	높을수록
발효실의 온도	낮을수록	높을수록
발효실의 습도	높을수록	낮을수록

④ **손실 계산의 예제 :** 완제품의 무게 200g짜리 식빵, 100개를 만들려고 한다. 발효손실이 2%, 굽기 및 냉각손실이 12%, 전체 배합률이 181.8%로 가정해서 반죽의 무게와 밀가루의 무게를 구하면

㉠ 제품의 총 무게＝200g×100개÷1000(g을 kg으로 변환함)＝20kg

㉡ 반죽의 총 무게＝20kg÷{1－(12÷100)}÷{1－(2÷100)}＝23.19kg

㉢ 밀가루의 무게＝23.19kg×100%÷181.8%＝12.75kg＝12.8kg이 된다.

6 2차 발효(Final Proofing)

1. 2차 발효란

2차 발효는 정형공정(Make up)을 거치는 동안 불완전한 상태가 된 반죽을 온도 32~40℃, 습도 75~90%의 발효실에 넣어 숙성시켜 좋은 외형과 식감의 제품을 얻기 위하여 완제품 부피의 70~80%까지 부풀리는 작업으로 발효의 최종 검증 단계이다. Final Proofing(2차 발효)은 제빵사가 암묵적 지식을 바탕으로 자기의 감각에 의하여 반죽의 성질·상태를 증거조사(Proofing)하는 발효의 마지막(Final) 공정이라는 사전적 의미이다. 발효 시 여러 변수가 작용하므로 시간보다는 상태로 판단한다.

필기시험문제 안에서도 2차 발효실의 온도와 습도가 매번 약간씩 차이가 나므로 온도는 38℃ 전후, 습도는 85% 전후에서 정답을 선택하면 된다. 그리고 2차 발효관리의 조건(요소)은 온도, 습도, 시간이다.

2. 2차 발효를 하는 목적

① 정형공정을 거치면서 가스가 빠진 반죽을 다시 그물구조로 부풀려 원하는 크기로 만든다.
② 빵류제품의 특성에 따라 온도와 습도를 조절하여 발효를 진행시키면 반죽온도가 상승하여 이스트와 효소를 활성화시킨다.
③ 에틸알코올, 유기산 및 그 외의 방향성 물질을 생성시키고 반죽의 pH를 떨어뜨린다.
④ 발효산물인 유기산과 에틸알코올이 글루텐에 작용한 결과 생기는 반죽의 신장성과 탄력성 증가가 굽기 시 오븐 팽창이 잘 일어나도록 한다. 그리고 제빵사가 원하는 식감을 완제품에 부여한다.

3. 제품에 따른 2차 발효 온도, 습도의 비교

상 태	조 건	제 품
고온고습 발효	평균 온도 35~38℃, 습도 75~90%	식빵, 단과자빵 등 일반적인 빵류
건조 발효	온도 32℃, 습도 65~70%	도너츠
고온건조 발효	50~60℃	중화 만두
저온저습 발효	온도 27~32℃, 습도 75%	데니시 페이스트리, 크로아상, 하스 브레드

※ 식빵에 대한 정상적인 2차 발효온도 : 35~38℃, 상대습도: 75~90%(필기시험기준)

※ 햄버거빵, 잉글리시 머핀은 반죽의 흐름성을 유도하기 위해서 2차 발효실의 습도를 높게 설정하는 제품이다.

※ 하스 브레드인 바게트, 하드롤은 구움대에 직접 놓고 굽는 빵으로 반죽에 탄력성이 많아야 한다. 그래서 2차 발효실의 상대습도가 75~80% 정도로 낮게 설정되어야 한다.

※ 빵도넛은 2차 발효 후 반죽을 손으로 들어 기름에 넣고 튀겨야 하므로 반죽에 탄력성을 부여하면서 튀김 시 반죽 표면에 수포가 생기지 않도록 2차 발효실의 상대습도가 낮게 설정되어야 한다.

4. 2차 발효의 시간이 제품에 미치는 영향

① 빵의 종류, 이스트의 양, 제빵법, 반죽온도, 발효실의 온도, 습도, 반죽 숙성도, 단단함, 성형할 때 가스 빼기의 정도 등을 고려하여 2차 발효의 시간을 결정한다.

② 2차 발효의 시간은 통상 60분이 최적이지만, 발효상태를 보고 판단한다.

2차 발효의 시간	제품에 나타나는 결과
지나친 경우	• 부피가 너무 크다. • 껍질색이 여리다. • 기공이 거칠다. • 조직과 저장성이 나쁘다. • 과다한 산의 생성으로 향이 나빠진다.
덜 된 경우	• 부피가 작다. • 껍질색이 진한 적갈색이 된다. • 옆면이 터진다.

5. 2차 발효의 온도, 습도와 반죽의 상태가 제품에 미치는 영향

2차 발효의 조건	제품에 나타나는 결과
저온일 때	• 발효시간이 길어진다. • 제품의 겉면이 거칠다. • 풍미의 생성이 충분하지 않다. • 반죽의 기공막이 두껍고 오븐 팽창도 나쁘다.
고온일 때	• 속과 껍질이 분리된다. • 발효속도가 빨라진다. • 반죽이 산성이 되며, 반죽의 외피에 세균이 번식하기 쉽다.
습도가 낮을 때	• 반죽에 껍질 형성이 빠르게 일어난다. • 오븐에 넣었을 때 팽창이 저해된다. • 껍질색이 불균일하게 되기 쉽다. • 얼룩이 생기기 쉬우며 광택이 부족하다. • 제품의 윗면이 터지거나 갈라진다

습도가 높을 때	• 제품의 윗면이 납작해진다. • 껍질에 수포가 생긴다. • 껍질에 반점이나 줄무늬가 생긴다. • 껍질이 질겨진다.
어린 반죽 (발효가 부족할 때)	• 껍질의 색은 짙고 붉은 기가 약간 생긴다. • 제품 내부의 속결은 조밀하고 조직은 가지런하지 않게 된다. • 글루텐의 신장성이 불충분하여 부피가 작다. • 껍질에 균열이 일어나기 쉽다.
지친 반죽 (발효가 지나칠 때)	• 부피(체적)가 너무 크다 혹은 주저앉아 작아진다. • 껍질색이 여리다. • 껍질이 두껍다. • 제품 내부의 기공이 거칠다. • 제품의 저장성(보존성)이 나쁘다. • 제품의 내부 조직이 불규칙하다. • 과다한 산의 생성으로 향이 강하다.

빵류제품 반죽정형

발효된 반죽을 미리 정한 크기로 나누어 원하는 모양으로 만드는 과정으로 분할, 둥글리기, 중간 발효, 성형, 패닝을 수행하는 능력을 함양하는 능력단위이다.

7 분할(Dividing)

1. 분할이란

분할은 1차 발효를 끝낸 반죽을 미리 정한 무게만큼씩 나누는 것을 말한다. 한 덩어리의 반죽에서 분할을 했기 때문에 처음에는 반죽의 양과 성질이 동일하지만 분할하는 과정에도 반죽의 발효가 진행되므로 분할의 각 시점에 있어서 반죽의 양과 성질에 차이가 나게 된다. 그래서 제품의 종류에 따라 약간의 차이는 있지만 일반적으로 15~20분 이내에 분할을 완료해야 한다.

2. 분할을 하는 방법

① **기계 분할**

㉠ 분할기를 사용하여 식빵은 15~20분, 당함량이 많은 과자빵류는 30분 이내에 분할한다. 왜냐하면 분할기가 포켓에 들어온 반죽을 부피에 의해 분할하기 때문에 시간이 지체되면 반죽이 발효되어 나중에 분할된 반죽은 무게가 가볍게 되기 때문이다.

㉡ 분할속도는 통상 12~16회전/분으로 한다. 너무 속도가 빠르면 기계 마모가 증가하고, 느리

면 반죽의 글루텐이 파괴된다.

㉢ 이 과정에서 반죽이 분할기에 달라붙지 않도록 광물유인 유동파라핀 용액(오일)을 바른다.

② **손 분할**

㉠ 주로 소규모 빵집에서 적당하다.

㉡ 기계 분할에 비하여 부드럽게 할 수 있으므로 약한 밀가루 반죽의 분할에 유리하다.

㉢ 기계 분할에 비하여 오븐 스프링이 좋아 부피가 양호한 제품을 만들 수 있다.

㉣ 반죽분할 시 반죽의 끈적거림으로 인해 손에 달라붙는 것을 방지할 목적으로 사용하는 덧가루는 완제품 속에 줄무늬를 만들고 맛을 변질시키므로 가능한 한 적게 사용해야 한다.

㉤ 손 분할 시 한 두 번의 가감으로 분할하여 반죽의 손상을 가능한 적게 해야 둥글리기 작업을 하는 시간과 중간 발효를 시키는 시간이 길어지는 것을 방지할 수 있다.

3. 기계 분할 시 반죽의 내구성을 높여 손상을 줄이는 방법

① 직접 반죽법(스트레이트법)보다 중종 반죽법(스펀지법)이 기계에 대한 내구성이 강하다.

② 반죽의 결과온도는 비교적 낮은 것이 기계에 대한 내구성이 좋다.

③ 밀가루는 단백질 함량이 높고 양질의 것이 기계에 대한 내구성이 좋다.

④ 반죽은 흡수량 혹은 가수량이 최적이거나 약간 된 반죽이 기계에 대한 내구성이 좋다.

8 둥글리기(Rounding)

1. 둥글리기란

둥글리기는 분할한 반죽을 손이나 전용 기계(라운더 ; Rounder)로 뭉쳐 둥글림으로써 반죽의 잘린 단면이 하나의 피막으로 형성되도록 매끄럽게 마무리하고 가스를 균일하게 조절하는 것이다.

2. 둥글리기를 하는 목적

① 가스를 보유하는 큰 기포는 소포시키고 작은 기포는 균일하게 분산하여 반죽의 기공을 고르게 조절한다. 이때 만들어지는 기공의 상태는 완제품의 조직과 내상에 영향을 미친다.

② 글루텐의 구조와 방향을 재정돈시켜 가스를 보유할 수 있는 반죽구조를 만들어 준다.

③ 반죽의 절단면은 점착성을 가지므로 절단면을 반죽 속으로 들어가게 하고 표면에 막을 만들어 점착성을 적게 한다.

④ 분할로 흐트러진 글루텐의 구조와 방향을 정돈시켜 성형하기 적절한 상태로 만든다.

3. 둥글리기를 하는 요령

① 지나치게 덧가루를 사용하면 제품의 맛과 향을 떨어뜨리므로 반죽의 점착성을 억제하는 정도만 사용한다.
② 둥글리기할 때 모양은 성형에 따라 둥글게도 혹은 길게도 하여 성형작업을 편리하게 한다.
③ 과발효 반죽(지친 반죽)은 느슨하게 둥글려서 벤치타임(중간 발효)을 짧게 한다.
④ 미발효 반죽(어린 반죽)은 단단하게 둥글려서 중간 발효(벤치타임)를 길게 한다.

4. 둥글리기를 하는 방법의 종류

① **자동 :** 라운더(Rounder)를 사용하면 빠르게 둥글리기를 할 수 있지만 반죽에 손상이 많다.
② **수동 :** 분할된 반죽이 작은 경우에는 손에서 둥글리고 큰 경우에는 작업대에서 둥글리기 한다.

5. 반죽 표면의 점착성을 줄여 끈적거림을 제거하여 정형공정을 쉽게 진행하는 방법

① 최적의 발효상태를 유지하여 반죽의 결합수를 증가시켜 겉도는 수분 양을 줄인다.
② 덧가루는 적정량을 사용하여야 하며 지나치게 사용하면 완제품에 줄무늬가 생긴다.
③ 반죽에 유화제를 사용하여 반죽 속으로 스며드는 수분 양을 증가시켜 겉도는 양을 줄인다.
④ 반죽에 가수량이 많으면 반죽이 질어져 끈적거리므로 반죽에 최적의 가수량을 넣는다.
⑤ 유동파라핀 용액(오일)(반죽무게의 0.1~0.2%)을 작업대, 라운더(Rounder)에 바른다.

9 중간 발효(Intermediate Proofing)

1. 중간 발효란

분할과 둥글리기를 작업하는 동안에 반죽은 유연성(신장성)과 탄력성을 잃어버리고 축적된 발효 가스가 손실되는 상당한 물리적 손상을 받게 된다. 반죽 특성의 이러한 변화는 정형공정(반죽정형) 시 반죽의 작업성에 나쁜 영향을 미친다. 그러므로 둥글리기를 끝낸 반죽이 분할공정 전의 물리적 특성을 회복할 수 있도록 정형하기 전에 작업대(Work Bench) 위에서 잠시 발효시키는 것을 중간 발효라고 하며, 일명 벤치타임(Bench Time)이라고도 한다. 소규모 제과점에서는 작업대 위에 반죽을 올리고 면포나 비닐을 덮거나 혹은 겨울에는 캐비닛 발효실에 넣기도 한다. 대규모 공장에서는 오버헤드 프루퍼(Overhead Proofer)를 이용하기도 한다.

2. 중간 발효를 하는 목적

① 반죽의 신장성을 증가시켜 정형과정에서의 밀어 펴기를 쉽게 한다.
② 가스 발생으로 반죽의 유연성을 회복시킨다.

③ 성형할 때 끈적거리지 않게 반죽표면에 얇은 막을 형성한다.
④ 분할, 둥글리기 하는 과정에서 손상된 글루텐 구조를 재정돈한다.

3. 중간 발효 공정관리

① 중간 발효실의 온도 27~29℃, 상대습도 75% 전후, 시간 10~20분이며, 반죽의 부피팽창 정도는 1.7~2.0배이다. 중간 발효실의 조건과 작업실의 온도와 습도의 조건은 같다.
② 발효온도가 너무 높거나 낮으면 반죽 내부와 외부에 발효의 편차가 발생한다.
③ 발효습도가 너무 낮게 되면 껍질이 형성되어 빵 속에 단단한 심이 생성되고, 습도가 너무 높게 되면 표피가 너무 끈적거리게 되어 덧가루 사용량이 많아져 빵 속에 줄무늬가 생긴다.
④ 발효시간이 너무 길면 정형 시 일부 반죽에서 과발효가 발생하고 너무 짧으면 정형하기가 어렵다.

10 정형(Molding)

1. 정형이란

정형은 중간 발효가 끝난 생지를 밀대로 가스를 고르게 뺀 다음 만들고자 하는 제품의 형태로 만드는 공정이다. 정형을 다른 용어로 성형이라고도 많이 사용하여 시험문제에 출제한다. 분명히 정형과 성형은 다른 의미이나 제과제빵에는 별로 구분하지 않고 사용한다. 정형공정이 이루어지는 작업실의 온도는 27~29℃이고 상대습도는 75% 내외이다.

2. 정형공정의 분류와 특징

① 좁은 의미의 정형공정(Molding)

㉠ 밀기 : 중간 발효된 반죽을 밀대로 밀어 가스를 빼내고 기포를 균일하게 분산한다.
㉡ 말기 : 얇게 민 반죽을 적당한 압력을 주면서 고르게 말거나 접는다.
㉢ 봉하기 : 2차 발효 과정이나 굽는 과정에서 터지지 않도록 단단히 봉한다.

② 넓은 의미의 정형공정(Make up)

㉠ 분할 : 반죽에 최소의 손상을 입혀가며 원하는 반죽의 중량으로 나눈다.
㉡ 둥글리기 : 손상된 글루텐을 재정돈하여 가스를 보유할 수 있게 만든다.
㉢ 중간 발효 : 긴장된 반죽을 이완시켜 반죽에 유연성과 탄력성을 부여한다.
㉣ 성형 : 반죽의 긴장(Tension)과 이완(Relaxation)을 조절하며 원하는 모양으로 만든다.
㉤ 패닝 : 굽기 시 빵 옆면의 착색을 유도하는 대류를 고려하며 반죽을 팬에 놓는다.

1차 발효시간이 짧은 미국식 식빵은 정형공정 시 덧가루를 가능한 한 적게 사용하고, 1차 발효시간이 긴 유럽식 식빵은 정형공정 시 덧가루를 충분히 사용한다. 왜냐하면 1차 발효시간이 길어지면 반죽의 구성성분인 단백질에서 수분이 용출되고 전분으로부터 수분이 생성되어 반죽이 더욱 끈적거리기 때문이다.

11 패닝(Paning)

1. 패닝이란

패닝은 정형이 완료된 반죽을 틀(Tin)에 넣거나 팬(Pan)에 나열하는 공정으로 패닝을 할 때 틀과 팬의 온도는 32℃가 적당하다. 왜냐하면 1차 발효와 성형을 거치는 동안 상승한 반죽온도보다 팬의 온도가 낮으면 반죽의 온도가 낮아져 2차 발효시간이 길어지고 완제품의 질감이 질겨지기 때문이다. 팬에 반죽을 나열할 때는 굽기 시 열의 흐름인 대류로 빵의 옆면을 균일하게 착색시키기 위하여 위와 아래, 좌우를 일정하게 벌려 놓아야 한다.

2. 패닝을 할 때 주의사항

① 반죽의 무게와 상태를 고려하여 정한 비용적에 맞추어 산출한 반죽량을 틀에 넣는다.
② 반죽의 이음매는 팬의 바닥에 놓아 2차 발효나 굽기공정 중 이음매가 벌어지는 것을 막는다.
③ 패닝 전의 팬의 온도는 2차 발효시간에 영향을 미치므로 적정하고 일정하게 유지해야 한다.
④ 그래서 패닝 시 팬의 온도는 32℃가 적당하다.
⑤ 팬 기름을 많이 바르면 빵의 껍질이 구워지는 것이 아니라 튀겨지므로 적정량을 바른다.

3. 틀(Tin)의 용적(부피)에 알맞은 반죽량 산출하기

① 제시된 틀과 비교해서 반죽량이 너무 많거나 적은 상태에서 구우면 만족스러운 빵이 나올 수 없다. 그래서 다음과 같은 계산식으로 제시된 틀에 적정한 분할량을 산출한다.
② 반죽의 적정 분할량=틀의 용적÷비용적

③ 틀 용적의 산출(틀 부피 계산법)

㉠ 곧은 옆면을 가진 원형팬 : 팬의 부피 = 밑넓이×높이 = 반지름×반지름×3.14×높이
㉡ 옆면이 경사진 원형팬 : 팬의 부피 = 평균 반지름×평균 반지름×3.14×높이
㉢ 옆면이 경사지고 중앙에 경사진 관이 있는 원형팬 : 팬의 부피 = 전체 둥근틀 부피 − 관이 차지한 부피
㉣ 경사면을 가진 사각팬 : 팬의 부피 = 평균 가로×평균 세로×높이
㉤ 정확한 치수를 측정하기 어려운 팬 : 유채씨나 물을 담은 후 메스실린더로 부피를 구한다.

④ **비용적 :** 반죽 1g을 발효시켜 구웠을 때 제품이 차지하는 부피를 말하며, 단위는 cm^3/g이다. 이때 '/'는 'per' 즉 '당'을 의미한다. 예 산형 식빵 : 3.2~3.4cm^3/g, 풀먼형 식빵 : 3.3~4.0cm^3/g

4. 팬 굽기

① **팬 굽기를 하는 목적**

㉠ 열의 흡수를 좋게 하여 전도율을 높인다.
㉡ 팬의 유분(기름찌꺼기)이 제거되므로 제품의 구워진 색을 좋게 한다.
㉢ 녹이 스는 것을 막아 팬의 수명을 길게 한다.
㉣ 팬에서 제품의 분리가 쉽도록 하는 이형성을 좋게 한다.

② **팬을 굽는 과정**

㉠ 기름을 바르지 않고 철판을 280℃, 양철판은 220℃에서 1시간 굽는다.
㉡ 팬을 마른 천으로 닦아 유분(기름찌꺼기)과 더러움을 제거한다.
㉢ 60℃ 이하로 냉각 후 이형유를 얇게 바르고 220℃ 이상으로 다시 구워 코팅을 만든다.
㉣ 다시 실온으로 냉각하여 기름을 바르고 보관한다.
㉤ 팬에 기름으로 만든 코팅은 물로 씻으면 산화로 벗겨지므로 씻지 않는다.

5. 팬 기름(이형유)

① **팬 기름을 사용하는 목적 :** 반죽을 구울 때 굽기 후 제품이 팬에서 달라붙지 않고 잘 떨어지게 하기 위함이다. 이러한 목적으로 사용하는 재료를 가리켜 이형제(Releasing agent)라고 한다.

② **종류 :** 유동파라핀(백색광유), 정제라드(쇼트닝), 식물유(면실유, 땅콩기름, 대두유), 혼합유

③ **팬 기름(이형유)이 갖추어야 할 조건**

㉠ 이미(이상한 맛), 이취(이상한 냄새)를 갖고 있지 않은 것이 좋다.
㉡ 무색(색이 없음), 무취(냄새가 없음)를 띠는 것이 좋다.
㉢ 지방이 산소와 결합해서 산화하여 변질되는 산패에 잘 견디는 안정성이 높은 것이 좋다.
㉣ 기름을 가열할 때 푸른 연기가 발생하는 온도인 발연점이 210℃ 이상으로 높은 것이 좋다.
㉤ 반죽무게의 0.1~0.2% 정도 팬 기름을 사용한다.

6. 틀에 반죽을 넣는 방법

① **교차 패닝법 :** 풀먼 브레드 같이 뚜껑을 덮어 굽는 제품에는 반죽을 길게 늘려 U자, N자, M자형으로 넣는다. 이러한 교차 패닝은 대량생산라인에서 몰더로 길게 늘인 반죽이 힘을 받도록 틀에 넣는 방법이다.

② **스트레이트 패닝법 :** 한 덩어리의 식빵같이 반죽이 정형기에서 나오는 그대로 틀에 담는다.

③ **트위스트 패닝법 :** 색소를 넣어 만든 반죽을 꼬아서 마블링한 버라이어티 브레드(Variety Bread) 같은 제품을 만들 때 사용하며, 반죽을 2~3개 꼬아서 틀에 넣는 방법이다.

④ **스파이럴 패닝법 :** 스파이럴 몰더와 연결되어 있어 정형한 반죽이 자동으로 틀에 들어가게 된다.

빵류제품 반죽익힘

제품의 특성에 맞게 적합한 온도와 시간으로 익힘을 하는 능력을 함양하는 능력단위이다.

12 굽기(Baking)

1. 굽기란

굽기는 제빵과정에서 가장 중요한 공정으로 반죽을 가열하여 가볍고 기공이 많은 조직으로 소화하기 쉽고 향이 있는 완성제품을 만들어 내는 것을 의미한다. 굽기공정에서는 온도, 습도, 시간 등을 관리하여 부피의 증가, 전분의 호화, 단백질의 변성, 효모와 효소의 불활성, 갈변반응, 껍질과 향의 생성 등을 조절한다. 굽기에 의한 반죽의 착색 방식에는 복사(방사), 전도, 대류 등이 있으며, 복사(방사)는 빵의 윗면에, 전도는 빵의 밑면에, 대류는 빵의 옆면에 착색을 유도한다. 요즘 유럽의 천연발효 빵인 하스 브레드가 주목을 받으면서 오븐 내 스팀은 중요한 고려대상이 되고 있다.

2. 굽기를 하는 목적과 관련된 반응

① 발효와 굽기 시 생성된 발효산물을 열 팽창시켜 빵의 부피를 갖춤 : 오븐 스프링, 오븐 라이즈
② 생전분을 α화하여 소화가 잘 되는 빵을 만듦 : 전분의 호화(호화전분으로 만듦)
③ 단백질의 열변성과 전분의 호화로 빵의 구조와 형태를 만듦 : 단백질 변성, 전분의 호화
④ 이스트의 가스 발생력을 막으며 각종 효소의 작용도 불활성화시킴 : 효모와 효소의 작용
⑤ 껍질의 형성과 착색으로 빵의 맛과 향을 향상시킴 : 껍질의 형성, 갈변반응

3. 굽기 시 반죽에 열이 가해지는 방식

① **복사열 :** 가열된 오븐의 측면 및 윗면으로부터 방사되는 적외선이 반죽에 흡수되어 열로 변환된 후 반죽을 가열하는 것을 가리킨다. 복사열을 주체로 한 오븐은 데크 오븐이다.

② **대류열 :** 가열된 오븐에 의해 뜨거워진 공기가 팽창하여 순환하면서 반죽을 가열하는 것을 가리킨다. 대류열을 주체로 한 오븐은 컨벡션 오븐이다.

③ **전도열 :** 가열된 오븐에 팬이 직접 닿음으로써 열이 전달되어 반죽을 가열하는 것을 가리킨다. 식빵이나 과자빵을 굽는 일반적인 데크 오븐을 기준으로 보면, 전도열에 의한 반죽의 익힘은 극히 적으며 대부분의 열 전달은 복사에 의한 것이고 그 다음이 대류에 의한 것이다. 전도열은 반죽에 열을 직접 전달하여 반죽 속에서 공기의 팽창과 수증기압 증가를 가져와 반죽의 오븐 팽창을 유도한다. 그래서 전도열을 주체로 하는 오븐은 하스 브레드(Hearth Bread)를 전문으로 굽는 유럽형 데크 오븐이다. 하스(Hearth)는 오븐 안의 바닥인 구움대를 가리킨다.

4. 굽기 요령

① 저율배합과 발효 과다인 반죽은 고온단시간 굽기가 좋다.

② 고율배합과 발효 부족인 반죽은 저온장시간 굽기가 좋다.

③ 반죽의 중량은 같고 설탕, 유지, 분유량이 적은 경우 높은 온도, 많은 경우 낮은 온도에서 굽는다.

④ 과자빵은 식빵보다 설탕, 유지, 분유량이 많지만, 중량이 적으므로 높은 온도에서 굽는다.

⑤ 분할량이 적은 반죽은 높은 온도에서 짧게, 분할량이 많은 반죽은 낮은 온도에서 길게 굽는다.

⑥ 된 반죽은 굽는 시간이 정상 반죽과 같다면 낮은 온도로 굽는다.

⑦ 과자빵과 식빵의 일반적인 오븐의 사용 온도는 180~220℃이다.

⑧ 식빵을 기준으로 굽기시간의 경과에 따라 일어나는 변화

㉠ 처음 굽기시간의 25~30%는 오븐 팽창 시간이다.

㉡ 다음의 35~40%는 색을 띠기 시작하고 반죽을 고정한다.

㉢ 마지막 30~40%는 껍질을 형성한다.

5. 굽기를 할 때 일어나는 반죽의 변화

① **오븐 팽창(오븐 스프링 ; Oven Spring)**

㉠ 굽기 시 처음 5~6분 동안에 반죽의 내부온도가 49℃에 달하면 탄산가스의 기화로 반죽이 급격하게 부풀어 오븐에 넣기 전 2차 발효가 완료된 크기를 기준으로 해서 약 1/3 정도 빵을 크게 팽창시킨다. 그래서 2차 발효의 완료점은 오븐에서 빼낸 완제품 기준 70~80% 정도로 정한다. 그리고 이러한 급격한 오븐 팽창을 오븐 스프링이라고 한다.

㉡ 반죽 표면의 물방울은 방사열(복사열)로 기화하기 시작하고 기화에 필요한 열을 반죽 표면에서 빼앗아 반죽 표면의 온도 상승이 억제되어 빵의 부피가 증가한다.

㉢ 글루텐의 연화와 전분의 호화, 가소성화(열의 작용으로 영구적 변형이 일어남)가 팽창을 돕는다.

㉣ 탄산가스와 용해 알코올이 기화하면서 가스압이 증가하여 오븐 스프링이 일어난다.

㉤ 반죽온도가 49℃로 상승하면 탄산가스가, 79℃로 상승하면 에틸알코올이 증발하여 오븐 스프링을 일으킨다.

② **오븐 라이즈(Oven Rise)**

㉠ 반죽의 내부 온도가 아직 60℃에 이르지 않은 상태에서 발생한다.

㉡ 사멸 전까지 이스트가 활동하며 가스를 생성시켜 반죽의 부피를 조금씩 키우는 과정이다.

③ **전분의 호화**

㉠ 빵 반죽에 함유된 전분의 호화는 1차 호화(60℃ 전후), 2차 호화(75℃ 전후), 3차 호화(85~100℃)를 거치며 전분이 완전히 호화되기 위해서는 전분 중량의 2~3배가 되는 물의 양이 필요하다.

㉡ 굽기 과정 중 전분입자는 54℃에서 팽윤하기 시작한다.

㉢ 전분 입자는 70℃ 전 · 후에 이르면 유동성이 급격히 떨어지며 호화가 완료된다.

㉣ 전분의 팽윤과 호화과정에서 전분입자는 반죽 중의 유리수와 단백질과 결합된 물을 흡수한다.

㉤ 전분의 호화는 산도, 수분과 온도에 의해 영향을 받는다.

㉥ 반죽껍질 쪽의 전분은 오랜 시간 높은 온도를 받아 내부의 전분보다 먼저 부풀어 오르는데 반죽외부의 팽창이 내부로 열전도가 진행됨에 따라 내부의 반죽을 위로 잡아당기는 역할을 하며 빵 반죽을 위쪽으로 부풀게 만든다.

㉦ 빵의 외부층에 있는 전분은 좀 더 오랜 시간, 높은 온도에 노출되므로 내부의 전분보다 많이 호화되나, 열에 오래 노출되어 있는 만큼 수분증발이 일어나 더 이상 습호화를 할 수 없다.

㉧ 빵의 외부층에 있는 전분이 내부층의 전분보다 호화가 더 진행되어 빵의 내부층은 쌀이 밥이 되는 습호화를, 외부층은 쌀이 뻥튀기가 되는 건호화를 한다.

④ **단백질 변성**

㉠ 단백질로 구성된 글루텐 막이 열변성이 되기 전에는 탄력성과 신장성이 있어서 휘발하는 탄산가스를 보유할 수 있다.

㉡ 단백질로 구성된 글루텐 막이 열변성을 일으키기 시작하면 수분과의 결합능력이 상실되면서 단백질의 수분은 전분으로 이동하여 전분의 호화를 돕게 된다. 이 과정에서 세포를 둘러싸고 있던 글루텐 막이 반고체 상태로 변화되나 글루텐 막에 부착되어 있는 호화전분의 유동성 때문에 가스의 팽창에 의하여 글루텐의 막은 더욱 얇게 된다.

㉢ 글루텐 막은 전분과 함께 굽는 과정에서의 급격한 열팽창을 지탱하는 중요한 역할을 한다.

㉣ 굽기 과정 중 빵 속의 온도가 74℃를 넘으면 글루텐 단백질이 굳기 시작한다.

㉤ 74℃에서 글루텐 단백질이 열변성을 일으키면 수분과의 결합능력이 상실되면서 단백질의 수분이 전분으로 이동하여 전분의 호화를 돕는다.

㉥ 열변성된 글루텐 단백질은 호화된 전분과 함께 빵의 내부 구조(기둥)를 형성하게 된다.

⑤ **효소작용과 효모와 효소의 불활성**

㉠ 전분이 호화하기 시작하면서 효소의 활성이 가속화되기 시작한다.

㉡ 아밀라아제가 전분을 가수분해하여 반죽 전체를 부드럽게 한다.

㉢ 점성이 큰 전분이 가수분해되기 시작하면서 반죽의 팽창이 수월해진다.

㉣ 효모와 효소가 불활성되는 온도의 범위

- 오븐에서 반죽온도가 60℃가 되면 이스트는 사멸되고, 효소는 불활성되기 시작한다.
- 알파-아밀라아제 : 65~95℃에서 불활성되므로 상대적으로 열 안정성이 크다.
- 베타-아밀라아제 : 52~72℃에서 불활성되므로 상대적으로 열 안정성이 작다.

⑥ 향의 생성

㉠ 유럽식 하스 브레드를 쪼갤 때 빵 속에서 올라오는 구수한 향은 껍질에서 일어난 열반응에 의한 물리적 · 화학적 변화의 산물이 빵 속으로 침투되고 흡수되어 형성된다.

㉡ 향의 원인

- 재료 중 특히 분유, 우유, 버터 같은 유제품에 의해 향이 발생한다.
- 이스트의 발효작용에 의해 생성되는 발효대사산물인 알코올류, 유기산류, 에스테르류, 케톤류, 알데히드류 등이 향에 관계한다.
- 캐러멜화 반응은 당류를 가열함으로 수분이 없는 무수당으로 변하고 색이 진한 갈색으로 변하면서 향도 함께 발생시킨다.
- 메일라드 반응은 당류 중 환원당의 카르보닐 화합물과 단백질의 아미노 화합물들에 의한 갈색화 반응으로, 환원당이 적절한 온도와 pH 조건에서 아미노산류, 펩타이드류, 단순단백질 등과 함께 있을 때 매우 쉽게 상호 반응하여 여러 단계의 중간과정을 거쳐 갈색 색소인 멜라노이딘 색소를 생성하면서 향도 함께 발생시킨다.

㉢ 향에 관계하는 물질

- 알코올류에는 에틸알코올(에탄올), 이소부탄올, 프로판올, 이소아밀알코올 등이 있다.
- 산류에는 초산, 뷰티르산, 이소뷰티르산, 젖산, 카프린산 등이 있다.
- 에스테르류에는 에틸 아세테이트, 에틸 락테이트, 에틸 석시네이트 등이 있다.
- 케톤류에는 아세톤, 디-아세틸, 말톨, 에틸-n-뷰틸 등이 있다.
- 알데히드류에는 포름 알데히드, 프로피온 알데히드, 푸르푸랄 등이 있다.

⑦ 갈색화 반응

㉠ 껍질의 갈색 변화 : 덱스트린 반응, 메일라드 반응, 캐러멜화 반응에 의하여 껍질이 진하게 갈색으로 나타나는 현상이다.

㉡ 덱스트린 반응 : 100~140℃ 사이에서 겉껍질에 형성된 풀 같은 전분이 열분해되어 덱스트린이 형성되는데, 이 덱스트린이 가열 초기에는 엷은 노란색을 띠다가 지속적인 가열에 나중에는 갈색화된다.

㉢ 메일라드 반응 : 일명 아미노-카르보닐 반응, 마이야 반응이라고도 한다. 이 반응은 아미노산, 펩티드, 단백질의 아미노기와 케톤, 알데히드, 특히 환원당이 반응하여 갈색색소를 생

성하는 현상으로, 빵 껍질을 연한 갈색으로 색을 입히는 물질과 고소한 향이 되는 물질을 생성한다. 비교적 낮은 온도(130℃)에서 진행이 시작되는 반응으로, 이 경우 빵 반죽을 구성하는 하나의 재료에 단백질이나 아미노산, 환원당 모두 함유되어 있으며, 이 함유된 성분들이 반응하는 것이다. 빵 반죽을 구성하는 밀가루, 탈지분유, 버터 등에 이 성분들이 모두 포함되어 있다. 한편 설탕은 주성분인 자당이 환원당이 아니고 단백질과 아미노산을 함유하고 있지 않지만 자당은 열과 산에 의해 포도당과 과당으로 분해되기 때문에 설탕이 단백질이나 아미노산이 함유된 다른 재료와 함께 가열되면 아미노-카르보닐 반응이 촉진된다.

㉣ 캐러멜화 반응 : 설탕 성분이 높은 온도(160~180℃)에 의해 진한 갈색으로 변하는 반응이다.

⑧ 메일라드 반응에 영향을 주는 요인들

㉠ 온도의 영향 : 메일라드 반응에 가장 큰 영향을 미치는 요소는 온도이다. 온도가 높으면 반응 속도가 빨라진다.

㉡ pH의 영향 : pH는 갈색화 반응 속도뿐만 아니라 그 반응과정에도 영향을 미친다. pH가 'pH 1~2〈pH 3~5〈pH 6.5~8.5'에서처럼 일반적으로 산성에서 속도가 가장 느리며, 알칼리성 쪽으로 기울수록 반응 속도는 빨라진다.

㉢ 수분의 영향 : 수용액 형태로 존재하는 경우뿐만 아니라 고체 식품의 경우에서도 그 속에 존재하는 수분함량은 메일라드 반응에 큰 영향을 준다. 일반적으로 수분활성도 0.6~0.8에서 최대치를 가진 후 수분활성도 0.9~1에서는 다소 감소하는 경향이 있다. 이와 같은 메일라드 반응 속도의 감소는 수분증가에 의한 반응물질의 희석효과에 따른 결과로 예측된다.

㉣ 당의 종류 : 일반적으로 설탕보다는 헥소오스류, 펜토오스류와 같은 환원성 단당류의 경우 그 갈색화 속도가 크며, 헥소오스류보다는 펜토오스류의 갈색화 속도가 월등하게 크다.

㉤ 그 이외에 반응물질의 농도와 아미노산의 종류가 메일라드 반응 속도에 영향을 미친다.

※ 빵반죽이 팽창하는 원인

- 사멸 전까지 이스트의 발효활동 생성물에 의한 팽창
- 1, 2차 발효 시 반죽에 축적된 탄산가스, 에틸알코올, 수증기에 의한 팽창
- 믹싱 시 형성된 글루텐의 공기포집에 의한 팽창

※ 빵 속 최대 상승온도는 97~99℃이다(빵의 배합비에 따라 약간의 차이를 보임).

※ 윗부분이 개방된 식빵틀에 식빵을 구울 경우 220~230℃의 온도에서 28g당 1분의 굽기 시간이 필요하다. 우리가 공부하는 이론은 미국식 제빵이론으로, 식빵을 기준으로 한다.

6. 굽는 과정에 생기는 여러 반응들

① 물리적 반응

㉠ 반죽 표면에 얇은 막을 형성한다.

㉡ 반죽 안의 물에 용해되어 있던 가스가 유리되어 기화한다.

㉢ 반죽 안에 포함된 에틸알코올의 휘발과 탄산가스의 열팽창 및 수분의 증기압이 일어난다.

② **화학적 반응**

㉠ 전분의 1, 2, 3차 호화가 일어난다. 전분의 호화는 수분을 빼앗아 글루텐을 응고시킨다.

㉡ 100℃가 넘으면 겉껍질의 전분이 일부 덱스트린으로 변화하여 갈색화 반응을 일으킨다.

㉢ 130℃가 넘으면 환원당과 아미노기가 있는 아미노산 화합물(아미노산, 펩티드, 단백질)이 멜라노이딘을 만들어 갈변하는 메일라드 반응을 일으킨다.

㉣ 160℃가 넘으면 설탕이 진한 갈색으로 변하는 캐러멜화 반응을 일으킨다.

③ **생화학적 반응**

㉠ 60℃까지는 효소작용이 활발하고 휘발성도 증가하여 반죽이 유연하게 된다.

㉡ 글루텐은 프로테아제에 의해 연화되고 전분은 아밀라아제에 의해 액화, 당화되어 오븐 팽창에 관여한다.

㉢ 반죽의 골격은 글루텐이 형성하며, 빵의 골격은 α화된 전분에 의해서 만들어진다.

④ **물의 분포와 이동**

㉠ 적절한 굽기 시간 내에서 빵 내부의 수분은 거의 균일하게 분포되어 있고 반죽 안의 수분량과 같다.

㉡ 오븐에서 꺼내면서 수분의 급격한 이동이 일어나는데 표면에서의 계속적인 수분 증발은 빵의 냉각 촉진에는 도움이 되지만, 제품의 중량을 감소시킨다.

7. 주어진 조건에 따라 제품에 나타나는 결과

원 인	제품에 나타나는 결과
너무 높은 오븐 온도	• 언더 베이킹이 되기 쉽다. • 빵의 부피가 작다. • 굽기손실도 적다. • 껍질이 급격히 형성되며, 껍질색이 진하다. • 눅눅한 식감이 된다. • 과자빵은 반점이나 불규칙한 색이 나며 껍질이 분리되기도 한다.
너무 낮은 오븐 온도	• 빵의 부피가 크다. • 굽기손실 비율도 크다. • 구운색이 엷고 광택이 부족하다. • 껍질이 두껍다. • 퍼석한 식감이 난다. • 풍미도 떨어진다(2차 발효가 지나친 것과 같은 현상들이 많다).
과량의 증기	• 오븐 팽창이 좋아 빵의 부피를 증가시킨다. • 껍질이 두껍고 질기다. • 표피에 수포가 생기기 쉽다.

부족한 증기	• 껍질이 균열되기 쉽다. • 구운색이 엷고 광택없는 빵이 된다. • 낮은 온도에서 구운 빵과 비슷하다.
부적절한 열의 분배	• 고르게 익지 않는다. • 자를 때 빵이 찌그러지기 쉽다. • 오븐 내의 위치에 따라 빵의 굽기상태가 달라진다.
팬의 간격이 가까울 때	• 열 흡수량이 적어진다. • 반죽의 중량이 450g인 경우 2cm의 간격을, 680g인 경우는 2.5cm를 유지한다.

8. 굽기손실

① 반죽 상태에서 빵의 상태로 구워지는 동안 중량이 줄어드는 현상이다.

② 손실의 원인은 발효 시 생성된 이산화탄소, 에틸알코올 등의 휘발성 물질 증발과 수분 증발을 들 수 있다.

③ **굽기손실에 영향을 주는 요인 :** 배합률, 굽는 온도, 굽는 시간, 제품의 크기와 형태, 패닝방식 등이 있다.

④ **굽기손실 계산법 :** DW(반죽무게, Dough Weight), BW(빵무게, Bread Weight)

㉠ 굽기손실 무게＝DW－BW

㉡ 굽기손실 비율(%)＝ $\frac{DW - BW}{DW} \times 100$

⑤ **제품별 굽기손실 비율 :** 배합률, 굽기온도, 굽기시간, 제품의 크기와 형태, 패닝방식 등의 영향을 받는다.

㉠ 풀만 식빵 : 7~9%　　㉡ 단과자빵 : 10~11%

㉢ 일반 식빵 : 11~13%　　㉣ 하스 브레드 : 20~25%

13 튀기기(Frying)

기름을 열전도의 매개체로 사용하여 반죽을 익혀주고 색을 내는 것을 튀기기라고 한다.

1. 올바른 튀기기 방법

① **튀김기름의 표준온도는 180~195℃이다.**

㉠ 튀김기름의 온도가 높으면 껍질색이 진해지면서 타기 시작해도 속이 익지 않는다.

㉡ 튀김기름의 온도가 낮으면 너무 많이 부풀어 껍질이 거칠고 기름이 많이 흡수된다.

② 반죽의 양이 많은 제품은 저온에서 오래 튀기고 적은 제품은 고온에서 단시간 튀긴다.

③ **튀김 기름의 이론적 깊이는 12~15cm 정도가 되나 실제 튀겨지는 범위는 5~8cm가 적당하다.**

㉠ 튀김기름의 깊이가 너무 낮으면 튀김물(튀김반죽)이 기름에 잠기는 시간이 짧아지고 새로운 튀김물을 넣을 때 온도의 변화가 크게 일어난다.

㉡ 깊이가 너무 깊으면 기름 온도를 올리는 데 시간이 많이 걸리므로 열량이 많이 든다.

2. 튀김 후 빵도넛의 발한에 의한 상태변화와 대책

① 수분이 껍질 쪽으로 옮아가면서 빵도넛 표면에 뿌린 설탕이 녹는 현상을 발한이라고 한다.

② **튀긴 빵도넛 내부의 수분이 밖으로 배어 나오는 발한의 대책**

㉠ 빵도넛 위에 뿌리는 설탕 사용량을 늘려 수분에 의해 녹는 정도를 낮춘다.

㉡ 빵도넛을 충분히 냉각하여 수분 함량을 낮춘다.

㉢ 설탕을 많이 붙게 하는 설탕 접착력이 좋은 튀김기름을 사용한다.

㉣ 튀김시간을 늘려 빵도넛에 남는 수분함량을 줄인다.

㉤ 냉각 중 환기를 많이 시켜 빵도넛을 40℃ 전 · 후로 식히고 나서 설탕 아이싱을 한다.

3. 빵도넛에 과도한 흡유의 원인

① 반죽에 수분이 많으면 튀길 때 수분이 증기압을 높여 제품의 기공이 커지므로 기름 흡유가 많아진다.

② 반죽의 믹싱시간이 짧으면 제품의 조직이 엉성해지므로 튀길 때 흡유가 많아진다.

③ 글루텐 형성이 부족하면 제품의 조직이 엉성해지므로 튀길 때 흡유가 많아진다.

④ 반죽온도가 낮으면 튀김시간이 길어져 흡유가 많아진다.

⑤ 반죽용량, 반죽온도, 튀김온도 등이 같은 조건에서 튀김시간이 길어지면 흡유가 많아진다.

⑥ 반죽온도, 튀김온도, 튀김시간 등이 같은 조건에서 반죽중량이 적으면 튀길 때 흡유량이 같다 할지라도 제품에 남는 기름인 잔유량의 비율은 높아진다.

4. 튀김기름이 갖추어야 할 요건

① 부드러운 맛과 엷은 색을 띠어야 한다.

② 이상한 맛이나 냄새가 나지 않아야 한다.

③ 튀김물에 열을 잘 전달해야 한다.

④ 제품이 냉각되는 동안 충분히 응결되어야 한다.

⑤ 푸른 연기가 발생하는 온도인 발연점(smoking Point)이 높아야 한다.

⑥ 형태와 포장 면에서 사용이 쉬운 기름이어야 한다.

⑦ 튀김기름에는 수분이 없고 저장성이 높아야 한다.

5. 튀김기름의 4대 적

온도(열), 수분(물), 공기(산소), 이물질로서 튀김기름의 가수분해나 산화를 가속시켜 산패를 가져온다. 산패로 튀김기름의 발연점은 낮아지고 아크롤레인이 생성된다.

14 찌기(Steaming)

① 찜은 수증기가 갖고 있는 잠열(1g당 539kcal)을 이용하여 식품을 가열하는 조리법이다.
② 찜은 수증기가 움직이면서 열이 전달되는 현상인 대류를 이용한다.
③ 찐빵을 찔 때 너무 압력이 가해지지 않도록 적당한 시간을 쪄내야 한다.
④ 가압하지 않은 찜기의 내부온도는 97℃ 정도이다.
⑤ 찜(수증기)을 이용하여 만들어진 제품에는 찜 케이크, 중화만두, 찐빵이 있다.

빵류제품 마무리

빵의 특성에 따라 충전을 하거나 토핑을 하여 제품의 품질을 높이는 능력을 함양하는 능력단위이다.

15 마무리 및 재료혼합(충전물, 토핑물 및 장식 재료)

제품의 맛과 시각적 멋을 돋우고 나아가 제품에 윤기를 주며 보관 중 표면이 마르지 않도록 하는 재료를 말하며, 충전물 또는 장식물을 가리키는 명칭임과 동시에 단위공정을 말한다.

1. 아이싱(Icing)

설탕을 중심으로 만든 장식 재료를 가리키는 명칭임과 동시에, 설탕을 위주로 한 재료를 빵 · 과자 제품에 덮거나 한 겹 씌우는 일을 말한다.

① 아이싱의 종류와 특징

㉠ 단순 아이싱 : 분설탕, 물, 물엿, 향료를 섞고 43℃로 데워 되직한 페이스트 상태로 만든다.
㉡ 크림 아이싱 : 크림 상태로 만든 아이싱으로 다음과 같은 종류가 있다.
- 퍼지 아이싱 : 설탕, 버터, 초콜릿, 우유를 주재료로 크림화시켜 만든다.
- 퐁당 아이싱 : 설탕 시럽을 기포하여 만든다.

• 마시멜로 아이싱 : 거품을 올린 흰자에 뜨거운 시럽을 첨가하여 만든다.
• 아이싱을 부드럽게 하고 수분 보유력을 높이기 위해 물엿, 전화당 시럽, 포도당, 설탕을 이용한다.

② 굳은 아이싱을 풀어주는 조치

㉠ 아이싱에 최소의 액체를 사용하여 중탕으로 가온한다.
㉡ 중탕으로 가열하여 35~43℃로 데워 쓴다.
㉢ 굳은 아이싱이 데우는 정도로 안 되면 설탕시럽(설탕 2 : 물 1)을 푼다.

③ 아이싱의 끈적거림을 방지하는 조치

㉠ 전분, 밀가루 같은 흡수제는 사용하지만, 유화제는 사용하지 않는다.
㉡ 안정제이며 농후화제인 젤라틴, 한천, 로커스트 빈검, 카라야검 등을 사용한다.
㉢ 아이싱의 온도가 너무 높으면 끈적거리므로 40℃ 정도로 가온하여 사용한다.
㉣ 아이싱할 빵이나 과자, 케이크를 충분히 냉각시킨 후 아이싱을 사용한다.

2. 글레이즈(Glaze)

과자류 표면에 광택을 내는 일 또는 표면이 마르지 않도록 젤라틴, 젤리, 시럽, 퐁당, 초콜릿 등을 바르는 일과 이런 모든 재료를 총칭한다.

tip

도넛과 기타 빵류에 사용하는 글레이즈는 45~50℃, 도넛에 설탕으로 아이싱하면 40℃ 전 · 후, 퐁당으로 하면 38~44℃로 글레이즈 후 온도와 습도가 낮은 냉장진열장이나 통풍이 잘 되는 장소에서 판매한다.

3. 머랭(Meringue)

머랭은 흰자와 설탕을 사용하여 거품을 일으킨 반죽을 가리킨다.

① 머랭의 종류와 특징

㉠ 냉제 머랭(Cold Meringue)

실온 상태의 흰자를 거품 내다가 설탕을 조금씩 넣으며 튼튼한 거품체를 만든다. 이때 흰자 100, 설탕 200의 비율로 넣으며, 거품 안정을 위해 소금 0.5%와 주석산 0.5%를 넣기도 한다. 일명 프렌치(French Meringue)이다.

㉡ 온제 머랭(Hot Meringue)

흰자와 설탕을 섞어 43℃로 데운 뒤 거품을 내다가 안정되면 분설탕을 섞는다. 이때 흰자 100, 설탕 200, 분설탕 20의 비율로 넣는다. 공예과자, 세공품을 만들 때 사용한다.

㉢ 스위스 머랭(Swiss Meringue)

흰자(1/3)와 설탕(2/3)을 섞어 43℃로 데우고 거품내면서 레몬즙을 첨가한 후 나머지 흰자와 설탕을 섞어 거품을 낸 냉제 머랭을 섞는다. 이때 흰자 100, 설탕 180을 넣는다. 구웠을 때 표면에 광택이 나고 하루쯤 두었다가 사용해도 무방하다.

㉣ 이탈리안 머랭(Italian Meringue)

볼에 흰자와 설탕(흰자 양의 20%)을 넣고 거품내면서 뜨겁게 조린 시럽[나머지 설탕에 물(시럽용 설탕 양의 30%)을 넣고 114~118℃ 끓임]을 부어 만든 머랭으로, 무스나 냉과를 만들 때 크림으로 사용한다. 또는 케이크 위에 아이싱 크림과 장식으로 얹고 토치를 사용하여 강한 불에 구워 착색하는 제품을 만들 때 사용한다.

4. 퐁당(Fondant)

설탕 100에 대하여 물 30을 넣고 114~118℃로 끓인 뒤 다시 희고 뿌연 상태로 재결정화시킨 것으로 38~44℃에서 사용한다. 물엿, 전화당 시럽을 첨가하면, 수분 보유력을 높여 부드러운 식감을 만들 수 있다. 만약 보관 중에 굳으면 일반 시럽(설탕 : 물=2 : 1)을 소량 넣고 데워 되기를 맞추어 사용한다. 불어로 '흘러내린다'라는 뜻을 가진다.

※ 설탕의 재결정화란?

고농도의 시럽을 114℃ 이상의 고온으로 조릴 때 설탕이 액상으로 녹지 않고 다시 입자의 형태로 결정화되는 현상이다.

5. 휘핑크림(Whipping Cream)

식물성 지방이 40% 이상인 크림을 거품 낸 것으로 4~6℃가 거품이 잘 일어난다. 교반 후 크림(생크림, 아이스크림)의 체적이(공기포집 정도) 증가한 상태를 나타내는 수치로 오버런(Over-run)을 사용한다.

$$\text{오버런(Over-run)} = \frac{(\text{교반 후 크림의 체적} - \text{교반 전 크림의 체적})}{\text{교반 전 크림의 체적}} \times 100$$

6. 커스터드 크림(Custard Cream)

우유, 계란, 설탕을 한데 섞고, 안정제로 옥수수 전분이나 박력분을 넣어 끓인 크림이다. 여기서 계란은 크림을 걸쭉하게 하는 농후화제, 크림에 점성을 부여하는 결합제의 역할을 한다. 계란은 흰자와 노른자를 함께 혹은 노른자만 사용한다.

※ 농후화제란?

교질용액 상태로 만드는 재료를 의미하며, 종류에는 계란, 전분, 박력분 등이 있다.

7. 디플로메트 크림(Diplomate Cream)

커스터드 크림과 무가당 생크림을 1 : 1의 비율로 혼합하는 조합형 크림이다.

8. 가나슈 크림(Ganache Cream)

초콜릿 크림의 하나로 80℃ 이상 끓여 살균한 생크림에 잘게 다지거나 중탕으로 녹인 초콜릿을 섞어 만든다. 기본배합은 1 : 1이지만 6 : 4 정도의 부드러운 가나슈도 많이 사용된다.

9. 생크림(Fresh Cream)

우유의 지방함량이 35~40% 정도의 진한 생크림을 휘핑하여 사용하고 생크림의 보관이나 작업 시 제품온도는 3~7℃가 좋으므로 0~5℃의 냉장온도에서 보관하는 것이 좋다. 휘핑 시 크림 100에 대하여 10~15%의 분설탕을 사용하여 단맛을 낸다. 휘핑시간이 적정시간보다 짧으면 기포가 너무 크게 되어 안정성이 약해지므로 휘핑 완료점을 잘 파악한다.

10. 버터크림(Butter Cream)

버터를 크림 상태로 만든 뒤 설탕(100), 물(25~30), 물엿, 주석산 크림(주석산, 주석영) 등을 114~118℃로 끓여서 식힌 설탕시럽을 조금씩 넣으면서 계속 젓는다. 마지막에 연유, 술, 향료를 넣고 고르게 섞는다. 버터크림에 사용하는 향료의 형태는 에센스 타입이 알맞다. 겨울철에 버터크림이 굳어버리면 식용유로 농도를 조절하여 부드럽게 유지되도록 만든다. 그런데 많이 넣으면 크림이 처져버리므로, 용도에 따라 크림의 상태를 보아가며 식용유를 조금씩 넣는다.

※ 주석산은 포도의 껍질에 있는 신맛을 내는 성분을 추출하여 만든 것으로 포도주를 만들 때 침전하는 주석(酒石)에 함유되어 있어 주석산이라고 한다. 제과에서 반죽의 pH를 낮추고자 할 때 많이 사용되는 재료이며 없으면 레몬즙, 식초, 구연산, 타타르 크림으로 사용한다.

※ 설탕의 재결정화를 방지할 목적으로 주석산을 사용하는 경우

- 이탈리안 머랭을 제조하기 위하여 시럽을 만들 때
- 버터크림을 제조하기 위하여 시럽을 만들 때
- 설탕공예용 당액(시럽)을 만들 때

※ 흰자의 거품체를 튼튼하게 만들 목적으로 주석산을 사용하는 경우

- 냉제 머랭을 만들 때
- 화이트 레이어 케이크를 만들 때

• 엔젤 푸드 케이크를 만들 때

※ 제품별 제조 시 사용하는 당액(설탕시럽)의 적정한 온도와 설탕 : 물의 비율

• 이탈리안 머랭의 시럽, 버터크림의 시럽, 퐁당의 시럽 : 114~118℃
• 설탕공예용의 시럽 : 155℃
• 설탕(100%) : 물(30%)의 비율로 당액(시럽)을 만든다.
• 당액(설탕시럽) 제조 시 설탕의 재결정화를 막아주는 재료에는 주석산, 물엿, 전화당 등이 있다.

16 냉각(Cooling)

1. 냉각의 개요

① **냉각이란 :** 갓 구워낸 빵은 빵 속의 온도가 97~99℃이고 수분 함량은 껍질에 12%, 빵 속에 45%를 유지하는데, 이를 식혀 빵 속의 온도는 35~40℃, 수분 함량은 껍질에 27%, 빵 속에 38%로 낮추는 것이다. 이렇듯 냉각은 빵 속의 온도와 수분 함량의 변화가 중요하다.

② **냉각실의 설정 온도와 상대습도 :** 20~25℃, 75~85%

㉠ 냉각실의 상대습도가 지나치게 낮으면 껍질에 잔주름이 생기며 갈라지는 현상이 생긴다.

㉡ 냉각실의 공기의 흐림이 지나치게 빠르면 껍질에 잔주름이 생기며 빵 모양의 붕괴와 옆면이 내부로 끌려들어가는 키홀링(Keyholing)현상이 생긴다.

③ **냉각 손실률 :** 굽기 후 완제품무게 기준 2%~3% 정도 발생함

④ **냉각 손실이 발생하는 원인**

㉠ 식히는 동안 수분 증발로 무게가 감소한다.

㉡ 여름철보다 겨울철이 냉각 손실이 크다.

㉢ 냉각 장소의 공기의 습도(상대습도)가 낮으면 냉각 손실이 크다.

2. 냉각의 목적

① 곰팡이, 세균, 야생효모의 오염을 막는다.

② 빵의 절단(Slicing) 및 포장(Packaging)을 용이하게 한다.

3. 냉각의 방법

갓 구워낸 빵의 냉각은 낮은 온도의 상대습도와 공기의 흐름으로 이루어진다.

① **자연냉각 :** 상온에서 냉각하는 것으로 소요시간은 3~4시간이 걸린다.

② **터널식 냉각** : 공기배출기를 이용한 냉각으로 소요시간은 2~2.5시간이 걸린다.

③ **공기조절식 냉각(에어컨디션식 냉각)** : 온도 20~25℃, 습도 85%의 공기에 통과시켜 90분간 냉각하는 방법으로 식빵을 냉각하는 제일 빠른 방법이다.

슬라이스(Slice)는 35~40℃로 식힌 빵을 일정한 두께로 자르거나 칼집을 내는 것을 말한다. 빵이 유연할수록 잘 잘라진다.

17 포장(Packaging)

1. 포장의 목적

빵류제품의 유통과정에서 상품의 가치를 향상시키고 빵류제품의 수분 증발을 방지하여 노화를 억제하므로 빵류제품의 저장성을 증대시킨다. 빵류제품을 미생물의 오염으로부터 보호하기 위하여 적합한 재료나 용기에 담는다. 빵을 포장할 때는 세균과 바이러스로부터 오염을 방지할 목적으로 포장실의 상대습도는 80~85%로 유지한다.

2. 포장온도 : 35~40℃

① **빵류제품을 충분히 냉각시키지 않고 높은 온도에서 포장하는 경우**

㉠ 썰기가 어려워 형태가 변하기 쉽다.

㉡ 포장지에 수분 과다로 곰팡이가 발생하고 형태를 유지하기가 어렵다.

② **빵류제품을 지나치게 냉각시켜 낮은 온도에서 포장하는 경우**

㉠ 제품의 노화가 가속된다.

㉡ 제품의 껍질이 건조된다.

3. 빵류제품을 포장하는 용기의 선택 시 고려사항

① 용기와 포장지에 유해물질이 없는 것을 선택해야 한다.

② 포장재를 만들 때 사용하는 가소제나 안정제 등의 유해물질이 용출되어 식품에 전이되어서는 안 된다.

③ 세균, 곰팡이가 발생하는 오염포장이 되어서는 안 된다.

④ 방수성이 있고 통기성(투과성)이 없어야 한다.

⑤ 포장했을 때 상품의 가치를 높일 수 있어야 한다.

⑥ 단가가 낮고 포장에 의하여 제품이 변형되지 않아야 한다.

⑦ 공기와 자외선 투과율, 내약품성, 내산성, 내열성, 투명성, 신축성 등을 고려하여 포장한다.

4. 빵류제품 포장방법

① 변형공기포장(가스저장법)

㉠ 탄소나 질소를 이용하여 공기의 조성을 인위적으로 변화시켜 식품의 호흡을 억제함으로써 보존하는 방법이다.

㉡ 과일 저장고의 온도, 습도, 기체의 조성 등을 조절하여 장기간 동안 과일을 저장하는 방법이다.

㉢ 채소, 과일, 달걀 등에 이용한다.

② 질소가스(치환포장)

㉠ 식품의 변질을 방지하고 유통기한을 연장하기 위해 가스차단성이 우수한 포장지에 공기를 빼내고 대신 불활성 가스인 질소를 치환하여 넣는 포장방법이다.

③ 진공포장

㉠ 포장재 안에 식품을 넣고 공기를 빼내 산화를 방지하고 호기성 미생물의 발육을 억제한 포장방법이다.

tip

※ 포장 전에 완제품의 가치 및 상태를 외부평가, 내부평가, 식감평가로 판단한 후 상품으로서 판매를 준비한다.

※ 포장에 질소와 같은 불활성가스를 사용하여 포장재 내부의 환경을 비활성에 가깝도록 조성하는 포장을 한다.

※ 포장지의 재질로 많이 쓰는 합성수지 : 폴리에틸렌, 폴리프로필렌, 폴리스틸렌, 오리엔티드 폴리프로필렌 등이 있다.

※ PVC(폴리염화비닐, Polyvinyl chloride) : 최근 식품의약품안전처에서 식품을 오염시키는 물질인 디이소데실프탈레이트(DIDP)를 포함하고 있어 인체에 유해하기 때문에 식품, 의료, 유아용 장난감 등에 사용을 금지시켰다.

18 저장(Storage)

빵류제품의 저장 시 제품의 상품가치를 유지하는 데 있어 가장 중요한 사항은 빵류제품의 노화(Retrogradation)를 가능한 억제하는 것이다.

1. 빵류관련 재료와 제품 저장

① 빵류제품 저장의 목적

빵류제품은 일정한 시기에 생산되는데 비해 소비자는 계속적인 빵류제품의 공급을 기대하므로 저장을 하게 된다. 그러나 빵류제품을 그대로 방치하면 수분, 온도, 광선, 산소 및 미생물의 작용과 충해를 받아서 변질되거나, 빵류제품 자체가 지니고 있는 산소의 작용으로 시간이 지남에 따라 빵류제품의 성분이 소실된다. 따라서 신선한 빵류제품을 장기간 보존하기 위해서는 세균의 증식을 억제하거나 사멸시켜야 한다. 빵류제품의 품질은 맛, 색깔, 향기와 같은 화학적 성질과 삼킬 때의 물리적 성질로 평가된다. 부패 미생물의 증식을 억제하여 빵류제품의 화학적 · 물리적 성질이 변하는 것을 막는 것이 빵류제품 저장의 역할이다.

② 빵류제품 저장 중 변질 요인은 다음과 같이 분류할 수 있다.

㉠ 생물의 생육에 의한 변질 : 미생물, 해충

㉡ 화학적 변질 : 효소, 산소, 저분자 물질

㉢ 물리적 변질 : 온도, 광선, 수분

③ 빵류제품 저장법

빵류제품의 변질을 방지하기 위하여 과학기술의 원리를 응용하는 여러 가지 저장수단을 말한다. 빵류제품은 조리 및 가공을 거쳐 소비되는 순간까지 빵류제품의 종류에 따라서 변질속도는 다르지만, 점차적으로 변질되고 있다. 변질의 원인으로는 생물적 요인, 화학적 요인, 물리적 요인 등이 있다. 빵류제품의 저장은 이러한 변질요인을 가능한 한 제거함으로써 빵류제품의 양적 손실, 영양가 파손, 안전성과 기호성의 저하를 최소화하려는 수단이며 빵류제품의 품질, 저장수명과 경비를 감안한 저장법에는 다음과 같은 방법이 일반적이다.

㉠ 식품저장 방법과 온도 설정범위

상온저장	15~25℃	실온저장	1~35℃
냉장저장	0~10℃	냉동저장	-15~-30℃
보냉저장	10℃~15℃	보온저장	60℃ 이상

- 냉장법의 특징 : 0~10℃의 온도에서 저장하는 방법으로 미생물의 증식을 억제할 수 있으나 저온균은 증식할 수 있다.
- 냉동법의 특징 : -15 ~ -30℃의 온도에서 얼려 저장하는 방법으로 미생물이 이용할 수

분이 얼기 때문에 미생물의 발육이 억제된다. 그러나 미생물이 사멸하는 것은 아니다.

㉡ 저온유통체계(Cold Chain) : 식료품이 생산자로부터 소비자에게 이르기까지 전체의 유통과정 동안 각 품목의 신선도를 유지하기에 적합한 온도로 냉장, 냉동하여 유통하는 체계이다.

㉢ 건조법 : 식품에 함유된 수분의 함량을 감소시키는 방법으로 미생물이 이용할 수분을 15% 이하로 건조시켜 미생물의 증식을 억제한다.

㉣ 가열살균법 : 식품을 가열하여 미생물을 사멸시킨 후 저장하는 방법이다.

㉤ 자외선, 방사선 살균법 : 식품의 품질에 영향을 미치지는 않으면서 식품 표면에 기생하는 미생물을 살균할 수 있는 효과적인 방법이다. 그러나 식품의 내부까지는 살균할 수 없다. 그래서 음료수 살균에 많이 이용된다.

④ 저장 관리의 원칙

빵류 관련 재료와 제품 저장 관리는 입고된 재료 및 제품을 품목별, 규격별, 품질 특성별로 분류한 후에 적합한 저장법으로 저장고에 위생적인 상태로 보관하여 변질을 막는 것이다. 저장 시 빵류 관련 재료와 제품의 변질을 막기 위한 저장 관리의 원칙은 다음과 같다.

㉠ 다양한 재료와 제품의 저장 위치를 손쉽게 알 수 있는 저장 위치 표시의 원칙

㉡ 재료와 제품의 식별이 용이하도록 명칭, 용도 및 기능별 분류 저장의 원칙

㉢ 재료와 제품의 성질과 적합한 온도, 습도 등의 특성을 고려하는 품질 보존의 원칙

㉣ 재료와 제품을 효율적으로 순환시키기 위한 선입선출의 원칙

㉤ 재료와 제품을 저장하는 공간의 효율적인 이용을 위한 공간 활용 극대화의 원칙

2. 노화란

노화는 빵류제품의 껍질과 속에서 일어나는 물리 · 화학적 변화로 제품의 맛, 향기가 변화하며 제품의 수분손실로 딱딱해지는 현상으로 유지의 산패와 미생물의 오염에 의한 단백질의 변질로 빵류제품의 탄력성이 상실되는 현상과는 다르다. 노화가 일어난 빵류제품을 먹으면 단지 체내의 소화흡수율만 떨어진다.

3. 빵류제품의 노화에 따른 껍질과 속의 변화를 구분하여 정리하면 다음과 같다.

① 빵류제품의 노화에 따른 껍질의 변화

㉠ 빵 속 수분이 표면으로 이동하고, 공기 중의 수분이 껍질에 흡수된다.

㉡ 그로인해 빵류제품의 표피는 눅눅해지고 질겨진다.

㉢ 갓 구워진 하드 브레드와 식빵 같은 저율배합 제품의 껍질은 딱딱하고 바삭거린다.

② 빵류제품의 노화에 따른 속의 변화

㉠ 빵 속이 건조해지고 탄력을 잃으며 향미가 떨어지는 현상이 일어난다.

㉡ 빵 속 수분의 껍질로의 이동으로 인한 계속적인 노화진행이 이 현상의 원인이다.

㉢ 밀전분에 물을 붓고 호화시켜서 익힌 α-전분(호화전분)의 퇴화(β화)가 빵 속 수분이 이동하는 주원인이다.

4. 빵류제품의 노화에 영향을 주는 조건들

① 저장 시간

㉠ 오븐에서 꺼낸 직후부터 노화가 시작된다.

㉡ 최초 1일간의 노화가 4일 동안에 일어나는 노화의 절반을 차지한다.

㉢ 신선할수록 노화가 빠르게 진행한다.

② 저장 온도

㉠ 노화 정지 온도 : -18℃(냉동온도), 21~35℃(노화 지연의 현실적인 온도)

㉡ 노화 최적 온도 : -6.6~10℃(냉장온도)

㉢ 미생물에 의한 변질이 일어날 수 있는 최적 온도 : 43℃

③ 배합률

㉠ 계면활성제(유화제) : 빵 속을 부드럽게 하고 수분 보유량을 높이므로 노화를 지연한다.

㉡ 펜토산 : 펜토산은 탄수화물의 일종으로 수분의 보유도가 높아 노화를 지연한다.

㉢ 단백질 : 밀가루 단백질, 탈지분유, 계란으로 단백질 함량을 증가시키면 노화가 지연된다.

㉣ 물 : 반죽의 수분함량을 증가시켜 굽기 후 빵 속의 수분이 38% 이상이 되면 노화가 지연된다.

㉤ 전분의 구조 : 아밀로오스의 함량보다 아밀로펙틴의 함량이 많아야 노화가 지연된다.

㉥ 유지와 설탕(당류) : 반죽에 넣는 비율이 많아지면 수분 보유력이 강해져 노화가 지연된다.

tip

※ 빵 전분의 노화 정도를 측정하는 방법

- 비스코그래프에 의한 측정
- X-선 회절도에 의한 측정
- 가용성 또는 불용성 전분 함유량의 측정
- 아밀라아제에 대한 전분의 감수성 측정
- 빵 속살의 흡수력 측정
- 아밀로그래프에 의한 측정
- 빵의 불투명도 측정

19 유통(Distribution)

빵류 완제품의 유통 시 제품의 상품가치를 유지하는 데 있어 가장 중요한 사항은 빵의 변질(Spoilage)를 완벽하게 억제하는 것이다.

① 빵류제품 유통기한 설정

유통기한이란 섭취가 가능한 날짜가 아닌 빵류제품의 제조일로부터 소비자에게 판매가 가능한 기한을 말한다. 이 기한 내에서 적절하게 저장, 관리한 빵류제품은 일정한 수준의 품질과 안정성이 보장됨을 의미하는 것이다. 그래서 유통기한에 영향을 미치는 요인인 원재료의 상태, 제품의 배합 및 조성, 수분 함량과 수분활성도, pH, 제조공정, 위생수준, 포장 재질 및 포장방법, 저장 및 유통 등을 고려하여 기한을 설정한다.

② 빵류관련 재료와 제품 유통 관리

유통 관리는 재료 및 제품을 품목별, 규격별, 품질 특성별로 분류한 후에 적합한 온도 관리 기준에 따라 적정온도를 설정한 후 위생적인 상태로 유통하여 변질을 막는 것이다. 유통 시 빵류 관련 재료와 제품의 변질을 막기 위한 적정온도 기준은 다음과 같다.

㉠ 실온 유통 빵류관련 재료와 제품의 적정온도 설정

실온이라 함은 1~35℃를 말한다. 원칙적으로 35℃를 포함하되, 재료와 제품의 특성에 따라 봄, 여름, 가을, 겨울을 고려하여 설정한다.

㉡ 상온 유통 빵류관련 재료와 제품의 적정온도 설정

상온이라 함은 15~25℃를 말하며, 25℃를 포함하여 설정한다.

㉢ 냉장 유통 빵류관련 재료와 제품의 적정온도 설정

냉장이라 함은 0~10℃를 말하며, 보통은 5℃ 이하로 유지한다. 다만 '식품의 기준 및 규격' 혹은 '축산물의 가공 기준 및 성분규격'에 정한 경우 그 조건에 따른다.

㉣ 냉동 유통 빵류관련 재료와 제품의 적정온도 설정

- 냉동이라 함은 −18℃ 이하를 말하며, 품질의 변화가 최소화될 수 있도록 냉동 온도를 설정한다. 다만 '식품의 기준 및 규격' 혹은 '축산물의 가공 기준 및 성분규격'에 정한 경우 그 조건에 따른다.
- 냉동제품은 표면에서 식품의 중심부까지 −20℃ 정도의 냉기를 유지하고 있다. 따라서 운반할 때 보존할 때 반드시 −20~−23℃ 정도를 유지한다.
- 냉동제품 유통 시 제품을 쌓거나 내릴 때 외부의 영향으로 온도가 상승하여 품질을 저하시킬 수 있으므로 취급을 최우선으로 신속하게 운반한다.

③ 빵류제품의 변질에 대한 이해

빵류제품의 변질은 힘과 온도에 의한 물리적 작용, 산소, 광선, 금속에 의한 화학적 작용, 효소에 의한 생화학적 작용, 위생동물과 미생물에 의한 생물학적 작용 등에 의해 빵류의 성질이 변하여 원래의 특성을 잃게 되는 것으로 형태, 맛, 냄새, 색 등이 달라진다.

④ **빵류제품에서 발생하는 변질의 종류와 정의**

㉠ 부패(Putrefaction) : 빵류제품을 구성하는 단백질에 혐기성 세균이 증식한 생물학적 요인에 의해 분해되어 악취와 유해물질(페놀, 메르캅탄, 황화수소, 아민류, 암모니아 등)을 생성하는 현상이다.

㉡ 변패(Deterioration) : 빵류제품을 구성하는 탄수화물, 지방에 생물학적 요인인 미생물의 분해작용으로 냄새나 맛이 변화하는 현상이다.

㉢ 발효(Fermentation) : 빵류제품을 구성하는 탄수화물에 생물학적 요인인 미생물이 번식하여 빵류의 성질이 인체에 유익하게 변화를 일으키는 현상이다.

㉣ 산패(Rancidity) : 빵류제품을 구성하는 지방의 산화 등에 의해 악취나 변색이 일어나는 현상이다.

⑤ **빵류제품의 유통 시 가장 잘 일어나는 부패(Putrefaction)의 특징**

제품에 곰팡이가 발생하여 썩어서 맛이나 향기가 변질되어 인간에게 해로운 현상이 빈번히 일어난다.

⑥ **곰팡이의 발생을 방지하는 방법**

제빵 시 먼저 작업실, 작업도구, 작업자의 위생을 청결히 하고 제품에 곰팡이의 발생을 촉진하는 물질을 없앤 후 보존료를 사용한다. 완성된 제품은 곰팡이가 피지 않는 환경에서 보관한다.

※ 빵류제품에 발생하는 노화와 부패의 차이

- 노화한 빵류제품 : 수분이 이동 · 발산 → 껍질이 눅눅해지고 빵 속이 푸석해진다.
- 부패한 빵류제품 : 미생물 침입 → 단백질 성분의 파괴 → 악취

빵류제품 생산 작업준비

제품 생산 시작 전에 개인위생, 작업장 환경, 기기 · 도구에 대한 점검과 제품 생산에 필요한 재료를 계량하는 능력을 함양하는 능력단위이다.

20 제빵·제과 기기와 도구

우리는 Homo Hundred(100세를 사는 인간)로서 제과제빵을 할 때 Old Labor(고령육체노동)와 Population Decline(인구 감소)에 대비할 수 있는 다양한 기기와 도구에 대해 알아보기로 한다.

1. 제빵·제과기기의 종류와 특징의 비교

① **믹서 :** 반죽을 빠르게 치대어 반죽을 반복적인 압축과 늘림으로써 밀가루 속에 있는 단백질로부터 글루텐을 발전시키거나, 또는 단순히 재료들을 균일하게 혼합하면서 공기를 포집시킬 때 사용하기 위해서 고안되었다(반죽을 치대는 방법에는 혼합, 이김, 두드림 등이 있음).

㉠ 수직형 믹서(버티컬 믹서) : 주로 소규모 제과점에서 케이크 반죽뿐만 아니라 빵 반죽을 만들 경우에도 사용한다. 반죽 상태를 수시로 점검할 수 있는 장점이 있다.

㉡ 수평형 믹서 : 글루텐 형성능력이 좋은 제빵용 밀가루로 많은 양의 빵 반죽을 만들 때 사용한다. 다른 종류의 믹서처럼 반죽의 양은 전체 반죽통 용적의 30~60%가 적당하다.

㉢ 스파이럴 믹서(나선형 믹서) : 믹서의 회전축에 나선형 훅이 내장되어 있고 믹싱 볼이 회전축의 역방향으로 회전하기 때문에 프랑스빵, 독일빵, 토스트 브레드 같이 된 반죽이나 글루텐 형성능력이 다소 떨어지는 밀가루로 빵을 만들 때 적합하다.

〈수직형 믹서〉

〈수평형 믹서〉

〈스파이럴 믹서〉

tip

※ 제빵 전용 믹서에는 스파이럴 믹서가 있다.
※ 제과 전용 믹서에는 과자 반죽에 일정한 기포를 형성시키는 에어 믹서가 있다.

※ 믹서 부속 기구

- 믹싱 볼(Mixing bowl) : 반죽을 하기 위해 재료들을 섞는 원통형의 기구이다.
- 반죽 날개 : 믹싱 볼에서 여러 재료를 섞어 반죽을 만드는 역할을 하는 기구로 다음과 같은 것들이 있다.

– 휘퍼(Whipper) : 계란이나 생크림을 거품 내는 기구이다.
– 비터(Beater) : 반죽을 교반하거나 혼합하고 유연한 크림으로 만드는 기구이다.
– 훅(Hook) : 밀가루 단백질들을 글루텐으로 생성, 발전시키는 기구이다.

② **파이 롤러 :** 롤러의 간격을 점차 좁게 조절하여 반죽의 두께를 조절하면서 반죽을 밀어 펼 수 있는 기계이다. 파이(페이스트리) 등을 만들 때 많이 사용하므로 냉장고, 냉동고 옆에 위치하는 것이 가장 적합하다. 왜냐하면 파이류는 휴지와 성형을 할 때 냉장, 냉동처리를 하기 때문이다.

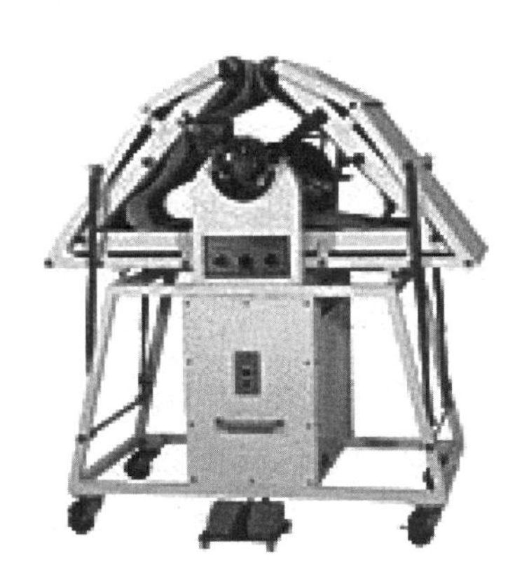

tip

※ 파이 롤러를 사용하여 제조 가능한 제품들 : 스위트 롤, 퍼프 페이스트리, 데니시 페이스트리, 케이크 도넛, 쇼트 브레드 쿠키 등이 있다.

※ 파이 롤러는 자동으로 밀어 펴기하는 자동밀대로 페이스트리 반죽을 성형할 때 가장 많이 사용한다.

※ 파이 롤러를 사용하여 페이스트리를 제조할 때 주의사항

- 기계를 사용하므로 밀어 펴기는 반죽과 유지와의 경도는 가급적 같은 것이 좋다.
- 기계에 반죽이 달라붙는 것을 막기 위한 덧가루는 너무 많이 사용하지 않도록 주의한다.
- 일반적으로 손밀대를 사용하여 반죽을 밀어 펴기 한 후 경도를 맞춘 유지를 넣고 감싸서 기계를 사용하여 밀어 펴기를 한다.
- 반죽의 경도와 유지의 경도를 맞추기 위하여 냉동휴지보다 냉장휴지를 하는 것이 좋다.

③ **오븐(Oven) :** 공장 설비 중 제품의 생산능력을 나타내는 기준으로 오븐의 제품 생산능력은 오븐 내 매입 철판 수로 계산한다.

㉠ 데크 오븐(Deck Oven)

- '단 오븐'이라는 뜻으로 소규모 제과점(윈도우 베이커리)에서 많이 사용되는 기종이다.
- '데크'는 일본식 영어 발음으로 많이 쓰이며 영어식 발음은 '덱'이다.
- 구울 반죽을 넣는 입구와 구워진 제품을 꺼내는 출구가 같다.

- 입구와 출구가 같은 단에 있고, 평면판으로 다른 단과 구분이 된다.
- 평철판을 손으로 넣고 꺼내기가 편리하지만, 오븐 내에 열이 균일하지 않으므로 반죽에 균일한 착색을 유도하기 위하여 굽기 도중에 앞뒤 자리를 바꾸어가며 굽기를 해야만 한다.

㉡ 터널 오븐(Tunnel Oven)

- 터널 모양의 오븐으로 단일 품목을 대량 생산하는 공장에서 많이 사용하는 기종이다.
- 구울 반죽을 넣는 입구와 구워진 제품을 꺼내는 출구가 서로 다르다.
- 터널을 통과하는 동안 온도가 다른 몇 개의 구역을 지나면서 굽기가 끝난다.
- 빵틀의 크기에 거의 제한받지 않고, 윗불과 아랫불의 조절이 쉽다.
- 반면에 넓은 면적이 필요하고 열손실이 큰 결점이 있다.

㉢ 컨벡션 오븐(Convection Oven)

- 오븐의 실내 속에서 뜨거워진 유체(流體, 액체와 기체를 합쳐 부름)를 팬(Fan)을 사용하여 강제로 순환시키는 데에서 그 명칭인 Convection(대류, 對流)를 얻게 되었다.
- 강제 순환된 공기의 흐름(대류)은 굽는 반죽 위에 차가운 공기층이 형성되는 것을 막기 때문에 열이 빵이나 케이크에 좀 더 직접적이고도 효율적으로 도달하게 된다.
- 컨벡션 오븐(대류식 오븐)은 오븐 내에서 자연 순환에 의존하는 데크 오븐보다 반죽을 14~19℃ 낮은 온도에서 좀 더 빠르게 구울 수 있다.

㉣ 회전식 오븐(Rotary Oven)

- 오븐 안에 여러 개의 선반이 있어 팬을 선반에 올려놓은 방식과 여러 개의 선반을 갖춘 래크(Rack)에 팬을 올려놓고 래크 채로 오븐에 넣는 방식이 있다.
- 컨벡션 오븐처럼 대류가 열전달 방식이 대류이고 오븐에 내장된 선반 혹은 래크가 시계방향으로 회전하면서 굽기 때문에 열의 분배가 고르게 된다.
- 껍질(크러스트)은 얇고 바삭하며 속(크럼)의 식감은 가볍고 질감은 부드러운 현대적인 바게트와 바삭한 질감을 요구하는 페이스트리를 굽기에 적합하다.
- 주 열전달 방식이 대류인 오븐은 굽기 시 제품의 수분손실이 크다.

〈데크 오븐〉

〈터널 오븐〉

〈컨벡션 오븐〉

〈회전식 오븐〉

2. 제빵·제과도구의 종류와 특징의 비교

① **스크래퍼(Scraper)** : 반죽을 분할하고 한데 모으며, 작업대에 들러붙은 반죽을 떼어낼 때 사용하는 도구이다. 단, 믹서, 믹싱볼에 들러붙은 반죽을 떼어낼 때는 반드시 플라스틱으로 된 스크래퍼를 사용해야 한다.

스크래퍼

② **스쿱(Scoop)** : 많은 양의 밀가루나 설탕 등을 손쉽게 퍼내기 위한 스테인리스 혹은 플라스틱 재질의 도구이다.

스쿱

③ **고무주걱(Rubber Scraper)** : 믹싱 볼이나 비터, 거품기에 붙은 반죽을 긁어내거나 반죽 윗면을 평평하게 고를 때, 반죽을 짤주머니로 옮길 때 사용한다.

④ **스패출러(Spatula)** : 케이크 등을 아이싱하기 위한 도구이다.

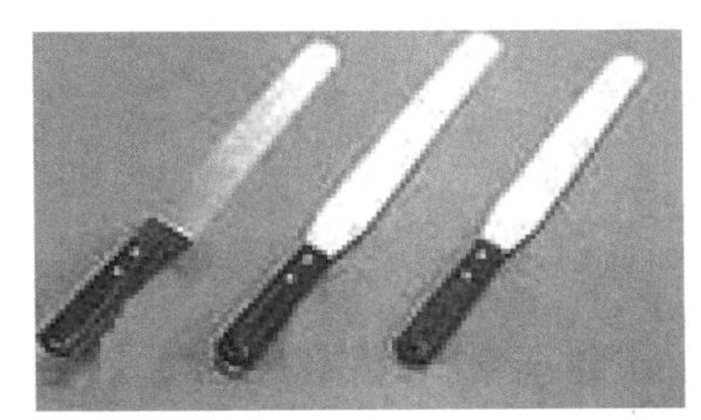

스패출러

⑤ **케이크 회전 작업대(Turn Table)** : 원형 케이크류를 올려놓고 아이싱 작업을 할 때 사용한다.

⑥ **스파이크 롤러(Spiked Roller)** : 롤러에 가시가 박힌 것으로 비스킷이나 밀어 편 퍼프 페이스트리의 도우 등에 골고루 구멍을 낼 때 사용하는 기구이다.

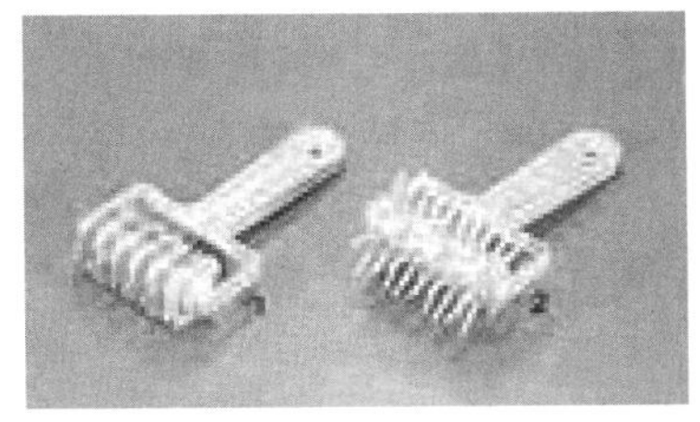

스파이크 롤러

⑦ **디핑 포크(Dipping Forks)** : 작은 초콜릿 셀을 코팅하기 위하여 템퍼링한 초콜릿 용액에 담갔다 건질 때 사용하는 도구이다.

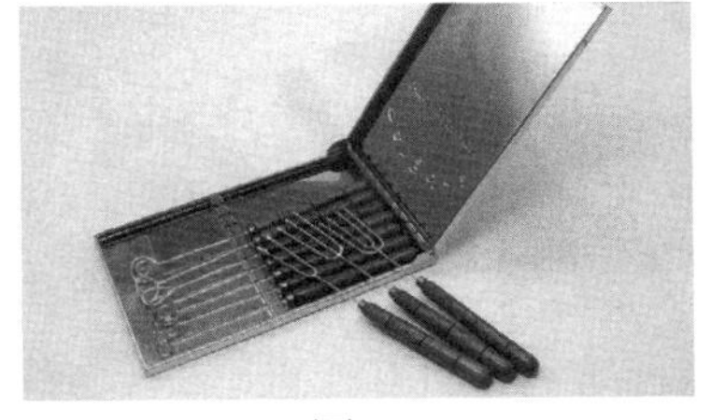

디핑 포크

⑧ **팬(Pan & Tin) :** 다양한 형태의 과자를 만들기 위해 반죽을 담는 틀(Tin), 반죽을 놓는 철판(Pan)이다.

⑨ **동그릇(Copper Bowl) :** 시럽 끓이기, 커스타드 크림 끓이기 등에 사용하는 도구이다. 재질이 동(구리, Copper)이므로 열의 전도가 균일하고 효율적이어서 크림을 끓일 때 잘 타지 않는다. 그러나 관리를 잘 못하면 녹청 중독으로 오심, 구토, 설사, 위통을 일으킨다. 그래서 사용할 때 매번 소금과 식초로 씻은 후 사용한다.

⑩ **온도계(Thermometer) :** 재료, 반죽 또는 제품의 온도를 측정하는 계측기로 온도계마다 측정 온도 범위가 있으므로 용도에 맞는 계기를 선택하여 사용한다.

⑪ **전자저울(Electronic Scale) :** 용기를 저울에 올려놓고 영점(零點)을 맞출 수 있기 때문에 실제 계량하고자 하는 재료의 무게만 알 수 있다.

⑫ **부등비 저울(Weight Scale) :** 계량할 재료의 무게를 저울추와 저울대의 눈금으로 맞추고 접시에 계량할 재료를 저울대와 수평이 되도록 올려놓아 무게를 계량한다.

⑬ **짤주머니(Pastry Bag) :** 슈 크림, 쿠키 반죽, 다양한 크림류, 아이싱 등을 채워 넣고 짜내는 도구이다.

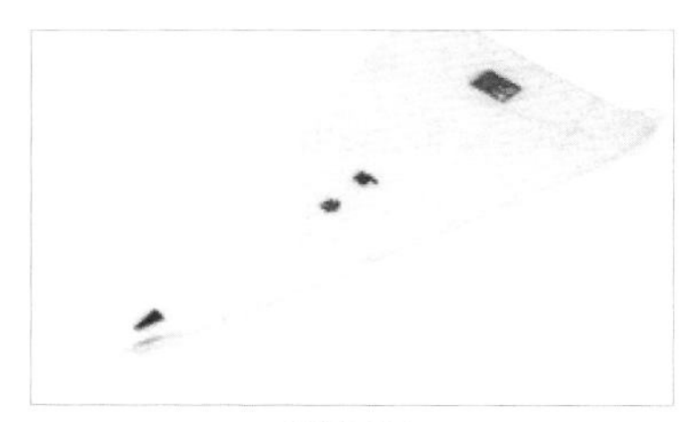

짤주머니

⑭ **모양깍지(Piping Tubes) :** 여러 가지 모양의 선이나 모양을 짜 놓을 때 쓰는 도구로, 파이핑 튜브라고도 한다.

모양깍지

⑮ **붓(Brush) :** 덧가루를 털거나 계란물, 시럽, 용해시킨 유지, 기름 등을 칠하는 데 사용하므로 용도에 따라 붓을 구분하여 사용한다.

⑯ **작업테이블(Work Bench)**

㉠ 계량, 분할, 둥글리기, 중간 발효, 성형, 패닝, 장식 등 많은 작업이 이루어지는 곳이다.

㉡ 작업이 시작되는 곳이자 끝나는 곳이므로 주방의 중앙부에 설치한다.

㉢ 제빵작업이 이루어지는 작업테이블은 빵 반죽의 보온을 위해 윗면을 나무로 제작한다.

㉣ 제과작업이 이루어지는 작업테이블은 과자 반죽의 보냉을 위해 윗면을 대리석으로 제작한다.

⑰ **데포지터(Depositer)** : 크림이나 과자 반죽을 자동으로 일정하게 모양짜기 하는 기계이다.

데포지터

⑱ **기타** : 퍼프 페이스트리나 파이반죽 등을 자르는 도르래 칼과 밀어 피는 밀대 등이 있다. 작업 후 밀대에 묻은 이물질은 플라스틱 재질의 도구로 제거하고 행주로 닦는다.

3. 제빵 전용기기

① **분할기(Divider)** : 1차 발효가 끝난 반죽을 정해진 용량의 반죽 크기로 분할하는 기계이다.

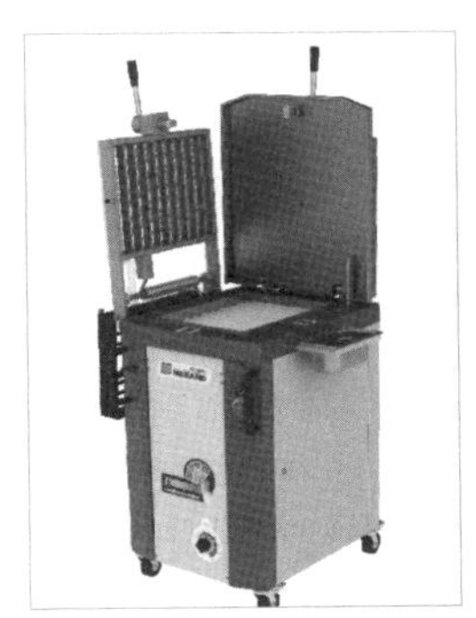
분할기

② **라운더(Rounder)** : 우산형 라운더로 분할된 반죽이 기계적으로 둥글려지면서 표피를 매끄럽게 만든다. 중형 제과점에서는 분할기와 라운더의 기능을 합친 분할 라운더를 많이 사용한다.

라운더

③ **정형기(Moulder) :** 중간 발효를 마친 반죽을 밀어 펴서 가스를 빼고 말아 다양한 길이와 두께의 스틱 모양으로 만들거나, 링 모양 혹은 팥소 싸기 등을 할 수 있는 기계이다.

정형기

④ **발효기(Fermentation Room) :** 믹싱이 끝난 반죽을 발효시키거나 정형된 반죽을 최종 발효시키는 데 사용한다. 온도와 습도를 빵 반죽의 특성에 따라 조절할 수 있다.

발효기

⑤ **도우 컨디셔너(Dough Conditioner) :** 작업 상황에 맞게 빵 반죽을 냉동 상태, 냉장 상태, 해동 상태, 2차 발효 상태를 프로그래밍에 의해 자동적으로 조절하는 기계이다. 이 기계는 근로자의 고령화로 인한 체력의 저하와 근로자의 근무환경 개선 욕구에 대응할 수 있는 것들 중 소규모 제과점(Window Bakery)의 핵심 장비이다.

도우 컨디셔너

21 작업환경 관리(Task Environment Management)

작업자는 조명, 채광, 먼지, 온도, 습도 및 작업공간의 크기에 따라 작업능률에 영향을 받는다.

1. 제과·제빵 공정상의 조도기준

작업내용	표준조도(lux)	한계조도(lux)
장식(수작업), 마무리 작업	500	300~700
계량, 반죽, 조리, 정형	200	150~300
굽기, 포장, 장식(기계작업)	100	70~150
발 효	50	30~70

2. 생산공장시설(주방시설)의 효율적 배치에 대한 조치

① 공장의 모든 업무가 효과적으로 진행되기 위한 기본은 공장(주방)의 위치와 규모에 대한 설계이다.

② 공장의 소요면적은 주방설비의 설치면적과 기술자의 작업을 위한 공간면적으로 이루어진다.

③ 판매장소와 공장의 면적 배분의 비율은 판매 1 : 공장 1의 비율로 구성되는 것이 좋다.

④ 기술자의 작업용 바닥면적은 그 장소를 이용하는 사람들의 수에 따라 달라진다.

⑤ 주방 내의 여유 공간을 될 수 있으면 많게 한다. 그러면 신제품을 주방에 적용하기가 쉽다.

⑥ 종업원의 출입구와 손님용 출입구는 별도로 하여 재료의 반입을 종업원 출입구로 한다.

⑦ 공장은 제조공정의 특성상 온도와 습도의 영향을 받으므로 바다 가까운 곳은 멀리한다.

⑧ 주방의 환기는 소형의 환기장치를 여러 개 설치하여 주방의 공기오염 정도에 따라 가동율을 조정한다. 특히 가스를 사용하는 장소에는 환기닥트를 설치해야 한다.

3. 미생물에 의한 오염을 감소시키기 위한 작업장 위생에 대한 조치

① 주방의 벽면은 타일 재질로 매끄럽고 청소하기 편리하게 만든다.

② 바닥은 미끄럽지 않고 배수가 잘 되어야 하며 공장 배수관은 최소 내경이 10cm 정도가 좋다.

③ 소독액으로 벽, 바닥, 천장을 주기적으로 세척한다.

④ 일조량을 고려하여 창의 면적은 바닥면적을 기준으로 30% 정도가 되도록 만든다.

⑤ 위생동물의 침입을 막기 위해 방충, 방서용 금속망을 30메시(mesh)로 설치한다.

⑥ 깨끗하고 뚜껑이 있는 재료통을 사용한다.

⑦ 적절한 환기시설 및 조명시설이 된 저장실에 재료를 보관한다.

⑧ 빵상자, 수송차량, 매장 진열대는 항상 온도가 높지 않도록 관리한다.

22 생산관리(Production Management)

1. 생산관리의 개요

생산관리란 생산관리부서에 있어서 사람(Man), 재료(Material), 자금(Money)의 3요소를 유효적절하게 사용하여 좋은 물건을 저렴한 비용으로 필요한 물량을 필요한 시기에 만들어내기 위한 관리 또는 경영을 위한 수단과 방법을 말한다.

① **제빵 기업 활동의 5대 기능**

전진기능의 생산, 판매와 지원기능의 재무, 자재, 인사 등의 기능이다.

② **빵류제품 생산 활동의 구성요소(7M)**

사람(Man), 기계(Machine), 재료(Material), 방법(Method), 시간(Minute), 자금(Money),

시장(Market)이다.

③ **빵류제품 생산 활동의 구성요소(제빵 생산관리 7M)**

㉠ 제1차 생산관리 : Man(사람 질과 양), Material(재료, 품질), Money(자금, 원가)

㉡ 제2차 생산관리 : Method(방법), Minute(시간, 공정), Machine(기계, 시설), Market(시장)

2. 생산계획의 개요

수요 예측에 따라 생산의 여러 활동을 계획하는 일을 생산계획이라 하며, 상품의 종류, 수량, 품질, 생산시기, 실행 예산 등을 구체적이고 과학적으로 계획을 수립하는 것을 말한다.

① **연간 생산계획을 수립할 때 고려해야 하는 기본요소**

㉠ 과거의 생산 실적(월별, 품종별, 제품별 등)

㉡ 경쟁 회사의 생산 동향

㉢ 경영자의 생산 방침

㉣ 제품의 수요 예측자료

㉤ 과거 생산비용의 분석자료

㉥ 생산 능력과 과거 생산실적 비교

② **원가의 구성요소**

원가는 제조 직접비(재료비, 노무비, 경비)에 제조 간접비(감가상각비))를 가산한 제조원가, 그리고 그것에 판매, 일반 관리비를 가산한 총 원가로 구성된다.

㉠ 제조 직접비(직접원가)=직접 재료비+직접 노무비+직접 경비

㉡ 제조원가(제품원가)=제조 직접비+제조 간접비

㉢ 매출원가=판매비+일반 관리비

㉣ 총 원가=제조원가+매출원가

tip

개당 제품의 노무비=인(사람의 수)×시간×시간당 노무비(인건비)÷제품의 개수

③ **원가를 계산하는 목적**

㉠ 이익을 산출하기 위해서

㉡ 제품 가격을 결정하기 위해서

㉢ 총 원가를 구성하는 제조 직접비(재료비, 노무비, 경비), 제조 간접비(감가상각비), 판매비, 일반 관리비 등의 관리를 위해서

㉣ 이익을 계산하는 방법

- 제품 이익=제품 가격−제조원가(제품원가)
- 매출 총 이익=매출액−총 제조원가(제품원가)
- 순이익=매출 총 이익−(판매비+관리비)

④ **제품 제조원가의 구성요소에 소요되는 실행 예산의 수립**

㉠ 실행 예산 계획 : 제품 제조원가를 계획하는 일이다.

㉡ 예산 계획 목표 : 노동생산성, 가치생산성, 노동 분배율, 1인당 이익을 세우는 일이다.

- 노동생산성 $= \frac{\text{생산금액}}{\text{소요인원수}}$
- 가치생산성 $= \frac{\text{생산가치(부가가치)}}{\text{인원}}$
- 노동 분배율 $= \frac{\text{인건비}}{\text{생산가치(부가가치)}} \times 100$
- 1인당 이익 $= \frac{\text{조이익}}{\text{연인원}}$

※ 조이익은 매출 총이익이라고도 하며, '매출 총이익=매출액−제조원가(제품원가)'이다.

3. 원가를 절감하는 방법

① **원료비의 원가절감**

㉠ 구매 관리는 철저히 하고 가격과 결제방법을 합리화시킨다.

㉡ 원재료의 배합설계와 제조 공정 설계를 최적 상태로 하여 생산 수율(원료 사용량 대비 제품 생산량)을 향상시킨다.

㉢ 원료의 선입선출 관리로 불량품 감소 및 재료 손실을 최소화한다.

㉣ 공정별 품질관리를 철저히 하여 불량률(%)을 최소화한다.

② **작업관리를 개선하여 불량률을 감소시켜 원가절감**

㉠ 작업자 태도의 점검 : 작업 표준이나 작업 지시 등의 내용기준을 설정하여 수시로 점검한다.

㉡ 기술 수준 향상과 숙련도 제고 : 적정 기술 보유자를 필요공정에 배치하거나 교육기관을 통해 교육을 실시한다.

㉢ 작업 여건의 개선 : 작업 표준화를 실시하고 작업장의 정리, 정돈과 적정 조명을 설치한다.

③ **노무비(인건비)의 절감**

㉠ 표준화와 단순화를 계획한다.

㉡ 생산의 소요시간, 공정시간을 단축한다.

㉢ 생산기술 측면에서 제조방법을 개선한다.

㉣ 설비관리를 철저히 하여 기계가 멈추는 일이 없도록 신경을 써서 가동률을 높인다.

㉤ 교육, 훈련을 통한 직업윤리의 함양으로 생산 능률을 향상시킨다.

4. 생산 시스템의 분석

① 생산 시스템의 정의

제과점에서 밀가루, 설탕, 유지, 계란과 같은 원재료를 사용하는 것을 투입이라 하고, 과자를 생산하는 활동을 통해서 나온 제품을 산출이라 하는데, 투입에서 생산 활동과 산출까지 전 과정을 관리하는 것을 생산 시스템이라 한다.

② 생산가치(부가가치)의 분석

㉠ 노동생산성

- 물량적 노동생산성 $= \dfrac{\text{생산금액(생산량)}}{\text{총 공수(인원} \times \text{시간)}}$
- 가치적 노동생산성 $= \dfrac{\text{생산가치} \times \text{이익} \times \text{생산금액(생산량)}}{\text{인원} \times \text{시간} \times \text{임금}}$

㉡ 노동 분배율 $= \dfrac{\text{인건비}}{\text{부가가치(생산가격)}} \times 100$

※ 생산된 소득(생산가치) 중에서 인건비가 차지하는 비율을 나타낸 것이다.

㉢ 1인당 생산가치(부가가치) $= \dfrac{\text{부가가치(생산가치)}}{\text{인원}}$

㉣ 생산 가치율 $= \dfrac{\text{생산가치(부가가치)}}{\text{생산금액}} \times 100$

tip

제품의 시장성을 파악하는 여러 지표 중 제품회전율은 의미가 크다.

제품회전율 $= \dfrac{\text{매출액}}{\text{평균재고액}} \times 100$

미리보는 출제예상문제

★★

01 반죽제조 단계 중 렛다운(Let down) 상태까지 믹싱하는 제품으로 적당한 것은?

① 옥수수 식빵, 밤 식빵

② 크림빵, 앙금빵

③ 바게트, 프랑스빵

④ 잉글리시 머핀, 햄버거 빵

해설 | 잉글리시 머핀과 햄버거 빵은 반죽에 흐름성을 부여하기 위해 높은 가수율과 오랜 믹싱(렛다운 단계)을 한다.

★★

02 다음 재료 중 식빵 제조 시 반죽 온도에 가장 큰 영향을 주는 것은?

① 설탕　　② 밀가루

③ 소금　　④ 반죽개량제

해설 | 식빵 제조 시 가장 많이 들어가는 재료가 반죽 온도에 가장 큰 영향을 준다.

★★★

03 식빵 제조 시 수돗물 온도 20℃, 사용할 물 온도 10℃, 사용물 양 4kg일 때 사용할 얼음의 양은?

① 100g　　② 200g

③ 300g　　④ 400g

해설 |

• 얼음 사용량 $= \dfrac{\text{사용할 물의 양} \times (\text{수돗물 온도} - \text{사용할 물 온도})}{(80 + \text{수돗물 온도})}$

$= \dfrac{4{,}000g \times (20℃ - 10℃)}{80 + 20℃} = 400g$

• 얼음 사용량 = 총 변동열량 ÷ 흡수열량

• 총 변동열량 : 사용할 물량을 원하는 온도까지 변화시킬 때 필요한 열량을 가리킨다.

∴ (수돗물 온도 − 계산된 사용수 온도) × 1cal × 사용할 물량 = 총 변동열량

• 흡수열량 = 1g의 얼음이 수돗물의 온도까지 도달하는 데 필요한 열량을 가리킨다.

∴ 80 + 수돗물 온도 × 1cal = 흡수열량

• 얼음 사용량 산출식을 설명하면 수돗물 온도와 계산된 사용수 온도 간의 차이를 열량으로 환산한 후(이때 1g의 물을 1℃ 올리거나 내릴 때 필요한 열량 1cal는 생략됨) 사용할 물량을 곱셈하여 변동시킬 총 열량을 산출한다. 그 다음에 1g의 얼음이 1g의 물이 되는 데 필요한 열량 80과 1g의 수돗물이 수돗물의 온도까지 도달하는 데 필요한 열량을 덧셈한다. 그리고 난 후 올리거나 내려야 할 총 열량을 1g의 얼음이 수돗물의 온도까지 도달하는 데 필요한 흡수열량으로 나누어 얼음 사용량을 산출한다.

★★★

04 다음과 같은 조건상 스펀지 반죽법(Sponge & Dough Method)에서 사용할 물의 온도는?

> • 원하는 반죽온도 : 26℃
> • 마찰계수 : 20
> • 실내온도 : 26℃
> • 스펀지 반죽온도 : 28℃
> • 밀가루 온도 : 21℃

① 19℃　　② 9℃

③ −21℃　　④ −16℃

해설 |

• 사용할 물 온도 = (희망온도 × 4) − (밀가루 온도 + 실내온도 + 마찰계수 + 스펀지 반죽온도) = (26℃ × 4) − (21℃ + 26℃ + 20 + 28℃) = 9

• 반죽온도는 환경요인의 평균값이므로 마찰계수와 계산된 사용수 온도를 산출하기 위하여 '=' 앞으로 뺄 때 (결과온도 × 뒤에 오는 환경요인과 같은 개수의 환경요인의 개수), (희망온도 × 환경요인의 개수)가 된다.

정답 01 ④　02 ②　03 ④　04 ②

★★★
05 발효의 목적이 아닌 것은?

① 공정시간 단축
② 풍미 향상
③ 반죽의 신장성 향상
④ 가스 보유력 증대

해설 |
- 공정시간 단축은 비상 반죽법의 목적이다.
- 발효를 시키는 목적 : 반죽의 팽창작용, 반죽의 숙성작용, 빵의 풍미 생성

★★
06 다음 발효 중 일어나는 생화학적 생성 물질이 아닌 것은?

① 덱스트린 ② 맥아당
③ 포도당 ④ 이성화당

해설 | 이성화당
전분당 분자의 분자식은 변화시키지 않으면서 분자 구조를 바꾼 당을 가리킨다.

★★★
07 다음 중 발효시간을 연장시켜야 하는 경우는?

① 식빵 반죽온도가 27℃이다.
② 발효실 온도가 24℃이다.
③ 이스트푸드가 충분하다.
④ 1차 발효실 상대 습도가 80%이다.

해설 | 발효실 온도가 정상보다 낮으면 발효시간이 길어진다.

★★★
08 빵 발효에 영향을 주는 요소에 대한 설명으로 틀린 것은?

① 사용하는 이스트의 양이 많으면 발효시간은 감소된다.
② 삼투압이 높으면 발효가 지연된다.
③ 제빵용 이스트는 약알칼리성에서 가장 잘 발효된다.
④ 적정량의 손상된 전분은 발효성 탄수화물을 공급한다.

해설 | 제빵용 이스트는 약산성에서 가장 잘 발효된다.

★★
09 다음 중 빵 반죽의 발효에 속하는 것은?

① 낙산발효 ② 부패발효
③ 알코올발효 ④ 초산발효

해설 | 우리나라에서 만드는 일반적인 빵 반죽의 발효는 알코올 발효에 속한다.

★★
10 빵효모의 발효에 가장 적당한 pH 범위는?

① pH 2~4 ② pH 4~6
③ pH 6~8 ④ pH 8~10

해설 | 미생물의 종류에 따른 최적의 pH범위
- 효모, 곰팡이 : pH 4~6
- 일반 세균 : pH 6.5~7.5
- 콜레라균 : pH 8.0~8.6

★★★
11 2% 이스트로 4시간 발효했을 때 가장 좋은 결과를 얻는다고 가정할 때, 발효 시간을 3시간으로 감소시키려면 이스트의 양은 얼마로 해야 하는가?(단, 소수 셋째자리에서 반올림하시오)

① 2.16% ② 2.67%
③ 3.16% ④ 3.67%

해설 | 가감하고자 하는 이스트의 양

$$= \frac{\text{기존 이스트의 양} \times \text{기존의 발효시간}}{\text{조절하고자 하는 발효시간}}$$

★★★
12 이스트 2%를 사용했을 때 150분 발효시켜 좋은 결과를 얻었다면, 100분 발효시켜 같은 결과를 얻기 위해 얼마의 이스트를 사용하면 좋은가?

① 1% ② 2%
③ 3% ④ 4%

해설 | 2%×150분÷100분=3%

정답 05 ① 06 ④ 07 ② 08 ③ 09 ③ 10 ② 11 ② 12 ③

★★★
13 3% 이스트를 사용하여 4시간 발효시켜 좋은 결과를 얻는다고 가정할 때 발효시간을 3시간으로 줄이려 한다. 이때 필요한 이스트의 양은?(단, 다른 조건은 같다고 본다)

① 3.5% ② 4%
③ 4.5% ④ 5%

해설 | 가감하고자 하는 이스트의 양

$= \frac{\text{기존 이스트의 양} \times \text{기존의 발효시간}}{\text{조절하고자 하는 발효시간}}$

★★
14 1차 발효 중 펀치를 하는 이유는?

① 반죽의 온도를 높인다.
② 이스트를 활성화시킨다.
③ 효소를 불활성화시킨다.
④ 탄산가스 축적을 증가시킨다.

해설 | 펀치를 하는 이유
- 이스트의 활동에 활력을 준다.
- 산소공급으로 산화, 숙성을 시켜준다.
- 반죽온도를 균일하게 해준다.

★★
15 스트레이트법에서 1차 발효 완성점을 찾는 방법이 아닌 것은?

① 손가락으로 반죽을 눌러본다.
② 부피의 증가상태를 확인한다.
③ 반죽 내부의 섬유질 조직을 확인한다.
④ 반죽의 일부를 펼쳐서 피막을 확인한다.

해설 | 반죽의 일부를 펼쳐서 피막을 확인하는 방법은 믹싱(배합)의 완성점을 찾을 때 쓴다.

★★★
16 버터 톱 식빵 제조 시 분할손실이 3%이고, 완제품 500g짜리 4개를 만들 때 사용하는 강력분의 양으로 가장 적당한 것은?(단, 총 배합률은 195.8%이다)

① 약 1,065g ② 약 2,140g
③ 약 1,053g ④ 약 1,123g

해설 | (완제품의 중량×개수)÷{1－(분할손실÷100)}×밀가루의 비율÷총 배합률＝사용할 강력분의 양

★★★
17 완제품 중량이 400g인 빵 200개를 만들고자 한다. 발효 손실이 2%이고 굽기 및 냉각손실이 12%라고 할 때 밀가루 중량은?(단, 총 배합률은 180%이며, 소수점 이하는 반올림한다)

① 51,536g ② 54,725g
③ 61,320g ④ 61,940g

해설 |
- 제품의 무게＝400g×200개＝80,000g
- 반죽의 무게＝80,000g÷{1－(12÷100)}÷{1－(2÷100)}
＝92,764g
- 밀가루의 무게＝92,764×100%÷180%＝51,536g

★★★
18 90g짜리 빵 520개를 만들기 위해 필요한 밀가루의 양은?(제품 배합률 180%, 발효 및 굽기 손실은 무시)

① 10kg ② 18kg
③ 26kg ④ 31kg

해설 | 90g×520개×100%÷180%÷1,000g＝26kg

★
19 분할기에 의한 식빵 분할은 최대 몇 분 이내에 완료하는 것이 가장 적합한가?

① 20분 ② 30분
③ 40분 ④ 50분

해설 |
- 분할기에 의한 식빵 분할시간 : 20분
- 분할기에 의한 단과자빵 분할시간 : 30분

13 ② **14** ② **15** ④ **16** ③ **17** ① **18** ③ **19** ①

★★
20 다음 중 분할에 대한 설명으로 옳은 것은?

① 1배합당 식빵류는 30분 내에 하도록 한다.
② 기계 분할은 발효과정의 진행과는 무관하여 분할 시간에 제한을 받지 않는다.
③ 기계 분할은 손 분할에 비해 약한 밀가루로 만든 반죽 분할에 유리하다.
④ 손 분할은 오븐 스프링이 좋아 부피가 양호한 제품을 만들 수 있다.

해설 | 손 분할은 기계 분할보다 반죽의 손상이 적으므로 오븐 스프링이 좋아 부피가 양호한 제품을 만들 수 있다.

★★
21 둥글리기의 목적과 거리가 먼 것은?

① 공 모양의 일정한 모양을 만든다.
② 큰 가스는 제거하고 작은 가스는 고르게 분산시킨다.
③ 흐트러진 글루텐을 재정렬한다.
④ 방향성 물질을 생성하여 맛과 향을 좋게 한다.

해설 | 방향성 물질을 생성하여 맛과 향을 좋게 하는 공정은 굽기 공정이다.

★★
22 다음 중 둥글리기의 목적이 아닌 것은?

① 글루텐의 구조와 방향정돈
② 수분 흡수력 증가
③ 반죽의 기공을 고르게 유지
④ 반죽 표면에 얇은 막 형성

해설 | 둥글리기의 목적
- 가스를 균일하게 분산하여 반죽의 기공을 고르게 조절한다.
- 가스를 보유할 수 있는 반죽구조를 만들어준다.
- 분할된 반죽을 성형하기 적절한 상태로 만든다.
- 분할로 흐트러진 글루텐의 구조와 방향을 정돈시킨다.
- 반죽 표면에 막을 만들어 절단면의 점착성을 적게 한다.

★★
23 둥글리기(Rounding) 공정에 대한 설명으로 틀린 것은?

① 덧가루, 분할기 기름을 최대로 사용한다.
② 손 분할, 기계 분할이 있다.
③ 분할기의 종류는 제품에 적합한 기종을 선택한다.
④ 둥글리기 과정 중 큰 기포는 제거되고 반죽온도가 균일화된다.

해설 | 덧가루, 분할기 기름을 최대로 사용하면 완제품의 빵 속에 줄무늬가 생긴다.

★★
24 중간 발효에 대한 설명으로 틀린 것은?

① 중간 발효는 온도 32℃ 이내, 상대습도 75% 전후에서 실시한다.
② 반죽의 온도, 크기에 따라 시간이 달라진다.
③ 반죽의 상처회복과 성형을 용이하게 하기 위함이다.
④ 상대습도가 낮으면 덧가루 사용량이 증가한다.

해설 | 중간 발효 시 상대습도가 낮으면 덧가루 사용량을 줄인다.

★★
25 중간 발효에 대한 설명으로 틀린 것은?

① 글루텐 구조를 재정돈한다.
② 가스 발생으로 반죽의 유연성을 회복한다.
③ 오버 헤드 프루프(Overhead Proof)라고 한다.
④ 탄력성과 신장성에는 나쁜 영향을 미친다.

해설 | 중간 발효는 반죽에 유연성(신장성)과 탄력성을 다시 부여한다.

정답 20 ④ 21 ④ 22 ② 23 ① 24 ④ 25 ④

★★★
26 다음 중 중간 발효에 대한 설명으로 옳은 것은?

① 상대습도 85% 전후로 시행한다.
② 중간 발효 중 습도가 높으면 껍질이 형성되어 빵 속에 단단한 소용돌이가 생성된다.
③ 중간 발효 온도는 27~29℃가 적당하다.
④ 중간 발효가 잘되면 글루텐이 잘 발달한다.

해설 |
- 상대습도 75%로 시행한다.
- 중간 발효 중 습도가 낮으면 껍질이 형성되어 빵 속에 단단한 소용돌이가 생성된다.
- 중간 발효가 잘되면 손상된 글루텐 구조를 재정돈한다.

★★
27 성형한 식빵 반죽을 팬에 넣을 때 이음매의 위치는 어느 쪽이 가장 좋은가?

① 위 ② 아래
③ 좌측 ④ 우측

해설 | 반죽을 팬에 넣을 때 이음매를 아래로 놓아야 빵 반죽이 부풀면서 이음매가 벌어지지 않는다.

★★
28 제빵공정 중 패닝 시 틀(팬)의 온도로 가장 적합한 것은?

① 20℃ ② 32℃
③ 55℃ ④ 70℃

해설 | 제빵 패닝 시 반죽의 온도는 지속적으로 상승해야 하므로 팬의 온도는 32℃가 좋다.

★
29 비용적의 단위로 옳은 것은?

① cm^3/g ② cm^2/g
③ $cm^3/m\ell$ ④ $cm^2/m\ell$

해설 | Xcm^3/g는 비용적의 단위이며, 1g당 Xcm^3라고 읽는다.

★★
30 산형 식빵의 비용적으로 가장 적합한 것은?

① 1.5~1.8cm^3/g ② 1.7~2.6cm^3/g
③ 3.2~3.5cm^3/g ④ 4.0~4.5cm^3/g

해설 |
- 비용적이란 단위 질량을 가진 물체가 차지하는 부피를 말한다.
- 산형 식빵 : 3.2~3.5cm^3/g, 풀먼형 식빵 : 3.3~4.0cm^3/g

★★
31 안치수가 그림과 같은 식빵 철판의 용적은?

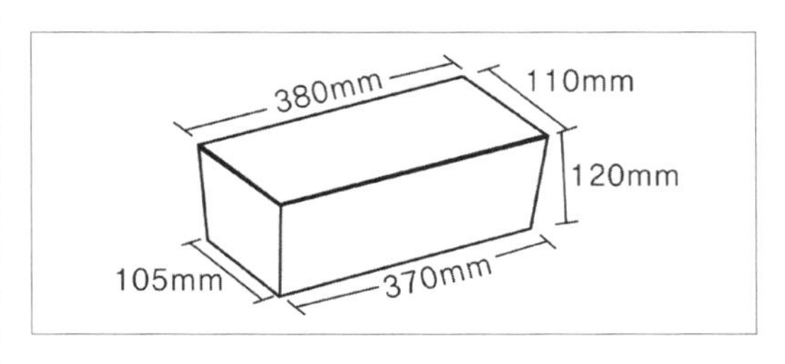

① 4662cm^3 ② 4837.5cm^3
③ 5018.5cm^3 ④ 5218.5cm^3

해설 |
$$\frac{(3S0+370)}{2}\times\frac{(110+105)}{2}\times 120\div 1{,}000=4837.5cm^3$$

★★★
32 팬 오일의 구비조건이 아닌 것은?

① 높은 발연점 ② 무색, 무미, 무취
③ 가소성 ④ 항산화성

해설 | 가소성은 페이스트리를 제조할 때 중요한 유지의 물리적 성질이다.

★★
33 다음 제빵공정 중 시간보다 상태로 판단하는 것이 좋은 공정은?

① 포장 ② 분할
③ 2차 발효 ④ 성형

해설 | 발효 시 여러 변수가 작용하기 때문에 시간보다 상태로 판단하는 것이 좋다.

26 ③ 27 ② 28 ② 29 ① 30 ③ 31 ② 32 ③ 33 ③

★★
34 제빵 시 적절한 2차 발효점은 완제품 용적의 몇 %가 가장 적당한가?

① 40~45% ② 50~55%
③ 70~80% ④ 90~95%

해설 | 2차 발효점은 굽기 시 오븐팽창을 고려하여 완제품 용적의 70~80%가 가장 적절하다.

★★
35 다음 중 제2차 발효실의 온도와 습도로 가장 적합한 것은?

① 온도 27~29℃, 습도 90~100%
② 온도 38~40℃, 습도 90~100%
③ 온도 38~40℃, 습도 80~90%
④ 온도 27~29℃, 습도 80~90%

해설 | 일반적인 식빵과 과자빵의 제2차 발효실 온도는 38~40℃, 상대습도는 80~90%이다.

★★
36 제빵 시 2차 발효의 목적이 아닌 것은?

① 성형공정을 거치면서 가스가 빠진 반죽을 다시 부풀리기 위해
② 발효산물 중 유기산과 알코올이 글루텐의 신장성과 탄력성을 높여 오븐 팽창이 잘 일어나도록 하기 위해
③ 온도와 습도를 조절하여 이스트의 활성을 촉진시키기 위해
④ 빵의 향에 관계하는 발효산물인 알코올, 유기산 및 그 밖의 방향성 물질을 날려 보내기 위해

해설 | 제빵 시 2차 발효는 빵의 향에 관계하는 발효산물인 알코올 유기산 및 그 밖의 방향성 물질을 포집하기 위함이다.

★★
37 다음 제품 중 2차 발효실의 습도를 가장 높게 설정해야 되는 것은?

① 호밀빵 ② 햄버거빵
③ 불란서빵 ④ 빵 도넛

해설 | 햄버거빵은 반죽에 흐름성을 부여하기 위해 습도를 높게 설정한다.

★★★
38 제빵 시 굽기 단계에서 일어나는 반응에 대한 설명으로 틀린 것은?

① 반죽온도가 60℃로 오르기까지 효소의 작용이 활발해지고 휘발성 물질이 증가한다.
② 글루텐은 90℃부터 굳기 시작하여 빵이 다 구워질 때까지 천천히 계속된다.
③ 반죽온도가 60℃에 가까워지면 이스트가 죽기 시작한다. 그와 함께 전분이 호화하기 시작한다.
④ 표피부분이 160℃를 넘어서면 당과 아미노산이 마이야르 반응을 일으켜 멜라노이드를 만들고, 당의 캐러멜화 반응이 일어나고 전분이 덱스트린으로 분해된다.

해설 | 글루텐은 74℃부터 굳기 시작한다.

★★★
39 다음 중 빵 굽기의 반응이 아닌 것은?

① 이산화탄소의 방출과 노화를 촉진시킨다.
② 빵의 풍미 및 색깔을 좋게 한다.
③ 제빵 제조 공정의 최종 단계로 빵의 형태를 만든다.
④ 전분의 호화로 식품의 가치를 향상시킨다.

해설 | 빵 굽기 중에 오븐열에 의해서 이산화탄소의 방출과 수분 증발은 일어나지만, 수분 증발을 노화라고는 하지 않는다.

★★
40 빵 표피의 갈변반응을 설명한 것 중 옳은 것은?

① 이스트가 사멸해서 생긴다.
② 마가린으로부터 생긴다.
③ 아미노산과 당으로부터 생긴다.
④ 굽기 온도 때문에 지방이 산패되어 생긴다.

해설 | 빵 표피의 갈변반응에는 캐러멜화 반응과 메일라드 반응이 있다.

정답 34 ③ 35 ③ 36 ④ 37 ② 38 ② 39 ① 40 ③

★★
41 굽기 손실에 영향을 주는 요인으로 관계가 가장 적은 것은?

① 믹싱시간 ② 배합률
③ 제품의 크기와 모양 ④ 굽기온도

해설 | 믹싱시간은 발효시간에 영향을 미치므로 발효 손실에 약간의 관여를 하나 굽기 손실에는 그 영향이 아주 적다.

★★
42 아이싱이나 토핑에 사용하는 재료의 설명으로 틀린 것은?

① 안정제는 수분을 흡수하여 끈적거림을 방지한다.
② 생우유는 우유의 향을 살릴 수 있어 바람직하다.
③ 쇼트닝은 첨가하는 재료에 따라 향과 맛을 살릴 수 있다.
④ 분당은 아이싱 제조 시 끓이지 않고 사용할 수 있는 장점이 있다.

해설 | 굽기를 하지 않는 아이싱이나 토핑물에 생우유를 사용하면 아이싱이나 토핑물이 상하기 쉽다.

★★
43 퐁당 아이싱이 끈적거리거나 포장지에 붙는 경향을 감소시키는 방법으로 옳지 않은 것은?

① 굳은 것은 설탕시럽을 첨가하거나 데워서 사용한다.
② 아이싱을 다소 뜨겁게(40℃) 하여 사용한다.
③ 젤라틴, 한천 등과 같은 안정제를 적절하게 사용한다.
④ 아이싱에 최대의 액체를 사용한다.

해설 | 퐁당 아이싱의 끈적거림을 방지하기 위해서는 아이싱에 최소의 액체를 사용한다.

★★
44 빵도넛 글레이즈가 끈적이는 원인과 대응방안으로 틀린 것은?

① 안정제, 농후화제 부족 – 글레이즈 제조 시 첨가된 검류의 함량을 높임
② 유지 성분과 수분의 유화 평형 불안정 – 원재료 중 유화제 함량을 높임
③ 온도, 습도가 높은 환경 – 냉장 진열장 사용 또는 통풍이 잘되는 장소 선택
④ 빵도넛 제조 시 지친 반죽, 2차 발효가 지나친 반죽 사용 – 표준 제조 공정 준수

해설 | 빵도넛 글레이즈는 일반적으로 젤라틴, 젤리, 시럽, 퐁당, 초콜릿 등으로 만들므로 유화제를 사용하지 않는다.

★
45 굳어진 설탕 아이싱 크림을 여리게 하는 방법으로 부적합한 것은?

① 전분이나 밀가루를 넣는다.
② 소량의 물을 넣고 중탕으로 가온한다.
③ 설탕 시럽을 더 넣는다.
④ 중탕으로 가열한다.

해설 | 전분이나 밀가루 같은 흡수제를 사용하는 경우는 아이싱의 끈적거림을 방지하기 위해서 사용한다.

★★
46 빵도넛을 글레이즈할 때 글레이즈의 적정한 품온은?

① 24~27℃
② 28~32℃
③ 33~36℃
④ 43~49℃

해설 | 빵도넛 글레이즈는 분당에 물을 넣으면서 물이 고루 분산되도록 개어 퐁당 상태로 만든다. 빵도넛 글레이즈의 사용 온도는 45~50℃가 적당하다.

41 ① 42 ② 43 ④ 44 ② 45 ① 46 ④

★★
47 퐁당(Fondant)에 대한 설명으로 가장 적합한 것은?

① 유화제를 사용하면 부드럽게 할 수 있다.
② 시럽을 214℃까지 끓인다.
③ 40℃ 전후로 식혀서 휘젓는다.
④ 굳으면 설탕과 물의 비율을 1:1로 만든 시럽을 첨가한다.

해설 |
① 물엿, 전화당, 시럽을 사용하면 부드럽게 할 수 있다.
② 시럽을 114~118℃로 끓인다.
④ 굳으면 일반 시럽(설탕:물=2:1)을 소량 넣는다.

★★★
48 머랭 제조에 대한 설명으로 옳은 것은?

① 설탕을 믹싱 초기에 첨가하여야 부피가 커진다.
② 용기와 기기에는 기름기가, 흰자엔 노른자가 없어야 튼튼한 거품이 나온다.
③ 일반적으로 흰자 100에 대하여 설탕 50의 비율로 만든다.
④ 저속으로 거품을 올린다.

해설 |
① 설탕을 믹싱 초기에 첨가하면 흰자의 공기 포집능력이 저하된다.
③ 일반적으로 흰자 100에 대하여 설탕 200의 비율로 만든다.
④ 대부분 중속으로 거품을 올린다.

★★★
49 다음의 머랭(Meringue) 중에서 설탕을 끓여서 시럽으로 만들어 제조하는 것은?

① 온제 머랭 ② 냉제 머랭
③ 스위스 머랭 ④ 이탈리안 머랭

해설
- 흰자를 거품 내면서 뜨겁게 조린 시럽(설탕 100에 물 30을 넣고 114~118℃ 끓임)을 부어 이탈리안 머랭을 만든다.
- 이탈리안 머랭 제조 시 설탕을 끓여서 만든 시럽을 넣는 이유는 달걀 흰자에 있을 수도 있는 살모넬라균을 사멸시켜 버터크림을 만들 때 오염을 방지하기 위함이다.

★★
50 과자빵의 충전용 크림의 재료인 생크림에 대한 설명으로 틀린 것은?

① 생크림의 보관이나 작업 시 제품온도는 3~7℃가 좋다.
② 휘핑 시간이 적정 시간보다 짧으면 기포의 안정성이 약해진다.
③ 유지방 함량 35~45% 정도의 진한 생크림을 휘핑하여 사용한다.
④ 크림 100%에 대하여 1.0~1.5%의 분설탕을 사용하여 단맛을 낸다.

해설 | 생크림 100%에 대하여 10~15%의 분설탕을 사용하여 단맛을 낸다.

★
51 1,000㎖의 생크림 원료로 거품을 올려 2,000㎖의 생크림을 만들었다면 증량률(Over-run)은 얼마인가?

① 50% ② 100%
③ 150% ④ 200%

해설 | • 오버런(증량률) = (휘핑 후 부피–휘핑 전 부피)÷휘핑 전 부피×100

★★
52 오븐에서 구운 빵을 냉각할 때 평균 몇 %의 수분 손실이 추가적으로 발생하는가?

① 2% ② 4%
③ 6% ④ 8%

해설 | 빵의 냉각 온도 : 35~40℃, 빵 속 수분함유량 : 38%, 냉각 손실 : 2%

정답 47 ③ 48 ② 49 ④ 50 ④ 51 ② 52 ①

★★
53 **다음 중 빵의 냉각방법으로 가장 적합한 것은?**

① 바람이 없는 실내에서 냉각
② 강한 송풍을 이용한 냉각
③ 냉동실에서 냉각
④ 수분분사 방식

해설 | 바람이 없는 실내의 상온에서 냉각하는 방법을 자연냉각이라 한다.

★★★
54 **빵 포장의 목적으로 부적합한 것은?**

① 빵의 저장성 증대
② 빵의 미생물 오염 방지
③ 수분 증발 촉진
④ 상품의 가치 향상

해설 | 빵을 포장지로 포장하면 수분 증발을 방지하여 빵의 노화를 억제할 수 있다.

★★
55 **포장재인 포화폴리에스터(PET) 재료의 특징이 아닌 것은?**

① 보향성이 매우 좋다.
② 기계적성이 매우 나쁘다.
③ 투명하고 내열, 내수성이 대단히 좋다.
④ 질기며 기름, 약품에 대한 내성이 우수하다.

해설 | 포장 재료인 포화폴리에스터(PET)은 기계적성이 매우 좋다.

★★
56 **포장된 식품의 품질변화 요인에 대한 설명으로 부적당한 것은?**

① 우선적으로 식품 자체성분의 변화가 없어야 한다.
② 포장 재료의 선택 시 각 포장재의 특징을 살펴본 후 선택해야 제품의 특성이 유지된다.
③ 일단 포장된 제품의 품질은 저장조건에 따라 영향을 받지 않는다.
④ 기구나 용기 포장이 위생상 불량할 때 이것에 식품이 접촉되므로 여러 가지 영향을 미치게 된다.

해설 | 일단 포장된 제품이라도 저장조건에 따라 영향을 많이 받는다.

★
57 **식품제조 용기에 관한 설명으로 옳은 것은?**

① 법랑제품은 내열성이 강하다.
② 유리제품은 건열과 충격에 강하다.
③ 스테인리스 스틸은 알루미늄보다 열전도율이 낮다.
④ 고무제품은 색소와 형광표백제가 용출되기 쉽다.

해설 | 식품제조 용기의 종류와 장단점
- 법랑냄비는 철판으로 된 본체에 백토를 입힌 것이다. 아름다운 빛깔에 여러 가지 무늬를 넣을 수 있다. 씻기 쉬우며, 빛깔이 퇴색하지 않고 보온성도 좋다. 그러나 내열성이 약하다.
- 유리 냄비는 최근 보급되기 시작한 것으로 깨끗하고 아름다운 것이 특징이지만, 열전도가 나쁘고 깨지기 쉬우므로 냄비 재질로서는 적합하지 않다.
- 스테인리스 스틸 냄비는 광택이 나며 녹이 슬지 않는다. 깨끗이 씻기 쉬우며, 빛깔이 퇴색하지 않고, 보온성도 좋다. 그러나 냄비 전체적으로 열을 균일하게 전도하는 비율이 떨어진다.
- 알루미늄 냄비는 열전도가 잘되고 가벼우며 녹이 슬지 않아 사용하기에 편리하다. 알루미늄은 가공하기가 쉬우므로 디자인이 우수한 제품이 많다. 그러나 음식에 물기가 없어지면 냄비 바닥이 타서 상하기 쉽다.
- 고무제품은 색소와 형광표백제와 잘 결합되므로 다양한 색의 고무장갑을 만들 수도 있다.

53 ①　54 ③　55 ②　56 ③　57 ③

★★
58 포장용기 재료로도 쓰이는 합성 플라스틱에서 발생할 수 있는 화학적 식중독 물질은?

① 포름알데히드(Formaldehyde)

② 둘신(Dulcin)

③ 베타나프톨(β-naphthol)

④ 겐티아나바이올렛(Gertiana violet)

해설 | 포름알데히드는 유해 방부제이며, 합성 플라스틱류에서 발생할 수 있는 화학적 식중독 물질이다.

★★
59 원가관리라는 개념에서 식품을 저장하고자 할 때 저장온도로 부적합한 것은?

① 상온식품은 15~20℃에서 저장한다.

② 보냉식품은 10~15℃에서 저장한다.

③ 냉장식품은 5℃에서 저장한다.

④ 냉동식품은 -40℃ 이하로 저장한다.

해설 | 냉동식품은 식품의 중심온도가 -18℃ 이하를 계속 유지하는 식품을 말하며, 냉동저장은 식품을 -18℃ 이하에서 보관함으로써 식품 내 수분의 대부분을 빙결시켜 변패를 억제시킨다.

★
60 제조원가를 파악할 수 있는 제빵 제조공정은?

① 배합표와 재료계량

② 반죽발효

③ 반죽정형

④ 반죽익힘

해설 | 배합표와 재료계량을 통해 제조원가의 구성요소인 직접재료비, 직접노무비, 직접경비를 파악할 수 있다.

★★
61 다음 중 제빵용 믹서로 적합한 것은?

① 에어 믹서

② 버티컬 믹서

③ 연속식 믹서

④ 스파이럴 믹서

해설 | 스파이럴 믹서(나선형 믹서) : 나선형 훅이 내장되어 있어 프랑스빵, 독일빵, 토스트 브레드 같이 된반죽이나 글루텐 형성능력이 다소 떨어지는 밀가루로 빵을 만들 때 적합하다.

★★★
62 공장 설비 중 제품의 생산능력은 어떤 설비가 기준이 되는가?

① 오븐

② 발효기

③ 믹서

④ 작업테이블

해설 | 오븐의 제품생산능력을 고려하지 않고 믹서와 발효실에서 많은 반죽량을 만들면 반죽이 지치게 된다.

★★
63 소규모 제과점 주방설비 중 작업의 효율성을 높이기 위한 작업테이블의 위치는

① 오븐 옆에 설치한다.

② 냉장고 옆에 설치한다.

③ 발효실 옆에 설치한다.

④ 주방의 중앙부에 설치한다.

해설 | 작업테이블은 작업이 시작되는 곳이자 끝나는 곳이므로 주방의 중앙부에 설치한다.

★★★
64 대량생산 공장에서 많이 사용되는 오븐으로 반죽이 들어가는 입구와 제품이 나오는 출구가 서로 다른 오븐은?

① 데크 오븐

② 터널 오븐

③ 로터리래크 오븐

④ 컨벡션 오븐

해설 | 터널 오븐
- 터널을 통과하는 동안 온도가 다른 몇 개의 구역을 지나면서 굽기가 끝난다.
- 빵틀의 크기에 거의 제한받지 않고, 윗불과 아랫불의 조절이 쉽다.
- 넓은 면적이 필요하고 열손실이 큰 결점이 있다.

정답 58 ① 59 ④ 60 ① 61 ④ 62 ① 63 ④ 64 ②

★★★
65 수평형 믹서를 청소하는 방법으로 올바르지 않은 것은?

① 청소하기 전에 전원을 차단한다.
② 생산 직후 청소를 실시한다.
③ 물을 가득 채워 회전시킨다.
④ 금속으로 된 스크래퍼를 이용하여 반죽을 긁어낸다.

해설 | 수평형 믹서는 플라스틱으로 된 스크래퍼를 이용하여 반죽을 긁어낸다.

★★
66 제빵용으로 주로 사용되는 도구는?

① 모양깍지　② 돌림판(회전판)
③ 짤주머니　④ 스크래퍼

해설 | 스크래퍼는 반죽을 분할하고 한데 모으며, 작업대에 들러붙은 반죽을 떼어낼 때 사용하는 도구이다.

★
67 믹서(Mixer)를 구성하는 부속물에 해당되지 않는 것은?

① 휘퍼(Whipper)
② 비터(Beater)
③ 배터(Batter)
④ 믹서 볼(Mixer bowl)

해설
- 믹서를 구성하는 부대물에는 믹서 볼, 휘퍼, 비터, 훅 등이 있다.
- 배터(Batter Type)는 반죽형 반죽을 의미한다.

★★
68 빵과 과자 반죽을 급속냉동, 냉장관리, 완만해동, 1차와 2차 발효를 프로그래밍에 의하여 자동적으로 조절하는 기계는?

① 디바이더(Divider)
② 오버헤드 프루퍼(Overhead proofer)
③ 라운더(Rounder)
④ 도우 컨디셔너(Dough conditioner)

해설 |
- 디바이더 : 반죽 분할기
- 라운더 : 둥글리기기
- 도우 컨디셔너 : 급속냉동, 냉장해동, 1차, 2차 발효조건 자동 조절
- 오버헤드 프루퍼 : 중간 발효실

★★★
69 페이스트리 성형 자동밀대(파이롤러)에 대한 설명 중 맞는 것은?

① 기계에 반죽이 달라붙는 것을 막기 위해 덧가루를 많이 사용한다.
② 기계를 사용하여 반죽과 유지는 따고따로 밀어서 편 뒤 감싸서 밀어 펴기를 한다.
③ 기계를 사용하므로 밀어 펴기의 반죽과 유지와의 경도는 가급적 다른 것이 좋다.
④ 냉동휴지 후 밀어 펴면 유지가 굳어 갈라지므로 냉장휴지를 하는 것이 좋다.

해설 | 페이스트리를 밀어 펴기 할 때 일반적으로 손밀대를 사용하여 반죽을 밀어 편 후 경도를 알맞게 조절한 유지를 놓고 자동 밀대로 덧가루를 적당히 뿌리면서 유지를 감싼 반죽을 밀어 편다. 반죽과 유지의 경도를 가급적 같게 하기 위해 냉장휴지를 시킨다.

★★
70 일반적인 제빵 작업장의 시설 설명으로 잘못된 것은?

① 방충 · 방서용 금속망은 30메시(mesh)가 적당하다.
② 벽면은 매끄럽고 청소하기 편리하여야 한다.
③ 조명은 30lux 이하가 좋다.
④ 창의 면적은 바닥면적을 기준하여 30% 정도가 좋다.

해설 | 조명은 작업내용에 따라 다르지만 30lux 이상이 좋다.

65 ④　66 ④　67 ③　68 ④　69 ④　70 ③

★

71 **공장 설비 시 배수관의 최소 내경으로 알맞은 것은?**

① 10cm ② 15cm

③ 20cm ④ 25cm

해설 | 공장 설비 시 바닥은 미끄럽지 않고 배수가 잘 되어야 하므로 공장 배수관은 최소 내경은 10㎝가 좋다.

★

72 **다음 중 제품의 가치에 속하지 않는 것은?**

① 귀중가치 ② 재고가치

③ 교환가치 ④ 사용가치

해설 | 제품의 재고량과 재고기간은 제품의 가치를 떨어뜨리는 요인이 된다.

★★

73 **다음 중 생산관리의 목표는?**

① 납기, 원가, 품질의 관리

② 납기, 재고, 품질의 관리

③ 재고, 납기, 출고의 관리

④ 재고, 출고, 판매의 관리

해설 | 생산 관리의 목표

- 생산 준비
- 생산량 관리(납기일에 맞추어 생산계획을 세운다)
- 품종, 품질 관리
- 원가 관리

★★★

74 **다음 중 제과 생산관리에서 제1차 관리 3대 요소가 아닌 것은?**

① 사람(Man)

② 재료(Material)

③ 자금(Money)

④ 방법(Method)

해설 | 제1차 관리 3대 요소

- Man : 생산 직원의 기능적 숙련도와 인원을 관리한다.
- Material : 제과제빵 재료의 품질과 재고를 관리한다.
- Money : 생산비용과 제품의 원가를 관리한다.
- 제1차 관리 : 사람, 재료, 자금
- 제2차 관리 : 방법, 시간, 시설, 시장

★★★

75 **베이커리 경영의 3요소(3M)가 아닌 것은?**

① 시장(Market)

② 재료(Material)

③ 자본(Money)

④ 사람(Man)

해설 | 3M이란 기업활동의 7가지 구성요소 중 제1차 관리대상인 3가지를 말한다. Man(사람, 질과 양), Material(재료, 품질), Money(자금, 원가) 등이 관리대상과 관리목표이다.

★★

76 **제품의 생산원가를 계산하는 목적에 해당하지 않는 것은?**

① 이익 계산

② 판매가격 결정

③ 설비 보수

④ 원 · 부재료 관리

해설 | 제조직접비와 제조간접비로 구성되는 생산원가(제조원가)는 이익 계산, 판매가격 결정, 원 · 부재료 관리, 인건비 관리, 제조경비 관리, 제조이익 관리, 감가상각비 관리에 활용된다.

★★

77 **제과 생산의 원가를 계산하는 목적으로만 연결된 것은?**

① 생산량관리, 재고관리, 판매관리

② 노무비, 재료비, 경비 산출

③ 순이익과 총 매출의 계산

④ 이익계산, 가격결정, 원가관리

해설 | 생산의 원가를 계산하는 목적

- 이익을 산출하기 위해서
- 가격을 결정하기 위해서
- 원가관리를 위해서

정답 71 ① 72 ② 73 ① 74 ④ 75 ① 76 ③ 77 ④

★★★
78 제품을 생산하는 데 생산 원가요소는?

① 광열비, 월급, 생산비
② 판매비, 노동비, 월급
③ 재료비, 용역비, 감가상각비
④ 재료비, 노무비, 경비

해설 |
- 원가에는 총원가, 제조원가, 직접원가 등이 있다.
- 이 문제에서 질문하는 생산원가 요소는 직접원가(직접제조원가)인 직접재료비, 직접노무비, 직접경비 등만을 가리킨다.

★★
79 제과 · 제빵공장에서 생산관리 시 매일 점검할 사항이 아닌 것은?

① 원재료율
② 설비 가동률
③ 제품당 평균 단가
④ 출근율

해설 | 제품당 평균 단가는 제품 제조시 투입되는 요소들에 변동폭이 발생될 때 점검할 사항이다.

★★★
80 총 원가는 어떻게 구성되는가?

① 제조원가+판매비+일반관리비
② 직접원가+일반관리비
③ 제조원가+이익
④ 직접재료비+직접노무비+판매비

해설 | 총 원가는 제조직접비와 제조간접비로 구성되는 제조원가에 판매비, 일반관리비를 합한 금액이다.

★★★
81 다음 중 총원가에 포함되지 않는 것은?

① 직원의 급료
② 판매이익
③ 제조설비의 감가상각비
④ 매출원가

해설 |
- 총원가=직접 재료비+직접 노무비+직접 경비+제조 간접비+판매비+일반 관리비
- 제조 간접비(제조설비의 감가상각비), 판매비(매출원가), 직접 노무비(직원의 급료)

★★
82 원가의 절감방법이 아닌 것은?

① 불량률을 최소화한다.
② 창고의 재고를 최대로 한다.
③ 구매관리를 엄격히 한다.
④ 제조공정 설계를 최적으로 한다.

해설 | 재고의 증가는 물류비의 상승을 가져와 원가를 높인다.

★★
83 노무비를 절감하는 방법으로 바람직하지 않은 것은?

① 단순화 ② 설비 휴무
③ 표준화 ④ 공정시간 단축

해설 | 노무비(인건비)를 절감하는 방법은 생산성을 향상시키는 것인데, 설비 휴무는 생산성을 떨어뜨린다.

★
84 어느 제과점의 지난 달 생산실적이 다음과 같은 경우 노동분배율은?

- 외부가치 : 600만 원
- 생산가치 : 3,000만 원
- 인건비 : 4,500만 원
- 총 인원 : 10명

① 30% ② 40%
③ 50% ④ 60%

해설 |
- 노동분배율 = $\frac{\text{인건비}}{\text{생산가치(부가가치)}} \times 100$
- $\frac{15,000,000}{30,000,000} \times 100 = 50\%$

78 ④ 79 ③ 80 ① 81 ② 82 ② 83 ② 84 ③

★★
85 **생산된 소득 중에서 인건비와 관련된 부분은?**

① 노동 분배율
② 물량적 생산성
③ 생산 가치율
④ 가치적 생산성

해설 | 노동 분배율은 인건비를 생산가치로 나눈 값으로 생산가치에서 차지하는 인건비의 비율을 나타낸 것이다.

★★
86 **1인당 생산가치는 생산가치를 무엇으로 나누어 계산하는가?**

① 인원수　　② 시간
③ 임금　　④ 원 재료비

해설 | 1인당 생산가치=생산가치÷인원수

★★
87 **어느 제과점의 이번 달 생산예상 총액이 1,000만 원인 경우에 목표 노동 생산성은 5,000원/시/인이다. 생산 가동 일수가 20일, 1일 작업시간 10시간인 경우 소요 인원은?**

① 8명　　② 9명
③ 10명　　④ 11명

해설 |
• $\text{노동생산성} = \dfrac{\text{생산금액(생산량)}}{\text{총 공수(인원×총 작업시간)}} \times 100$
• $5,000 = \dfrac{10,000,000}{X \times 20 \times 10}$
$X = \dfrac{50,000}{5,000}$ ∴ 총인원 χ=10

★
88 **제품의 시장성을 파악하고 제품생산 시스템을 관리하는 지표인 제품회전율을 구하는 공식은?**

① $\text{제품 회전율} = \dfrac{\text{매출액}}{\text{평균재고액}} \times 100$
② $\text{제품 회전율} = \dfrac{\text{매출액}}{\text{평균재고액}}$
③ $\text{제품 회전율} = \dfrac{\text{평균재고액}}{\text{매출액}}$
④ $\text{제품 회전율} = \dfrac{\text{평균재고액}}{\text{매출액}} \times 100$

★
89 **생산액이 2,000,000원, 외부가치가 1,000,000원, 생산가치가 500,000원, 인건비가 800,000원일 때 생간가치율은?**

① 20%　　② 25%
③ 30%　　④ 35%

해설 |
$\text{생산가치율} = \dfrac{\text{생산가치}}{\text{생산액}} \times 100$
$\chi = 5000,000 \div 2,000,000 \times 100 = 25\%$

★★★
90 **롤 케이크 50개, 파운드 케이크 300개, 치즈케이크 200개를 제조하는데 5명이 10시간 동안 작업하였다. 1인 1시간 기준의 노무비가 1,000원일 때 개당 노무비는 약 얼마인가?**

① 81원　　② 91원
③ 101원　　④ 111원

해설 |
• 1인 1시간 생산량=총 개수÷인÷시간
=(50+300+200)÷5명÷10시간=11개
• 개당 노무비=1인 1시간 노무비÷1인 1시간 생산량
=1000÷11=90.9　∴91원(반올림)

★★★
91 **데코레이션 케이크 100개를 1명이 아이싱할 때 5시간이 필요하다면, 1,400개를 7시간 안에 아이싱하는 데 필요한 인원수는?**

① 10명　　② 11명
③ 12명　　④ 13명

해설 |
• 100개÷1명÷5시간=20개
• 1,400개÷7시간÷20개=10명

정답 85 ① 86 ① 87 ③ 88 ① 89 ② 90 ② 91 ①

★★★

92 **데코레이션 케이크 하나를 완성하는 데 한 작업자가 5분이 걸린다고 한다. 작업자 5명이 500개를 만드는 데 몇 시간 몇 분이 걸리는가?**

① 약 8시간 10분

② 약 8시간 15분

③ 약 8시간 20분

④ 약 8시간 25분

해설

- 500개÷5명×5분(한 작업자가 제조하는 시간)÷60분 =8.3333 ∴ 8시간
- 0.3333×60=19.998 ∴약 20분

★★★

93 **외부가치 7,100만 원, 생산가치 3,000만 원, 인건비 1,400만 원인 경우 노동분배율은 약 얼마인가?**

① 27% ② 35%

③ 45% ④ 47%

해설 |

- 노동분배율이란 생산가치에 대해 인건비가 차지하는 비율을 말하며, 문제에서 주어진 외부가치 금액은 허수이다.
- 노동분배율 = $\frac{\text{인건비}}{\text{생산가치}} \times 100$

$= \frac{1,400}{3,000} \times 100 = 47\%$

★★★

94 **어떤 제품의 가격이 600원일 때 제조원가는?(단, 손실률은 10%이고, 이익률(마진율)은 15% 가격은 부가가치세 10%를 포함한 가격이다.)**

① 431원 ② 441원

③ 474원 ④ 545원

해설 |

- 제조원가는 판매가격에서 부가가치세, 이익률, 손실률 등을 뺀 금액이 된다.
- 부가가치세 포함 전 가격=판매가격 600원÷(1+0.1)=545원
- 이익률 포함 전 가격=545원÷(1+0.15)=474원
- 손실률 포함 전 가격=474원÷(1+0.1)=431원

★★★

95 **단위당 판매가격이 70원, 단위당 변동비가 50원, 고정비가 5,000원이라고 하면 손익분기점의 판매량은 얼마인가?**

① 150개 ② 200개

③ 250개 ④ 300개

해설 |

- 손익분기점이란 일정기간동안 매출액과 총비용(변동비+고정비)이 일치하여 이익도 손실도 발생하지 않는 지점을 말한다.
- 매출액=(단위당 판매가격 70원−단위당 변동비 50원)×판매량x=20x(매출액을 계산할 때 변동비는 판매수량에 따라 비례하여 달라지는 비용이므로 판매가격에서 먼저 빼고 계산한다.)
- 손익분기점은 '매출액 − 비용 = 0'이다.

$20\chi - 5{,}000\text{원} = 0$

$20\chi = 5{,}000\text{원}$

$\chi = 5{,}000\text{원} \div 20 = 250\text{개}$

★★★

96 **정규시간이 50분이고 여유시간이 10분일 때 여유율은?**

① 15% ② 20%

③ 25% ④ 30%

해설 |

여유율(%) = $\frac{\text{여유시간}}{\text{정규시간}} \times 100 = \frac{10}{50} \times 100 = 20(\%)$

92 ③ 93 ④ 94 ① 95 ③ 96 ②

BEST QUALITY • CAKES BAKERY

03 제품 평가 (빵류제품 마무리)

1 제품 평가기준

완성된 제품의 외관이나 내부를 평가하여 상품적인 가치를 평가하는 것을 말한다.

1. 외부평가

평가항목	세부사항
터짐성	옆면에 적당한 터짐(Break), 찢어짐(Shred)이 나타나는 것이 좋다.
외형의 균형	좌·우, 앞·뒤 대칭인 것이 좋다.
부 피	분할 무게에 대한 완제품의 부피로 평가한다.
굽기의 균일화	전체가 균일하게 구워진 것이 좋다.
껍질색	식욕을 돋우는 황금갈색이 가장 좋다.
껍질 형성	두께가 일정하고 너무 질기거나 딱딱하지 않아야 하며, 윗면에 터짐과 찢어짐이 없어야 한다.

2. 내부평가

평가항목	세부사항
조 직	탄력성이 있으면서 부드럽고 실크와 같은 느낌이 있어야 한다.
기 공	균일한 작은 기공과 얇은 기공벽으로 이루어진 길쭉한 기공들로 이루어져야 한다.
속결 색상	크림색을 띤 흰색이 가장 이상적이다.

3. 식감평가

평가항목	세부사항
냄 새	이상적인 빵은 상쾌하고, 고소한 냄새가 난다.
맛	빵에 있어 가장 중요한 평가 항목이다. 제품 고유의 맛이 나면서 만족스러운 식감이 있어야 바람직하다.

4. 어린 반죽과 지친 반죽으로 만든 제품 비교

평가항목	어린 반죽(발효, 반죽이 덜 된 것)	지친 반죽(발효, 반죽이 많이 된 것)
구운 상태	위, 옆, 아랫면이 모두 검다.	연하다.
기 공	거칠고 열린 두꺼운 세포	거칠고 열린 얇은 세포벽 → 두꺼운 세포벽
브레이크와 슈레드	찢어짐과 터짐이 아주 적다.	커진 뒤에 작아진다.
부 피	작다.	크다 → 작다
외형의 균형	예리한 모서리, 매끄럽고 유리 같은 옆면	둥근 모서리, 움푹 들어간 옆면
껍질 특성	두껍고 질기고 기포가 있을 수 있다.	두껍고 단단해서 잘 부서지기 쉽다.
껍질색	어두운 적갈색(잔당이 많기 때문)	밝은 색깔(잔당이 적기 때문)
조 직	거칠다.	거칠다.
속 색	무겁고 어두운 속색, 숙성이 안 된 색	색이 희고 윤기가 부족
맛	덜 발효된 맛	더욱 발효된 맛
향	생밀가루 냄새가 난다.	신 냄새가 난다(발효향이 강하다).

2 각 재료에 따른 제품의 결과

1. 설탕

① 설탕은 이스트의 먹이로 식빵에서 스트레이트법의 최저 설탕량인 3% 정도 첨가한다.

② 설탕이 5% 이상이 되면 가스 발생력이 약해져 발효시간은 길어진다.

평가항목	정량보다 많은 경우	정량보다 적은 경우
부 피	작다.	작다.
껍질색	어두운 적갈색(잔당이 많기 때문)	연한 색(잔당이 적기 때문)
외형의 균형	• 발효가 느리고 팬의 흐름성이 많다. • 완만한 윗부분 • 모서리가 각이 지고 찢어짐이 작다.	• 모서리가 둥글다. • 팬의 흐름이 작다.
껍질 특성	두껍고 질기다.	엷고 부드러워진다.
기 공	발효가 제대로 되면 세포는 좋아진다.	가스 생성 부족으로 세포가 파괴된다.
속 색	발효만 잘 시키면 좋은 색이 난다.	회색 또는 황갈색을 띤다.
향	정상적으로 발효가 되면 향이 좋다.	향미가 적으며 맛이 적당하지 않다.
맛	달다.	발효에 의한 맛을 못 느낀다.

※ 설탕은 반죽의 단백질들이 서로 엉기어 글루텐으로 생성, 발전되는 것을 방해하므로 빵반죽이 만들어지는 시간을 길어지게 한다.

※ 식빵 제조 시 밀가루 기준 설탕량을 3% 정도 사용하면 완제품의 부피가 커진다.

2. 쇼트닝

① 쇼트닝은 가스 발생력에는 영향력이 없고 수분 보유력에는 영향력이 있어 완제품의 보존기간(보존성, 저장성)을 연장시킨다.

② 밀가루 기준 3~4% 첨가 시 가스 보유력에는 좋은 효과가 생긴다.

③ 액상유인 식용유보다는 고체유인 쇼트닝이 가스 보유력에 있어 훨씬 효과가 있다.

평가항목	정량보다 많은 경우	정량보다 적은 경우
부 피	작아진다.	작아진다.
껍질색	진한 어두운색, 약간 윤이 난다.	엷은 껍질색, 윤기 없는 표면
외형의 균형	• 흐름성이 좋다. • 모서리가 각지다. • 브레이크와 슈레드가 작다.	• 둥근 모서리 • 브레이크와 슈레드가 크다.
껍질 특성	거칠고 두껍다.	얇고 건조해진다.
기 공	세포가 거칠어진다.	세포가 파괴되어 기공이 열리고 거칠다.
속 색	황갈색	엷은 황갈색
향	불쾌한 냄새	발효가 미숙한 냄새
맛	기름기가 느껴짐	발효가 미숙한 맛

3. 소금

① 식빵 제조 시 소금의 일반적인 사용량은 밀가루 기준 2%가 평균적이나 그 이상 사용하면 소금의 삼투압에 의하여 이스트의 발효력이 저하된다.

② 최저 사용량은 1.7%이고, 소금을 넣지 않으면 반죽이 끈적거리며 처진다.

③ 반죽을 만들 때 소금을 직접 이스트에 접촉시키면 삼투압에 의하여 이스트의 발효력이 저하된다. 그래서 이스트와 설탕과 소금은 함께 계량하지 않는다.

평가항목	정량보다 많은 경우	정량보다 적은 경우
부 피	작다.	크다.
껍질색	검은 암적색	흰색
외형의 균형	• 예리한 모서리 • 약간 터지고 윗면이 편편하다.	• 둥근 모서리 • 브레이크와 슈레드가 크다.
껍질 특성	거칠고 두껍다.	얇고 부드러워진다.

기 공	두꺼운 세포벽, 거친 기공	얇은 세포벽
속 색	진한 암갈색	회색
향	향이 없다.	향이 많다.
맛	짜다.	부드러운 맛

4. 우유

① 우유 단백질인 카세인과 락토알부민, 락토글로불린이 밀가루의 단백질을 강화시키며, 식빵 제조시 물 대신 사용하는 우유의 양이 많으면 우유 단백질의 완충작용으로 발효시간이 길어진다.

② 우유의 유당은 굽기 시 당의 열반응에 의해서 완제품의 껍질색을 진하게 한다.

평가항목	정량보다 많은 경우	정량보다 적은 경우
부 피	커진다.	발효가 빠르고 부피가 작아진다.
껍질색	진한 색	엷은 색
외형의 균형	• 어린 반죽 • 예리한 모서리 • 브레이크와 슈레드가 작다.	• 둥근 모서리 • 브레이크와 슈레드가 크다.
껍질 특성	거칠고 두껍다.	얇고 건조해진다.
기 공	세포가 거칠어진다.	세포가 강하지 않아 기공이 점차적으로 열린다.
속 색	황갈색	흰색
향	미숙한 발효냄새와 껍질 탄 냄새	지나친 발효로 약한 쉰 냄새
맛	우유 맛이 나고 약간 달다.	단맛이 적고 약간 신맛이 난다.

tip

우유를 건조시켜 만든 분유를 적량보다 많이 사용하면, 적량보다 많이 사용한 우유의 경우처럼 우유 단백질의 완충작용으로 발효를 지연시키고 밀가루 단백질을 강화시켜 양 옆면과 바닥이 튀어나오게 한다.

5. 밀가루의 단백질 함량

① 밀가루 단백질 함량과 질은, 밀가루의 강도를 나타내며 제빵 적정을 나타낸다.

② 밀가루 단백질의 질이 양보다 더 중요하다.

평가항목	정량보다 많은 경우	정량보다 적은 경우
부 피	커진다.	작아진다.
껍질색	진한 색	엷은 색

외형의 균형	• 둥근 모서리 • 비대칭성이다. • 브레이크와 슈레드가 크다.	• 예리한 모서리 • 브레이크와 슈레드가 작다.
껍질 특성	거칠고 두껍다.	엷고 건조해진다.
기 공	• 세포의 크기가 좋아진다. • 세포의 크기는 불규칙하다.	세포가 파괴되고 엷은 껍질이 된다.
속 색	희게 나타난다.	크림색 내지는 어둡게 나타난다.
향	향이 강하다.	향이 약하다.
맛	맛이 좋다.	맛이 좋지 않다.

3 제품의 결함과 원인

1. 식빵류의 결함 원인

결 함	원 인
껍질이 질김	• 약한 밀가루 사용 또는 지나치게 강한 밀가루 사용 • 2차 발효 과다 • 저배합 비율 • 지친 반죽 • 질 낮은 밀가루 사용 • 2차 발효실의 습도가 높았다. • 성형 때 반죽을 거칠게 다룸 • 낮은 오븐 온도 • 발효 부족 • 오븐 속 증기 과다
부피가 작음	• 이스트 사용량이 부족 • 지나친 발효 • 오래된 밀가루 사용 • 2차 발효 불충분 • 이스트 푸드의 사용량 부족 • 성형 시 주위의 낮은 온도 • 미성숙 밀가루 사용 • 물 흡수량이 적다. • 반죽 속도가 빠를 때 • 오븐의 온도가 초기에 높을 때 • 오래되거나 온도가 높은 이스트 사용 • 소금, 설탕, 쇼트닝, 분유, 효소제 사용량 과다 • 약한 밀가루 사용 • 부족한 믹싱 • 오븐에서 거칠게 다룸 • 팬의 크기에 비해 부족한 반죽량 • 알칼리성 물 사용 • 반죽이 지나치거나 부족할 때 • 너무 차가운 믹서, 틀의 온도 • 오븐의 증기가 많거나 적을 때
표피에 수포 발생	• 질은 반죽 • 발효 부족(어린 반죽) • 2차 발효 시 발효실의 상대습도가 높았다. • 오븐의 윗 불 온도가 높았다. • 성형기의 취급 부주의
껍질의 반점 발생	• 배합 재료가 고루 섞이지 않았다. • 덧가루 사용 과다 • 설탕의 용출 • 녹지 않은 분유 • 2차 발효실의 수분 응축

빵의 바닥이 움푹 들어감	• 2차 발효가 초과될 때 • 믹서의 회전속도가 느릴 때 • 식빵 틀이 뜨거울 때 • 틀 바닥에 수분이 있을 때 • 굽기의 초기 온도가 높을 때	• 팬의 밑면 및 양면에 구멍이 없을 때 • 곧고 정확한 팬을 사용하지 않았을 때 • 식빵 틀에 기름을 칠하지 않았을 때 • 2차 발효실의 습도가 높을 때
윗면이 납작하고 모서리가 날카로움	• 미숙성한 밀가루 사용 • 지나친 믹싱 • 발효실의 높은 습도	• 소금 사용량이 정량보다 많은 경우 • 진 반죽
곰팡이 발생	• 제품 냉각 부족 • 먼지에 의한 오염 • 취급자의 비위생	• 작업도구 오염 • 충분히 굽지 않았다. • 식품 용기의 비위생
두꺼운 껍질	• 쇼트닝, 소금, 설탕, 분유, 질 좋은 단백질이 들어있는 밀가루 사용량이 정량보다 많은 경우 • 이스트 푸드, 효소제 사용과다 • 과도한 굽기 • 너무 강한 밀가루 • 2차 발효실 습도 부족과 온도 낮음	• 지친 반죽 • 오븐 스팀량 부족 • 낮은 오븐 온도
거친 기공과 좋지 않은 조직	• 발효 부족 • 약한 밀가루 사용 • 경수 사용 • 된 반죽 • 오븐에서 거칠게 다룸 • 틀, 철판의 높은 온도	• 부적당한 반죽 • 이스트 푸드 사용량 부족 • 낮은 오븐 온도 • 알칼리성 물 사용 • 질은 반죽
껍질이 갈라짐	• 효소제 사용 부족 • 너무 낮은 2차 발효실 습도 • 오븐의 높은 윗 온도	• 갓 구워낸 빵을 너무 빨리 식혔다. • 지치거나(발효 과다) 어린 반죽(발효 부족)
껍질색이 엷음	• 부족한 설탕 사용 • 2차 발효실의 습도가 낮았다. • 효소제를 과다하게 썼다. • 1차 발효시간의 초과(과숙성 반죽) • 오븐 속의 습도와 온도가 낮았다.	• 오븐에서 거칠게 다룸 • 부적당한 믹싱 • 오래된 밀가루 사용 • 굽기 시간의 부족 • 단물(연수)을 썼다.
껍질색이 짙음	• 과다한 설탕 사용량 • 2차 발효실의 습도가 높았다. • 오븐의 윗 온도가 높다. • 1차 발효 시간 부족	• 높은 오븐 온도 • 과도한 굽기 • 지나친 믹싱 • 과다한 분유 사용량

부피가 너무 큼	• 과다한 1차 발효와 2차 발효 • 소금 사용 부족 • 약간 지나친 발효 • 낮은 오븐 온도 • 팬의 크기에 비해 많은 반죽 • 부적합한 성형 • 스펀지의 양이 많을 때 • 우유, 분유의 사용량이 정량보다 많은 경우 • 팬 기름을 너무 칠한 경우
브레이크와 슈레드 (터짐과 찢어짐) 부족	• 1차 발효가 부족했거나 지나치게 과다한 경우 • 단물(연수)을 썼다. • 효소제의 사용량이 지나치게 과다한 경우 • 이스트 푸드 사용 부족 • 2차 발효가 과다한 경우 • 너무 높은 오븐 온도 • 2차 발효실 온도가 높았거나 시간이 길었거나 습도가 낮음 • 질은 반죽 • 오븐 증기 부족
빵 속 색깔의 어두움	• 맥아 사용량 과다 • 질 낮은 밀가루 사용 • 과다한 표백제가 사용된 밀가루 사용 • 2차 발효 과다 • 낮은 오븐 온도 • 이스트 푸드 사용 과다 • 신장성이 부족한 반죽 • 틀, 철판의 높은 온도
빵 속의 줄무늬 발생	• 과량의 덧가루 사용 • 밀가루의 체치는 작업 생략 • 반죽 개량제의 과다 사용 • 건조한 중간 발효 • 표면이 마른 스펀지 사용 • 믹싱 중 마른 재료가 고루 섞이지 않음 • 된 반죽 • 과량의 분할유(Divider oil) 사용 • 잘못된 성형기의 롤러 조절
빵의 옆면이 찌그러진 (쏙 들어간) 경우	• 지친 반죽 • 오븐열의 고르지 못함 • 팬 용적보다 넘치는 반죽량 • 지나친 2차 발효

2. 과자빵류의 결함 원인

결 함	원 인	
옆면 허리가 낮다.	• 오븐의 아랫불 온도가 낮았다. • 오븐의 온도가 낮았다. • 이스트의 사용량이 적었다. • 반죽을 지나치게 믹싱하였다. • 발효(숙성)가 덜 된 반죽을 그대로 사용하였다. • 성형할 때 지나치게 눌렀다. • 2차 발효시간이 길었다.	
껍질에 흰 반점 발생	• 낮은 반죽온도 • 숙성이 덜 된 반죽 사용 • 굽기 전(2차 발효 후) 찬 공기를 오래 쐬었다. • 발효 중 반죽이 식었다.	
껍질색이 엷다	• 배합재료 부족 • 발효시간 과다 • 덧가루 사용 과다	• 지친 반죽 • 반죽의 수분 증발
껍질색이 짙다	• 질 낮은 밀가루 사용 • 식은 반죽 • 어린 반죽	• 낮은 반죽온도 • 높은 습도
풍미 부족	• 부적절한 재료 배합 • 낮은 반죽 온도 • 과숙성 반죽 사용	• 저율 배합표 사용 • 낮은 오븐 온도 • 2차 발효실의 높은 온도
빵 바닥이 거칠다	• 과다한 이스트 사용 • 2차 발효실의 높은 온도	• 부족한 반죽 정도
빵 속이 건조하다	• 설탕 사용 부족 • 된 반죽	• 과다한 스펀지 발효 시간 • 낮은 오븐 온도
노화가 빠르다	• 박력 밀가루 사용 • 반죽 정도 부족 • 보관 중 바깥 공기와 접촉	• 설탕, 유지의 사용량 부족 • 가수율 부족
껍질이 두껍고 탄력이 적다	• 박력 밀가루 사용 • 된 반죽 • 낮은 오븐 온도	• 설탕 유지의 사용량 부족 • 덧가루 사용 과다

03 미리보는 출제예상문제

★★
01 빵의 부피가 너무 작은 경우 어떻게 조치하면 좋은가?

① 발효시간을 증가시킨다.
② 1차 발효를 감소시킨다.
③ 분할무게를 감소시킨다.
④ 팬 기름칠을 넉넉하게 증가시킨다.

해설 | 빵의 부피가 너무 작으면 반죽의 분할무게와 발효시간을 증가시킨다.

★★★
02 제빵 시 완성된 빵의 부피가 비정상적으로 크다면 그 원인으로 가장 적합한 것은?

① 소금을 많이 사용하였다.
② 알칼리성 물을 사용하였다.
③ 오븐 온도가 낮았다.
④ 믹싱이 고율배합이다.

해설 | 오븐 온도가 낮으면 오븐라이즈가 오래 지속되어 빵의 부피가 비정상적으로 커진다.

★★★
03 어린 반죽(발효가 덜 된 반죽)으로 제조를 할 경우 중간 발효시간은 어떻게 조절되는가?

① 길어진다.
② 짧아진다.
③ 같다.
④ 판단할 수 없다.

해설 | 어린 반죽을 분할한 경우 중간 발효시간을 길게 하여 부족한 발효시간을 보충한다.

★★★
04 발효가 지나친 반죽으로 빵을 구웠을 때의 제품 특성이 아닌 것은?

① 빵 껍질색이 밝다.
② 신 냄새가 난다.
③ 체적이 적다.
④ 제품의 조직이 고르다.

해설 | 발효가 지나치게 된 반죽으로 빵을 구우면 제품의 조직이 불규칙하다.

★★
05 어린 생지로 만든 제품의 특성이 아닌 것은?

① 부피가 작다.
② 속결이 거칠다.
③ 빵 속 색깔이 희다.
④ 모서리가 예리하다.

해설 | 어린 생지로 만든 제품의 속색은 어둡다.

★★
06 빵의 제품평가에서 브레이크와 슈레드 부족 현상의 이유가 아닌 것은?

① 발효시간이 짧거나 길었다.
② 오븐의 온도가 높았다.
③ 2차 발효실의 습도가 낮았다.
④ 오븐의 증기가 너무 많았다.

해설 | 오븐의 증기가 많으면, 오븐 속에서 이스트가 사멸하는 시간이 일어져 빵의 팽창이 너무 커진다. 그러면 브레이크(터짐)와 슈레드(찢어짐)가 많아진다.

정답 01 ① 02 ③ 03 ① 04 ④ 05 ③ 06 ④

★★
07 **최종 제품의 부피가 정상보다 클 경우의 원인이 아닌 것은?**

① 2차 발효의 초과
② 소금 사용량 과다
③ 분할량 과다
④ 낮은 오븐온도

해설 | 소금 사용량이 과다하면 이스트에 대한 삼투압이 증가하여 발효에 저해가 일어난다. 이로 인하여 최종 제품의 부피가 정상보다 작다.

★★★
08 **빵 속에 줄무늬가 생기는 원인이 아닌 것은?**

① 덧가루 사용이 과다한 경우
② 반죽개량제의 사용이 과다한 경우
③ 밀가루를 체로 치지 않은 경우
④ 너무 되거나 진 반죽인 경우

해설 | 반죽이 너무 된 경우에는 빵 속에 줄무늬가 생기지만, 진 경우에는 줄무늬를 만드는 직접적 원인이 되지 않는다.

★★
09 **굽기의 실패 원인 중 빵의 부피가 작고 껍질색이 짙으며, 껍질이 부스러지고 옆면이 약해지기 쉬운 결과가 생기는 원인은?**

① 높은 오븐열
② 불충분한 오븐열
③ 너무 많은 증기
④ 불충분한 열의 분배

해설 | 오븐열이 높으면 빵의 껍질 형성이 빨라져 부피가 작고, 속이 잘 익기 전에 오븐에서 빼므로 빵의 옆면이 주저앉기 쉽다.

★★
10 **진한 껍질색의 빵에 대한 대책으로 적합하지 못한 것은?**

① 설탕, 우유 사용량 감소
② 1차 발효 감소
③ 오븐 온도 감소
④ 2차 발효 습도 조절

해설 | 1차 발효를 감소시키면, 이스트에 의해 사용되지 않고 반죽에 남아있는 당류의 양이 많아져 진한 껍질색의 빵이 된다.

★★★
11 **식빵에 설탕을 정량보다 많이 사용하였을 때 나타나는 현상은?**

① 껍질이 엷고 부드러워진다.
② 발효가 느리고 팬의 흐름성이 많다.
③ 껍질색이 연하며 둥근 모서리를 보인다.
④ 향미가 적으며 속색이 회색 또는 황갈색을 보인다.

해설 | 식빵에 설탕이 정량보다 많으면 껍질색이 짙고 발효가 느리며, 팬 흐름성이 커진다. 그리고 향이 진하고 맛은 달다.

★★
12 **다음 중 식빵에서 설탕이 과다할 경우 대응책으로 가장 적합한 것은?**

① 소금 양을 늘린다.
② 이스트 양을 늘린다.
③ 반죽온도를 낮춘다.
④ 발효시간을 줄인다.

해설 | 설탕을 너무 많이 넣을 경우 발효력이 떨어지므로 발효력을 증진시킬 수 있는 조치를 취해야 한다.

★★★
13 **빵 제품의 껍질색이 연한 원인의 설명으로 거리가 먼 것은?**

① 1차 발효 과다
② 낮은 오븐 온도
③ 덧가루 사용 과다
④ 고율배합

해설 | 고율배합 반죽에는 갈변반응을 일으키는 당이 많이 함유되어 있으므로 빵 제품의 껍질색이 진해진다.

정답 07 ② 08 ④ 09 ① 10 ② 11 ② 12 ② 13 ④

빵류제품 능력단위 적용

1 프랑스빵(바게트)(French Bread)

일정한 모양의 틀을 쓰지 않고 바로 오븐 구움대 위에 얹어서 굽는 하스 브레드(Hearth Bread)의 하나로, 설탕, 유지, 계란을 거의 쓰지 않는 빵이다. 설탕, 유지, 계란을 거의 쓰지 않는 빵이므로 겉껍질이 단단한 하드 브레드(Hard Bread)의 한 종류이다.

1. 재료 계량

재 료	Baker's %	중 량	재 료	Baker's %	중 량
강력분	100	1,000	소 금	?	20
물	61	610	제빵개량제	1.5	15
생이스트	2.5	?	비타민 C	–	10~15ppm

① 생이스트의 중량을 산출하는 계산식을 다음과 같이 세울 수 있다.

② 산출하고자 하는 재료의 중량=[주어진 재료(강력분)의 중량×산출하고자 하는 재료(생이스트)의 비율]÷주어진 재료(강력분)의 비율, $\chi=1,000\times25\div100$ $\therefore \chi=25$

③ 소금의 비율을 산출하는 계산식을 다음과 같이 세울 수 있다.

④ 산출하고자 하는 재료의 비율=[주어진 재료(강력분)의 비율×산출하고자 하는 재료(소금)의 중량]÷주어진 재료(강력분)의 중량, $\chi=100\times20\div1,000$ $\therefore \chi=2$

⑤ 10~15ppm의 비타민 C 양을 g으로 산출하는 계산식을 다음과 같이 세울 수 있다.

⑥ 10~15ppm(1,000g의 밀가루 사용 시 바게트에 사용한 비타민 C의 양)×1,000g(밀가루 중량)÷1,000,000(ppm의 수) 방식으로 계산하여 비타민 C의 양을 g(0.01~0.015g)으로 환산한다. 그리고 물 1,000ml에 비타민 C 1g을 희석시켜 만든 비타민 C 물의 형태로 10~15g을 계량하여 비타민 C 10~15ppm을 반죽에 첨가한다.

※ 실기시험에는 강력분을 사용하지만, 프랑스 정통 바게트는 준강력분을 사용하여 바삭바삭한 껍질을 만든다.

※ 실기시험에는 제빵개량제를 사용하지만, 프랑스 정통 바게트는 비타민 C와 맥아로 그 기능을 대신한다.

※ 바게트는 하스 브레드이므로 반죽의 탄력성을 최대로 만들어야 한다. 그래서 일반 식빵보다 수분함량(가수율)을 줄인다.

※ 바게트에서 비타민 C는 10~15ppm(part per million, 1/1,000,000) 정도를 사용한다.

2. 믹싱

① 저속으로 전 재료를 균일하게 혼합한 후 중속으로 수화를 완료한다.

② 반죽에 산소농도를 높이기 위하여 나선형 훅을 장착한 후 고속으로 믹싱한다.

③ 발전 단계까지 믹싱을 하는데, 이렇게 일반 식빵에 비해서 적게 하는 이유는 반죽에 탄력성(저항성)을 부여하여 팬에서의 흐름을 막고 모양을 좋게 하기 위해서이다.

3. 1차 발효

① 발효 : 온도 27℃, 상대습도 65~75%, 시간 70~80분 정도 발효시킨다.

② 반죽의 숙성이 잘되어 부피가 3~3.5배 정도 되도록 발효시킨다.

4. 분할, 둥글리기

① 200g짜리 8개로 분할한다.

② 타원이 되게 둥글리기 한다.

프랑스 정통 바게트는 중량 350g, 길이 60~65cm

5. 중간 발효, 정형

① 15~30분의 중간 발효 시간을 가진다.

② 가스빼기를 잘한 후 30cm 정도의 프랑스빵으로 성형한다.

6. 패닝

철판에 3개씩 약간 비스듬히 패닝을 한다.

7. 2차 발효

① 온도 30~33℃, 상대습도 75~80%, 시간은 50~70분 정도 발효시킨다.

② 상대습도를 일반 식빵보다 낮게 설정하는 이유는 반죽의 흐름성을 억제하면서 탄력성을 부여하여 바게트 완제품의 모양(형태)를 좋게 하고 껍질에 바삭함을 나타내기 위함이다.

8. 자르기(쿠프, Coupe)

반죽 표면이 마르면 Coupe Knife로 비스듬히 3번 칼집을 낸다.

9. 굽기

① 오븐의 온도는 220~240℃로 하여 35~40분 굽는다.

② 오븐에 넣기 전후로 스팀을 분사하여 오븐 스프링 타임을 충분히 준다.

③ 스팀을 많이 분사하는 경우 껍질이 질겨지므로 주의한다.

④ 꺼내기 전에 껍질이 바삭하게 되도록 증기구멍으로 증기를 빼주는 드라이 시간을 준다.

⑤ 굽기손실이 20~25%로 일반 빵보다 굽기손실이 크다.

tip

※ 굽기 전 스팀을 분사하는 이유

- 껍질을 바삭하게 한다.
- 껍질에 윤기가 나게 한다.
- 껍질을 얇게 만든다.
- 거칠고 불규칙하게 터지는 것을 방지한다.

※ 제품별 굽기손실

- 풀만 식빵 : 7~9%
- 단과자빵 : 10~11%
- 일반 식빵 : 11~13%
- 하스 브레드 : 20~25%

2 하드롤(빠네)(Hard Roll)

껍질이 딱딱한 하드 브레드로 프랑스빵처럼 구움대에 바로 굽는 하스 브레드에 속하지만 약간은 고배합 빵이다. 밀가루 100%에 대하여 물 50~60% 조건에서 설탕, 흰자, 유지, 분유 등을 2% 정도 넣어 만든 것으로 포장하지 않고 하루를 보관할 수 있다. 반죽을 40~60g으로 분할해서 표면을 매끄럽게 둥글린 후 반죽의 봉합부분을 매듭 진다.

3 호밀빵(Rye Bread)

밀가루에 호밀가루를 넣어 배합한 빵으로서, 호밀가루에 의해 완제품에 독특한 맛과 조직의 특성을 부여하고 색상을 진하게 향상한다. 그러나 호밀가루는 빵의 모양과 형태를 유지시키는 단백질(글루테닌)이 부족하여 반죽과 완제품의 구조력을 약화시킨다.

1. 재료 계량

재 료	사용범위(%)	재 료	사용범위(%)
강력분	70	황설탕	3
호밀가루	30	쇼트닝	5
생이스트	2	분 유	2
제빵개량제	1	당 밀	2
물	60~63	캐러웨이씨	1
소 금	2	–	–

※ 호밀빵은 일반 식빵보다 흡수율이 좋지만 글리아딘과 글루테닌이 적기 때문에 반죽이 되도록 배합표를 작성한다.
※ 캐러웨이씨 : 호밀빵에 사용하는 향신료이다.

2. 믹싱

① 유지를 뺀 모든 재료를 넣는다.
② 저속으로 재료를 균일하게 혼합한 후 중속으로 수화를 완료한다.
③ 클린업 단계에서 유지를 투여하여 발전 단계까지 반죽한다.
④ 밀가루 식빵의 80%까지 반죽하고 반죽온도는 25℃로 한다.
⑤ 밀가루 이외의 호밀가루, 옥수수가루, 보리가루 등이 많으면 많을수록 반죽시간을 짧게 한다.
⑥ 호밀가루가 증가할수록 흡수율을 증가시키고 반죽온도를 낮춘다.

3. 1차 발효

① 발효 : 온도 27℃, 상대습도 80%, 시간은 70~80분 정도 충분하게 발효시킨다.
② 호밀가루의 첨가로 밀가루의 단백질은 함량이 적어져서 식빵에 비해 어린 상태까지 발효시킨다.

4. 분할, 둥글리기

호밀가루의 첨가로 분할중량을 10% 정도 증가시켜 200g씩 분할하여 표면을 매끄럽게 둥글리기 한다.

5. 중간 발효, 정형

① 15~30분 정도 중간 발효시키며 표피가 마르지 않게 주의한다.

② 식빵의 틴 브레드(Tin Bread) 형태 혹은 원로프의 하스 브레드(Hearth Bread) 형태로 만든다.

6. 패닝

구움대에 놓고 굽는 하스 브레드 형태와 틀에 넣고 굽는 틴 브레드 형태로 성형이 가능하다.

7. 2차 발효

① 발효 : 온도 32~35℃, 상대습도 85%, 시간은 50~60분 정도 충분하게 발효시킨다.

② 오븐 팽창이 적으므로 팬 위로 2cm 정도 올라온 상태가 알맞다.

8. 굽기

오븐 온도는 윗불은 180℃, 아랫불은 160℃로 하여 40~50분 굽는다.

※ 하스 브레드 형태로 호밀빵을 제조하고자 하는 경우 굽기 중 불규칙한 터짐을 방지하기 위하여 스팀을 분사하고 윗면에 커팅을 한다. 오븐 온도가 높을 때 얇게 커팅하고 낮을 때 깊게 커팅한다.

※ 밀가루 이외의 곡물이나 혹은 많은 충전물이 들어가는 경우 오븐 팽창이 적으므로 밀가루 식빵보다 2차 발효를 많이 시킨다. 그러나 2차 발효 과다나 혹은 1차 과발효 반죽을 찬 오븐에서 구우면 굽기 중 표면이 갈라진다.

4 건포도 식빵(Raisin Pan Bread)

일반 식빵에 밀가루 기준 50%의 건포도를 전처리하여 넣어 만든 빵을 가리킨다. 건포도는 폴리페놀 성분인 안토시아닌과 레스베라트롤이 껍질에 많이 함유되어 있어 100세 시대를 건강하게 살아가는 데 필요한 염증 억제와 혈관 관리에 탁월한 기능을 가지고 있다. 그러나 식물을 구성하는 껍질은 자외선과 해충으로부터 식물을 보호하는 막이므로 껍질에 함유된 기능성 물질을 소화 · 흡수하여 체내 이용하기는 그리 쉽지가 않다. 그래서 기능성 물질의 소화 · 흡수, 체내 이용률을 높일 수 있는 방법으로 건포도 발효액종을 만들어 사용하는 것을 제안한다. 건포도 발효액종이란 건포도 액종을 만든 후 냉장고에 1주 정도 보관하면서 숙성시킨 것을 가리킨다.

1. 건포도 발효액종 만들기

① **건포도 액종 배합률 :** 건포도 100g, 물 250g, 유기농 설탕 14g

② **배양방법 :** 26℃의 액체배지 상태로 26℃의 세이킹 인큐베이터 안에 넣고 72시간 Shaking Culture(진탕배양)을 한 후 5℃ 냉장고에서 7일간 숙성시켜 완성한다.

③ 완성된 건포도 발효액종은 액체발효법의 제조공정에 적용하여 사용한다.

2. 재료 계량 후 건포도를 전처리한다.

※ 건포도의 전처리

- 건조되어 있는 건포도가 물을 흡수하도록 하는 조치를 말한다.
- 27℃의 물에 담가 두었다가 체로 걸러 물기를 제거하고 4시간 정도 방치한다.
- 혹은 건포도 중량의 12%를 물이나 술을 부어 가끔 흔들면서 4시간 정도 방치한다.
- 제품 내에서 건포도 쪽으로 수분이 이동하는 것을 억제하여 빵 속이 건조하지 않도록 하기 위함이다.
- 건포도를 씹는 촉감의 맛과 향이 살아나도록 한다.
- 건포도가 빵과 결합이 잘 이루어지도록 한다.
- 물을 흡수시키면 건포도를 10% 더 넣는 효과가 나타난다.

3. 믹싱

① 유지와 건포도를 제외한 모든 재료를 볼에 넣고 믹싱을 한다.

② 저속으로 재료를 균일하게 혼합한 후 중속으로 수화를 완료한다.

③ 클린업 단계에서 유지를 넣고 최종 단계까지 반죽을 계속한다.

④ 최종 단계에서 전처리한 건포도를 넣고 으깨지지 않도록 고루 혼합한다.

4. 1차 발효

온도 27℃, 상대습도 80%, 시간은 70~80분 정도 발효시킨다.

5. 분할, 둥글리기

첨가된 건포도의 중량으로 인하여 오븐 스프링이 적을 것을 감안하여 215g씩 분할하고 표면을 매끄럽게 둥글리기 한다.

6. 중간 발효

작업대 위에서 10~20분간 발효시킨다.

7. 정형

① 둥글리기 한 반죽을 밀대로 타원형으로 만들며 가스를 뺀다.

② 과도한 덧가루는 맛을 변질시키므로 털어준다.

8. 패닝

배열 및 간격을 고르게 하고 이음매를 밑으로 가게 한다.

9. 2차 발효

온도 35~45℃, 상대습도 85% 전후, 시간은 50~70분 정도 발효시킨다. 건포도가 많이 들어가 오븐 팽창이 적으므로 팬 위로 1~2cm 정도 올라온 상태까지 발효한다. 그래서 일반 식빵에 비해 2차 발효시간이 길다.

10. 굽기

오븐 윗불 온도를 180~190℃, 아랫불 온도를 160~170℃로 40~50분 정도 구워 황금갈색이 나게 전체가 잘 익어야 한다.

11. 공정상 주의할 점

① 건포도는 최종 단계에 넣는다.

② 밀어 펴기를 할 때 건포도의 모양이 상하지 않도록 느슨하게 작업한다.

③ 당 함량이 높으므로 패닝을 할 때 팬 기름을 많이 칠한다.

※ 건포도를 최종 단계 전에 넣을 경우

- 반죽이 얼룩진다.
- 반죽이 거칠어져 정형하기 어렵다.
- 이스트의 활력이 떨어진다.
- 빵의 껍질색이 어두워진다.

※ 식빵 제조 시 이스트의 사용범위는 밀가루 기준 2~5% 정도이다.

5 잉글리시 머핀(English Muffin)

머핀은 이스트로 부풀린 영국식 머핀과 베이킹파우더로 부풀린 미국식 머핀으로 크게 나누며, 이스트로 부풀린 영국식 머핀 빵은 내상이 벌집과 같다. 반죽에 물이 많이 들어가고 반죽에 흐름성을 부여하기 위하여 렛다운 단계까지 믹싱을 해야 한다. 그리고 반죽에 지속적으로 흐름성을 부여하기 위하여 2차 발효실 온도와 습도는 고온다습하게 설정한다.

tip

잉글리시 머핀처럼 햄버거 빵 또한 반죽에 흐름성을 부여하기 위해 배합표상 물이 많이 들어가고 믹싱을 렛다운 단계까지 오래한다. 그리고 2차 발효 시 온도와 상대습도를 높게 설정한다.

6 단과자빵(Sweet Bread)

식빵 반죽보다 설탕, 유지, 계란을 더 많이 배합한 빵을 가리킨다. 많은 양의 설탕으로 인해 이스트의 가스 발생력이 떨어지므로 단과자빵은 이스트를 4~7% 사용하고 식빵은 이스트를 2~5% 사용한다.

1. 재료 계량

재 료	사용범위(%)	재 료	사용범위(%)
강력분	100	설 탕	16
물	47	쇼트닝	12
생이스트	4	분 유	2
제빵개량제	1	계 란	15
소 금	2	–	–

2. 믹싱

① 유지를 제외한 전 재료를 넣는다.

② 저속으로 재료를 균일하게 혼합한 후 중속으로 수화를 완료한다.

③ 클린업 단계에서 유지를 넣고 최종 단계까지 믹싱을 한다.

3. 1차 발효

① 발효 : 온도 27℃, 상대습도 75~80%, 시간은 80~100분 정도 발효시킨다.

② 반죽 내부에 섬유질 상태가 만들어지고 부피가 3.5배 부푼 정도로 측정한다.

4. 분할, 둥글리기

46g씩 빠른 시간에 분할, 둥글리기를 완료한다.

5. 중간 발효

분할한 반죽을 작업대에 놓고 헝겊이나 비닐을 덮어 10~15분 식힌다.

6. 정형

제품의 종류에 따라 다음과 같이 모양을 만든다.

※ 과자빵의 종류와 특징

- 크림빵 : 일본식 단과자 빵으로 크림을 싸서 끝부분에 4~5개의 칼집을 준다.
- 단팥빵 : 일본식 단과자 빵으로 소로 단팥을 싸서 만든 빵이다.
- 스위트 롤 : 대표적인 미국식 단과자 빵으로 반죽을 밀어 펴서 계피설탕을 뿌리고 말아서 막대형으로 만든 후 4~5cm 길이로 잘라 모양을 만든다.
- 스위트 롤의 모양 : 말발굽형, 야자형, 트리플 리프형
- 커피 케이크 : 미국식 단과자 빵으로 커피와 함께 먹는 빵의 이름이다. 분할 중량은 240~360g이다.

7. 패닝

① 기름칠한 철판에 간격을 고르게 배열한다.

② 단팥빵 반죽 위를 둥근 도구(일명 목란 혹은 팽이)를 이용하여 바닥이 보일 정도로 가운데를 눌러준다.

③ 붓을 이용하여 계란물칠을 한다.

8. 2차 발효

① 발효 : 온도 35~40℃, 상대습도 85% 전 · 후, 시간은 30~35분 정도 발효를 시킨다.

② 가스 포집을 최대로 하되 반죽이 퍼지지 않도록 주의한다.

9. 굽기

오븐의 윗불 온도를 190~200℃, 아랫불 온도를 150℃ 전 · 후로 12~15분 정도 구워 황금갈색이 나게 전체가 잘 익어야 한다.

7 데니시 페이스트리(Danish Pastry)

과자용 반죽인 퍼프 페이스트리에 설탕, 계란, 버터와 이스트를 넣어 반죽을 만들어서 냉장휴지를 시킨 후 롤인용 유지를 집어넣고 밀어 펴서 발효시킨 다음 구운 빵용 반죽이다. 제품의 종류에는 크로아상이 대표적이다.

1. 재료배합

재 료	사용범위(%)	재 료	사용범위(%)
강력분	80	설 탕	15
박력분	20	마가린	10
물	45	분 유	3
생이스트	5	계 란	15
소 금	2	롤인용 유지	총 반죽의 30%

① 식빵과 비교하여 설탕량을 16% 정도로 높이고 버터, 계란 사용량도 같은 비율로 한다.

② 롤인용 유지는 반죽무게의 20~40%(미국 스타일), 반죽무게의 40~50%(덴마크 스타일) 등을 사용하며 롤인용 유지의 가소성은 완제품에 층상구조(분명한 결의 구조)를 만든다.

tip

※ 시판 중인 마가린은 가소성에 따라 다음과 같이 분류할 수 있다. 가소성이란 유지가 상온에서 고체 모양을 유지하는 성질로 지방 고형질 계수가 가소성의 정도를 결정한다.

- 식탁용 : 가장 부드럽고 체온에서 녹는다.
- 케이크용 : 상당히 부드럽고 크림성이 좋다
- 파이(Roll-in)용 : 단단하고 밀납질이다.
- 퍼프용 : 롤-인보다도 더 단단한 밀납질이다.

제품명	10℃	20℃	30℃	35℃	융점℃
식탁용 마가린	41.5	26.0	6.0	1.0	34.2
케이크용 마가린	39.0	25.0	10.0	5.5	41.3
파이용 마가린	24.1	20.5	18.8	16.3	46.1
퍼프용 마가린	27.4	24.2	22.6	20.1	48.3

2. 믹싱

① 반죽온도는 18~22℃로 낮게 맞춘다.

② 피복용 유지와 반죽용 유지를 제외한 모든 재료를 넣는다.

③ 저속으로 재료를 균일하게 혼합한 후 중속으로 수화를 완료한다.

④ 클린업 단계 이후 반죽용 유지를 투입하고, 중속으로 발전 단계까지 믹싱한다.

tip

※ 데니시 페이스트리의 믹싱 완료점은 반죽을 밀어 펴는 방법에 따라 달라진다. 예를 들어 파이 롤러를 사용하여 밀어 펴는 경우에는 믹싱 완료점을 픽업 단계로 정하고 손으로 밀어 펴는 경우에는 믹싱 완료점을 발전 단계로 정한다.
※ 필기시험에서는 데니시 페이스트리의 믹싱 완료점을 픽업 단계로 정한다.
※ 실기시험에서는 데니시 페이스트리의 믹싱 완료점을 발전 단계로 정한다.

3. 냉장휴지

반죽을 한 후 마르지 않게 비닐에 싸서 3~7℃의 냉장고에 30분 정도 휴지시킨다.

4. 밀어 펴기 및 접기

① 반죽을 직사각형이 되도록 두께 1.2~1.6cm로 밀어 펴서 피복용 유지를 싼 후 밀어서 3겹 접기를 한다.
② 휴지 후 직사각형이 되도록 다시 밀어서 3겹 접기를 한다.
③ 휴지 후 다시 밀어 3겹 접기를 한다.
④ 총 3절×3회로 밀어 펴서 접기를 한 후 매번 냉장휴지를 30분씩 시킨다.
⑤ 롤인 유지함량 및 접기 횟수가 페이스트리의 부피 팽창에 미치는 영향
  ㉠ 롤인 유지함량이 증가할수록 제품 부피는 증가한다.
  ㉡ 롤인 유지함량이 적어지면 같은 접기 횟수에서 제품의 부피가 감소한다.
  ㉢ 같은 롤인 유지함량에서는 접기 횟수가 증가할수록 부피는 증가하다 최고점을 지나면 감소한다.
  ㉣ 롤인 유지함량이 많은 것이 롤인 유지함량이 적은 것보다 접기 횟수가 증가함에 따라 부피가 증가하다가 최고점을 지나면 감소하는 현상이 서서히 나타난다.

tip

※ 매번 밀어 펴서 접기를 한 후 휴지를 시킬 때, 냉동 휴지를 시키고 밀어 펴면 유지가 굳어서 갈라진다. 그래서 냉장휴지를 시켜 반죽과 유지와의 경도를 같게 한다. 이렇게 해야만 자동밀대로 밀어 펴거나 혹은 수작업으로 밀어 펴거나 할 때 반죽과 유지가 따로 따로 밀리지 않고 함께 밀어 펴진다.

※ 3겹 접기 시 반죽과 유지의 층

접기 횟수	반죽의 층	유지의 층	층의 합계
1	3	2	5
2	9	6	15
3	27	18	45
4	81	54	135
5	243	162	405

※ 반죽의 층은 페이스트리의 겹(결의 수)이 된다.

5. 정형

① 두께 3mm 정도로 밀어서 모양을 내고 싶은 형에 맞추어서 재단한다.
② 파지가 많이 생기지 않도록 하고 날카로운 칼로 재단을 하여야 결이 살아난다.
③ 달팽이 형, 초생달 형, 바람개비 형, 포켓 형 등으로 정형작업을 한다.
④ 정형작업 후 페이스트리 반죽을 오래 보관하고자 할 경우 냉동보관한다.

6. 패닝

같은 모양의 반죽을 같은 팬에 간격을 고르게 놓아 패닝한다.

7. 2차 발효

온도 28~33℃, 상대습도 70~75%, 시간은 20~25분 정도 발효시킨다.

※ 2차 발효실의 온도는 완제품의 결을 만드는 롤인용 유지의 융점보다 낮게 설정한다.
※ 2차 발효시간은 롤인 유지에 의한 팽창을 고려하여 일반 빵 반죽 발효의 75~80% 정도만 발효시킨다.
※ 데니시 페이스트리는 완제품의 껍질이 바삭하여야 하므로 상대습도를 70~75% 낮게 설정한다. 이 외에도 바게트, 하드롤, 빵 도넛 등이 2차 발효 시 상대습도를 낮게 설정한다.

8. 굽기

① 오븐의 온도는 윗불 200℃, 아랫불 150℃에서 15~18분 구워준다.
② 오븐의 온도가 너무 낮으면 반죽의 부풀림이 크고 껍질이 더디게 만들어져 유지가 녹는다.
③ 오버 베이킹(저온 장시간 굽기)에 주의한다.

8 빵도넛(Yeast Doughnut)

① 밀가루는 강력분 80%에 박력분 20% 정도를 섞어 사용하여 질감을 부드럽게 하고, 독특한 풍미를 위해 대두분(콩가루), 감자분, 호밀분 등을 섞어 사용하기도 한다.
② 빵 도넛의 껍질색 향상과 노화지연을 위해 설탕을 10~15% 사용한다.
③ 반죽에 사용하는 유지는 튀김 시 과다한 흡유를 억제하기 위해 적당한 양이 사용되며 저장성 증가와 노화지연을 위해 유화쇼트닝도 사용된다.
④ 반죽에 계란을 사용해 풍미를 향상시키고 색상과 식감을 개선한다.
⑤ 튀김물의 느끼함을 잡아준다는 향신료인 넛맥을 사용한다.

⑥ 튀김 시 모양을 유지시키고 기름 흡수를 적게 하기 위해 2차 발효 시 저온저습을 유지한다.

⑦ 튀김기름의 온도는 180~195℃가 적당하고 204℃ 이상은 올라가지 않도록 주의한다.

⑧ 빵도넛(이스트 도넛)의 장 · 단점

비교	이스트 도넛	케이크 도넛
장점	• 재료비가 낮다. • 여러 모양으로 성형이 가능하다. • 흡유량이 적다.	• 기계적 생산이 가능하다. • 제품 제조공정이 간단하다. • 제품의 노화가 느리다.
단점	• 기계적 생산이 어렵다. • 제조공정이 오래 걸린다. • 제품의 노화가 빠르다.	• 재료비가 높다. • 성형에 변화가 적다. • 흡유량이 많다.

9 햄버거빵(Hamburger Bun)

① 일종의 샌드위치인 조리빵으로 원형의 빵을 수평으로 잘라 야채와 고기 등을 넣어 만드는 빵이다.

② 햄버거 빵을 햄버거 빵 전용 팬에 구울 때 반죽이 팬을 다 채워 원형의 모양을 낼 수 있도록 반죽에 흐름성을 부여하기 위해, 반죽을 렛다운 단계까지 믹싱한다.

③ 반죽의 팬 흐름성을 좋게 하기 위해 단백질 분해효소인 프로테아제를 첨가한다.

④ 패닝 후 반죽에 지속적인 흐름성을 부여하기 위해 2차 발효를 고온고습으로 진행한다.

10 피자파이(Pizza Pie)

조리빵을 대표하는 피자는 1700년경 이탈리아에서 빵에 토마토를 조미하여 만들기 시작했으며, 이탈리아를 대표하는 음식으로 발전한 것이다. 피자 바닥 껍질의 두께에 따라 얇은 나폴리 피자와 두꺼운 시실리 피자로 나뉜다.

1. 피자 크러스트(껍질반죽)의 재료 특성

① **밀가루 :** 단백질 함량이 높아야 충전물의 소스가 스며들지 않는다.

② **물 :** 반죽의 두께에 따라 물 사용량이 다르며, 반죽의 되기가 가장 된 반죽이다.

③ **유지 :** 식물성 기름, 쇼트닝의 사용량이 부족하면 반죽이 끈적거리고 잘 퍼지지 않는다.

④ **향신료 :** 피자를 대표하는 향신료로 바질 혹은 오레가노를 사용한다.

⑤ **기타 :** 치즈가루, 마늘가루, 양파가루, 소금, 이스트, 활성 글루텐, 프로테아제, 옥수수가루 등을 사용한다.

2. 충전물

① 피자를 대표하는 충전물에는 토마토 소스, 토마토 퓌레, 토마토 페이스트 등이 있다.

② 기본 재료에 어떤 특색 있는 재료를 얹느냐에 따라 제품의 명칭이 달라진다.

③ 피자를 대표하는 치즈는 모차렐라 치즈이다.

미리보는 출제예상문제

★★
01 같은 밀가루로 식빵과 프랑스빵을 만들 경우, 식빵의 가수율이 63%였다면 프랑스빵의 가수율은 얼마로 하는 것이 가장 좋은가?

① 61% ② 63%
③ 65% ④ 67%

해설 |
- 하스 브레드이므로 반죽에 탄력성을 최대로 만들어야 한다. 그러므로 식빵보다 수분함량(가수율)을 줄인다.
- 하스 브레드란 오븐의 구움대에 바로 놓고 굽는 빵을 의미한다.

★★★
02 프랑스빵 제조 시 반죽을 일반 빵에 비해서 적게 하는 이유는?

① 질긴 껍질을 만들기 위해서
② 팬에서의 흐름을 막고 모양을 좋게 하기 위해서
③ 자르기 할 때 용이하게 하기 위해서
④ 제품을 오래 보관하기 위해서

해설 | 프랑스빵은 하스 브레드 형태의 빵이기 때문에 최대의 탄력성을 반죽에 부여해야 한다.

★★★
03 프랑스빵에서 스팀을 사용하는 이유로 부적당한 것은?

① 거칠고 불규칙하게 터지는 것을 방지한다.
② 겉껍질에 광택을 내준다.
③ 얇고 바삭거리는 껍질이 형성되도록 한다.
④ 반죽의 흐름성을 크게 증가시킨다.

해설 |
- 반죽의 흐름성을 크게 증가시키려면 반죽에 넣는 물의 양을 증가시키거나 2차 발효실의 습도를 높이면 된다.
- 제조공정 과정에서 반죽의 흐름성을 크게 증가시키고자 하는 대표적인 제품에는 잉글리시 머핀과 햄버거빵이 있다.

★★★
04 불란서빵의 2차 발효실 습도로 가장 적합한 것은?

① 65~70% ② 75~80%
③ 80~85% ④ 85~90%

해설 | 불란서빵의 2차 발효실의 상대습도를 75~80%로 낮게 설정하는 이유는 반죽이 퍼지는 것을 방지하여 팬에서의 흐름을 막아 모양을 좋게 하고 바삭한 껍질을 만들기 위해서이다.

★
05 다음 중 1mg과 같은 것은?

① 0.0001g ② 0.001g
③ 0.1g ④ 1000g

해설 | 1kg = 1,000g, 1g = 1,000mg, 1g = 0.001kg, 1mg = 0.001g

★★
06 다음 중 제품의 특성을 고려하여 혼합 시 반죽을 가장 많이 발전시키는 것은?

① 불란서빵 ② 햄버거빵
③ 과자빵 ④ 식빵

해설 | 햄버거빵은 반죽에 흐름성을 부여하기 위하여 렛다운 단계까지 믹싱한다.

★★
07 호밀빵 제조 시 일반 식빵과 비교하여 맞지 않는 것은?

① 일반 식빵보다 흡수율이 좋다.
② 반죽 농도는 호밀빵이 낮다.
③ 호밀빵의 발효는 짧게 한다.
④ 호밀빵의 배합시간은 길다.

정답 01 ① 02 ② 03 ④ 04 ② 05 ② 06 ② 07 ④

해설 |
- 호밀은 글루텐을 구성하는 글리아딘과 글루테닌이 아주 적기 때문에 발효시간을 짧고, 반죽온도는 낮다. 믹싱은 일반 빵에 비해 약 80% 정도로 한다.
- 반죽농도란 반죽의 되기를 의미한다.
- 호밀빵은 일반 식빵보다 흡수율은 좋지만 글리아딘과 글루테닌이 적기 때문에 반죽을 되게 만든다.

★★
08 옥수수빵 배합 시 일반 빵과 비교하여 믹싱타임은 얼마나 주어야 하는가?

① 60% ② 80%
③ 100% ④ 120%

해설 | 옥수수 분말에는 글루텐이 없어 반죽 발전이 빠르기 때문에 80%가 적당하다.

★★
09 호밀빵은 굽기 전 커팅(칼질)이 필요하다. 그 이유는 다음 중 어느 것인가?

① 반죽 팽창을 줄이기 위하여
② 불규칙한 터짐을 방지하기 위하여
③ 맛을 좋게 하기 위하여
④ 커팅을 안 해도 제품의 상태는 변함이 없다.

해설 | 호밀빵은 굽기 중 불규칙한 터짐을 방지하기 위하여 윗면에 커팅이 필요하다.

★★
10 파이, 크로아상, 데니시 페이스트리 등의 제품은 유지가 층상구조를 이루는 제품들로 유지의 어떤 성질을 이용한 것인가?

① 쇼트닝성 ② 가소성
③ 안정성 ④ 크림성

해설 | 유지의 가소성은 밀어 펴기 작업 시 반죽층과 유지층이 균일하게 밀어 펴지도록 작용한다.

★
11 미국식 데니시 페이스트리 제조 시 반죽 무게에 대한 충전용 유지(롤인유지)의 사용범위로 가장 적당한 것은?

① 10~15% ② 20~40%
③ 45~60% ④ 60~80%

해설 | 덴마크 스타일은 생지 무게에 대해 40~50%이고, 미국 스타일은 생지 무게에 대해 20~40%이다.

★★
12 페이스트리 성형 자동밀대(파이 롤러)에 대한 설명 중 맞는 것은?

① 기계를 사용하므로 밀어 펴기의 반죽과 유지와의 경도는 가급적 다른 것이 좋다.
② 기계에 반죽이 달라붙는 것을 막기 위해 덧가루를 많이 사용한다.
③ 기계를 사용하여 반죽과 유지는 따로따로 밀어서 편 뒤 감싸서 밀어 펴기를 한다.
④ 냉동 휴지 후 밀어 펴면 유지가 굳어 갈라지므로 냉장 휴지를 하는 것이 좋다.

해설 | 냉장 휴지시켜 반죽과 유지와의 경도를 같게 한다. 이렇게 해야만 자동밀대로 밀어 펴기를 할 때 반죽과 유지가 따로따로 밀리지 않고 함께 밀어 펴진다.

★★
13 2차 발효의 상대습도를 가장 낮게 하는 제품은?

① 옥수수빵
② 데니시 페이스트리
③ 우유 식빵
④ 팥소빵

해설 | 페이스트리는 식감이 바삭하여야 하므로 습도를 낮게 준다. 이 외에도 바게트, 하드롤, 빵 도넛 등이 있다.

08 ② 09 ② 10 ② 11 ② 12 ④ 13 ②

★★
14 같은 크기의 틀에 넣어 같은 체적의 제품을 얻으려고 할 때 반죽의 분할량이 가장 적은 제품은?

① 밀가루 식빵 ② 호밀 식빵
③ 옥수수 식빵 ④ 건포도 식빵

해설 | 밀가루 성분 중 탄산가스(물에 녹은 이산화탄소)를 포집할 수 있는 단백질이 많기 때문에 밀가루 식빵이 적은 반죽량으로 부피가 가장 크다.

★★
15 다음 중 팬 기름칠을 다른 제품보다 더 많이 하는 제품은?

① 베이글 ② 바게트
③ 단팥빵 ④ 건포도 식빵

해설 |
- 건포도 식빵은 다른 빵과 달리 당분이 많은 건포도가 함유되어 있기에 이형제를 많이 바른다.
- 이형제란 제품이 틀에서 잘 떨어지도록 바르는 기름이다.

★★
16 건포도 식빵, 옥수수 식빵, 야채 식빵을 만들 때 건포도, 옥수수, 야채는 믹싱의 어느 단계에 넣는 것이 좋은가?

① 최종 단계 후 ② 클린업 단계 후
③ 발전 단계 후 ④ 렛다운 단계 후

해설 | 최종 단계에서 전처리한 건포도, 옥수수, 야채를 넣고 으깨지지 않도록 고루 혼합한다.

★★
17 건포도 식빵 제조 시 2차 발효에 대한 설명으로 틀린 것은?

① 최적의 품질을 위해 2차 발효를 짧게 한다.
② 식감이 가볍고 잘 끊어지는 제품을 만들 때는 2차 발효를 약간 길게 한다.
③ 밀가루 단백질의 질이 좋은 것일수록 오븐스프링이 크다.
④ 100% 중종법이 70% 중종법보다 오븐스프링이 좋다.

해설 | 건포도 식빵은 건포도가 많이 들어가 오븐 팽창이 적으므로 2차 발효를 약간 길게 한다.

★★
18 단백질 분해효소인 프로테아제(Protease)를 햄버거 빵 반죽에 첨가하는 이유로 가장 알맞은 것은?

① 껍질색 개선을 위하여
② 발효 내구력을 증가시키기 위하여
③ 팬 흐름성을 좋게 하기 위하여
④ 저장성 증가를 위하여

해설 | 햄버거 빵이 햄버거 빵 전용 팬의 모양대로 구워지려면 반죽이 팬 안을 채울 수 있도록 흐름성이 좋아야 한다. 그래서 단백질 분해효소인 프로테아제를 첨가한다.

★★
19 다음의 빵 제품 중 일반적으로 반죽의 되기가 가장 된 것은?

① 햄버거 빵 ② 잉글리시 머핀
③ 단과자 빵 ④ 피자

해설 |
- 햄버거 빵과 잉글리시 머핀은 팬 흐름성을 높이기 위해 비교적 물을 많이 넣는다.
- 단과자 빵류는 수분율이 60~65%이다.
- 피자는 반죽 위에 묽은 소스와 야채를 얹어야 하므로 반죽을 되게 만든다.

★★★
20 피자 제조 시 많이 사용하는 향신료는?

① 넛메그 ② 오레가노
③ 박하 ④ 계피

해설 | 오레가노는 마조람의 일종으로, 와일드 마조람이라고 불리듯이 야생종에 걸맞게 톡 쏘는 향기가 특징이다.

정답 14 ① 15 ④ 16 ① 17 ① 18 ③ 19 ④ 20 ②

단원별 적중예상문제

★★★
01 일반 스트레이트법을 비상 스트레이트법으로 변경시킬 때 필수적 조치는?

① 설탕 사용량을 1% 감소시킨다.
② 소금 사용량을 1.75%까지 감소시킨다.
③ 분유 사용량을 감소시킨다.
④ 이스트 푸드 사용량을 0.5~0.75%까지 증가시킨다.

해설 | 비상 스트레이트법 필수조치
- 물 사용량을 1% 증가시킨다.
- 설탕 사용량을 1% 감소시킨다.
- 반죽시간을 20~30% 늘려서 글루텐의 기계적 발달을 최대로 한다.
- 이스트를 2배로 한다.
- 반죽온도를 30~31℃로 한다.
- 1차 발효시간을 15분 이상 유지시킨다.

★★
02 발효 중 펀치의 효과와 거리가 먼 것은?

① 반죽의 온도를 균일하게 한다.
② 이스트의 활성을 돕는다.
③ 산소 공급으로 반죽의 산화 숙성을 진전시킨다.
④ 성형을 용이하게 한다.

해설 | 성형을 용이하게 하는 공정은 둥글리기와 중간 발효이다.

★★
03 냉동빵 혼합(Mixing) 시 흔히 사용하고 있는 제법으로, 환원제로 시스테인(Cysteine) 등을 사용하는 제법은?

① 스트레이트법 ② 스펀지법
③ 액체발효법 ④ 노타임법

해설 | 냉동빵 반죽은 비상 스트레이트법이나 혹은 노타임법을 사용하지만, 환원제로 시스테인을 사용하는 반죽법은 노타임법이다.

★★★
04 냉동반죽의 특성에 대한 설명 중 틀린 것은?

① 냉동반죽에는 이스트 사용량을 늘린다.
② 냉동반죽에는 당, 유지 등을 첨가하는 것이 좋다.
③ 냉동 중 수분의 손실을 고려하여 될 수 있는대로 진 반죽이 좋다.
④ 냉동반죽은 분할량을 적게 하는 것이 좋다.

해설 | 냉동반죽을 질게 만들면 수분이 얼면서 부피팽창을 하여 이스트를 사멸시키거나 글루텐을 파괴한다.

★
05 굽기 과정 중 당류의 캐러멜화가 개시되는 온도로 가장 적합한 것은?

① 100℃ ② 120℃
③ 150℃ ④ 185℃

해설 | 설탕 이외의 당류는 150℃에서 캐러멜화가 개시된다.

★★★
06 오버 베이킹에 대한 설명으로 옳은 것은?

① 높은 온도의 오븐에서 굽는다.
② 짧은 시간에 굽는다.
③ 제품의 수분함량이 많다.
④ 제품의 노화가 빠르다.

해설 | 오버 베이킹은 낮은 온도에서 긴 시간 굽기 때문에 완제품의 수분함량이 적어 노화가 빠르다.

정답 01 ① 02 ④ 03 ④ 04 ③ 05 ③ 06 ④

★★★
07 반죽의 혼합과정 중 유지를 첨가하는 방법으로 올바른 것은?

① 밀가루 및 기타 재료와 함께 계량하여 혼합하기 전에 첨가한다.
② 반죽이 수화되어 덩어리를 형성하는 클린업 단계에서 첨가한다.
③ 반죽의 글루텐 형성 중간 단계에서 첨가한다.
④ 반죽의 글루텐 형성 최종 단계에서 첨가한다.

해설 | 유지와 소금을 청결 단계(클린업 단계)에 첨가하는 이유는 반죽 발전을 빠르게 하기 위한 것이다.

★★★
08 빵을 구웠을 때 갈변이 되는 것은 어떤 반응에 의한 것인가?

① 비타민 C의 산화에 의하여
② 효모에 의한 갈색반응에 의하여
③ 마이야르(Maillard) 반응과 캐러멜화 반응이 동시에 일어나서
④ 클로로필(Chloroptyll)이 열에 의해 변성되어서

해설 |
- 마이야르(Maillard) 반응은 환원당과 아미노산이 결합하여 일어나는 반응이다.
- 캐러멜화 반응은 설탕 성분이 갈변하는 반응이다.

★★
09 다음 중 굽기 과정에서 일어나는 변화로 틀린 것은?

① 글루텐이 응고된다.
② 반죽의 온도가 90℃일 때 효소의 활성이 증가한다.
③ 오븐 팽창이 일어난다.
④ 향이 생성된다.

해설 | 전분이 호화하기 시작하면서 효소가 활성되기 시작하다가 반죽온도가 90℃가 되면 대부분의 효소들이 불활성된다.

★★
10 냉각으로 인한 빵 속의 수분 함량으로 적당한 것은?

① 약 5%　　② 약 15%
③ 약 25%　　④ 약 38%

해설 | 빵 속 냉각온도 : 35~40℃, 수분 함유량 : 38%

★★★
11 식빵의 온도를 28℃까지 냉각한 후 포장할 때 식빵에 미치는 영향은?

① 노화가 일어나서 빨리 딱딱해진다.
② 빵에 곰팡이가 쉽게 발생한다.
③ 빵의 모양이 찌그러지기 쉽다.
④ 식빵을 슬라이스하기 어렵다.

해설 | 냉각, 포장온도 : 35~40℃ 보다 낮은 온도에서의 포장은 노화가 가속되고 껍질이 빨리 딱딱해진다.

★★
12 제빵 냉각법 중 적합하지 않은 것은?

① 급속냉각
② 자연냉각
③ 터널식 냉각
④ 에어컨디션식 냉각

해설 | 급속냉각은 완제품의 냉각 손실을 크게 하므로 제품의 노화를 촉진시킨다.

★★
13 다음 중 빵 포장재의 특성으로 적합하지 않은 성질은?

① 위생성　　② 보호성
③ 작업성　　④ 단열성

해설 | 빵 포장재는 방수성, 통기성, 위생성, 보호성, 작업성, 가치향상성 등의 특성을 갖추어야 한다.

정답 07 ② 08 ③ 09 ② 10 ④ 11 ① 12 ① 13 ④

★★
14 빵을 포장하는 프로필렌 포장지의 기능이 아닌것은?

① 수분 증발의 억제로 노화 지연

② 빵의 풍미 성분 손실 지연

③ 포장 후 미생물 오염 최소화

④ 빵의 로프균(Bacillus subtilis) 오염 방지

해설 | 빵의 로프균 오염 방지를 위해 밀가루의 pH를 pH 5.2로 맞추거나, 빵반죽의 pH를 pH 4~5로 맞춘다. 왜냐하면 로프균은 약산성에서 사멸하기 때문이다.

★★
15 생산공장시설의 효율적 배치에 대한 설명 중 적합하지 않은 것은?

① 작업용 바닥면적은 그 장소를 이용하는 사람들의 수에 따라 달라진다.

② 판매장소와 공장의 면적배분(판매 3 : 공장 1)의 비율로 구성되는 것이 바람직하다.

③ 공장의 소요면적은 주방설비의 설치면적과 기술자의 작업을 위한 공간면적으로 이루어진다.

④ 공장의 모든 업무가 효과적으로 진행되기 위한 기본은 주방의 위치와 규모에 대한 설계이다.

해설 | 매장과 주방의 크기는 1 : 1이 이상적이다.

★
16 다음 중 제과 생산관리에서 제1차 관리의 3대 요소가 아닌 것은?

① 사람(Man)

② 재료(Material)

③ 방법(Method)

④ 자금(Money)

해설 |
- 제1차 관리 : 사람, 재료, 자금
- 제2차 관리 : 방법, 시간, 시설, 시장

★★
17 제빵 생산의 원가를 계산하는 목적으로만 연결된 것은?

① 순이익과 총 매출의 계산

② 이익계산, 가격결정, 원가관리

③ 노무비, 재료비, 경비 산출

④ 생산량관리, 재고관리, 판매관리

해설 | 생산의 원가를 계산하는 목적
- 이익을 산출하기 위해서
- 가격을 결정하기 위해서
- 원가관리를 위해서

★★
18 원가에 대한 설명 중 틀린 것은?

① 기초원가는 직접노무비, 직접재료비를 말한다.

② 직접원가는 기초원가에 직접경비를 더한 것이다.

③ 제조원가는 간접비를 포함한 것으로 보통 제품의 원가라고 한다.

④ 총 원가는 제조원가에서 판매비용을 뺀 것이다.

해설 | 총 원가는 제조원가, 판매비, 관리비를 합한 것이다.

★
19 생산부서의 지난 달 원가 관련 자료가 아래와 같을 때 생산가치율은 얼마인가?

- 근로자 : 100명
- 인건비 : 170,000,000원
- 생산액 : 1,000,000,000원
- 외부가치 : 700,000,000원
- 생산가치 : 300,000,000원
- 감가상각비 : 20,000,000원

① 25%　　② 30%

③ 35%　　④ 40%

해설 |
- 생산가치율이란 생산액에서 생산가치가 차지하는 비율을 가리킨다.
- 300,000,000원÷1,000,000,000원×100=30%

14 ④　15 ②　16 ③　17 ②　18 ④　19 ②

★★★

20 식빵의 옆면이 쑥 들어간 원인으로 옳은 것은?

① 믹서의 속도가 너무 높았다.

② 팬 용적에 비해 반죽양이 너무 많았다.

③ 믹싱시간이 너무 길었다.

④ 2차 발효가 부족했다.

해설 | 식빵의 옆면이 찌그러진(쑥 들어간) 경우의 원인
- 지친 반죽
- 오븐열의 고르지 못함
- 지나친 2차 발효
- 팬 용적보다 넘치는 반죽량

★★

21 식빵 껍질 표면에 물집이 생긴 이유가 아닌 것은?

① 반죽이 질었다.

② 2차 발효실의 습도가 높았다.

③ 발효가 과하였다.

④ 오븐의 윗열이 너무 높았다.

해설 | 식빵류의 표피에 수포 발생원인
- 발효 부족
- 질은 반죽
- 2차 발효에서 과도한 습도
- 오븐의 윗불 온도가 높음
- 성형기의 취급 부주의

★★

22 굽기의 실패 원인 중 빵의 부피가 작고 껍질색이 짙으며, 껍질이 부스러지고 옆면이 약해지기 쉬운 결과가 생기는 원인은?

① 높은 오븐 열

② 불충분한 오븐 열

③ 너무 많은 증기

④ 불충분한 열의 분배

해설 | 오븐 열이 높으면 빵의 껍질 형성이 빨라져 부피가 작고, 속이 잘 익기 전에 오븐에서 빼므로 빵의 옆면이 주저앉기 쉽다.

★★★

23 진한 껍질색의 빵에 대한 대책으로 적합하지 못한 것은?

① 설탕, 우유 사용량 감소

② 1차 발효 감소

③ 오븐 온도 감소

④ 2차 발효 습도 조절

해설 | 1차 발효를 감소시키면, 이스트에 의해 사용되지 않고 반죽에 남아있는 당류의 양이 많아져 진한 껍질색의 빵이 된다.

★★★

24 제빵 시 완성된 빵의 부피가 비정상적으로 크다면 그 원인으로 가장 적합한 것은?

① 소금을 많이 사용하였다.

② 알칼리성 물을 사용하였다.

③ 오븐온도가 낮았다.

④ 믹싱이 고율배합이다.

해설 | 오븐온도가 낮으면 오븐 라이즈가 오래 지속되어 빵의 부피가 비정상적으로 커진다.

정답 20 ② 21 ③ 22 ① 23 ② 24 ③

제 3 편

위생관리

01 식품위생 관련 법규 및 규정
(빵류제품 위생안전관리)

02 개인 위생관리
(빵류제품 위생안전관리)

03 환경 위생관리
(빵류제품 위생안전관리)

식품위생 관련 법규 및 규정 (빵류제품 위생안전관리)

1 식품위생의 개요

1. 식품위생의 정의

W.H.O에서는 식품위생란 식품의 생육, 생산, 제조로부터 최종적으로 사람에게 섭취되기까지의 모든 단계에 있어서 식품의 완전 무결성, 안정성, 건전성을 확보하기 위해 필요한 모든 관리수단이라고 표현했다.

2. 식품위생의 대상범위

의약으로 섭취하는 것을 제외한 모든 음식물(식품), 식품 첨가물, 기구, 용기와 포장 등을 위생관리 대상범위로 한다.

3. 식품위생의 목적

식품위생는 식품으로 인한 위생상의 위해를 방지하고, 국민보건의 향상과 증진에 이바지하며, 식품영양의 질적 향상을 그 목적으로 한다.

2 식품위생법 관련법규

① **식품위생법 관련법규의 체계는 다음과 같이 구성되어 있다.**

㉠ 식품위생법 : 법규, 명령 등을 포함한 성문법, 불문법으로 이루어진 법률로 정한다.

㉡ 식품위생법 시행령 : 법률을 시행하는 필요한 사항을 규정한 시행령은 대통령령으로 정한다.

㉢ 식품위생법 시행규칙 : 법률 또는 시행령의 시행에 필요한 구체적인 사항을 규정한 시행규칙은 총리령 또는 부령으로 정한다.

㉣ 각종 고시 : 시행규칙의 시행에 필요한 각종 고시는 시행세칙으로 정한다.

② **식품위생법에서 규정하고 있는 내용이 아닌 것은 다음과 같다.**

㉠ 열량이 높은 식품인지 혹은 영양이 낮은 식품인지를 표시하는 것을 규정하지는 않는다,

㉡ 국민의 영양 상태를 조사하거나 지도하는 것을 규정하지는 않는다.

㉢ 건강기능식품의 종류를 규정하지는 않는다.

㉣ 학교급식의 위생 및 안전관리 기준을 규정하지는 않는다.

③ 식품위생법에서 정의하고 있는 '식품'은 의약으로 섭취하는 것을 제외한 모든 음식물을 지칭한다.

④ 식품위생법에서 정의한 '식품위생' 대상은 식품, 식품 첨가물, 식품조리기구 또는 용기, 식품포장을 대상으로 하는 음식에 관한 위생관련 법규이다.

⑤ **식품위생법에서 정의하는 집단급식소는 다음과 같다.**

㉠ 대통령령에 따라 지정된 시설이다.

㉡ 영리를 목적으로 하지 않는다.

㉢ 1회 50인 이상의 특정다수인에게 계속하여 음식물을 공급하는 급식시설이다.

⑥ 식품의 규격인 식품의 성분, 식품의 기준인 식품의 제조, 가공, 사용, 조리, 보관방법 그리고 식품 첨가물의 기준과 규격을 정하여 고시할 수 있는 사람은 식품의약품안전처장이다.

⑦ 동물의 고기 · 뼈 · 젖 · 장기 또는 혈액을 식품으로 판매할 수 있는 질병에는 '구간낭충'이고, 판매할 수 없는 질병은 '선모충증, 파스튜렐라, 살모넬라병, 리스테리아증' 등이 있다.

⑧ 식품의약품안전처장이 기준과 규격이 설정되지 않은 식품 등이 국민보건을 위해할 우려가 있어 예방조치가 필요하다고 인정될 때 성분 등 안전관리 권장 규격을 예시하는 경우 식품위생심의위원회의 심의와 국제식품규격위원회 및 외국의 규격 또는 다른 식품 등에 이미 규격이 신설되어 있는 유사한 성분 등을 고려한다.

⑨ 특별자치도지사 또는 시장 · 군수 · 구청장 등에게 영업신고를 하여야 하는 업종에는 즉석판매제조와 가공업, 식품운반업, 식품소분과 판매업, 식품냉동과 냉장업, 용기와 포장류 제조업, 휴게음식점영업, 일반음식점영업, 위탁급식영업, 제과점영업 등이 있다.

⑩ 특별자치도지사 또는 시장 · 군수 · 구청장 등에게 허가를 받아야 하는 영업에는 단란주점영업, 유흥주점영업 등이 있다.

⑪ 식품위생교육을 받지 않아도 되는 사람에는 영양사나 조리 관련 자격증이 있는 사람 또는 식품접객업을 하려는 영양사 등이 있고, 받아야 하는 사람에는 식품제조와 가공업자, 즉석판매와 제조업자, 유흥접객원, 식품운반업자, 식품접객업자 등이 있다.

⑫ 식중독 의심을 보이는 사람을 발견한 집단급식소 설치 및 운영자는 지체 없이 시장 · 군수 · 구청장에게 보고해야 한다. 보고 받은 시장 · 군수 · 구청장 등은 지체 없이 그 사실을 식품의약품안전처장 및 시 · 도지사에게 보고하고 대통령령으로 정하는 바에 따라 원인을 조사하여 결과를 보고해야 한다.

⑬ 시장 · 군수 · 구청장은 식중독 발생 시 섭취음식에 대한 위험도 조사, 식중독 원인식품의 오염경로를 찾기 위한 환경조사, 섭취식품과 환자간의 식중독 연관성 확인을 위한 설문조사, 식중독의 원인이라 예상되는 식품에 대한 이화학적 시험에 의한 원인조사를 수행해야 한다.

⑭ 식품, 식품 첨가물의 유용성에 관한 내용을 벗어난 질병을 예방한다거나 치료한다는 표시, 예

를 들어 변비치료 등 혹은 특수용도식품의 경우에도 예방과 치료를 기재하는 것은 허위표시나 과대광고로 볼 수 있다.

⑮ 식품의약품안전처장이 정한 식품 표시, 광고 심의 기준, 방법 및 절차에 따라 심의를 받아야 하는 식품에는 체중조절용 조제식품, 특수의료용 식품, 임산부 · 수유부용 식품, 영유아용 식품 등이다. 그러나 효소식품은 제외된다.

⑯ 허위표시, 과대광고, 비방광고 및 과대포장의 범위와 그 밖에 필요한 사항은 총리령으로 정한다.

50만 원 이하의 과태료	집단급식소에서 영양사의 업무를 방해하는 집단급식소의 설치, 운영자
300만 원 이하의 과태료	• 소비자로부터 이물 발견신고를 받고 보고하지 않은 영업자 • 식품이력이 변경되었음에도 보고하지 않은 영업자
500만 원 이하의 과태료	• 건강진단이나 위생교육을 받지 않았을 때 • 신고를 하지 않고 집단급식소를 운영하거나 허위신고를 하여 집단급식소를 운영한 자 • 집단급식소의 위생적 관리사항을 위반한 자 • 영양사의 교육명령을 위반한 자 • 식품생산실적을 보고하지 않은 자
1천만 원 이하의 과태료	영양표시기준을 준수하지 아니한 자
1년 이하 징역 또는 1천만 원 이하의 벌금	• 이물의 발견을 거짓으로 신고한 자 • 소비자로부터 이물 발견의 신고를 접수하고 이를 거짓으로 보고한 자
3년 이하 징역 또는 3천만 원 이하의 벌금	조리사를 두어야 하나 두지 않은 식품접객업자 또는 집단급식소 운영자
3천만 원 이하의 과태료	질병에 걸린 동물을 사용하여 판매할 목적으로 식품을 조리한 자
10년 이하 징역 또는 1억 이하의 벌금	• 허가를 받아야 하는 영업을 허가를 받지 않고 영업할 때 • 리스테리아병에 걸린 고기를 판매한 자
1천만 원 이하의 포상금	질병에 걸린 동물을 사용하여 판매할 목적으로 식품을 조리한 자를 신고한 경우

⑰ 건강진단결과 집단급식소에 종사할 수 있는 사람은 후천성면역결핍증자(에이즈)이고, 건강진단결과 영업에 종사할 수 있는 질병은 홍역이다.

⑱ 조리사 면허를 받을 수 없는 사람은 정신질환자, 마약류 중독자이고, 조리사 면허를 받을 수 있는 사람은 지체장애인, 미성년자, 알코올중독자 등이다.

⑲ 식품판매업에 해당되는 것은 식용얼음판매업, 식품자동판매기영업, 유통전문판매업, 집단급식소 식품판매업 등이고, 해당되지 않는 것은 즉석판매제조 및 가공업 등이다.

⑳ 식품접객업은 식품위생법 제22조에 근거하여, 공중위생에 주는 영향이 현저한 영업으로서 식품위생법시행령 제7조에서 시설에 관한 기준을 정해야 되는 영업이며, 식품접객업에는 식품위생점검의 일반음식점, 휴게음식점, 단란주점, 유흥주점 등이 포함된다.

3 HACCP(해썹)

1. HACCP(해썹)의 정의 : 식품 위해요소 중점관리기준(식약처)

식품의 원료관리, 제조, 가공, 조리 및 유통의 모든 과정에서 위해한 물질이 식품에 혼입되거나 식품이 오염되는 것을 방지하기 위하여 각 공정을 중점적으로 관리하는 기준으로서 식품안전에 영향을 줄 수 있는 생물학적, 화학적, 물리적 위해요소(HA, Hazard Analysis)를 사전에 확인하여 예방하고 과학적으로 평가하여 관리하는 체계를 말한다.

※ HACCP = HA(Hazard Analysis) + CCP(Critical Control Point)

- HA(Hazard Analysis) 위해요소 분석
  원재료와 제조공정에서 발생 가능한 생물학적, 화학적, 물리적 위해요소를 분석하는 것을 말한다.
- CCP(Critical Control Point) 중요 관리지점
  HACCP의 12가지 절차 중 위해요소의 예방, 제거 및 허용 가능한 수준까지 감소를 위해 엄정한 관리가 요구되는 최종 공정이나 단계를 말한다.

2. HACCP(해썹)의 12절차와 7원칙

단계	절차
HACCP 준비단계	1. HACCP팀 구성
	2. 제품 설명서 작성
	3. 용도 확인
	4. 공정 흐름도 작성
	5. 공정 흐름도 현장 확인
HACCP 실천단계	6. (1원칙) : 위해분석
	7. (2원칙) : CCP(중요 관리지점)의 설정
	8. (3원칙) : 한계기준 설정
	9. (4원칙) : 모니터링 방법 설정
	10. (5원칙) : 개선조치 설정
HACCP 관리단계	11. (6원칙) : 검증방법 설정
	12. (7원칙) : 기록의 유지관리

① **제1절차 [HACCP팀(전문가팀)의 구성]**

제품에 대하여 전문적인 지식과 기술을 가진 사람으로서 참여하는 팀으로 편성하며 다음의 작업을 총괄한다.

② **제2절차 [제품(원재료 포함)에 관한 기술]**

제품에 대한 명칭 및 종류, 원재료, 그 특성, 포장 형태 등을 분류한다.

③ **제3절차 [용도 확인(사용자에 대한 기술)]**

최종 사용자 또는 소비자가 기대하는 그 제품의 용도를 근거로 하여야 한다.

④ **제4절차 [제조 공정 흐름도]**

시설의 도면 및 표준작업 절차서의 작성을 말한다.

⑤ **제5절차 [공정 흐름도 현장 확인]**

현장에서 각 제조공정에서의 조작 및 조작시간이 공정 흐름도와 일치하는가의 확인이 필요한 경우 공정 흐름도를 부착하는 것이 좋다.

⑥ **제6절차(제1원칙) [위해분석(HA, Hazard Analysis)]**

식품의 원재료 및 공정에 대하여 발생할 가능성이 있는 위해 또는 위해 원인물질을 리스트화하여 그 발생요인 및 발생을 방지하기 위한 조치를 명확히 하기 위해 각각의 공정별로 실시하여야 한다.

⑦ **제7절차(제2원칙) [중요 관리점(CCP, Critical Control Point) 확인]**

논리적으로 타당한 접근을 제공하는 결정도(Decision tree)를 사용하여 설정한다.

⑧ **제8절차(제3원칙) [한계기준(CL, Critical Limit)의 설정]**

한계기준은 되도록 즉시 결과 판정이 가능한 수단을 사용한다.

⑨ **제9절차(제4원칙) [모니터링(Monitoring)방법의 설정]**

모니터링은 관리상황을 적절히 평가할 수 있고, 필요한 경우 개선조치를 취할 수 있는 지정된 사람에 의해 수행되어야 한다.

⑩ **제10절차(제5원칙) [개선조치(Corrective Action)의 설정]**

CCP(중요 관리지점)가 한계기준에서 벗어난 경우 대처하기 위해 각 CCP에 대한 개선조치가 설정되어야 한다.

⑪ **제11절차(제6원칙) [검증(Verification)방법의 설정]**

HACCP 시스템이 계획대로 수행되고 있는지 여부를 평가하기 위해 위해원인 물질에 대한 검사 등을 포함하는 검증방법을 설정한다.

⑫ **제12절차(제7원칙) [기록(Record)의 유지관리]**

기록을 유지하고 문서화 절차를 확립한다.

※ HACCP의 기준은 식품의약품안전처, HACCP의 인증 및 교육은 한국식품안전관리인증원

※ 식품업체(제과제빵업계)에 HACCP 도입의 효과

- 자주적 위생관리체계의 구축
- 위생적이고 안전한 식품의 제조
- 위생관리 집중화 및 효율성 도모
- 경제적 이익 도모
- 회사의 이미지 제고와 신뢰성 향상

4 제조물책임법

1. 제조물책임법의 의의

① 소비자 또는 제3자가 '제조물의 결함'으로 인해 생명, 신체, 재산에 피해를 입었을 경우 제조업자 또는 판매업자가 책임을 지고 손해를 배상하도록 하는 제도로, Product Liability Act의 영문 머리글자를 따서 'PL제도'라고도 한다.

② 제조물 결함에 의한 피해가 발생할 경우, 과거에는 민법의 불법행위책임원칙에 따라 제조자나 판매자 등의 고의나 과실이 입증될 때만 손해배상 책임을 지도록 되어 있으나, 이 제도가 시행되면 제조업자 등의 고의나 과실과 관계없이 손해배상 책임을 지게 된다.

2. 제조물책임의 성립요건

제조회사의 과실은 물질의 성분이나 성질을 밝히는 정성적인 측면(숫자로 정확히 표현하기 어려운 측면)이 있어 입증하기가 어려우며, 소비자 피해에 대한 적절한 구제가 이루어지지 못한 단점의 해결책으로 제시된 것이 입증의 대상을 '결함'으로 바꾸는 것이다.

① **제조물책임의 적용 대상**

㉠ 제조물 : 다른 동산이나 부동산의 일부를 구성하는 경우를 포함한 제조 또는 가동된 동산(완제품, 부품, 원재료)을 말한다.

㉡ 손해배상 책임을 지는 자 : 제조물의 제조업자, 가공업자, 수입업자, 상호나 상표에 표시된 제조업자, 공급업자(판매업자, 대여업자)

㉢ 제조업자의 면책사유에는 다음과 같은 경우가 있다.

- 당해 제조물을 공급하지 아니한 사실
- 제조물을 공급한 때의 과학 및 기술수준으로 결함의 존재를 발견할 수 없었다는 사실
- 결함이 제조물을 공급할 당시의 법령이 정하는 기준을 준수한 경우

㉣ 책임기간(소멸시효)은 아래와 같다.

- 피해자는 손해배상책임을 지는 자를 안 날로부터 3년 내에 행사해야 한다.
- 제조업자가 제조물을 공급한 날로부터 10년 이내에 행사가 가능하다.
- 다만 신체에 누적되어 발생한 손해 또는 일정한 잠복기간이 경과한 후에 증상이 나타나는 손해에 대하여는 그 손해가 발생한 날로부터 가산한다.

② **제조물책임법에 적용되는 요건은 아래와 같다.**

㉠ 제조물이 결함을 가지고 있다.

㉡ 제조업자의 손을 벗어났을 때 결함이 존재한다.

㉢ 결함으로 인해 제조물이 비합리적으로 위험하게 되었다.

㉣ 비합리적인 위험으로 인해 상해나 재해가 발생하였다.

3. 제조물책임 식품사고의 특징

① 사고의 대부분이 식중독으로 그 밖의 유형의 확대손해는 많지 않다. 예컨대, 식품에 단순히 이물이 혼입되어 있거나 식품이 부패하였더라도 나쁜 냄새, 나쁜 맛이 나는 단계에서는 PL법이 적용되지 않는다.

② **사고원인 및 사고발생장소를 특징짓기 곤란한 경우**

㉠ 경우에 따라서는 사고의 원인이 원료, 제조공정, 유통 및 소비자에게 있어서 보관 불량 등 각각의 단계에서 발생할 가능성이 있고, 동시에 여러 종류의 식품을 섭취하기 때문에 어느 식품에 원인이 있는가 특정할 수 없는 경우도 많다.

㉡ 사고원인을 특정할 수 없는 이유 중의 하나로서 식품에 존재하는 미생물이나 식품의 상태가 변화하기 때문에 식사 시와 동일한 상태를 검증하는 것이 곤란한 점도 들 수 있다.

㉢ 유통이나 소비자의 단계에서의 보관 불량 등 제조자의 관리가 불가능한 상황에 기인하는 사고도 있지만 원인이 특정할 수 없는 사례에 있어서는 제조자측이 책임을 지는 경우도 있으며, PL법 하에서는 제조자에게 불리한 요인이라고 할 수 있다.

③ 예측할 수 없는 소비자의 체질이나 몸의 상태 등의 복합적인 원인에 의해 발생하는 사고가 있는 점이다. 예컨대, 심야에 맥주와 식품을 섭취하여 복통이 발생한 사례에서 식품 자체에 문제가 있었던 것인가 밤에 찬 음식을 먹었기 때문에 복통을 일으킨 것인가는 단정할 수 없다.

④ 식품은 일상적으로 섭취하는 것으로 인간의 생활에 없어서는 안 될 것이지만 앞에서 본 것과 같이 식품사고의 원인 해명이 곤란한 점, 또 비교적 가격이 싼 상품이기 때문에 악질적인 클레임이 발생하기 쉬운 점이다.

⑤ 유통수단 발달과 대량생산으로 피해 발생 시 광역화된다. 식품 자체의 특징이 아니라 유통수단의 발달과 대량생산의 영향으로 광범위하게 제품이 유통되기 때문에 피해가 생긴 경우 광역에 걸칠 가능성이 높다.

4. 제조물책임(PL) 식품사고의 발생유형과 특징

① **원인별 식품에 의한 사고는 다음과 같다.**

㉠ 동식물에 의한 자연독 식중독, 세균에 의한 세균성 식중독, 화학물질에 의한 화학성 식중독 등에 기인하는 것

㉡ 흙, 돌, 곤충, 식물 등의 자연물, 모발, 금속, 유리, 소독제나 기계유 등 다양한 이물질의 혼입에 기인하는 것

㉢ 포장에 기인하는 것으로 다음과 같은 것이 있다.

- 유리용기의 파손, 포장재의 파손에 의한 내용물의 부패
- 용기의 설계상의 안전성 배려 부족으로 인한 예리한 부분에의 상해
- 병, 캔음료 등에 있어서 파열, 폭발사고

㉣ 전자레인지나 튀김기름에 의한 조리에 수반된 파열, 폭발, 인화 등에 의한 화상이나 상해

㉤ 사용하는 재료(위험성 높은 농약의 잔류량이 많은 것 등), 약품, 첨가물 등에 의한 건강장해

㉥ 음식물의 형상 배려부족에 의한 노인, 유아 등에 있어서 질식사고

기타 식품업계자체에서 그 동안 발생한 소비자 클레임을 분석하고, PL사고가 발생할 수 있는 예상 유형을 파악하여 이에 대한 적절한 안전성 강화방안을 마련하여야 한다.

5. 식품업계의 제조물책임(PL)대책

① **안전기준에 따라 재료나 식품 첨가물을 사용한다.**

재료나 식품 첨가물은 법률이나 업계에서 정한 안전기준을 지켜야한다. 그렇지만 판례에서는 안전기준에 위반하지 않는다는 사실만으로는 민사책임의 '제조물 결함' 판정에 있어서 최종적인 무죄결정 기준이 될 수는 없다. 그러나 재판실무에 있어서는 '제조물 결함'의 유무를 판단할 때 종종 안전기준을 중요한 요소로 참고한다.

② **제조, 조리공정에서 품질관리를 철저히 한다.**

제조, 조리공정에서의 이물질의 혼입을 방지하기 위해서는 제조, 조리라인을 청결히 하는 외에 종사자에 대한 규칙을 제정하고, 제복, 제모의 착용, 모발의 단정, 장갑의 착용, 이물질 혼입의 원인이 되는 물건의 제조 현장으로의 반입 금지 등을 할 필요가 있다. 또한 품질관리를 철저히 하기 위해 원재료나 제품의 선입선출의 실행, 제조공정이나 창고 내의 온도와 습도의 관리 등에도 주의를 기울여야 한다. 품질검사도 강화하며 제품의 원료로부터 제조, 유통, 판매, 소비까지의 각 단계를 통한 위해의 방지, 소비자의 안전성을 항상 보증하도록 하는 제도인 HACCP의 방식과 같은 수준의 안전관리를 할 필요가 있다.

③ **구매하는 원재료 구입선에 대해 꼼꼼하게 체크한다.**

구입하는 원재료에 이물이 혼입되어 있거나 각종 식품 첨가물이 사양으로부터 벗어난 것이 있

게 되면 제조하는 제품에 결함이 발생하게 된다. 따라서 이러한 구입선에 대해서는 충분히 체크를 하는 것이 필요하다.

④ **포장 · 용기의 안전성을 확보한다.**

제조물책임(PL)사고 중에는 캔이나 병 용기의 결함에 의해 일어나는 사고도 있다. 또한 종이나 알루미늄 팩의 용기에서는 재질의 강도 부족이나 불량에 의해 밀폐도가 나빠 세균오염으로 발생하는 부패 사고 등 포장이나 용기의 결함에 의한 사고도 발생하고 있다. 따라서 용기나 포장자재에 대해서는 그 사용 형태나 상품의 출하 후의 물류 및 보관 등의 안전성을 확보한 설계와 재질의 선택이 필요하다. 또한 포장이나 용기가 식품의 안전성을 확보한 것으로 되어 있지만 검사를 할 필요가 있다. 왜냐하면 경우에 따라서는 짓궂은 장난에 의한 사고, 예컨대 악의적으로 포장을 개봉하여 이물질을 혼입시키는 경우와 같은 사고를 방지하기 위해서이다. 그래서 한 번이라도 개봉이 되면 그것을 바로 알 수 있는 용기나 포장으로 할 필요가 있다.

⑤ **제조연월일, 유통기한이나 제품의 설명서를 체크한다.**

식품의 경우 품질보증기간이나 유통기한을 제품에 기재하는 것이 의무화되어 있고, 이러한 기간을 바르고 정확하게, 나아가 소비자가 읽기 쉬운 위치에 인쇄하는 것도 필요하다. 제대로 표시하지 않거나 제품라벨의 배색의 잘못으로 표시가 오해될 수 있는 경우에는 그로 인해 제조물책임(PL)사고가 발생하면 소비자의 오용이라고만 주장할 수도 없게 된다.

특히 소비자의 오사용이나 남용으로 인한 위험성에 대하여 하는 경고 표시를 대부분 라벨이나 광고 · 선전 시에 잘 보이지 않도록 대충 표시하는 경우가 있으나, 이것은 나중에 제조물책임(PL)소송의 빌미가 될 수도 있다. 오히려 소비자 눈에 잘 보이도록 크고 분명하게 표시하는 것이 소비자로부터 더 큰 신뢰를 얻을 수 있으므로 발상의 전환도 필요할 것이다.

5 식품 첨가물

1. 식품 첨가물의 개요

식품을 제조, 가공 또는 보존함에 있어 식품에 첨가, 혼합, 침윤, 기타 방법으로 사용되는 물질이 식품 첨가물이다. 식품 첨가물의 규격과 사용기준은 식품의약품안전처장이 정한다.

① **식품 첨가물의 특징**

㉠ 식품의 조리 가공에 있어 상품적, 영양적, 위생적 가치를 향상시킬 목적으로 식품에 의도적으로 미량 첨가시키는 물질로서, 식품 첨가물 공전에서 종류, 규격 및 사용기준을 제안한다.

㉡ 식품을 제조, 가공 또는 보존함에 있어 식품에 첨가, 혼합, 침윤, 기타 방법으로 사용하는 물질로서, 안전성이 입증된 것으로 최소사용량의 원칙을 적용한다.

㉢ 천연품과 화학적 합성품이 있으며 허용된 것은 사용가능한 식품과 사용기준이 정해져 있다.

㉣ 자연의 동식물에서 추출한 천연물질(천연품)이든 인간이 만들어낸 화학적 합성물질 및 혼합제제(화학적 합성품)든 식품 첨가물의 규격과 사용기준은 식품의약품안전처장이 정한다.

② 식품 첨가물의 구비조건

㉠ 미량으로도 효과가 커야 한다.

㉡ 독성이 없거나 극히 적어야 한다.

㉢ 사용하기 간편하고 경제적이어야 한다.

㉣ 변질 미생물에 대한 증식 억제 효과가 커야한다.

㉤ 무미, 무취이고 자극성이 없어야 한다.

㉥ 공기, 빛, 열에 대한 안정성이 있어야 한다.

㉦ pH에 의한 영향을 받지 않아야 한다.

2. 식품 첨가물의 종류 및 용도

① 식품의 부패와 변질 방지에 사용

㉠ 방부제(보존료)

- 미생물의 번식으로 인한 부패나 변질을 방지하고 화학적인 변화를 억제하며 보존성을 높이고 영양가 및 신선도를 유지하기 위해 사용한다. 식품의 성분과 반응하여 성분을 변화시켜서는 안 된다.
- 종류에는 디하이드로초산(치즈, 버터, 마가린), 프로피온산 칼슘(빵류), 프로피온산 나트륨(빵류, 과자류), 안식향산(간장, 청량음료), 소르브산(팥앙금류, 잼, 케첩, 식육가공물) 등이 있다. 소르브산은 Sorbic acid이며, 소르빈산이라고도 부른다.
- 프로피온산류는 빵의 부패의 원인이 되는 곰팡이나 부패균에 유효하고 빵의 발효에 필요한 효모에는 작용하지 않는다. 이러한 특성으로 인해 빵이나 양과자의 보존료로 쓰인다.

㉡ 살균제

- 미생물을 단시간 내에 사멸시키기 위한 목적으로 사용한다.
- 종류에는 표백분, 차아염소산나트륨 등이 있다.

㉢ 산화방지제(항산화제)

- 유지의 산패에 의한 이미, 이취, 식품의 변색 및 퇴색 등의 방지를 위해 사용한다.
- 종류에는 BHT(Butylated Hydroxy Toluene), BHA(Butylated Hydroxy Anisole), 비타민 E(토코페롤), 프로필갈레이트[PG(Propyl Gallate)], 에르소르브산, 세사몰 등이 있다.

② 식품의 품질 개량과 유지에 사용

㉠ 밀가루 개량제

- 밀가루의 표백과 숙성기간을 단축시키고, 제빵 효과의 저해물질을 파괴시켜 품질을 개량

하는 데 사용한다.

- 종류에는 과황산암모늄, 브롬산칼륨, 과산화벤조일, 이산화염소, 염소 등이 있다.

㉡ 유화제(계면활성제)

- 물과 기름처럼 서로 혼합되지 않는 두 종류의 액체를 혼합할 때, 분리되지 않고 분산시키는 기능을 가진 물질을 유화제 또는 계면활성제라고 한다.
- 계면활성제 분자 중에서 친수성 부분의 (%)를 5로 나눈 수치로 9 이하는 지방에 용해되고 11 이상은 물에 녹는다.
- HLB 값이 9 이하이면 비극성기를 가지고 있는 친유성으로 기름 중에 물을 분산시키고, 분산된 입자가 다시 응집되지 않도록 안정화시키는 작용을 한다. 버터, 마가린에 사용한다.
- HLB(Hydrophile-Lipophile Balance) 값이 11 이상이면 극성기를 가지고 있는 친수성으로 물 중에 기름을 분산시키고, 분산된 입자가 다시 응집되지 않도록 안정화시키는 작용을 한다. 생크림, 마요네즈에 사용한다.
- 식품에 사용할 수 있는 유화제의 종류는 지정되어 있다.
- 표면장력을 변화시켜 빵과 과자(케이크)의 부피를 크게 하고 조직을 부드럽게 하며 노화를 지연시키기 위해 사용하기도 한다.
- 빵에서는 글루텐과 전분 사이로 이동하는 자유수의 분포를 조절하여 노화를 방지한다.
- 레시틴
  - 지질의 대사에 관여하고 뇌신경, 간, 노른자, 콩기름 등에 많이 있다.
  - 콜린, 인산, 글리세린, 지방산을 포함하고 있는 인지질의 하나이다.
  - 식품을 제조할 때 천연유화제로 사용된다.
  - 레시틴(Lecithin)의 어원은 그리스어의 노른자(Lecithos)에서 유래하였다.
- 종류에는 대두 인지질, 글리세린, 레시틴, 모노-디-글리세리드, 폴리소르베이트 20, 자당지방산에스테르, 글리세린지방산에스테르 등이 있다.
- 초콜릿에 사용되는 유화제 : 레시틴, 슈거에스테르, 솔비탄 지방산에스테르, 폴리솔베이트

㉢ 호료(증점제)

- 식품에 점착성 증가, 유화 안정성, 선도 유지, 형체 보존에 도움을 주며, 점착성을 줌으로써 촉감을 좋게 하기 위하여 사용한다.
- 종류에는 카세인(Casein), 메틸셀룰로오스, 알긴산나트륨 등이 있다.

㉣ 이형제

- 빵류제품의 제조과정에서 빵류 반죽을 분할기에서 분할할 때나 구울 때 달라붙지 않게 하고, 모양을 그대로 유지하기 위하여 사용한다.
- 종류에는 유동파라핀 오일이 있다.

ⓜ 영양강화제

- 식품에 영양소를 강화할 목적으로 사용되는 식품 첨가물이다.
- 조리, 제조, 가공 또는 보존 중에 파괴되기도 하고 식품의 종류에 따라 함유되어 있지 않거나 부족한 영양소를 첨가하여 영양가를 높여준다.
- 종류에는 비타민류, 무기염류, 아미노산류 등이 있다.

ⓑ 피막제

- 과일이나 채소류 표면에 피막을 만들어 호흡작용을 적당히 제한하고, 수분의 증발을 방지할 목적으로 사용한다.
- 종류에는 몰포린 지방산염, 초산 비닐수지 등이 있다.

ⓢ 품질개량제

- 햄, 소시지 등 식육 훈제품류에 결착성을 높여 씹을 때 식감을 향상시킨다.
- 변질, 변색을 방지하는 효과를 주는 첨가물이다.
- 종류에는 피로인산나트륨, 폴리인산나트륨 등이 있다.

ⓞ 용제 : 식품 속의 첨가물들이 골고루 혼합되도록 만들기 위하여 사용한다.

③ 식품의 기호성과 관능 만족에 사용

ⓖ 감미료

- 식품의 조리, 가공 시 단맛을 내기 위해 사용하는 인공감미료는 화학적 합성품이다.
- 인공감미료(합성감미료)를 쓰는 이유는 설탕보다 값이 싸고, 당뇨병 환자나 비만 환자 등을 위해 무열량 감미료가 필요하기 때문이다.
- 종류에는 사카린나트륨, 아스파탐 등이 있으며, 합성감미료는 일반적으로 설탕보다 감미강도가 높다. 예를 들어 아미노산으로 이루어진 아스파탐은 상대적 감미도가 설탕의 200배이다.
- 아스파탐은 흰색의 결정성 분말이며 냄새는 없고, 일반적으로 단맛이 설탕의 200배 정도되는 아미노산으로 구성된 식품감미료이다.

ⓝ 산미료

- 식품을 가공 · 조리할 때 식품에 적합한 산미를 붙이고, 미각에 청량감과 상쾌한 자극을 주기 위하여 사용되는 첨가물이다
- 산미료의 종류에는 구연산, 젖산(유산), 사과산, 주석산 등이 있다.

ⓓ 표백제

- 식품을 가공, 제조할 때 색소 퇴색, 착색으로 인한 품질 저하를 막기 위하여 미리 색소를 파괴시킴으로써 완성된 식품의 색을 아름답게 하기 위하여 사용한다.
- 종류에는 과산화수소, 무수 아황산, 아황산나트륨 등이 있다.

㉣ 발색제

- 착색료에 의해 착색되는 것이 아니고 식품 중에 존재하는 유색물질과 결합하여 그 색을 안정화하거나 선명하게 또는 발색되게 하는 물질이다.
- 육류의 누린내 또는 비린내를 없애는 염지 시 사용하기도 한다.

㉤ 착색료

- 인공적으로 착색시켜 천연색을 보완 · 미화하여, 식품의 매력을 높여 소비자의 기호를 끌기 위하여 사용되는 물질이다.
- 종류에는 캐러멜, β-카로틴 등이 있다.

㉥ 착향료

- 후각신경을 자극함으로써 특유한 방향을 느끼게 하여 식욕을 증진시킬 목적으로 사용한다.
- 육류의 누린내 또는 비린내를 없애는 염지 시 사용되기도 한다.
- 종류에는 C-멘톨, 계피알데히드, 벤질 알코올, 바닐린 등이 있다.

④ 식품의 제조에 사용

㉠ 팽창제

- 빵, 과자 등을 부풀려 모양을 갖추게 할 목적으로 사용한다.
- 팽창제는 반죽 중에 가스를 발생시켜 제품에 독특한 다공성의 세포 구조를 부여한다.
- 화학적 팽창제는 가열에 의해서 발생되는 유리탄산가스나 암모니아가스만으로 팽창하는 것이다.
- 천연팽창제(생물학적 팽창제)는 효모(이스트)가 대표적이다.
- 화학팽창제(화학적 팽창제)의 종류에는 명반, 소명반, 탄산수소나트륨(중조, 소다), 염화암모늄, 탄산수소암모늄, 탄산마그네슘, 베이킹파우더 등이 있다.

㉡ 소포제

- 식품 제조공정 중 생긴 거품을 없애기 위해 첨가하는 것이다.
- 종류에는 규소수지(실리콘 수지) 1종이 있다.

㉢ 추출제

- 일종의 용매로서 천연식물에서 어떤 성분을 용해, 용출하기 위해 사용된다.
- 종류에는 N-헥산, 아이소프로필알코올 등이 있다.

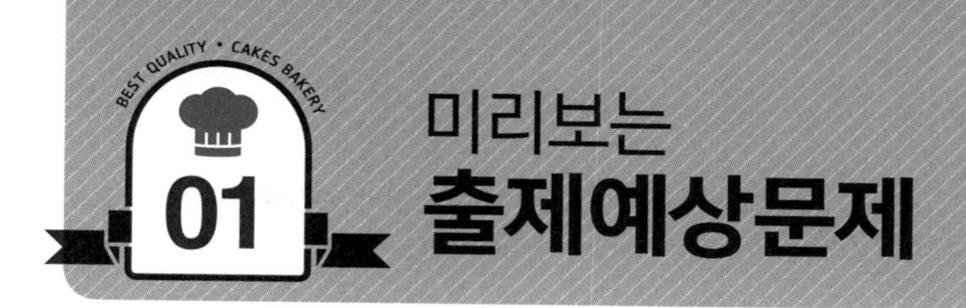

미리보는 출제예상문제

★★
01 우리나라 식품위생행정의 가장 중요한 목적은?

① 유해 식품을 섭취함으로써 발생되는 위해사고의 방지
② 식품의 안정적이고 원활한 공급
③ 영양학적으로 우수한 식품의 공급
④ 식품영업자에 대한 영업지도와 감독

해설 | 식품위생행정의 중요한 목적은 식품으로 인한 위생상의 위해사고 방지와 국민보건의 향상과 증진에 이바지하는 것이다.

★★★
02 HACCP에 대한 설명으로 틀린 것은?

① 식품제조업체에 종사하는 모든 사람에 의해 작업이 위생적으로 관리된다.
② 위해요소분석을 실시하여 식품 오염을 방지하는 제도이다.
③ 중요관리점은 위해요소를 예방, 제거 또는 허용수준으로 감소시킬 수 있는 공정이나 단계를 중점 관리하는 것이다.
④ 식품을 제조하는 과정 중에 문제가 발생하면 사후에 이를 교정한다.

해설 | 식품을 제조하는 과정 중에 문제가 발생하기 전 사전에 예방과 제거 또는 허용수준으로 감소시켜야 한다.

★★
03 HACCP의 12절차 중, 위해요소를 예방, 제거 또는 허용 가능한 수준까지 감소시킬 수 있는 최종 단계 또는 공정은?

① 중요관리점(CCP) 결정
② 위해요소분석
③ 개선조치방법 수립
④ 중요관리점(CCP) 모니터링체계 확립

★★
04 우리나라 제조물책임법(PL)에서 정하고 있는 결함의 종류가 아닌 것은?

① 제조상의 결함
② 설계상의 결함
③ 유통상의 결함
④ 표시상의 결함

해설 | 제조물 결함의 분류
- 제조상의 결함 : 제조과정에서의 부주의로 인해서 제품의 설계사양이나 제조방법에 따르지 않고 제품이 제조되어서 안전성이 결여된 경우를 말하며, 이러한 결함은 제품의 제조, 관리단계에서의 인적, 기술적 부주의에 기인한다.
- 설계상의 결함 : 제조물의 설계단계에서 안정성을 충분히 배려하지 않았기 때문에 제품의 안전성이 결여된 경우로서 그 설계에 의해 제조된 제품은 모두 결함이 있는 것으로 간주한다.
- 경고 또는 지시상의 결함 : 소비자가 사용 또는 취급상의 일정한 주의를 하지 않거나 부적당한 사용을 한 경우 등에 발생할 수 있는 위험에 대비한 적절한 주의나 경고를 하지 않은 경우를 말하는 것으로서 제조자는 제조물의 사용에서 발생할 수 있는 위험에 대한 경고를 하여야 한다.

★
05 식품 또는 식품 첨가물을 채취, 제조, 가공, 조리, 저장, 운반 또는 판매하는 직접 종사자들이 정기건강진단을 받아야 하는 주기는?

① 1회/월　② 1회/3개월
③ 1회/6개월　④ 1회/년

해설 | 식품 또는 식품 첨가물을 취급하는 직접 종사자들에 의한 오염을 방지할 목적으로 정기적인 건강진단을 받아야 한다.

정답　01 ①　02 ④　03 ①　04 ③　05 ④

★★
06 식품 첨가물의 규격과 사용기준은 누가 지정하는가?

① 식품의약품안전처장
② 국립보건원장
③ 시 · 도 보건연구소장
④ 시 · 군 보건소장

해설 | 식품 첨가물의 규격과 사용기준은 식품의약품안전처장이 지정한다.

★
07 식품 첨가물에 의한 식중독 원인이 아닌 것은?

① 허용되지 않은 첨가물의 사용
② 불순한 첨가물의 사용
③ 허용된 첨가물의 과다 사용
④ 독성물질을 식품에 고의로 첨가

해설 | 독성물질을 식품에 고의로 첨가하는 행위는 불특정 다수를 대상으로 하는 범법행위이다.

★★
08 식품 첨가물의 안전성 시험과 가장 거리가 먼 것은?

① 아급성 독성 시험법
② 만성 독성 시험법
③ 맹독성 시험법
④ 급성 독성 시험법

해설 | 식품 첨가물로 사용되는 재료는 어느 정도 안전성을 보장하므로 맹독성 시험법은 사용하지 않는다.

★★
09 다음 첨가물 중 합성보존료가 아닌 것은?

① 데히드로 초산
② 소르빈산
③ 차아염소산나트륨
④ 프로피온산나트륨

해설 | 차아염소산나트륨은 식품의 부패원인균이나 병원균을 사멸시키기 위한 살균제다.

★★
10 식품 첨가물 중 보존료의 조건이 아닌 것은?

① 변패를 일으키는 각종 미생물의 증식을 억제할 것
② 무미, 무취하고 자극성이 없을 것
③ 식품의 성분과 반응을 잘하여 성분을 변화시킬 것
④ 장기간 효력을 나타낼 것

해설 | 보존료
미생물의 번식으로 인한 부패나 변질을 방지하고 화학적인 변화를 억제하며, 식품의 성분과 반응을 해서는 안 된다.

★★
11 식용유의 산화 방지에 사용되는 것은?

① 비타민 E ② 비타민 A
③ 니코틴산 ④ 비타민 K

해설 |
- 산화방지제를 일명 항산화제라고도 한다.
- 비타민 E를 토코페롤이라고도 한다.

★★★
12 다음 중 산화방지제와 거리가 먼 것은?

① 부틸히드록시아니솔(BHA)
② 디부틸히드록시톨루엔(BHT)
③ 올식자산프로필갈레이트(Propyl Gallate)
④ 비타민 A

해설 | 산화방지제인 비타민은 비타민 E이다.

★★
13 다음 중 허가된 천연유화제는?

① 구연산 ② 고시폴
③ 레시틴 ④ 세사몰

해설 | 레시틴은 계란 노른자, 옥수수, 대두유 등에 함유된 천연 성분을 추출하여 사용한다.

정답 06 ① 07 ④ 08 ③ 09 ③ 10 ③ 11 ① 12 ④ 13 ③

★★
14 밀가루 개량제가 아닌 것은?

① 염소 ② 과산화벤조일
③ 염화칼슘 ④ 이산화염소

해설 | 밀가루 개량제는 밀가루의 표백과 숙성기간을 단축시키고 제빵 효과의 저해물질을 파괴시켜 분질을 개량하는 것으로 과산화벤조일, 과황산암모늄, 브롬산칼륨, 염소, 이산화염소가 있다.

★★
15 제분된 밀가루의 표백과 숙성에 이용되는 첨가물은?

① 증점제 ② 밀가루개량제
③ 유화제 ④ 팽창제

해설 | 밀가루 개량제는 밀가루의 표백과 숙성기간을 단축시키고, 제빵효과의 저해물질을 파괴시켜 분질을 개량하는 것을 말한다.

★★
16 식품 첨가물의 종류와 그 용도의 연결이 틀린 것은?

① 발색제 – 인공적 착색으로 관능성 향상
② 산화방지제 – 유지식품의 변질 방지
③ 표백제 – 색소물질 및 발색성 물질 분해
④ 소포제 – 거품 소멸 및 억제

해설 | 발색제
인공의 착색료에 의해 착색되는 것이 아니고 식품 중에 존재하는 유색물질과 결합하여 그 색을 안정화하거나 선명하게 또는 발색되게 하는 물질이다.

★★
17 착색료에 대한 설명으로 틀린 것은?

① 천연색소는 인공색소에 비해 값이 비싸다.
② 타르색소는 카스텔라에 사용이 허용되어 있다.
③ 인공색소는 색깔이 다양하고 선명하다.
④ 레토르트 식품에서 타르색소가 검출되면 안된다.

해설 |
- 타르색소는 발암물질로 구분되어 사용할 수 없다.
- 레토르트 식품이란 조리하고 가공한 식품을 알루미늄으로 만든 용기에 담아 밀봉한 후에 레토르트 솥에 넣어 고온에서 가열하여 살균한 식품을 가리킨다.

★★
18 식품에 영양 강화를 목적으로 첨가하는 물질로 지정된 강화제가 아닌 것은?

① 비타민류 ② 아미노산류
③ 칼슘화합물 ④ 규소화합물

해설 | 식품의 영양 강화 목적으로 사용되는 강화제로는 비타민류, 아미노산류, 무기염류가 사용된다.

★★★
19 물과 기름 같이 서로 잘 혼합되지 않는 두 종류의 액체를 혼합할 때 사용하는 물질을 유화제라 한다. 다음 중 천연유화제는?

① 구연산 ② 고시폴
③ 레시틴 ④ 세사몰

해설 | 대두인지질, 계란 노른자에는 천연 유화제인 레시틴이 들어있다.

★★
20 표면장력을 변화시켜 빵과 과자의 부피와 조직을 개선하고 노화를 지연시키기 위해 사용하는 것은?

① 감미료 ② 산화방지제
③ 팽창제 ④ 계면활성제

해설 | 계면활성제
빵 속을 부드럽게 하고 수분 보유도를 높이므로 노화를 지연한다.

★★
21 빵의 제조과정에서 빵 반죽을 분할기에서 분할할 때나 구울 때 달라붙지 않게 하고 모양을 그대로 유지하기 위하여 사용되는 첨가물은?

① 프로필렌 글리콜 ② 유동파라핀
③ 카세인 ④ 대두인지질

14 ③ 15 ② 16 ① 17 ② 18 ④ 19 ③ 20 ④ 21 ②

해설 | 유동파라핀은 이형제이다.

★★★

22 이형제를 가장 잘 설명한 것은?

① 가수분해에 사용된 산제의 중화에 사용되는 첨가물이다.

② 과자나 빵을 구울 때 형틀에서 제품의 분리를 용이하게 하는 첨가물이다.

③ 거품을 소멸, 억제하기 위해 사용하는 첨가물이다.

④ 원료가 덩어리지는 것을 방지하기 위해 사용하는 첨가물이다.

해설 | 이형제는 빵의 제조 과정에서 빵 반죽을 분할기에서 분할할 때나 구울 때 달라붙지 않게 하고 모양을 그대로 유지하기 위하여 사용하는 것이다.

★★

23 빵이나 카스텔라 등을 부풀게 하기 위하여 첨가하는 합성 팽창제(Baking powder)의 주성분은?

① 염화나트륨(NaCl)

② 탄산나트륨($Na2CO_3$)

③ 탄산수소나트륨($NaHCO_3$)

④ 탄산칼슘($CaCO_3$)

해설 | 합성 팽창제인 탄산수소나트륨($NaHCO_3$)은 중조, 소다라고도 한다.

★★

24 빵, 과자 제조 시에 첨가하는 팽창제가 아닌 것은?

① 암모늄명반

② 프로피온산나트륨

③ 탄산수소나트륨

④ 염화암모늄

해설 | 프로피온산나트륨은 빵류와 과자류에 미생물의 번식으로 식품의 변질을 방지하기 위해 사용하는 방부제(보존료)이다.

★

25 백색의 결정으로 물에 잘 녹고, 감미도는 설탕의 250배로 청량음료수, 과자류, 절임류 등에 사용되었으나 만성중독인 혈액독을 일으켜 우리나라에서는 1966년 11월부터 사용이 금지된 인공감미료는?

① 둘신

② 사이클라메이트

③ 에틸렌글리콜

④ 파라-니트로-오르토-톨루이딘

해설 | 둘신은 백색 분말 또는 무색의 침상 결정체로 된 인공감미료로 감미도는 설탕의 250배이다.

정답 22 ② 23 ③ 24 ② 25 ①

02 개인 위생관리 (빵류제품 위생안전관리)

1 개인 위생관리

1. 개인 위생관리의 정의

① **위생의 정의**

제빵을 하는 개개인은 항상 건강관리를 잘 해야 한다. 그래서 제빵사와 위생을 다음과 같이 정의할 수 있다.

㉠ 제빵사란 건강한 정신과 건강한 육체를 가진 사람이 건강한 빵을 만들어 함께 살아가는 공동체 구성원의 건강을 책임지는 사람이다.

㉡ 위생은 제빵사, 사업주, 위생사 등 모든 이의 종합적 책임으로 모두 다 같이 대처해야 한다. 위생이란 건강을 유지하는 것이며, 건강의 조건이다. 위생의 원어는 라틴어로 새니타스(Sanitas)이며 건강이란 뜻이다. 위생업소에서 사용하는 식품위생이란 뜻은 좋은 음식, 즉 병원균의 오염이 없이 위생적으로 준비된 안전한 음식을 말한다. 음식물에 의해 직접적 또는 간접적으로 일어나는 여러 가지 건강상의 위해를 사전에 예방함으로써 우리의 식생활과 음식문화를 개발시켜 나아가는 것이다.

② **관리의 정의**

사람들에게 안전한 음식물을 제공하기 위한 중요한 위생관리업무의 하나인 관리의 대상은 사람, 식품, 시설 및 설비를 들 수 있다. 관리상의 유의점 등에 대해서는 식품위생법 및 노동안전위생법 등의 관계법령으로 규정되어 있다. 기업의 노동력, 생산력의 유지, 또한 노동자의 복지문제를 해결하기 위해서 노동자의 질병 방지, 작업으로 인한 건강장애 등의 예방과 치료 등 건강관리를 위생적인 입장에서 관리하는 기법이다. 위생관리의 내용은 질병의 조기 발견과 치료, 발병할 우려가 있는 제빵에 관련된 모든 사람에 대한 적절한 처치, 건강진단 등과 동시에, 노동조건이나 위생적 관점에서 본 노동환경의 개선을 포함한다. 그래서 제빵의 위생관리에는 종합적인 계획 및 실행이 필요하다.

2. 개인 위생관리 사항

① **건강관리**

㉠ 제빵 종사자의 건강진단은 1년에 1회 실시하고 보건증을 보관한다.

㉡ 보건증 미발급자는 취업시키지 않도록 한다.

② **복장관리**

㉠ 머리

- 제빵을 하는 모든 제빵사 및 종사자는 위생모를 쓴다.
- 머리는 단정하고, 청결히 하며 긴 머리는 묶는다.
- 남자 제빵사는 면도를 깨끗이 한다.

㉡ 얼굴

얼굴에 상처나 종기가 있는 제빵사 및 종사자는 포장에서 배제한다.

㉢ 위생복

- 위생복은 세탁과 다림질을 깨끗이 한다.
- 단추가 떨어졌거나 바느질이 터진 곳이 없는지 확인한다.

㉣ 액세서리

- 작업장에서는 안전 및 위생 요건상 반지 착용을 금한다. 반지는 오물이나 다른 요소의 질병과 오염원으로부터 박테리아를 번식시킬 수 있으며, 또한 설비에 걸리거나 열이 전도되므로 안전상 위험할 수 있음을 제빵사 및 종사자에게 인식시킨다.

㉤ 화장

- 눈화장, 립스틱은 진하게 하지 않는다.
- 향이 강한 화장품은 사용하지 않는다.

㉥ 신발

- 작업장 내에서 맨발에 슬리퍼만 신는 것을 금한다.
- 화장실 전용 신발을 비치하여 사용한다.

③ **작업태도 관리**

㉠ 머리를 긁는 행위, 손가락으로 머리카락을 넘기는 행위, 코를 닦거나 만지는 행위, 귀를 문지르는 행위, 여드름이나 감싸지 않은 염증 부위를 만지는 행위, 더러운 유니폼을 입는 행위, 손에 기침을 하거나 재채기를 하는 행위, 식당에 침을 뱉는 행위 등은 식품오염 가능 행동이므로 하지 않는다.

㉡ 깨끗한 모자 또는 머리 덮개와 깨끗한 의복을 매일 착용해야 한다.

㉢ 식품준비 구역을 벗어날 때는 앞치마를 벗어야 한다.

㉣ 손과 팔의 장신구를 제거해야 한다.

㉤ 적절하고 깨끗하며 앞부분이 막힌 신발을 신어야 한다.

2 식품과 식중독

1. 식중독이란

식중독(Food Poisoning)은 어떤 음식물을 먹은 사람들이 열을 동반하거나, 열을 동반하지 않으면서 구토, 식욕부진, 설사, 복통 등을 나타내는 경우이다.

2. 세균성 식중독과 경구감염병(소화기계 감염병)의 차이점

구 분	경구감염병(소화기계 감염병)	세균성 식중독
필요한 균량	미량의 균이라도 숙주 체내에서 증식하여 발병한다.	대량의 생균 또는 증식과정에서 생성된 독소에 의해서 발병한다.
감 염	원인병원균에 의해 오염된 물질(식기와 식품)에 의한 2차 감염이 있다.	종말감염이며 원인식품에 의해서만 감염해 발병한다. 2차 감염이 거의 없다.
잠복기	일반적으로 길다.	경구감염병에 비해 짧다.
면 역	면역이 성립되는 것이 많다.	면역성이 없다.
독 성	상대적으로 강하다.	상대적으로 약하다.

경구감염병(소화기계 감염병)의 종류 : 장티푸스, 유행성 간염, 콜레라, 세균성 이질, 파라티푸스, 디프테리아, 성홍열, 급성 회백수염

3. 식중독 발생 시 대책

① 식중독이 의심되면 환자의 상태를 메모하고 즉시 진단을 받는다.

② 관할 시 · 군 보건소에 신고하여 보건소장에게 보고되게 한다.

③ 추정 원인식품을 수거하여 검사기관에 보낸다.

④ **노로바이러스 식중독의 발생과 대책**

㉠ 바이러스성 식중독의 한 종류이며, 단일나선구조 RNA 바이러스이다.

㉡ 오염음식물을 섭취하거나 감염자와 접촉하면 감염된다.

㉢ 잠복기 : 24~28시간

㉣ 지속시간 : 1~2일 정도

㉤ 발병률 : 40~70% 발병

㉥ 주요증상 : 급성장염을 일으키거나 설사, 탈수, 복통, 구토 등이 있다.

㉦ 발생 시 대책 : 환자가 접촉한 타월이나 구토물 등은 바로 세탁하거나 제거하여야 한다.

㉧ 완치되어도 최소 3일, 최대 2주간 바이러스를 방출하므로 개인위생을 철저히 관리한다.

3 세균성 식중독

1. 감염형 세균성 식중독

식품에 오염되어 증식한 다수의 식중독균이 식품과 함께 섭취되어 장관 내 점막에 침입함으로써 발생하는 것으로 살아 있는 세균이 관여한다.

① **살모넬라(Salmonella)균 식중독**

㉠ 통조림 제품류는 제외하고 어패류, 유가공류, 육류 등 거의 모든 식품에 의하여 감염된다.

㉡ 쥐나 곤충류에 의해서 발생될 수 있으며, 급성 위장염을 일으킨다.

㉢ 62~65℃에서 30분간 가열하거나 70℃ 이상에서 3분만 가열해도 사멸되기 때문에 조리 식품에 2차 오염이 없다면 살모넬라에 의한 식중독은 발생되지 않는다.

㉣ 오염식품 섭취 10~24시간 후 발열(38~40℃)이 나타나며 1주일 이내 회복이 된다.

② **장염 비브리오(Vibrio)균 식중독**

㉠ 여름철에 어류, 패류, 해조류 등을 생식할 경우에 감염될 수 있다.

㉡ 구토, 상복부의 복통, 발열, 설사 등을 일으킨다.

㉢ 소금을 좋아하는 호염성균으로 해수(염분 3.0%)에서 잘 생육한다.

㉣ 열에 약하여 60℃에서 15분, 100℃에서 수분 내로 사멸한다.

③ **병원성 대장균 식중독**

㉠ 환자나 보균자의 분변 등에 의해서 감염된다.

㉡ 설사, 식욕부진, 구토, 복통, 두통 등을 유발하지만 발열증상이 없고 치사율도 거의 없다.

㉢ 그람음성균이며 무아포 간균이다. 대장균 O-157 등이 대표적이다.

㉣ 호기성 또는 통성 혐기성이며 유당(젖당, Lactose)을 분해하고 분변오염의 지표가 된다.

㉤ 베로톡신(Verotoxin)을 생성하여 대장점막에 궤양(급성 장염)을 유발하는 대장균도 있다.

㉥ 대장균은 열에 약하며 75℃에서 3분간 가열하면 사멸된다.

④ **그 외에 클로스트리디움 퍼프린젠스, 리스테리아 모노사이토제네스, 캠필로박터 제쥬니, 여시니아 엔테로콜리티카 등이 있다.**

2. 독소형 세균성 식중독

식품에 오염된 세균이 증식하면서 생산하는 독소(균체의 독소)를 그 식품과 함께 섭취하여 장관에서 흡수되어 발생하는 것으로 독소가 관여한다.

① **포도상구균 식중독**

㉠ 조리사의 피부에 생긴 고름인 화농에 있는 황색 포도상구균에 의하여 식중독이 일어난다.

㉡ 황색 포도상구균은 열에 약하나 이 균이 체외로 분비하는 독소는 내열성이 강해 일반 가열 조리법(즉, 100℃에서 30분간 가열해도 파괴되지 않음)으로 식중독을 예방하기 어렵다.

㉢ 독소는 엔테로톡신이며, 구토, 복통, 설사증상이 나타난다.

㉣ 크림빵, 김밥, 도시락, 찹쌀떡이 주원인 식품이며, 봄 · 가을철에 많이 발생한다.

㉤ 조리사의 상처가 난 자리에 생긴 고름인 화농병소와 관련이 있고 잠복기는 평균 3시간이다.

② **보툴리누스균 식중독(클로스트리디움 보툴리늄 식중독)**

㉠ 병조림, 통조림, 소시지, 훈제품 등의 원재료에서 발아 · 증식하여 독소를 생산한다.

㉡ 위의 진공포장 식품을 섭취하게 되면 발병하며, 신경독(신경증상) 증상을 일으킨다.

㉢ 독소는 신경조직에 독소를 띠거나 아예 신경조직을 파괴할 수 있는 뉴로톡신이다.

㉣ 클로스트리디움 보툴리늄균이라고도 하며 혐기성 세균으로 형태는 간균이다.

㉤ 균은 비교적 내열성이 강하여 100℃에서 6시간 정도의 가열 시 겨우 살균된다.

㉥ 독소 뉴로톡신(Neurotoxin)은 80℃에서 30분 정도 가열로 파괴된다.

㉦ 증상은 구토 및 설사, 호흡곤란, 사망, 시력저하, 동공확대, 신경마비가 일어난다.

㉧ 세균성 식중독 중 일반적으로 치사율이 가장 높다.

㉨ 고온에서 견디며 생존할 수 있는 성질을 갖는 세포 안의 소체인 내열성 포자를 형성한다.

③ **웰치(Welchii)균 식중독**

㉠ 사람의 분변이나 토양에 분포하며 심한 설사, 복통의 식중독을 일으킨다.

㉡ 웰치균은 열에 강하며 아포(포자, spore)는 100℃에서 4시간 가열해도 살아남는다.

㉢ 독소는 단백질의 성질을 가지며 비교적 열에 안정되고 체외 분비되는 엔테로톡신이다.

④ **바실러스 세레우스균**은 토양, 곡류, 탄수화물 식품에서 식중독을 일으킨다.

4 자연독 식중독

1. 식물성 자연독 식중독

식중독의 원인이 식물이 갖고 있는 독성분에 의하여 발생하는 중독이다.

① **감자**

㉠ 독성분 : 솔라닌

㉡ 부위 : 발아 부위와 녹색 부위에 존재

② **다양한 식물성 자연독**

㉠ 정제가 불순한 면실유(목화씨) : 고시폴

㉡ 독미나리 : 시큐톡신

㉢ 청매, 은행, 살구씨 : 아미그달린

㉣ 독보리 : 테물린

ⓜ 땅콩 : 플라톡신

ⓗ 수수 : 두린

ⓢ 고사리 : 브렉큰 펀 톡신

ⓞ 독버섯 : 무스카린

2. 동물성 자연독 식중독

식중독의 원인이 동물이 갖고 있는 독성분에 의하여 발생하는 중독이다.

① **복어**

㉠ 독성분 : 신경을 마비시키는 신경독인 테트로도톡신(Tetrodotoxin)이다.

㉡ 독성분이 많은 부위 : 장기와 특히, 산란기 직전의 난소, 고환 등 이다.

㉢ 독의 특성 : 독성분은 열에 대한 저항성이 크며, 치사율이 높다.

② **모시조개, 굴, 바지락 :** 베네루핀

③ **섭조개, 대합 :** 삭시톡신

5 화학성 식중독

1. 허가되지 않은 유해 첨가물질들

① **유해 방부제 :** 붕산, 포름알데히드(포르말린), 우로트로핀(Urotropin), 승홍($HgCl_2$)

② **유해 인공착색료 :** 아우라민(황색 합성색소), 로다민 B(핑크색 합성색소)

③ **유해 표백제 :** 삼염화질소－밀가루, 롱가리트－감자, 연근, 우엉 등에 사용되는 일이 있다. 아황산과 다량의 포름알데히드가 잔류하여 독성을 나타낸다.

④ **유해 감미료 :** 사이클라메이트, 둘신, 페릴라틴, 에틸렌글리콜, 사이클라민산나트륨, 파라니트로올소톨루이딘(일명 살인당 또는 원폭당으로 불리며 설탕의 약 200배의 감미를 가짐)

⑤ **메틸 알코올(메탄올) :** 주류의 대용으로 사용하며 많은 중독사고를 일으킨다. 중독 시 두통, 현기증, 구토, 설사 등과 시신경 염증을 유발시켜 실명의 원인이 된다.

2. 중금속이 일으키는 식중독 증상

① **납(Pb)**

㉠ 도료, 안료, 농약 등에서 오염되거나 수도관의 납관에서 수산화납이 생성되어 발병한다.

㉡ 적혈구의 혈색소 감소, 체중감소 및 신장장애, 칼슘대사 이상과 호흡장애를 유발한다.

② **수은(Hg) :** 미나마타병

㉠ 유기 수은에 오염된 해산물 섭취로 발병한다.

㉡ 구토, 복통, 설사, 위장장애, 전신경련 등을 일으킨다.

③ **카드뮴(Cd) :** 이타이이타이병

㉠ 카드뮴은 공장폐수에 오염된 음료수, 오염된 농작물을 식용해서 발병한다.

㉡ 신장장애, 골연화증 등을 일으킨다.

④ **비소(As)**

㉠ 밀가루 등으로 오인하고 섭취하여 발병한다.

㉡ 구토, 위통, 경련 등을 일으키는 급성 중독과 습진성 피부질환을 일으킨다.

※ 유해금속과 식품용기의 관계

- 주석 : 통조림관 내면의 도금재료
- 구리 : 놋그릇, 동그릇에서 생긴 녹청에 의한 식중독
- 카드뮴 : 법랑
- 납 : 도자기, 통조림관 내면

※ ADI(Acceptable Daily Intake, 일일섭취허용량) : 환경오염이나 음식물 섭취로 하루 동안 먹어도 몸에는 해롭지 않은 양을 나타내는 수치이다.

6 식품과 감염병

1. 감염병이란

감염병은 세균, 바이러스, 원충 등의 병원체가 인간이나 동물의 호흡기계, 소화기계, 피부로 침입하여 증식함으로써 일어나는 질병이다. 예전에는 전염병이라고 했으나 요즘에는 감염병이라고 한다.

2. 감염병 발생의 3대 요소

① **병원체(병인) :** 질병 발생의 직접적인 원인이 되는 요소이다.

② **환경 :** 질병 발생 분포과정에서 병인과 숙주간의 맥 역할을 하거나 양자의 조건에 영향을 주는 요소이다.

③ **인간(숙주) :** 병원체의 침범을 받을 경우 그에 대한 반응은 사람에 따라 다르게 나타난다. 즉, 인종, 유전인자, 연령, 성별, 직업, 결혼 상태 및 면역 여부에 따라 다른 수준의 감수성을 보인다.

3. 감염병의 발생 과정

① **병원체 :** 병의 원인이 되는 미생물로 세균, 리케차, 바이러스, 원생동물 등이 있다.

② **병원소 :** 병원체가 증식하고 생존을 계속하면서 인간에게 전파될 수 있는 상태로 저장되는 장소이다. 건강보균자, 감염된 가축, 토양 등이다.

③ **병원소로부터의 탈출 :** 호흡기, 대변, 소변 등을 통해 탈출한다.

④ **병원체의 전파 :** 사람에서 사람으로 전파되는 직접 전파와 물, 식품 등을 통한 간접전파가 있다.

⑤ **새로운 숙주에의 침입 :** 소화기, 호흡기, 피부점막을 통해 침입한다.

⑥ **숙주의 감수성과 면역 :** 병원체에 대한 감수성이 강하거나 면역이 없는 경우에 발병한다.

4. 감염병 발생 시 대책

① 식중독과 마찬가지로 의사는 진단 즉시 행정기관(관할 시 · 군 보건소장)에 신고한다.

② 행정기관에서는 역학조사와 함께 환자와 보균자를 격리하고, 접촉자에 대한 진단과 검변을 실시한다.

③ 환자나 보균자의 배설물, 오염물의 소독 등 방역 조치를 취한다.

④ 추정 원인식품을 수거하여 검사기관에 보낸다.

5. 감염병의 예방대책

① 경구감염병의 예방대책 중 숙주(보균자)에 대한 예방대책

㉠ 건강 유지와 저항력의 향상에 노력하여 숙주의 감수성을 낮춘다.

㉡ 의식전환 운동, 계몽활동, 위생교육 등을 정기적으로 실시한다.

㉢ 백신이 개발된 감염병은 반드시 예방접종을 실시한다.

㉣ 예방접종은 경구감염병의 종류에 따라 3회 실시하기도 한다.

㉤ 일반 및 유흥음식점에서 일하는 사람들은 1년에 한 번씩 건강검진을 받아야 한다.

㉥ 환자가 발생하면 접촉자의 대변을 검사하고 보균자를 관리한다.

② 경구감염병의 예방대책 중 병원체(병인)에 대한 예방대책

㉠ 식품을 냉동 보관한다.

㉡ 보균자의 식품 취급을 금한다.

㉢ 감염원이나 오염물을 소독한다.

㉣ 환자 및 보균자를 발견하고 격리시킨다.

㉤ 오염이 의심되는 추정 원인식품은 수거하여 검사기관에 보낸다.

③ 경구감염병의 예방대책 중 환경(전염경로)에 대한 예방대책

㉠ 환자(감염원)와 보균자의 배설물(오염물) 및 주위환경을 소독한다.

ⓛ 상수도의 관리에 주의하고, 음료수와 식품을 위생적으로 보관한다.
ⓒ 식기, 용기, 행주 등은 철저히 소독한다.
ⓔ 공기소독 등 주위환경을 청결히 관리한다.
ⓜ 하수도 시설을 완비하고, 수세식 화장실을 설치한다.
ⓑ 경구감염병의 매개동물인 위생동물을 박멸한다.
ⓢ 식품취급자의 개인위생을 철저히 관리한다.

④ **인수(인축)공통감염병의 예방대책**
ⓖ 우유의 멸균처리를 철저히 한다.
ⓛ 병에 걸린(이환) 동물의 고기는 폐기처분한다.
ⓒ 가축의 예방접종을 실시한다.
ⓔ 외국으로부터 유입되는 가축은 항구나 공항 등에서 검역을 철저히 한다.

7 기생충 감염병

1. 기생충 감염병이란

기생충은 크게 원충류와 연충(윤충)류로 분류되고, 여기서 연충류를 형태학적으로 분류하면 선충류, 흡충류, 조충류 등으로 나뉜다. 선충류에는 요충, 회충, 구충, 편충, 동양모양선충이 있고, 흡충류에는 간디스토마, 폐디스토마, 요꼬가와흡충이 있고, 조충류에는 광절열두조충, 선모충, 무구조충, 유구조충이 있다. 대부분의 기생충은 입을 통해 경구감염되지만 몇몇은 피부를 통해 경피감염된다. 여기서는 기생충 감염병을 유발하는 매개체인 식품을 기준으로 분류한다.

2. 채소를 통해 감염되는 기생충

① **요충 :** 직장 내에서 기생하는 성충이 항문 주위에 산란, 경구(입)를 통해 침입한다.
② **회충 :** 채소를 통한 경구감염으로, 인분을 비료로 사용하는 나라에서 감염률이 높다.
③ **구충(십이지장충) :** 경구(입)를 통해 감염되거나 경피(피부)를 통해 침입된다.
④ **편충 :** 특히 맹장에 기생하며, 빈혈과 신경증을 유발시키고 설사증도 일으킨다.
⑤ **동양모양선충(동양털회충) :** 위, 십이지장, 소장에 기생한다.

3. 어패류를 통해 감염되는 기생충

① **간디스토마(간흡충) :** 제1중간숙주는 왜우렁이, 제2중간숙주는 민물고기(잉어, 참붕어, 피라미, 모래무지)
② **폐디스토마(폐흡충) :** 제1중간숙주는 다슬기, 제2중간숙주는 민물가재, 게

③ **요꼬가와흡충(횡천흡충)** : 제1중간숙주는 다슬기, 제2중간숙주는 민물고기(은어)

④ **광절열두조충(긴촌충)** : 제1중간숙주는 물벼룩, 제2중간숙주는 농어, 연어, 숭어(담수어, 반담수어) 등이 있다.

4. 육류를 통해 감염되는 기생충

① **선모충** : 쥐 → 돼지고기로부터 감염이 일어난다.

② **무구조충(민촌충, 소고기촌충)** : 소고기를 생식하는 지역에서 감염이 일어난다.

③ **유구조충(갈고리촌충, 톡소플라스마)** : 돼지고기를 생식하는 지역에서 감염이 일어난다.

5. 기생충의 감염 예방

① 조리기구를 잘 소독하고 개인 위생관리를 철저히 한다.

② 야채는 0.2~0.3% 농도의 중성세제에 세척하거나 흐르는 물에 세척하면 90% 이상의 충란이 제거된다. 그리고 어패류와 육류는 생식을 삼가고 익혀서 먹도록 한다.

8 경구감염병(소화기계 감염병)

1. 경구감염병이란

경구감염병은 미량의 균이라도 식품, 손, 물, 위생동물(파리, 바퀴벌레, 쥐 등), 식기류 등 전파매체에 의해 세균이 입을 통하여(경구감염) 체내로 침입한 후 장기간 잠복하면서 증식하여 발병하는 소화기계 감염병이다. 상대적으로 독성은 강하지만 면역이 성립되는 것이 많다.

2. 경구감염병(소화기계 감염병)의 종류와 특성

① **장티푸스(Salmonella Typhi 혹은 Typhoid)**

㉠ 경구감염으로 환자, 보균자와의 직접 접촉과 식품을 매개로 한 간접 접촉으로 발병한다.

㉡ 두통, 오한, 40℃ 전후의 고열, 백혈구의 감소 등을 일으키는 급성 전신감염 질환이다.

② **파라티푸스**

㉠ 장티푸스와 감염원 및 감염경로가 같다.

㉡ 증상이 장티푸스와 유사하나, 경과가 짧고 증상이 가벼우며 치사율도 낮다.

③ **콜레라**

㉠ 제2급 법정감염병으로 환자의 분변, 구토물에 균이 배출되어 해수, 음료수, 식품, 특히 어패류를 오염시키고 경구적으로 감염되는 외래 감염병이다.

㉡ 쌀뜨물 같은 변을 하루에 10~30회 배설하고 구토, 갈증, 피부건조, 체온저하 등을 일으킨다.

㉢ 잠복기는 보통 1~3일 정도이며, 사망 원인은 대부분 탈수증이다.

㉣ 항구와 공항에서의 철저한 검역이 필요하며, 발견 시 항생제를 투여하여 완치시킬 수 있다.

④ **세균성 이질**

㉠ 환자, 보균자의 변에 의해 오염된 물, 우유, 식품, 파리가 가장 큰 매개체이다.

㉡ 오한, 발열, 구토, 설사, 하복통 등을 일으키며, 점액성 혈변을 배설한다.

⑤ **디프테리아**

㉠ 환자, 보균자의 비, 인후부의 분비물에 의한 비말감염과 오염된 식품을 통하여 경구적으로 감염된다. 2020년부터 디프테리아는 제1급 법정감염병으로 지정됐다.

㉡ 편도선 이상, 발열, 심장장애, 호흡곤란 등을 일으킨다.

tip

디프테리아는 피부로도 감염되므로 경피감염병에도 속한다.

⑥ **성홍열**

㉠ 환자, 보균자와의 직접 접촉 및 이들의 분비물에 오염된 식품을 통하여 경구적으로 감염된다.

㉡ 발열, 두통, 인후통, 발진 등을 일으킨다.

⑦ **급성 회백수염(소아마비, 폴리오)**

㉠ 환자, 불현성 감염자의 분변 혹은 인후 분비물에 바이러스가 포함되어 배출되고, 오염된 식품을 통해 경구감염, 비말감염된다.

㉡ 구토, 두통, 위장증세, 뇌증상, 근육통, 사지마비를 일으킨다.

㉢ 처음에는 감기증상으로 시작하여 열이 내릴 때 사지마비가 시작된다.

㉣ 감염되기 쉬운 연령은 1~2세, 잠복기는 7~12일 정도이다.

㉤ 소아의 척수신경계를 손상하여 영구적인 마비를 일으킨다.

㉥ 병원체가 바이러스이며 가장 적절한 예방법은 예방접종이다.

⑧ **유행성 간염**

㉠ 감염원인 환자의 분변을 통한 경구감염, 손에 의한 식품의 오염, 물의 오염 등으로 감염된다.

㉡ 발열, 두통, 복통, 식욕부진, 황달 등을 일으킨다.

㉢ 잠복기가 20~25일로 경구감염병 중에서 가장 길다.

⑨ **감염성 설사증**

㉠ 감염원은 환자의 분변이며 식품이나 음료수를 거쳐 경구감염되고, 바이러스는 환자의 분변에만 배설되며 바이러스가 함유된 수양변은 미량으로도 감염을 시킨다.

㉡ 복부 팽만감, 메스꺼움, 구갈, 심한 수양성 설사 등을 일으킨다.

⑩ **천열**

㉠ 환자, 보균자 또는 쥐의 배설물이 감염원이고 이것에 의해서 식품, 음료수에 오염된 후 경구적으로 감염시킨다.

㉡ 39~40℃의 열이 수 일 사이를 두고 오르내리는 특수한 발열증상이 생기며, 발진이 국소 또는 전신에 생기고 2~3일 후 없어진다.

tip

분 류	경구감염병(소화기계 감염병)
세균성 감염	세균성 이질, 장티푸스, 파라티푸스, 콜레라, 성홍열, 디프테리아
바이러스성 감염	유행성 간염, 감염성 설사증, 폴리오(급성회백수염, 소아마비), 천열, 홍역
원충성 감염	아메바성 이질

9 인수공통감염병

1. 인수공통감염병이란

인수공통감염병은 인간과 척추동물 사이에 자연적으로 전파되는 질병으로 같은 병원체에 의해 똑같이 발생하는 감염병을 말한다. 병원체가 존재하는 식육, 우유의 섭취, 감염 동물, 분비물에 접촉, 2차 오염된 음식물을 먹을 때 감염될 수 있다. 원래는 동물의 질병으로서 사람에게 2차 감염되는 것이지만, 반대로 동물이 사람으로부터 감염되는 것도 있다.

2. 인수공통감염병의 종류와 특성

① **탄저병**

㉠ 사람의 탄저는 주로 가축 및 축산물로부터 감염되며 감염 부위에 따라 피부 · 장 · 폐탄저가 된다.

㉡ 피부를 통하여 감염되는 피부탄저가 침입한 부위에는 홍반점이 생기며, 종창, 수포, 가피도 생긴다. 기도를 통하여 감염되는 폐탄저는 급성폐렴을 일으켜 폐혈증(패혈증)이 된다.

㉢ 원인균은 바실러스 안트라시스(Bacillus anthracis)로, 세균성 질병이며 수육을 조리하지 않고 섭취하였거나 피부상처 부위로 감염되기 쉽다.

㉣ 원인균이 내열성 포자를 형성하기 때문에 병든 가축의 사체를 처리할 경우 반드시 소각처리해야 한다.

㉤ 원인균은 급성감염병을 일으키는 병원체로 생물학전이나 생물테러에 사용될 수 있는 위험성이 높은 병원체이다. 그래서 제1급 법정감염병으로 지정됐다.

② **파상열(브루셀라증)**

㉠ 세균성 질병으로 병에 걸린 동물의 젖, 유제품이나 고기를 통해 경구적으로 감염된다.

㉡ 결핵, 말라리아와 유사하며 38~40℃의 고열이 나는데 발열현상이 2~3주 동안 일정한 간격을 두고 나타나기 때문에 파상열이라 한다.

㉢ 산양, 양, 돼지, 소에게 감염되면 유산을 일으킨다.

③ **결핵**

㉠ 원인균은 마이코박테리엄 투베르쿠로시스(Mycobacterium tuberculosis)로 세균성질병이며 병에 걸린 동물의 젖(우유)을 통해 경구적으로 감염된다.

㉡ 정기적인 투베르쿨린반응 검사를 실시하여 감염된 소를 조기에 발견하여 조치하고, 사람이 음성인 경우는 BCG접종을 한다. 식품을 충분히 가열하여 섭취한다.

④ **야토병**

㉠ 세균성 질병으로 동물은 이, 진드기, 벼룩에 의해 전파되고, 사람은 병에 걸린 토끼고기, 모피에 의해 피부점막에 균이 침입되거나 경구적으로 감염된다.

㉡ 오한, 전율이 나면서 발열한다. 균이 침입된 부위에 농포가 생기고 궤양이 되고 임파선이 붓는다. 2020년부터 야토병은 제1급 법정감염병으로 지정됐다.

⑤ **돈단독**

㉠ 세균성 질병으로 돼지의 피부에 단독, 즉 다이아몬드 모양의 피부병을 일으킨다.

㉡ 돼지 등 가축의 장기나 고기를 다룰 때 피부의 창상으로 균이 침입하거나 경구감염되기도 한다.

㉢ 돼지의 예방접종에는 약독생균 백신이 사용되며 치료제로서 항생물질이 효과적이다.

⑥ **Q열**

㉠ 리케차(Rickettsia)성 질병으로 병원균이 존재하는 동물의 생젖을 마시거나 병에 걸린 동물의 조직이나 배설물에 접촉하면 감염된다.

㉡ 우유 살균, 흡혈곤충 박멸, 감염 동물의 조기발견, 치료제 클로람페니콜 사용 등이 있다.

⑦ **리스테리아증**

㉠ 병에 감염된 동물과 접촉하거나 오염된 식육, 유제품 등을 섭취하여 감염된다.

㉡ 세균성 질병으로 리스테리아균(리스테리아 모노사이토제니스 Listeria monocytogenes)은 균수가 적어도 식중독을 일으키며, 주로 냉동된 육류에서 발생하고 저온에서도 생존력이 강하고 수막염이나 임신부의 자궁 내 패혈증을 일으킨다.

※ 불안전 살균우유로 감염되는 병에는 결핵, Q열, 파상열(브루셀라증) 등이 있다.
※ 사스, 메르스, 코로나19는 인수공통감염병으로 바이러스성 질병이다.

미리보는 출제예상문제

★★★

01 세균성 식중독의 특징으로 가장 맞는 것은?

① 2차 감염이 빈번하다.

② 잠복기는 일반적으로 길다.

③ 감염성이 거의 없다.

④ 극소량의 섭취균량으로도 발생 가능하다.

해설 | 경구감염병과 비교한 세균성 식중독의 특징
- 2차 감염이 거의 없다.
- 잠복기가 일반적으로 짧다.
- 대량의 생균에 의해서 발병한다.

★★★

02 병원성 대장균 식중독의 가장 적합한 예방책은?

① 곡류의 수분을 10% 이하로 조정한다.

② 어류의 내장을 제거하고 충분히 세척한다.

③ 어패류는 수돗물로 깨끗이 씻는다.

④ 건강보균자나 환자의 분변 오염을 방지한다.

해설 | ① 곰팡이 식중독, ② 복어 식중독, ③ 장염 비브리오 식중독, ④ 병원성 대장균 식중독 예방법이다.

★★

03 식품 중의 대장균을 위생학적으로 중요하게 다루는 주된 이유는?

① 식중독균이기 때문에

② 분변세균의 오염지침이기 때문에

③ 부패균이기 때문에

④ 대장염을 일으키기 때문에

해설 | 대장균은 분변세균 오염지침이기에 위생학적으로 중요시한다.

★★★

04 살모넬라(Salmonella)균 식중독에 대한 설명으로 옳은 것은?

① 극소량의 균량(菌量) 섭취로 발병한다.

② 살모넬라균 독소의 섭취로 인해 발병한다.

③ 10만 이상의 살모넬라균을 다량으로 섭취 시 발병한다.

④ 해수세균에 해당한다.

해설 |
- 살모넬라균 식중독은 직접 세균에 의해 발생하는 중독으로 다량의 균을 섭취해야 발병한다.
- 해수세균은 장염 비브리오균이다.

★★★

05 포도상구균에 의한 식중독 예방책으로 가장 부적당한 것은?

① 조리장을 깨끗이 한다.

② 섭취 전에 60℃ 정도로 가열한다.

③ 멸균된 기구를 사용한다.

④ 화농성 질환자의 조리업무를 금한다.

해설 |
- 황색 포도상구균의 장관독인 엔테로톡신은 내열성이 있어 열에 쉽게 파괴되지 않는다.
- 장관독이란 가늘고 긴 창자에서 발병하는 독소라는 뜻이다.
- 섭취 전에 60℃ 정도로 30분간 가열하는 것은 살모넬라균이다.

★★★

06 화농성 질병이 있는 사람이 만든 제품을 먹고 식중독을 일으켰다면 가장 관계 깊은 원인균은?

① 장염비브리오균　② 살모넬라균

③ 보툴리누스균　④ 포도상구균

정답 01 ③ 02 ④ 03 ② 04 ③ 05 ② 06 ④

해설 |

- 포도상구균의 원인균은 황색 포도상구균이다.
- 화농이란 외상을 입은 피부나 각종 장기에 고름이 생기는 것이다.

★★★

07 뉴로톡신(Neurotoxin)이란 균체의 독소를 생산하는 식중독균은?

① 보툴리누스균

② 포도상구균

③ 병원성대장균

④ 장염비브리오균

해설 | 신경독인 뉴로톡신(Neurotoxin)은 신경마비, 시력장애, 동공 확대의 증상을 보이며 치사율 64~68%로 식중독 중 치사율이 가장 높다.

★★★

08 장염 비브리오균에 감염되었을 때 나타나는 주요 증상은?

① 급성위장염 질환

② 피부농포

③ 신경마비 증상

④ 간경변 증상

해설 | 급성위장염이란 빠르게 위 및 장에 염증, 식중독을 일으키는 질환이다.

★★★

09 독소형 식중독에 속하는 것은?

① 포도상구균

② 장염비브리오균

③ 병원성 대장균

④ 살모넬라균

해설 |

- 감염형 세균성 식중독에는 살모넬라, 장염 비브리오, 병원성 대장균 식중독이 있다.
- 독소형 세균성 식중독에는 웰치균, 보툴리누스, 포도상구균 식중독이 있다.

★★★

10 정제가 불충분한 기름 중에 남아 식중독을 일으키는 물질인 고시풀(Gossypol)은 어느 기름에서 유래하는가?

① 피마자유　　② 콩기름

③ 면실유　　④ 미강유

해설 | 목화씨에서 추출하는 기름인 면실유에서 유래한다.

★★★

11 감자에 독성분이 많이 들어있는 부분은?

① 감자즙　　② 노란 부분

③ 겉껍질　　④ 싹튼 부분

해설 | 감자의 독은 솔라닌으로 싹튼 부분에 있다.

★★

12 자연독 식중독과 그 독성물질을 잘못 연결한 것은?

① 무스카린－버섯중독

② 베네루핀－모시조개중독

③ 솔라닌－맥각중독

④ 테트로도톡신－복어중독

해설 |

- 솔라닌 : 감자의 싹이 난 부분의 독소
- 맥각이란 호밀, 귀리, 보리 따위의 씨방에 밀생한 맥각균의 균사이다. 맥각의 독소는 에르고톡신(Ergotoxine)이다.

★★

13 목화씨 속에 함유될 수 있는 독성분은?

① 아트로핀(Atropin)

② 리시닌(Ricinin)

③ 고시폴(Gossypol)

④ 아코니틴(Aconitine)

해설 | 정제가 불충분한 기름 중에 남아 식중독을 일으키는 물질인 고시폴(Gossypol)은 불순 면실유(목화씨)로부터 생긴다.

07 ①　08 ①　09 ①　10 ③　11 ④　12 ③　13 ③

★
14 식품 중에 자연적으로 생성되는 천연 유독 성분에 대한 설명이 잘못된 것은?

① 아몬드, 살구씨, 복숭아씨 등에는 아미그달린이라는 천연의 유독성분이 존재한다.
② 천연 유독성분 중에는 사람에게 발암성, 돌연변이, 기형유발성, 알레르기성, 영양장애 및 급성중독을 일으키는 것들이 있다.
③ 유독성분의 생성량은 동 · 식물체가 생육하는 계절과 환경 등에 따라 영향을 받는다.
④ 천연의 유독성분들은 모두 열에 불안정하여 100℃로 가열하면 독성이 분해되므로 인체에 무해하다.

해설 | 천연의 유독성분 중 일부는 100℃로 가열해도 독성이 제거되지 않는 것이 있다. 예를 들면 복어독인 테트로도톡신이 있다.

★★
15 복어중독을 일으키는 성분은?

① 아코니틴 ② 테트로도톡신
③ 솔라닌 ④ 무스카린

해설 |
- 테트로도톡신 : 복어의 난소, 간, 피부, 장, 육질부에 많다.
- 솔라닌 : 감자에 싹이 난 부분
- 무스카린 : 독버섯
- 아코니틴 : 부자라는 식물에 있는 신경독의 일종이다.

★★
16 메틸알코올의 중독 증상이 아닌 것은?

① 두통 ② 구토
③ 실명 ④ 환각

해설 |
- 메틸알코올(Methyl alcohol, 메탄올)의 중독 증상 : 시신경장애(실명의 원인), 두통, 현기증, 호흡장애
- 에틸알코올(에탄올)과 메틸알코올(메탄올)은 알코올이라는 같은 분류의 물질이며 성질이 비슷하다. 단지 메탄올이 에탄올에 비해 탄소와 수소를 적게 포함하고 있기 때문에 메탄올의 끓는점이 에탄올보다 낮다.

★★
17 화학물질에 의한 식중독의 원인이 아닌 것은?

① 불량첨가물 ② 농약
③ 엔테로톡신 ④ 메탄올

해설 | 엔테로톡신은 독소형 세균성 식중독을 일으키는 원인물질이다.

★★
18 일본에서 공장폐수로 인해 오염된 식품을 섭취하고 이타이이타이(Itailtai)병이 발생하여 식품공해를 일으킨 예가 있다. 이와 관계되는 유해성 금속화합물은?

① 카드뮴(Cd) ② 수은(Hg)
③ 납(Pb) ④ 비소(As)

해설 |
- 카드뮴(Cd)
  - 각종 식기, 기구, 용기에 도금되어 있는 카드뮴이 용출되어 중독
  - 카드뮴 공장폐수에 오염된 음료수, 오염된 농작물을 식용함으로써 발생
- 수은(Hg) : 미나마타병
- 납(Pb) : 빈혈, 피로, 소화기장애
- 비소(As) : 경련, 피부발진, 탈모

★★
19 감염병의 발생요인이 아닌 것은?

① 감염경로 ② 감염원
③ 숙주감수성 ④ 계절

해설 | 감염병의 발생요인은 감염경로, 감염원, 숙주감수성이다.

★★
20 다음 중 경구감염병이 아닌 것은?

① 콜레라 ② 이질
③ 발진티푸스 ④ 유행성 간염

해설 |
- 경구감염병에는 장티푸스, 파라티푸스, 콜레라, 이질, 디프테리아, 유행성 간염, 성홍열이 있다.
- 발진티푸스는 머릿니에 의해 감염되는 경피감염병이다.

정답 14 ④ 15 ② 16 ④ 17 ③ 18 ① 19 ④ 20 ③

★★
21 다음 보기에서 설명하는 감염병의 가장 적절한 예방법은?

> ① 처음에는 감기증상으로 시작해 열이 내릴 때 사지마비가 시작됨
> ② 감염되기 쉬운 연령은 1~2세, 잠복기는 7~12일
> ③ 소아의 척수신경계를 손상하여 영구적인 마비를 일으킴

① 예방접종
② 항생제 투여
③ 음식물의 오염 방지
④ 쥐, 진드기, 바퀴벌레 박멸

해설 | 급성회백수염(소아마비, 폴리오)은 병원체가 바이러스이며 가장 적절한 예방법은 예방접종이다.

★★★
22 식품 등을 통해 감염되는 경구감염병의 특징과 거리가 먼 것은?

① 원인 미생물은 세균, 바이러스 등이다.
② 미량의 균량에서도 감염을 일으킨다.
③ 2차 감염이 빈번하게 일어난다.
④ 화학물질이 원인이 된다.

해설 |
- 경구감염병이란 병원체가 입을 통해 소화기로 침입하여 일어나는 감염이다.
- 화학물질이 원인이 되는 병은 화학성 식중독이다.

★★★
23 경구감염병에 대한 다음 설명 중 잘못된 것은?

① 2차 감염이 일어난다.
② 미량의 균량으로도 감염을 일으킨다.
③ 장티푸스는 세균에 의하여 발생한다.
④ 이질, 콜레라는 바이러스에 의하여 발생한다.

해설 | 이질, 콜레라는 세균류이다.

★★
24 경구감염병의 예방법으로 가장 부적당한 것은?

① 모든 식품을 일광 소독한다.
② 감염원이나 오염물을 소독한다.
③ 보균자의 식품 취급을 금한다.
④ 주위환경을 창결히 한다.

해설 |
- 경구감염병을 예방하기 위해서는 식품을 냉동보관한다.
- 일광소독방법이란 조리기구를 소독할 때 많이 사용하는 방법이다.

★★
25 경구감염병의 예방대책 중 감염원에 대한 대책으로 바람직하지 않은 것은?

① 환자를 조기 발견하여 격리 치료한다.
② 환자가 발생하면 접촉자의 대변을 검사하고 보균자를 관리한다.
③ 일반 및 유흥음식점에서 일하는 사람들은 정기적인 건강진단이 필요하다.
④ 오염이 의심되는 물건은 어둡고 손이 닿지 않는 곳에 모아둔다.

해설 | 오염이 의심되는 추정 원인식품은 수거하여 검사기관에 보낸다.

★★
26 사람과 동물이 같은 병원체에 의하여 발생하는 질병 또는 감염 상태와 관련 있는 질병을 총칭하는 것은?

① 법정 감염병
② 화학적 식중독
③ 인축공통감염병
④ 진균독증

해설 | 인축공통감염병은 같은 병원체에 의해 사람과 가축에게 똑같이 발생하는 병이다. 또 다른 용어로 인수공통감염병이라고도 한다.

21 ① 22 ④ 23 ④ 24 ① 25 ④ 26 ③

★★
27 투베르쿨린(Tuberculin) 반응검사 및 X선 촬영으로 감염 여부를 조기에 알 수 있는 인축공통감염병은?

① 결핵 ② 탄저
③ 야토병 ④ 돈단독

해설 |
- 인축공통감염병은 사람과 동물이 같은 병원체에 의하여 발생하는 질병을 말한다.
- 세균성 : 탄저, 브루셀라증, 야토병, 결핵, 돼지단독증, 리스테리아증
- 리켓차성 : Q열

★★
28 주로 냉동된 육류 등 저온에서도 생존력이 강하고 수막염이나 임신부의 자궁내 패혈증 등을 일으키는 식중독균은?

① 대장균
② 살모넬라균
③ 리스테리아균
④ 포도상구균

해설 | 리스테리아균은 리스테리아증을 일으키는 인수공통감염병이며, 세균성 식중독균이다.

★★
29 인수공통감염병에 대한 설명으로 틀린 것은?

① 인간과 척추동물 사이에 전파되는 질병이다.
② 인간과 척추동물이 같은 병원체에 의하여 발생되는 감염병이다.
③ 바이러스성 질병으로 발진열, Q열 등이 있다.
④ 세균성 질병으로 탄저, 브루셀라증, 살모넬라증 등이 있다.

해설 | 발진열과 Q열은 리케치아성(리케차성) 질병이다.

★★
30 사람에게 영향을 미치는 결핵균의 병원체를 보유하고 있는 동물은?

① 쥐 ② 소
③ 말 ④ 돼지

해설 | 결핵균은 사람과 소가 공유하는 병원체이다.

★★★
31 급성 감염병을 일으키는 병원체로 포자는 내열성이 강하며 생물학전이나 생물테러에 사용될 수 있는 위험성이 높은 병원체는?

① 브루셀라균
② 탄저균
③ 결핵균
④ 리스테리아균

해설 | 탄저병의 특징
- 사람의 탄저병은 주로 가축 및 축산물로부터 감염되며 감염부위에 따라 피부, 장, 폐탄저가 된다.
- 탄저병이 침입한 피부부위에는 홍반점이 생기며, 종창, 수포, 가피도 생긴다.
- 탄저병이 기도를 통해 폐에 침입하면 급성폐렴을 일으켜 폐혈증이 된다.
- 원인균은 바실러스 안트라시스로 세균성 질병이며 수육을 조리하지 않고 섭취하였거나 피부상처 부위로 감염되기 쉽다.

★★
32 산양, 양, 돼지, 소에게 감염되면 유산을 일으키고, 인체 감염 시 고열이 주기적으로 일어나는 인수공통감염병은?

① 광우병
② 공수병
③ 파상열
④ 신증후군출혈열

해설 | '주기적으로 일어나는'을 한자어로 파상열이라고 한다. 또는 파상열을 브루셀라증이라고도 한다.

정답 27 ① 28 ③ 29 ③ 30 ② 31 ② 32 ③

BEST QUALITY · CAKES BAKERY

03

환경 위생관리 (빵류제품 위생안전관리)

1 작업환경 위생관리

1. 제빵기기의 관리

① 가스기기는 조립 부분을 모두 분리하여 세제로 깨끗이 씻고, 화구가 막혔을 경우 철사로 구멍을 뚫으며 가스 새어나오지 않도록 가스코크, 공기조절기 등을 점검한다.

② 제빵기기는 전원이 꺼진 것을 확인하고 청소 및 손질한다.

③ 믹서기계의 바깥 부분을 청소 시 모터에 물이 들어가지 않도록 한다.

④ 기기의 칼날 교체는 3개월 주기로 실시한다.

⑤ 진열용 빵 플레이트(plate)는 3년에 1회 정도의 주기로 교환한다.

⑥ 스테인리스 용기, 기구는 중성세제를 이용하여 세척하고 열탕소독, 약품소독(화학소독)을 사용 전 · 후에 실시한다.

⑦ 냉장 · 냉동고는 주 1회 세정하며 소독 및 정기적인 서리 제거를 한다.

⑧ 소기구류(칼, 도마, 행주)는 중성세제, 약알칼리세제를 사용하거나 세척 후 바람이 잘 통하고 햇볕 잘 드는 곳에서 1일 1회 이상 소독한다.

⑨ 제빵소도구, 빵 보존용기, 칼은 중성세제를 이용하여 세척하고 자외선 소독을 1일 1회 이상 실시한다.

2. 작업장 시설관리

작업장 시설의 유지관리는 예방의학과도 같다. 평소 꾸준하고 확실한 예방조치를 통해 문제의 발생소지를 방지하는 것이 유지관리의 기본이다. 작업장 시설의 경우 대략 10년의 수명주기를 갖고 있다. 하지만 적절한 관리가 이루어진다면 10년 이상 사용할 수 있다. 그러나 일반적으로 외식업소에서는 기계나 설비의 유지관리에 미처 신경을 쓰지 못하거나 아예 관심을 두지 않는 경우가 많다. 식자재, 메뉴, 고객에 대해서 몰두하기도 시간이 모자라고, 기계나 설비에 대한 인식이 부족하기 때문이다. 하지만 시설의 유지관리를 병행하지 않는다면 오늘 당장이라도 예기치 못한 고장이나 화재, 폭발이 발생할 수 있다. 이는 곧 영업의 손실, 막대한 재산상의 피해는 물론 생명까지 위협받을 수 있다. 그래서 평소 유지관리의 필요성이 강조되는 것이다. 대형업소나 프랜차이즈 업체가 기계팀이나 시설팀을 두는 이유도 평소의 예방관리로 비용을 최소화하기 위해서다. 물론 제빵사의 업무는 빵을 만드는 것이지만 작업장 시설의 유지관리에 관리자와 함께 신경을 씀으로써 우리 모두의 근무환경을 보다 안전하게 만들 수 있다.

2 미생물에 의한 식품 변질

1. 식품 변질의 정의

식품 변질은 ① 힘과 온도에 의한 물리적 작용, ② 산소, 광선, 금속에 의한 화학적 작용, ③ 효소에 의한 생화학적 작용, ④ 위생 동물과 미생물에 의한 생물학적 작용 등에 의해 식품의 성질이 변하여 원래의 특성을 잃게 되는 것으로 형태, 맛, 냄새, 색 등이 달라진다.

2. 식품 변질의 종류와 특성

① **부패(Putrefaction)** : 육가공품 단백질 식품에 혐기성 세균이증식한 생물학적 요인에 의해 단백질 식품은 분해되어 형태, 색택, 경도, 맛 등의본래의 성질을 잃고 악취와 유해물질(페놀, 메르캅탄, 황화수소, 아민류, 암모니아 등)을 생성하는 현상이다.

② **변패(Deterioration)** : 탄수화물, 지방 식품이 생물학적 요인인 미생물의 분해작용으로 냄새나 맛이 변화하는 현상이다.

③ **발효(Fermentation)** : 식품에 생물학적 요인인 미생물이 번식하여 식품의 성질이 변화를 일으키는 현상이다. 그러나 그 변화가 인체에 유익할 경우, 즉 식용이 가능한 경우를 말한다. 예를 들면 빵, 술, 간장, 된장 등이 모두 발효를 이용한 식품들이다.

④ **산패(Rancidity)**

㉠ 지방의 산화 등에 의해 악취나 변색이 일어나는 현상이다.

㉡ 생물학적 요인인 미생물의 분해작용으로 인한 식품의 변질이 일어나는 현상은 아니다.

tip

※ 대장균은 식품을 오염시키는 다른 균들의 오염 정도를 측정하는 지표로 사용한다.

※ 휘발성 염기질소로 단백질의 부패 정도를 측정하는 화학적 판정 시 이용되는 지표로 사용한다.

※ 단백질의 부패생성물(유해물질)에는 황화수소, 아민류, 암모니아, 페놀, 메르캅탄 등이 있다.

※ 유지산패도를 측정하는 방법에는 산가, 아세틸가, 과산화물가, 카르보닐가, 관능검사 등이 있다.

※ 육가공품 단백질의 부패 과정 : 단백질 → 메타프로테인 → 프로테오스 → 펩톤 → 폴리펩타이드 → 펩타이드(펩티드) → 아미노산 → 아민류, 황화수소, 암모니아, 페놀, 메르캅탄 생성으로 알칼리성이 됨

※ 부패세균의 부패 진행과정

- 초기에 호기성 세균이 식품의 표면에 오염되어 증식하므로 표면의 광택이 손실되었다가 변색, 퇴색 순으로 진행된다.
- 중기에 호기성 세균이 증식하면서 분비하는 효소와 신진대사산물은 pH(수소이온농도)의 증가를 가져오고 이로 인하여 식품 성분의 변화(즉 조직의 연화)를 가져온다.
- 후기에 혐기성 세균이나 혹은 통성 혐기성 세균이 식품 내부 깊이 침입하여 부패가 완성된다.

3. 식품 변질에 영향을 미치는 식품위생 미생물의 증식조건(환경요인)

① **영양소 :** 식품의 영양성분 중 미생물이 증식에 활용하는 영양소

㉠ 무기염류 : P(인), S(황)을 다량 필요로 하며, 세포 구성성분과 조절작용에 필요한 영양소이다.

㉡ 탄소원 : 포도당(4kcal), 유기산(3kcal), 알코올(7kcal), 지방산(9kcal)에서 주로 섭취하며, 에너지원으로 이용되는 영양소이다.

㉢ 질소원 : 단백질을 구성하는 기본 단위인 아미노산을 통해 질소원을 얻는다. 세포 구성 성분에 필요한 영양소이다.

㉣ 비타민 B군 : 세포 내에서 합성되지 않아 세포 외에서 흡수하여야 하며, 미량 필요하다. 주로 발육에 필요한 영양소이다.

② **수분 :** 식품의 Aw(Activity water, 수분활성도)에 따라서 증식하는 균류

㉠ 미생물의 몸체를 구성하는 주성분이며, 생리기능을 조절하는 데 필요하다.

㉡ 미생물의 증식을 촉진하는 수분함량은 60~65%이다.

㉢ 미생물의 증식을 억제하는 수분함량은 13~15%이다.

㉣ 미생물의 증식이 억제되는 수분활성도[유리수(자유수)의 비율을 나타내는 Aw]

- 세균 Aw : 0.8 이하
- 효모 Aw : 0.75 이하
- 곰팡이 Aw : 0.7 이하

tip

식품의 수분이 존재하는 형태는 결합수와 자유수(유리수)가 있다. 자유수(유리수)는 식품의 보존성, 미생물 생육과 밀접한 관계를 갖고 있으며 염류, 당류, 수용성 단백질 등을 녹이는 용매작용을 한다. 그리고 자유수는 정상적인 물과 그 밀도가 같고 0℃ 이하에서는 언다.

③ **온도 :** 식품의 온도에 따라서 증식하는 균류

㉠ 저온균 : 최적 온도는 10~15℃(예 수중 세균)

㉡ 중온균 : 최적 온도는 20~40℃(예 병원성 세균이나 식품 부패 세균)

㉢ 고온균 : 최적 온도는 50~70℃(예 온천수 세균)

④ **pH(수소이온 농도) :** 식품의 pH에 따라서 증식하는 균류

pH 4~6(산성)	효모, 곰팡이의 증식에 최적
pH 6.5~7.5(약산성에서 중성)	일반 세균의 증식에 최적
pH 8.0~8.6(알칼리성)	콜레라균의 증식에 최적

⑤ **산소 :** 식품의 산소농도에 따라서 증식하는 균류

㉠ 편성 호기성균 : 산소가 존재하는 상태에서만 증식하는 균

㉡ 편성 혐기성균 : 산소가 있으면 생육에 지장을 받고 없어야 증식되는 균

㉢ 통성 혐기성균 : 산소가 있어도 이용하지 않는, 산소가 있거나 없어도 증식 가능한 균

㉣ 통성 호기성균 : 산소가 없어도 증식이 가능하지만, 산소가 있으면 더욱 활발한 증식을 하는 균

⑥ **삼투압 :** 식품의 용질농도가 발생시키는 압력차가 미생물의 증식에 미치는 영향

㉠ 설탕, 식염에 의한 삼투압은 세균 증식에 영향을 끼친다.

㉡ 일반 세균은 3% 식염에서 증식이 억제되지만, 호염 세균은 3% 식염에서 증식한다.

㉢ 내염성 세균은 8~10% 식염에서도 증식한다.

※ 병원성 세균이나 식품 부패 세균이 번식하는 최적의 온도는 25~37℃이다.

※ 압력(기압)은 미생물 증식에 직접적인 영향을 미치지 않는다.

※ 당장법은 50% 이상의 설탕액에 저장하여 삼투압에 의해 일반 세균과 부패 세균의 생육, 번식을 억제시키는 방법이다. 염장법도 당장법처럼 삼투압의 작용으로 식품을 저장한다.

3 식품위생 미생물의 개요

1. 식품위생 미생물의 정의

① 미생물이란 사전적으로 작은 생물이라는 의미로 육안으로는 볼 수 없고 현미경으로만 관찰이 가능한 생물에 대한 총칭이다.

② 식품위생 미생물이란 독소를 생성하여 식중독을 일으키는 다양한 미생물과 장관 내 점막에 침입함으로써 식중독을 일으키는 다양한 미생물, 즉 병원성 미생물뿐만 아니라 식품을 변질, 부패시키는 유해 미생물을 총칭한다.

③ 병원성 미생물로서 대표적인 것으로는 곰팡이(진균류), 세균(박테리아), 바이러스가 있다.

④ 발효에 관여하는 이로운 미생물도 있다. 종류에는 진균류인 효모와 세균인 유산균과 초산균이 대표적이다.

2. 식품위생 미생물의 분류와 특성

① **세균류(Bacteria)**

㉠ 세균류의 특징과 형태

• 핵이 없는 원시적인 형태의 세포인 원핵세포를 가진 단세포의 원핵생물이다.
• 생물체에 가장 많이 분포하고 있으며, 병원성 미생물의 대부분을 박테리아가 차지한다.
• 형태로는 구균(공 모양), 간균(막대기 모양), 나선균(나사 모양)의 3가지가 있다.
• 구균(Coccus) : 공 모양으로 생긴 균을 총칭하는 것으로 종류에는 단구균, 쌍구균, 사련구균, 팔련구균, 연쇄상구균, 포도상구균 등이 있다.
• 나선균(Spirillum) : 나사 모양의 나선 형태와 입체적인 S형 균을 총칭한다.
• 간균(Bacillus) : 약간 긴 구형(막대기 모양)의 균을 가리키는 것으로 종류에는 유산균, 고초균, 결핵균 등이 있다.

㉡ 종류 : 락토바실루스속, 바실루스속, 비브리오속 외에 여러 종류가 있다.

㉢ 락토바실루스(Lactobacillus)속
• 간균으로 당류를 발효시켜 젖산을 생성하므로 젖산균이라고도 한다.
• 젖산(유산) 음료의 발효균으로 이용된다.

㉣ 바실루스(Bacillus)속
• 호기성 간균으로, 아포를 형성하며 열 저항성이 강하다.
• 토양 등 자연계에 널리 분포하며, 전분과 단백질 분해작용을 갖는 부패세균이다.
• 빵의 점조성 원인이 되는 로프균(Bacillus subtilis)이 이에 속한다.
• 로프균을 고초균이라고도 하는데 일반적으로 알려진 고초균(Bacillus natto, 납두균)은 로프균(Bacillus subtilis)과는 약간 다르다.
• 고초균(Bacillus natto)은 포자를 형성하는 호기성 간균으로 많은 양의 분비 단백질, 효소, 항균 화합물, 비타민 및 카로티노이드를 생산하는 능력을 가지고 있다. 또한 포자를 형성하기 때문에 위장관의 가혹한 환경(위에서 생산된 염산, 십이지장에서 생성된 담즙산염)에서 생존력이 우수하다. 따라서 고초균을 활용한 건강 관련 기능성식품 연구가 관심을 얻고 있다. 또한, 고초균은 다양한 항균성 펩타이드를 생성함으로써 숙주의 내부 환경과 상호작용하는 능력과 관련된 생물치료 작용을 한다. 그래서 바실루스 속에 속하는 고초균의 신진대사물질은 설사, 복부팽만감, 구토, 복통, 대변빈도 등을 완화시킨다.

㉤ 비브리오(Vibrio)속
• 무아포, 혐기성 간균이다.
• 종류에는 콜레라균, 장염 비브리오균 등이 있다.

㉥ 리케차(Rickettsia)
• 세균과 바이러스의 중간 크기에 속하며, 구형, 간형 등의 형태를 가지고 있다.
• 절대 기생성 세균류로 분류되며, 종류에는 발진열, 발진티푸스 등이 있다.

② **진균류(True Fungi)**

진균류란 곰팡이, 효모, 버섯 등을 포함하는 미생물을 말하며, 단순히 균류라고도 한다.

㉠ 곰팡이(Mold)

- 분류학상 진균류에 속하며 실 모양의 균체를 형성하여 사상균이라고도 한다.
- 핵이 있는 진핵세포를 가진 다세포 미생물로 효모와 세균보다는 크기가 크다.
- 포자라는 매우 작은 알갱이로부터 싹이 터서 번식하는 방법인 포자법으로 증식하는데, 포자는 유성 포자도 있지만 주로 무성 포자에 의해 증식한다.
- 포자란 주로 무성생식을 하기 위한 생식 세포로 아포(Spore), 홀씨라고도 한다.
- 산소가 있어야 증식하는 호기성이므로, 주로 식품의 표면에서 발생한다.
- 주로 건조식품, 곡류, 빵, 밥뿐만 아니라 과일, 채소의 부패에도 관여한다.
- 수분이 적은 곳에서 잘 자라며, 물에서는 자라지 않는다.
- 비 운동성이며, 엽록소가 없어서 광합성을 하지는 않는다.
- 술, 된장, 간장 등 양조에 이용되는 누룩곰팡이처럼 유용한 것도 있다.

㉡ 효모(Yeast)

- 분류학상 진균류에 속하며 구형, 난형, 타원형 등 여러 형태를 한 미생물이다.
- 핵이 있는 진핵세포를 가진 단세포 미생물로 곰팡이 보다는 크기가 작고 세균보다는 크다.
- 모체의 몸에서 작은 돌기가 나와 성장하고 완전히 성숙하면 분열하여 독립된 개체가 되는 번식방법인 출아법으로 증식을 한다.
- 암수의 생식세포가 결합하지 않고 단독으로 새로운 개체를 만드는 생식방법인 무성생식을 한다.
- 산소가 없어도 증식이 가능하지만, 산소가 있으면 더욱 활발한 증식을 하는 통성 호기성균이다.
- 비 운동성이며, 엽록소가 없어서 광합성을 하지는 않는다.
- 일반적으로 식품에 유용한 균으로 술이나 빵을 발효하는 역할을 한다.

③ 바이러스(Virus)

㉠ 미생물 중에서 크기가 가장 작은 것으로, 세균 여과기도 통과하는 여과성 병원체이다.

㉡ 살아있는 동식물이나 세균 등의 세포에서만 기생하여 유전정보를 복사해 증식하며, 숙주를 통해 필요한 영양분을 합성한다.

㉢ 형태와 크기가 일정치 않고, 스스로 증식을 하지 못하여 순수 배양이 불가능하다.

㉣ 바이러스는 물리 · 화학적으로 안정하여 일반 환경에서 증식은 하지 못하나 생존이 가능하다.

㉤ 가열이나 냉동에서 살아남아 식품, 식기, 손 등을 통해 사람에게 전염되는 경구전염병의 원인이 된다. 그러나 식품취급자의 위생관리로 예방이 가능하다.

㉥ 발효식품 제조 시 생산균주를 오염시킨다.

ⓢ 균주란 발효식품을 만드는 균이나 세균을 분리해 배양을 계속할 때 그 계통을 이루는 자손들의 각 개체를 가리킨다.

ⓞ 종류에는 천연두, 인플루엔자, 일본 뇌염, 광견병, 간염, 소아마비(폴리오) 등이 있다.

④ **원충류(원생동물)**

㉠ 바닷물, 민물, 흙 또는 썩고 있는 유기물이나 식물에 살며, 동물에 기생하는 것도 많다. 특히 더운 여름철 연못을 초록색으로 변하게 만드는 미생물이 이에 해당된다.

㉡ 운동성을 가진 단세포 동물로서, 대부분은 자유생활을 하지만 일부 원충은 인체 내에서 기생생활을 하면서 무증상부터 치명적인 증상까지 다양한 증상을 유발한다.

㉢ 단세포로 이루어진 가장 원시적인 진핵생물이며, 실험실 내에서 배양이 가능하므로 생명과학의 주요 연구대상으로 이용되기도 한다.

㉣ 종류에는 아메바성 이질, 말라리아의 원인균 등이 있다.

tip

※ 제1급 법정감염병 : 생물테러감염병 또는 치명률이 높거나 집단 발생의 우려가 커서 발생 또는 유행 즉시 신고하여야 하고, 음압격리와 같은 높은 수준의 격리가 필요한 감염병으로 종류에는 에볼라바이러스병, 마버그열, 라싸열, 크리미안콩고출혈열, 남아메리카출혈열, 리프트밸리열, 두창, 페스트, 탄저, 보툴리눔독소증, 야토병, 신종감염병증후군, 중증급성호흡기증후군(SARS), 중동호흡기증후군(MERS), 동물인플루엔자 인체감염증, 신종인플루엔자, 디프테리아 등이 있다.

※ 곰팡이 독의 종류 : 파툴린, 아플라톡신, 오크라톡신, 시트리닌, 맥각 중독, 황변미 중독

※ 미생물의 증식 방법

- 세균은 거의 모두가 분열법으로 증식을 하고 식품의 부패와 발효 모두에 관여한다.
- 효모는 대부분이 출아법으로 증식을 하고 주로 빵이나 술의 제조에 이용된다.
- 곰팡이는 주로 포자에 의하여 그 수를 늘리며 빵, 밥 등의 부패에 관여한다.
- 바이러스는 기생생활을 하면서 유전정보를 복사하여 증식을 하고 발효식품 제조 시 생산균주를 오염시킨다.

※ 로프균

- 제과 · 제빵 작업 중 99℃의 제품 내부온도에서도 생존하며, 전분과 단백질을 분해하는 부패세균이다.
- 내열성이 강하여 최고 200℃에서도 죽지 않고 치사율이 높다.
- 산에 약하여 pH 5.5의 약산성에도 모두 사멸한다.
- 점조성을 갖는 점질물을 만들기 때문에 점질균이고 Bacillus subtilis라고 불린다.

4 식품의 오염지표 세균

1. 오염지표 세균이란

식품을 제조, 가공, 저장하는 동안 병원성 세균에 의해 오염될 가능성이 있다. 만약에 오염이 된다면 세균은 기하급수적으로 증식하여 부패와 식중독 등을 일으킬 수 있다. 하지만 이러한 병원성 세균을 전부 검사한다는 것은 현실적으로 불가능하기 때문에 위생적으로 지표가 되는 세균을 정하여 식품을 오염시킨 세균의 정도(수)와 식품의 안정성 및 보존성 여부를 간접적으로 평가한다. 이때 일반적으로 대장균을 위생지표 세균으로 이용한다. 그 밖에 장구균을 이용한다.

2. 대장균군의 특징

① 사람이나 동물과 같은 온혈동물의 장 속에 기생하고 있는 대장균과 그와 유사한 균을 총칭한다.
② 그람음성의 포자를 형성하지 않는 무아포성 간균이며, 호기성 또는 통성 혐기성균이다.
③ 젖산과 유당(Lactose)을 분해하여 산과 이산화탄소를 발생시킨다.
④ 대장균군이 발견되면, 그 물은 사람과 가축의 배설물에 의해 오염된 것으로, 수인성 전염병원균의 존재 가능성을 시사해주는 것으로 파악한다.
⑤ 그래서 식품이나 상수도 수질의 분변오염 지표 세균이다.
⑥ 대장균 중에는 창자에서 병의 원인이 되는 세균의 번식을 막아주는 역할을 하는 것도 있다.
⑦ 주로 대장에 사는 대장균은 비타민 K, 비타민 B_5, 바이오틴, 등을 합성하여 인간을 이롭게 한다.

5 교차오염

1. 교차오염이란

식재료와 식재료, 조리기구와 조리기구, 조리하지 않은 고기로부터 조리된 또는 즉석 식품으로 직접적인 또는 도마를 통한 간접적인 형태로 병원성 미생물이 전파되는 것을 말한다.

2. 교차오염의 예방

① 작업장은 가능한 한 넓은 면적을 확보하고, 작업 흐름을 일정한 방향으로 배치한다.
② 식자재와 비식자재를 함께 식품 창고에 보관하지 않도록 관리한다.
③ 원재료 보관 시 바닥과 벽으로부터 일정거리를 띄워 보관한다.
④ 원재료와 완성품을 구분하여 뚜껑이 있는 청결한 용기에 덮개를 덮어서 보관한다.
⑤ 조리 전의 육류와 채소류는 접촉되지 않도록 구분한다.
⑥ 칼, 도마, 고무장갑, 재료준비용 작업대, 조리용 작업대 등을 구분하여 사용한다.

⑦ 위생복을 조리용과 청소용으로 구분하여 착용한다.
⑧ 철저한 개인위생 관리와 손 씻기를 생활화한다.

6 식품위생 미생물의 살균

미생물을 사멸시키는 작용을 살균이라 하며, 미생물을 살균하는 정도에 따라 멸균과 소독이 있다. 살균의 방법에는 소독제에 의한 화학적인 방법과 열과 자외선을 이용한 물리적인 방법이 있다. 미생물의 종류에 따라서 저항성이 다르기 때문에 각각의 미생물 특성을 알고 살균해야 한다.

1. 소독, 멸균, 방부의 차이점

① **소독(Disinfection)이란**
병원균을 대상으로 병원 미생물을 죽이거나 병원 미생물의 병원성을 약화시켜 감염을 없애는 일이다. 그러므로 비병원균은 살아 있는 상태이다.

② **멸균(Sterilization)이란**
병원 미생물 뿐 아니라 모든 미생물을 사멸시켜 완전한 무균상태가 되도록 하는 일을 말한다.

③ **방부(Aseptic)란**
식품의 성상에 가능한 한 영향을 주지 않고 그 속에 함유되어 있는 세균의 성장과 증식을 저지시켜 부패와 발효를 억제시키는 것을 말한다.

2. 조리 시 위생관리를 위한 물리적 소독·살균 방법

① **열을 이용한 방법**
㉠ 자비소독 : 기구, 용기, 식기, 조리기구 등의 살균 및 소독에 이용하며, 100℃(비등상태)에서 30분 이상 끓여야 한다. 열탕의 온도를 일정하게 유지하는 일명 열탕소독법이다.
㉡ 증기소독 : 증기발생 장치로 세척할 조리대나 기구에 생증기를 뿜어 살균한다.

② **자외선을 이용하는 방법**
㉠ 자외선원으로 저압수은등은 253.7nm(나노미터)의 자외선을 방사하는 장치로서 자외선 살균등이라 한다.
㉡ 조리실에서는 물이나 공기, 용액의 살균, 도마, 조리기구의 표면 살균에 이용된다.
㉢ 자외선 살균의 장점은 다음과 같다.
- 살균효과가 크다.
- 빛의 파장이 253.7nm(나노미터)의 자외선 조사 후 피조사율의 변화가 작다.

- 표면 투과성이 나쁘다.
- 거의 모든 균종에 대해 유효하다.

3. 조리 시 위생관리를 위한 화학적 소독·살균 방법

① **염소 :** 상수원(수돗물) 소독에 이용되며 자극성 금속의 부식으로 트리할로메탄이 발생할 수 있다.

② **차아염소산나트륨 :** 음료수, 조리기구, 조리설비 등의 소독에 이용된다. 살균력은 100ppm 농도로 희석한 것을 ph 8~9로 조정한 것이 가장 살균력이 크다.

③ **석탄산(페놀)용액 :** 음료수나 식품을 제외한 손, 의류, 오물, 조리기구 등의 소독에 이용되며, 순수하고 살균이 안정되어 다른 소독제의 살균력 표시기준으로 쓰인다.

④ **역성비누 :** 원액을 200~400배 희석하여 손, 식품, 조리기구 등의 소독에 사용하며, 무독성이고 살균력이 강하다. 일종의 양이온계면활성제이다.

⑤ **과산화수소 :** 3% 수용액을 피부, 상처 소독에 사용한다.

⑥ **알코올 :** 70% 수용액을 금속, 유리, 조리기구, 손 소독에 사용한다.

⑦ **크레졸 비누액 :** 50% 비누액에 1~3% 수용액을 섞어 오물 소독, 손 소독 등에 사용한다. 피부자극은 비교적 약하지만 소독력은 석탄산보다 강하며 냄새도 강하다.

⑧ **포르말린 :** 30~40% 수용액을 오물 소독에 이용한다.

7 위생동물

1. 위생동물이란

식중독 미생물을 보유한 감염원(병원소)이며 인간의 건강을 해치는 파리, 바퀴벌레, 모기, 쥐, 진드기, 벼룩, 이 등을 말한다.

2. 위생동물의 특성

① 발육기간이 짧아 번식의 속도가 매우 빠르다.

② 식성의 범위가 넓고 인간의 음식물과 농작물에 피해를 준다.

③ 병원성 미생물을 식품에 감염시키는 것도 있다.

3. 위생동물과 질병

위생동물에 따른 인간에게 감염시키는 특징적인 질병에는 다음과 같은 종류가 있다.

① **파리 :** 콜레라, 장티푸스, 파라티푸스, 세균성 이질

② **바퀴벌레 :** 장티푸스

③ **모기 :** 말라리아, 일본뇌염, 황열, 사상충증

④ **쥐 :** 신증후군출혈열(유행성출혈열), 렙토스피라증, 쯔쯔가무시증, 페스트(흑사병)

⑤ **진드기 :** 유행성출혈열, 쯔쯔가무시증

⑥ **벼룩 :** 발진열, 페스트

⑦ **이 :** 재귀열, 발진티푸스

8 방충·방서 관리

1. 방충·방서

방충방서는 비래 해충(날벌레) 및 보행 해충(기어 다니는 벌레)이 건물 내로 침입한 흔적이 있는지를 확인하고 모니터링하는 일련의 효과적인 통제 활동이다.

2. 방충·방서의 목적

① 생산시설 및 위생시설 내에 쥐나 해충의 침입을 예방 · 박멸함으로써 이를 통하여 근로자 위생 및 생산활동 중에 해충으로부터의 영향을 최소화하는 것이다.

② 생산시설 및 보관시설 내에 쥐나 해충의 침입을 예방하여 생산활동 중 발생될 수 있는 해충으로부터의 영향을 최소화하는 것이다.

3. 방충·방서 관리규정

① 창고, 공장 내의 제조시설 주위의 직접적인 환경 같은 지역의 방충방서는 곤충, 쥐 등과 같이 각 동물들에 따라 위해도를 측정할 수 있어야 하며, 덫의 설치장소, 설치 개수 등은 동물학 또는 행동학의 지식에 능통한 사람에 의해 이루어져야 한다. 특수 업체를 지정하는 것도 내부 설치와 평가에 좋은 대안이 된다. 그 결과는 품질부서 또는 제조부서의 책임자에 의해 평가되어야 한다.

② **방충의 3단계**

㉠ 작업장 침입 방지를 위해 침입할 가능성이 있는 해충을 조사하고 발생할 수 있는 주요한 해충인 모기, 깔따구, 집파리, 나방 등이 침입하지 못 하도록 조치를 취한다.

㉡ 작업장 침입 후 포충 혹은 서식 방지는 작업제조시설의 외곽지역에 조명을 통하여 해충을 유인하고 건물 외곽은 해충 서식을 어렵게 관리한다. 제조건물 인접의 조경은 나무와 잔디

보다는 자갈을 깔고 쓰레기장, 오폐수 처리장, 하수구는 주기적으로 소독(주 1회, 월 1회)을 실시한다.

㉢ 작업장 침입 방지와 침입 후 포충, 서식방지를 '포충 지수' 모니터링을 통해 지속적으로 관리한다. 만약에 '포충 지수'가 급격히 증가하거나 기준을 초과할 경우에는

- 출입문 소독을 실시한다.
- 하수구, 화장실 소독을 실시한다.
- 작업장 내 서식 가능한 벽면, 틈새 청소, 소독 및 메움 등 보완을 실시한다.

③ 방서를 해야만 하는 쥐의 특징

㉠ 설치류인 쥐 한 쌍은 1년 후에 1,250마리로 번식이 가능하다.

㉡ 0.7cm의 틈만 있으면 내부로 침입 가능하며 1km까지 수영할 수 있다.

㉢ 주로 배관이나 배선을 이용하여 이동하며 개체수가 늘어날 경우 경쟁에 의해 서식처를 새로운 곳으로 옮긴다.

㉣ 이빨이 계속 자라므로 뭐든 갉는 습성이 있고, 잡식성이지만 새로운 음식에 대한 경계심이 강하다.

㉤ 전선을 갉아 전기 합선사고로 인한 화재를 유발하기도 한다.

㉥ 쥐는 분변으로 음식물을 오염시키고 식중독 등의 전염병을 유발하여 신증후군출혈열(유행성출혈열), 렙토스피라증, 쯔쯔가무시증, 페스트(흑사병) 병원체를 옮긴다.

④ 파리 및 모기의 방충

㉠ 가장 이상적인 방법은 화장실, 쓰레기, 퇴비, 축사 등의 환경 위생관리를 철저히 함으로써 발생원을 제거하는 것이다.

㉡ 이렇게 발생초기에 구제하는 것이 성충을 구제하는 것보다 매우 효과적이다.

㉢ 환경에 따른 생태습성을 파악하여 구제하며, 이동하여 서식할 가능성을 고려해 광범위하게 실시한다.

9 공정의 이해 및 위생관리

1. 빵류 제조공정과 위생관리

빵류를 제조하는 공정에서는 가열 전 제조공정과 가열 후 제조공정 및 내포장 후 제조공정으로 구분할 수 있다. 이렇게 구분하는 목적은 가열은 위해요소 제거 중 CCP1에 해당하고, 내포장은 위해요소 제거 중 CCP2에 해당하기 때문이다. CCP1이란 중요 관리지점(Critical Control Point) 첫번째 단계를 의미하며 빵류에 잔존할 수 있는 세균을 제거하는 단계로서 가열을 함으로써 세균을 박멸하는 단계이고, CCP2란 중요 관리지점 두번째 단계를 의미하며 금속검출기를 통과시키는 방법

으로서 이물질 또는 금속을 제거하는 단계이다. CCP(중요 관리지점)은 HACCP의 12가지 절차 중 위해요소의 예방, 제거 및 허용 가능한 수준까지 감소를 위해 엄정한 관리가 요구되는 최종 공정이나 단계를 말한다.

2. 가열 전 일반제조 공정

가열공정에서 생물학적 위해요소(식중독균 등)가 제어되므로, 해당 공정은 일반적인 위생관리 수준으로 관리를 해도 무방한 공정을 말한다.

① **재료의 입고 및 보관 단계**

원재료 및 부재료 운송차량이 들어오면 운송차량의 온도(온도 기록관리) 및 원부재료의 외관상태 등을 확인한다.

② **계량 단계**

1차 가공품 중 분말원료(식품 첨가물 포함)와 액상원료는 제품별 배합률에 맞도록 각각 계량하여 용기에 담고 뚜껑을 덮어 냉장 또는 실온에 보관한다.

③ **1차 배합**

밀가루에 소금, 설탕, 탈지분유, 계란, 유제품 등을 넣고 30℃의 물에 미리 녹여놓은 이스트를 부어 믹서에 넣고 반죽하고 반죽 중에 유지를 첨가한다.

④ **1차 발효**

1차 배합이 완료된 반죽을 발효통에 담아 발효실에서 발효시킨다. 발효실은 온도 27℃, 습도 75~85%를 유지하도록 하며, 처음 반죽의 3~3.5배 정도 부풀 때까지 발효한다.

⑤ **2차 배합**

발효가 완료된 반죽을 다시 믹서에 넣고 배합한다.

⑥ **플로어 타임**

2차 배합이 완료된 반죽을 발효통에 담고 반죽을 20분간 실온에 방치한다.

⑦ **분할 → 둥글리기 → 중간 발효 → 성형 → 패닝**

플로어 타임이 완료된 반죽을 디바이더에 넣고 일정한 크기와 일정한 중량으로 분할하고 분할된 반죽은 라운더와 오버헤드 프루퍼, 몰더를 이용하여 성형한 후 패닝한다.

⑧ **2차 발효**

성형된 반죽을 2차 발효실에서 40~50분정도 발효한다. 이 때 2차 발효실은 온도는 30~45℃, 습도는 75~95%가 유지되도록 한다.

⑨ **굽기 전 충전물 주입 및 토핑**

굽기 전 단팥빵과 크림빵 등 내부에 충전물이 들어가는 제품은 성형된 반죽에 내용물 주입기를 이용하여 팥소나 크림을 주입하고 성형기를 이용하여 성형한다.

3. 가열 후 청결제조 공정

가열 후에는 CCP1 단계가 종료되었기 때문에 일반적인 위생관리로는 부족하고 반드시 청결구역에서 보다 더 청결하게 관리가 되어야 하는 공정으로 내포장 공정까지를 청결제조 공정이라고 한다.

① **가열(굽기) 공정**

빵류제품에 따라 다르지만 성형된 빵류 반죽을 오븐에 넣고 약 13분간 가열(굽기) 공정을 실시한다. 이때 오븐 온도는 상단부 200℃ ±10℃, 하단부 170℃±10℃가 유지되도록 하여야 한다.

② **냉각**

가열된 빵류제품은 실온 20℃에서 천천히 냉각한다.

③ **내포장**

냉각된 빵류제품은 낱개로 적절한 포장지를 이용하여 밀봉 포장한다.

4. 내포장 후 일반제조 공정

내포장 후 일반제조 공정이란 포장된 상태로 제품을 취급하는 공정이기 때문에 일반적인 위생관리 수준으로 관리하는 공정을 말한다.

① **금속 검출**

내포장 후 금속검출기를 통과하면서 Fe(철)과 SUS(스테인레스 스틸) 등을 검출한다.

② **외포장**

금속검출기를 통과한 제품을 컨베이어를 통해 외포장실로 이송하여 외포장 상자(박스)에 포장한다.

③ **보관 및 출고**

외포장이 완료된 완제품을 파렛트에 5단 이하로 적재하여 건조하고 차가운 창고에 보관한다.

10 공정별 위해요소 파악 및 예방

1. 가열 전 일반제조 공정

가열공정에서 생물학적 위해요소(식중독균 등)가 제어되므로, 해당 공정은 일반적인 위생관리 수준으로 관리를 해도 무방한 공정을 말한다.

① **재료의 입고 및 보관 단계**

원재료 및 부재료 운송차량이 들어오면 운송차량의 온도(온도 기록관리) 및 원부재료의 외관상태 등을 확인하고, 정상제품만 해당창고에 입고 및 보관한다. 만약에 부적합한 재료로 판명된 경우 식별 표시 후 반품 또는 폐기한다.

여기서 정상제품이란 제품의 보관온도가 이탈되지 않고, 포장이 파손되어 있지 않으며 표시사항이 정상적으로 표시되어 있는 제품과 선도가 유지되어 있는 제품 등을 말한다.

② **계량 단계**

1차 가공품 중 분말원료(식품 첨가물 포함)와 액상원료는 제품별 배합률에 맞도록 각각 계량하여 용기에 담고 뚜껑을 덮어 냉장 또는 실온에 보관한다.

계량공정은 제빵사가 직접 실시하는 작업으로 제빵사의 부주의로 교차오염, 사용도구에 의한 이물 등의 혼입 우려가 있으므로 숙련된 제빵사를 배치하여 철저히 관리하여야 한다.

③ **1차 배합**

밀가루에 소금, 설탕, 탈지분유, 계란, 유제품 등을 넣고 30℃의 물에 미리 녹여놓은 이스트를 부어 믹서에 넣고 반죽하고 반죽 중에 유지를 첨가한다.

배합작업은 주로 믹서를 이용하여 작업이 이루어지며 믹서 노후 및 파손으로 인해 금속이물의 파편이 제품에 혼입될 수 있으므로 믹서는 매일 노후 상태나 파손된 부위가 없는지 확인하고 관리하여야 한다.

④ **1차 발효**

1차 배합이 완료된 반죽을 발효통에 담아 발효실에서 발효시킨다. 발효실은 온도 27℃, 습도 75~85%를 유지하도록 하며, 처음 반죽의 3~3.5배 정도 부풀 때까지 발효한다.

발효실의 경우 높은 습도와 적정한 온도로 인하여 미생물의 증식이 쉬우므로 발효실 내부에 대하여 매일 세척, 소독을 실시하여 청결상태를 유지하도록 관리하여야 한다.

⑤ **2차 배합**

발효가 완료된 반죽을 다시 믹서에 넣고 배합한다.

배합작업은 주로 믹서를 이용하므로 이 역시 믹서의 노후 상태나 파손된 부위가 없는지 확인하고 관리하여야 한다.

⑥ **플로어 타임**

2차 배합이 완료된 반죽을 발효통에 담고 반죽을 20분간 실온에 방치한다.

플로어 타임 과정에서 주변 환경으로부터 이물 등이 혼입되지 않도록 덮개 등을 덮어 둔다.

⑦ **분할 → 둥글리기 → 중간 발효 → 성형 → 패닝**

플로어 타임이 완료된 반죽을 디바이더에 넣고 일정한 크기와 일정한 중량으로 분할하고 분할된 반죽은 라운더와 오버헤드 프루퍼, 몰더를 이용하여 성형한 후 패닝한다.

정형공정 역시 디바이더, 라운더, 오버헤드 프루퍼, 몰더 등의 노후 및 파손으로 인해 금속 파편이 제품에 혼입될 수 있으므로 정형공정 기기들을 매일 노후 상태나 파손된 부위가 없는지 확인하고 관리하여야 한다.

⑧ **2차 발효**

성형된 반죽을 2차 발효실에서 40~50분정도 발효한다. 이때 2차 발효실은 온도는 30~45℃, 습도는 75~95%가 유지되도록 한다.

2차 발효실의 경우 높은 습도와 적정한 온도로 인하여 미생물의 증식이 쉬우므로 발효실 내부에 대하여 매일 세척, 소독을 실시하여 청결 상태를 유지하도록 관리하여야 한다.

⑨ **굽기 전 충전물 주입 및 토핑**

굽기 전 단팥빵과 크림빵 등 내부에 충전물이 들어가는 제품은 성형된 반죽에 내용물 주입기를 이용하여 팥소나 크림을 주입하고 성형기를 이용하여 성형한다.

충전물 주입 및 토핑 작업은 주로 주입기 등을 이용하여 작업이 이루어지기 때문에 이 역시 노후로 인한 이물질 혼입의 우려가 있으므로 파손된 부위가 없는지 확인하고 관리하여야 한다.

2. 가열 후 청결제조 공정

가열 후에는 CCP1 단계가 종료되었기 때문에 일반적인 위생관리로는 부족하고 반드시 청결구역에서 보다 더 청결하게 관리가 되어야 하는 공정으로 내포장 공정까지를 청결제조 공정이라고 한다. 일반 제조공정 작업장과 청결 제조공정 작업장은 분리된 구획을 원칙으로 하며, 부득이한 경우 교차오염의 방지를 위해 공정간 시간차를 두고 각 공정 사이 세척 및 소독을 실시하는 등의 조치를 하는 것이 바람직하다.

① **가열(굽기)공정**

빵류제품에 따라 다르지만 성형된 빵류 반죽을 오븐에 넣고 약 13분간 가열(굽기) 공정을 실시한다. 이 때 오븐 온도는 상단부 200℃±10℃, 하단부 170℃±10℃가 유지되도록 하여야 한다.

가열(굽기) 공정은 빵류에서 발생할 수 있는 식중독균을 관리하기 위한 중요관리점(CCP1)으로 가열(굽기) 공정은 가열(굽기)온도와 가열(굽기)시간을 통해 관리되는 공정이다.

② **냉각**

가열된 빵류제품은 실온(20℃)에서 천천히 냉각한다.

냉각공정은 가열(굽기) 공정 이후의 과정으로 가장 청결한 상태로 관리하여야 하는 공정이다. 따라서 개인위생을 준수하지 않은 상태로 작업에 임할 경우 제빵사로 인해 식중독균 등에 오염될 수 있으므로 제빵사는 반드시 개인위생을 준수하고 수시로 손세척과 소독을 실시하여야 한다. 또한 제빵사는 마스크를 착용하고 필요 시 1회용 장갑 등을 착용하고 작업하도록 한다.

③ **내포장**

냉각된 빵류제품은 낱개로 적절한 포장지를 이용하여 밀봉 포장한다.

내포장 공정은 가열(굽기) 공정 이후의 과정으로 가장 청결한 상태로 관리되어야 하는 공정이다. 그리고 청결 공정의 마지막 공정이므로 이 공정 역시 종사자의 개인위생에 있어 각별히 유의해야 하는 공정이다.

3. 내포장 후 일반제조 공정

내포장 후 일반제조 공정이란 포장된 상태로 제품을 취급하는 공정이기 때문에 일반적인 위생관리 수준으로 관리하는 공정을 말한다. 해당 공정 중 금속검출 공정은 원재료와 부재료에서 유래될 수 있거나 제조 공정 중에 혼입될 수 있는 금속이물을 관리하기 위한 중요 관리지점(CCP2)에 해당한다.

① **금속 검출**

내포장 후 금속검출기를 통과하면서 Fe(철)과 SUS(스테인레스 스틸) 등을 검출한다.

② **외포장**

금속검출기를 통과한 제품을 컨베이어를 통해 외포장실로 이송하여 외포장 상자(박스)에 포장한다.

③ **보관 및 출고**

외포장이 완료된 완제품을 파렛트에 5단 이하로 적재하여 건조하고 차가운 창고에 보관한다.

미리보는 출제예상문제

★★
01 부패세균의 부패 진행과정을 순서대로 설명한 것 중 잘못된 것은?

① 초기에 호기성 세균이 표면에 오염되어 증식한다.
② 호기성 세균이 증식하면서 분비하는 효소에 의해 식품 성분의 변화를 가져온다.
③ 부패에 관여하는 세균은 대개 한 가지 종류이다.
④ 혐기성 세균이 식품 내부 깊이 침입하여 부패가 완성된다.

해설 |
- 부패에는 호기성, 혐기성, 통성 혐기성 등 여러 미생물이 관여한다.
- 호기성 세균의 증식 → 효소의 분비와 신진대사산물의 생성 → pH(수소이온농도)의 증가 → 내부조직의 연화 → 혐기성 세균의 침투 → 부패의 완성

★★★
02 미생물이 작용하여 식품을 흑변시켰다. 다음 중 흑변 물질과 가장 관계 깊은 것은?

① 암모니아 ② 메탄
③ 황화수소 ④ 아민

해설 | 양파의 향기 성분인 황화수소가 식품을 흑변시킨다.

★★
03 아미노산의 분해생성물은?

① 탄수화물 ② 암모니아
③ 글루코오스 ④ 지방산

해설 | 아미노산의 분해생성물은 암모니아다.

★★
04 식품의 부패 초기에 나타나는 현상으로 가장 알맞은 것은?

① 아민, 암모니아 생성
② 알코올, 에스테르 냄새
③ 광택소실, 변색, 퇴색
④ 산패, 자극취

해설 | 식품의 부패 초기에는 광택이 소실되었다가 변색, 퇴색 순으로 부패가 이루어진다.

★★★
05 미생물 없이 발생되는 식품의 변화는 무엇인가?

① 발효 ② 산패
③ 부패 ④ 변패

해설 | 산패
지방이 산화 등에 의해 악취, 변색이 일어나는 현상

★★★
06 부패의 화학적 판정 시 이용되는 지표물질은?

① 염산
② 주석산
③ 염기성 암모니아
④ 살리실산

해설 | 단백질이 미생물에 의하여 변질되는 것을 부패라고 하는데 유해물질로 페놀, 아민류, 황화수소, 염기성 암모니아 등을 생성한다.

정답 01 ③ 02 ③ 03 ② 04 ③ 05 ② 06 ③

★★★

07 다음 중 부패 진행의 순서로 옳은 것은?

① 아미노산→펩타이드→펩톤→아민, 황화수소, 암모니아

② 아민→펩톤→아미노산→펩타이드, 황화수소, 암모니아

③ 펩톤→펩타이드→아미노산→아민, 황화수소, 암모니아

④ 황화수소→아미노산→아민→펩타이드, 펩톤, 암모니아

해설 | 부패과정

단백질→펩톤→폴리펩타이드→펩타이드→아미노산→황화수소가스 생성

★★★

08 미생물에 의해 주로 단백질이 변화되어 악취, 유해물질을 생성하는 현상은?

① 발효(Fermentation)

② 부패(Putrefaction)

③ 변패(Deterioration)

④ 산패(Rancidity)

해설 | 부패

단백질 식품에 혐기성 세균이 증식한 생물학적 요인에 의하여 분해되어 악취와 유해물질 등(아민류, 암모니아, 페놀, 황화수소 등)을 생성하는 현상이다.

★★

09 부패의 물리학적 판정에 이용되지 않는 것은?

① 냄새 ② 점도

③ 색 및 전기저항 ④ 탄성

해설 |

- 식품위생 검사의 종류에는 관능검사, 생물학적 검사, 화학적 검사, 물리적 검사, 독성검사 등이 있다.
- 냄새는 관능검사의 한 방법이다.

★★★

10 미생물이 식품에 오염되어 생육할 때 필요한 조건과 관계가 가장 먼 것은?

① 적당한 온도 ② 수분

③ 영양소 ④ 식품의 색

해설 | 미생물이 식품에 오염되어 생육할 때 필요한 조건에는 영양소, 수분, 온도, pH, 산소, 삼투압 등이 있다.

★★

11 다음 중 식중독 관련 세균의 생육에 최적인 식품의 수분 활성도는?

① 0.30~0.39 ② 0.50~0.59

③ 0.70~0.79 ④ 0.90~1.00

해설 | 세균의 최적 수분활성도 : 0.90~1.00, 억제되는 수분활성도 : 0.80 이하

★★

12 미생물의 감염을 감소시키기 위한 작업장 위생의 내용과 거리가 먼 것은?

① 소독액으로 벽, 바닥, 천정을 세척한다.

② 빵 상자, 수송차량, 매장 진열대는 항상 온도를 높게 관리한다.

③ 깨끗하고 뚜껑이 있는 재료통을 사용한다.

④ 적절한 환기와 조명시설이 된 저장실에 재료를 보관한다.

해설 | 대부분의 미생물들은 중온균(25~37℃)이기 때문에 빵 상자, 수송차량, 매장 진열대의 온도를 높게 유지하면 미생물의 감염이 커진다.

★★

13 과일과 채소의 부패에 관여하는 대표적인 미생물군은?

① 젖산균 ② 사상균

③ 저온균 ④ 수중세균

해설 | 곰팡이(Mold)

사상균의 진핵세포 구조를 가진 고등미생물로 균사체를 발육기관으로 하여 포자를 형성하여 증식하는 진균을 말한다.

07 ③ 08 ② 09 ① 10 ④ 11 ④ 12 ② 13 ②

★★★
14 식빵의 변질 및 부패와 가장 관련이 큰 것은?

① 곰팡이 ② 효모
③ 리케치아 ④ 맥아

해설 | 빵에 생기는 곰팡이 중에는 붉은빵곰팡이, 누룩곰팡이, 털곰팡이, 검은빵곰팡이 등이 있다.

★★
15 세균, 곰팡이, 효모, 바이러스의 일반적 성질에 대한 설명으로 옳은 것은?

① 세균은 주로 출아법으로 그 수를 늘리며 술 제조에 많이 사용한다.
② 효모는 주로 분열법으로 그 수를 늘리며 식품 부패에 가장 많이 관여하는 미생물이다.
③ 곰팡이는 주로 포자에 의하여 그 수를 늘리며 빵, 밥 등의 부패에 많이 관여하는 미생물이다.
④ 바이러스는 주로 출아법으로 그 수를 늘리며 효모와 유사하게 식품 부패에 관여하는 미생물이다.

해설 |
- 효모는 주로 출아법으로 그 수를 늘리며 술 제조에 많이 사용된다.
- 세균은 주로 분열법으로 그 수를 늘리며 식품의 부패에 가장 많이 관여하는 미생물이다.
- 곰팡이는 주로 포자에 의하여 그 수를 늘리며 빵, 밥 등의 부패에 많이 관여하는 미생물이다.

★★
16 세균의 대표적인 3가지 형태 분류에 포함되지 않는 것은?

① 구균(Coccus)
② 나선균(Spirillum)
③ 간균(Bacillus)
④ 페니실린균(Penicillium)

해설 | 세균류의 형태
- 구균 : 공 모양으로 생긴 균
- 나선균 : 나사 모양으로 생긴 균
- 간균 : 약간 긴 구형의 균

★★
17 곰팡이의 일반적인 특성으로 틀린 것은?

① 광합성능이 있다.
② 주로 무성포자에 의해 번식한다.
③ 진핵세포를 가진 다세포 미생물이다.
④ 분류학상 진균류에 속한다.

해설 | 곰팡이는 에너지를 자가생산할 수 있는 광합성을 하지 못하고, 과일과 채소를 분해하여 에너지를 얻는다.

★★★
18 소독(Disinfection)을 가장 잘 설명한 것은?

① 미생물을 사멸시키는 것
② 미생물의 증식을 억제하여 부패의 진행을 완전히 중단시키는 것
③ 미생물이 시설물에 부착하지 않도록 청결하게 하는 것
④ 미생물을 죽이거나 약화시켜 감염력을 없애는 것

해설 | 소독은 감염병의 감염을 방지할 목적으로 병원성 미생물을 사멸 혹은 약화시켜 감염을 없애는 것으로, 비병원성 미생물의 사멸에 대하여는 별로 문제시하지 않는다.

★★★
19 소독(Disinfection)의 개념을 가장 잘 설명한 것은?

① 병원성 미생물을 죽이거나 병원성을 약화시키는 것
② 병원성 미생물을 완전히 사멸시키는 것
③ 병원성, 비병원성 미생물을 완전히 죽이는 것
④ 식품을 100℃로 끓이는 것

해설 | 소독은 감염병의 감염을 방지할 목적으로 병원성 미생물을 사멸 혹은 약화시켜 감염을 없애는 것으로 비병원성 미생물의 사멸에 대하여는 별로 문제시하지 않는다. 이에 반해 살균은 병원성과 비병원성 미생물을 불문하고 미생물을 멸살하는 것으로서, 멸살 후는 완전한 무균 상태가 된다.

정답 14 ① 15 ③ 16 ④ 17 ① 18 ④ 19 ①

★★
20 다음 중 작업공간의 살균에 가장 적당한 것은?

① 자외선 살균 ② 적외선 살균
③ 가시광선 살균 ④ 자비 살균

해설 | 작업공간에는 컵 소독기에 장착된 '파란 형광등'으로 자외선 살균을 한다.

★★
21 자외선 살균의 장점이 아닌 것은?

① 살균 효과가 크다.
② 조사 후 피조사물의 변화가 작다.
③ 표면 투과성이 좋다.
④ 거의 모든 균종에 대해 유효하다.

해설 | 자외선은 표면 투과성이 매우 나쁘다.

★★
22 환경 중의 가스를 조절함으로써 채소와 과일의 변질을 억제하는 방법은?

① 변형공기포장 ② 무균포장
③ 상업적 살균 ④ 통조림

해설 | 변형공기포장법이란 식품을 부패시키는 미생물이 자라는 것을 억제하기 위해 음식물을 포장할 때 질소와 이산화탄소를 넣는 식품 포장법이다.

★★★
23 곰팡이의 생성을 방지하기 위해 포장 시 충전하는 가스로 알맞은 것은?

① 질소와 탄산가스
② 산소와 탄산가스
③ 질소와 염소가스
④ 산소와 염소가스

해설 | 질소와 탄산가스는 곰팡이의 생육을 억제하면서 식품의 변질에 영향을 주지 않기 때문에 사용한다.

★★
24 염소로 소독한 수돗물에서 발생할 수 있는 발암성 물질은?

① 니트로소아민
② 아플라톡신
③ 트리할로메탄
④ 벤조피렌

★★★
25 소독력이 매우 강한 일종의 표면활성제로서 공장의 소독, 종업원의 손을 소독할 때나 용기 및 기구의 소독제로 알맞은 것은?

① 석탄산액
② 과산화수소
③ 역성비누
④ 크레졸

해설 | 역성비누(양성비누)
- 경수나 산에서는 안정적이나 강알칼리에서는 불안정하다.
- 음성비누(중성세제나 알칼리성 비누)와 병용하면 살균력을 잃게 되므로 혼용을 금지한다.

★★★
26 교차오염을 방지하기 위한 올바른 대책은?

① 생원료와 조리된 시품을 동시에 취급하지 않는다.
② 동일한 종업원이 하루 일과 중 여러 개의 작업을 수행한다.
③ 소독된 컵과 접시를 행주로 깨끗이 닦아낸다.
④ 찬 음식의 홀딩에 사용된 얼음이 녹아서 생긴 물은 재사용한다.

해설 | 식자재 교차오염 방지법
- 원재료와 완성품을 구분하여 보관한다.
- 바닥과 벽으로부터 일정 거리를 띄워서 보관한다.
- 뚜껑이 있는 청결한 용기에 덮개를 덮어서 보관한다.
- 식자재와 비식자재를 구분하여 창고에 보관한다.
- 동일한 종업원이 하루 일과 중 여러 개의 작업을 수행하지 않는다.

20 ① 21 ③ 22 ① 23 ① 24 ③ 25 ③ 26 ①

★★★
27 식품의 위생적 취급방법에 대한 설명 중 틀린 것은?

① 생식품은 오염되지 않도록 조리된 식품과 분리하여 냉장고에 저장하여야 한다.

② 냉동된 식품은 영양분의 손실을 줄이기 위하여 가급적 실온에서 서서히 해동시킨다.

③ 익히지 않은 육류를 취급한 도마와 칼은 세척 후 반드시 소독한다.

④ 전처리 후 바로 조리하지 않을 식재료는 냉장고에 보관하여야 한다.

해설 | 냉동된 식품은 영양분의 손실을 줄이기 위하여 가급적 냉장온도에서 서서히 해동시킨다.

★★
28 저장미에 발생한 곰팡이가 원인이 되는 황변미 현상을 방지하기 위한 수분함량은?

① 13% 이하

② 14~15%

③ 15~17%

④ 17% 이상

해설 |
- 밀가루의 수분함량 : 10~14%
- 쌀의 수분함량 : 11~14%
- 저장용 쌀의 수분함량 : 13% 이하

★★★
29 물수건의 소독방법으로 가장 적합한 것은?

① 비누로 세척한 후 건조한다.

② 삶거나 차아염소산으로 소독 후 일광건조한다.

③ 3% 과산화수소로 살균 후 일광건조한다.

④ 크레졸(Cresol) 비누액으로 소독하고 일광건조한다.

해설 |
① 일반비누가 아닌 역성비누가 좋다.
③ 과산화수소는 피부, 상처소독에 좋다.
④ 크레졸 비누액은 오물 소독, 손 소독에 좋다.

★★
30 작업장의 방충, 방서용 금속망의 그물로 적당한 크기는?

① 5mesh

② 15mesh

③ 20mesh

④ 30mesh

해설 | mesh(메시)는 숫자가 클수록 그물 눈이 작다.

★★★
31 위생동물의 일반적인 특성이 아닌 것은?

① 식성의 범위가 넓다.

② 음식물과 농작물에 피해를 준다.

③ 병원미생물을 식품에 감염시키는 것도 있다.

④ 발육기간이 길다.

해설 |
- 위생동물은 인간의 삶을 저해시키거나 해를 끼치는 동물을 가리킨다.
- 위생동물에 해당하는 쥐, 파리, 바퀴벌레 등은 발육기간이 짧다.

정답 27 ② 28 ① 29 ② 30 ④ 31 ④

제3편 단원별 적중예상문제

★★
01 다음 중 조리사의 직무가 아닌 것은?

① 집단급식소에서의 식단에 따른 조리업무

② 구매식품의 검수 지원

③ 집단급식소의 운영일지 작성

④ 급실설비 및 기구의 위생, 안전 실무

해설 | 집단급식소의 운영일지 작성은 영양사의 직무이다.

★★
02 식품 첨가물의 사용조건으로 바람직하지 않은 것은?

① 식품의 영양가를 유지할 것

② 다량으로 충분한 효과를 낼 것

③ 이미, 이취 등의 영향이 없을 것

④ 인체에 유해한 영향을 끼치지 않을 것

해설 | 식품 첨가물은 미량으로도 효과가 커야 한다.

★★
03 식중독에 관한 설명 중 잘못된 것은?

① 세균성 식중독에는 감염형과 독소형이 있다.

② 자연독 식중독에는 동물성과 식물성이 있다.

③ 곰팡이독 식중독은 맥각, 황변미 독소 등에 의하여 발생한다.

④ 식이성 알레르기는 식이로 들어온 특정 탄수화물 성분에 면역계가 반응하지 못하여 생긴다.

해설 | 식이성 알레르기를 일으키는 주된 성분과 식품은 유황화합물과 꽁치, 고등어 등이 있다.

★★
04 빵 및 케이크류에 사용이 허가된 보존료는?

① 탄산수소나트륨

② 포름알데히드

③ 탄산암모늄

④ 프로피온산

해설 |
- 탄산수소나트륨은 소다로 화학팽창제이다.
- 포름알데히드는 유해방부제이다.
- 탄산암모늄은 이스파타의 성분으로 화학팽창제이다.

★★
05 해수세균의 일종으로 식염농도 3%에서 잘 생육하며 어패류를 생식할 경우 중독될 수 있는 균은?

① 보툴리누스균

② 장염 비브리오균

③ 웰치균

④ 살모넬라균

해설 | 세균성 식중균의 감염경로
- 살모넬라균은 통조림 제품류는 제외하고 어패류, 유가공류, 육류 등 거의 모든 식품에 의해 감염된다.
- 장염 비브리오균은 여름철에 어류, 패류, 해조류 등에 의해 감염된다.
- 병원성 대장균은 환자나 보균자의 분변 등에 의해 감염된다.
- 포도상구균은 조리사의 화농병소에 의해 오염된 크림빵, 김밥, 도시락, 찹쌀떡이 주원인 식품이며, 봄과 가을철에 많이 발생한다.
- 보툴리누스균은 병조림, 통조림, 소시지, 훈제품 등 진공포장 식품에 의해 감염된다.
- 바실러스 세레우스균은 토양, 곡류, 탄수화물 식품에 의해 감염된다.

정답 01 ③ 02 ② 03 ④ 04 ④ 05 ②

★★★
06 **세균성 식중독과 비교하여 볼 때 경구감염병의 특징으로 볼 수 없는 것은?**

① 적은 양의 균으로도 질병을 일으킬 수 있다.
② 2차 감염이 된다.
③ 잠복기가 비교적 짧다.
④ 면역이 잘 된다.

해설 | 경구감염병의 잠복기는 일반적으로 길다.

★★
07 **장염 비브리오 식중독을 일으키는 주요 원인 식품은?**

① 달걀 ② 어패류
③ 채소류 ④ 육류

해설 | 장염 비브리오균 식중독은 여름철에 어류, 패류(조개), 해조류에 의해서 감염된다.

★★
08 **다음 중 살모넬라균의 주요 감염원은?**

① 채소류 ② 육류
③ 곡류 ④ 과일류

해설 | 살모넬라균은 어류, 육류, 튀김 등에서 주로 감염된다.

★★★
09 **다음 중 감염형 세균성 식중독에 속하는 것은?**

① 파라티푸스균
② 보툴리누스균
③ 포도상구균
④ 장염 비브리오균

해설 | 감염형 세균성 식중독의 종류에는 살모넬라균 식중독, 장염 비브리오균 식중독, 병원성 대장균 식중독 등이 있다.

★★★
10 **식기나 기구의 오용으로 구토, 경련, 설사, 골연화증의 증상을 일으키며 이타이이타이병의 원인이 되는 유해성 금속물질은?**

① 비소(As) ② 아연(Zn)
③ 카드뮴(Cd) ④ 수은(Hg)

해설 |
- 비소(As) : 밀가루와 비슷하여 식품에 혼입되는 경우가 많으며 구토, 위통, 경련 등을 일으키는 급성 중독과 피부 발진, 간종창, 탈모 등을 일으키는 만성 중독이 있다.
- 아연(Zn) : 기구의 합금, 도금 재료로 쓰이며, 산성 식품에 의해 아연염이 된다. 또는 가열하면 산화아연이 되고, 위 속에서는 염화아연이 되어 중독을 일으킨다.
- 수은(Hg) : 먹이 연쇄 등을 통해 식품에 이행되며 미나마타병의 원인 물질이다.

★★
11 **다음 중 바이러스에 의한 경구감염병이 아닌 것은?**

① 폴리오 ② 유행성 간염
③ 감염성 설사 ④ 성홍열

해설 | 성홍열
환자, 보균자와의 직접 접촉, 이들의 분비물에 오염된 식품을 통하여 경구적으로 감염된다. 세균성감염이다.

★★
12 **산양, 양, 돼지, 소에게 감염되면 유산을 일으키고, 인체 감염 시 고열이 주기적으로 일어나는 인수공통감염병은?**

① 광우병 ② 공수병
③ 파상열 ④ 신증후군출혈열

해설 | '고열이 주기적으로 일어나는'이라는 뜻의 한자어가 파상열이다.

★★
13 **식품 또는 식품 첨가물을 채취, 제조, 가공, 조리, 저장, 운반 또는 판매하는 직접 종사자들이 정기건강진단을 받아야 하는 주기는?**

① 1회/월 ② 1회/3개월
③ 1회/6개월 ④ 1회/년

정답 06 ③ 07 ② 08 ② 09 ④ 10 ③ 11 ④ 12 ③ 13 ④

해설 | 식품 또는 식품 첨가물을 취급하는 직접 종사자들에 의한 오염을 방지할 목적으로 정기적인 건강진단을 받아야 한다.

★★★
14 다음 중 산화방지제와 거리가 먼 것은?

① 부틸히드록시아니솔(BHA)
② 부틸히드록시톨루엔(BHT)
③ 올식자산프로필(Propyl gallate)
④ 비타민 A

해설 | 산화방지제인 비타민은 비타민 E이다.

★★
15 다음 중 허가된 천연유화제는?

① 구연산　② 고시폴
③ 레시틴　④ 세사몰

해설 | 레시틴은 계란 노른자, 옥수수, 대두유 등에 함유된 천연 성분을 추출하여 사용한다.

★★★
16 단백질 식품이 미생물의 분해작용에 의하여 형태, 색택, 경도, 맛 등의 본래의 성질을 잃고 악취를 발생하거나 독물을 생성하여 먹을 수 없게 되는 현상은?

① 변패　② 산패
③ 부패　④ 발효

해설 | 부패란 단백질이 미생물의 작용에 의해 악취를 내며 분해되는 현상이다.

★★★
17 세균, 곰팡이, 효모, 바이러스의 일반적 성질에 대한 설명 중 옳은 것은?

① 세균은 주로 출아법으로 그 수를 늘리며 술 제조에 많이 사용한다.
② 효모는 주로 분열법으로 그 수를 늘리며 식품 부패에 가장 많이 관여하는 미생물이다.
③ 곰팡이는 주로 포자에 의하여 그 수를 늘리며 빵, 밥 등의 부패에 많이 관여하는 미생물이다.
④ 바이러스는 주로 출아법으로 그 수를 늘리며 효모와 유사하게 식품의 부패에 관여하는 미생물이다.

해설 |
- 효모는 주로 출아법으로 그 수를 늘리며 술 제조에 많이 사용된다.
- 세균은 주로 분열법으로 그 수를 늘리며 식품의 부패에 가장 많이 관여하는 미생물이다.
- 곰팡이는 주로 포자에 의하여 그 수를 늘리며 빵, 밥 등의 부패에 많이 관여하는 미생물이다.

★★★
18 쥐나 곤충류에 의해서 발생될 수 있는 식중독은?

① 살모넬라 식중독
② 클로스트리디움 보툴리늄 식중독
③ 포도상구균 식중독
④ 장염 비브리오 식중독

해설 | 살모넬라 식중독은 달걀을 대량으로 보관할 때 위생동물이 달걀껍질 위를 지나다니면서 살모넬라균을 오염시켜 흔히 발생한다.

★★★
19 식품 조리 및 취급과정 중 교차오염이 발생하는 경우와 거리가 먼 것은?

① 씻지 않은 손으로 샌드위치 만들기
② 생고기를 자른 가위로 냉면 면발 자르기
③ 생선 다듬던 도마로 샐러드용 채소 썰기
④ 반죽에 생고구마 조각을 얹어 쿠키 굽기

해설 | 교차오염을 방지하기 위해 식품 조리 시 식자재의 특성에 따라 식기와 도구를 구분해서 사용한다.

14 ④　15 ③　16 ③　17 ③　18 ①　19 ④

제 4 편

실전모의고사

제1회 실전모의고사

제2회 실전모의고사

제3회 실전모의고사

제4회 실전모의고사

제5회 실전모의고사

제6회 실전모의고사

제7회 실전모의고사

실전모의고사

01 건포도 식빵 제조 시 2차 발효에 대한 설명으로 틀린 것은?

① 최적의 품질을 위해 2차 발효를 짧게 한다.
② 식감이 가볍고 잘 끊어지는 제품을 만들 때는 2차 발효를 약간 길게 한다.
③ 밀가루 단백질의 질이 좋은 것일수록 오븐스프링이 크다.
④ 100% 중종법이 70% 중종법보다 오븐스프링이 좋다.

해설 | ① 건포도 식빵은 건포도가 많이 들어가 오븐 팽창이 적으므로 2차 발효를 약간 길게 한다.

02 제빵 시 굽기 단계에서 일어나는 반응에 대한 설명으로 틀린 것은?

① 반죽온도가 60℃로 오르기까지 효소의 작용이 활발해지고 휘발성 물질이 증가한다.
② 글루텐은 90℃부터 굳기 시작하여 빵이 다 구워질 때까지 천천히 계속된다.
③ 반죽온도가 60℃에 가까워지면 이스트가 죽기 시작한다. 그와 함께 전분이 호화하기 시작한다.
④ 표피 부분이 160℃를 넘어서면 당과 아미노산이 마이야르 반응을 일으켜 멜라노이드를 만들고, 당의 캐러멜화반응이 일어나고 전분이 덱스트린으로 분해된다.

해설 | 글루텐은 74℃부터 굳기 시작한다.

03 노타임 반죽법에 사용되는 산화제, 환원제의 종류가 아닌 것은?

① ADA(Azodicarbonamide)
② L-시스테인
③ 소르브산
④ 요오드칼슘

해설 |
• 산화제 : 요오드칼륨, 브롬산칼륨, ADA
• 환원제 : L-시스테인, 프로테아제, 소르브산

04 제빵 생산의 원가를 계산하는 목적으로만 연결된 것은?

① 순이익과 총 매출의 계산
② 이익계산, 가격결정, 원가관리
③ 노무비, 재료비, 경비 산출
④ 생산량관리, 재고관리, 판매관리

해설 | 생산의 원가를 계산하는 목적
• 이익을 산출하기 위해서
• 가격을 결정하기 위해서
• 원가관리를 위해서

05 냉동반죽의 해동을 높은 온도에서 빨리 할 경우 반죽의 표면에서 물이 나오는 드립(Drip)현상이 발생하는데 그 원인이 아닌 것은?

① 얼음결정이 반죽의 세포를 파괴 손상
② 반죽 내 수분의 빙결분리
③ 단백질의 변성
④ 급속냉동

해설 | 냉동반죽은 냉동 시 수분이 얼면서 팽창하여 이스트를 사멸시키거나 글루텐을 파괴하는 것을 막기 위하여 급속냉동한다.

정답 01 ① 02 ② 03 ④ 04 ② 05 ④

06 어느 제과점의 이번 달 생산예상 총액이 1,000만원인 경우에 목표 노동생산성은 5,000원/시/인이다. 생산 가동 일수가 20일, 1일 작업시간 10시간인 경우 소요 인원은?

① 4명　② 6명
③ 8명　④ 10명

해설 |

$$노동생산성 = \frac{생산금액(생산량)}{총\ 공수(인원 \times 총\ 작업시간)}$$

$$노동생산성 = \frac{10,000,000}{x \times 20 \times 10} \quad \therefore x=10$$

07 다음 중 식빵에서 설탕이 과다할 경우 대응책으로 가장 적합한 것은?

① 소금 양을 늘린다.
② 이스트 양을 늘린다.
③ 반죽온도를 낮춘다.
④ 발효시간을 줄인다.

해설 | 이스트의 먹이인 설탕을 너무 많이 넣을 경우 삼투압에 의해 발효력이 떨어지므로 발효력을 증진시킬 수 있는 조치를 취해야 한다. 그래서 소금의 양을 줄이고, 반죽온도는 올리고, 발효시간은 늘린다.

08 식빵 제조 시 수돗물 온도 20℃, 사용할 물 온도 10℃, 사용물 양 4kg일 때 사용할 얼음 양은?

① 100g　② 200g
③ 300g　④ 400g

해설 |

- 얼음 사용량 $= \frac{사용\ 할\ 물량 \times (수돗물\ 온도 - 사용\ 할\ 물\ 온도)}{(80 + 수돗물\ 온도)}$

$$= \frac{4,000g \times (20℃ - 10℃)}{80 + 20℃} = 400g$$

09 둥글리기의 목적과 거리가 먼 것은?

① 공 모양의 일정한 모양을 만든다.
② 큰 가스는 제거하고 작은 가스는 고르게 분산시킨다.
③ 흐트러진 글루텐을 재정렬한다.
④ 방향성 물질을 생성하여 맛과 향을 좋게 한다.

해설 | 방향성 물질을 생성하여 맛과 향을 좋게 하는 공정은 발효공정이다.

10 80% 스펀지에서 전체 밀가루가 2,000g, 전체 가수율이 63%인 경우, 스펀지에 55%의 물을 사용하였다면 본 반죽에 사용할 물량은?

① 380g　② 760g
③ 1,140g　④ 1,260g

해설 |

- 스펀지에 사용한 물의 양 = 2,000g × 0.8 × 0.55 = 880g
- 전체 가수량 = 2,000g × 0.63 = 1,260g
- 본반죽에 사용할 물의 양 = 1,260 − 880 = 380g

11 다음 제품 중 2차 발효실의 습도를 가장 높게 설정해야 되는 것은?

① 호밀빵　② 햄버거빵
③ 불란서빵　④ 빵 도넛

해설 |

- 햄버거빵과 잉글리시 머핀은 반죽에 흐름성을 부여하기 위해 2차 발효실의 습도를 높게 설정한다.
- 불란서빵과 빵 도넛은 반죽의 탄력성을 유지하기 위해 2차 발효실의 습도를 낮게 설정한다.

12 어린 반죽(발효가 덜 된 반죽)으로 제조를 할 경우 중간 발효시간은 어떻게 조절되는가?

① 길어진다.　② 짧아진다.
③ 같다.　④ 판단할 수 없다.

해설 | 어린 반죽을 분할한 경우 중간 발효시간을 길게 하여 부족한 발효시간을 보충한다.

06 ④　07 ②　08 ④　09 ④　10 ①　11 ②　12 ①

13 냉각으로 인한 빵 속의 수분 함량으로 적당한 것은?

① 약 5% ② 약 15%
③ 약 25% ④ 약 38%

해설 | 빵 속 냉각온도 : 35~40℃, 수분 함유량 : 38%

14 다음 중 빵의 냉각방법으로 가장 적합한 것은?

① 바람이 없는 실내에서 냉각
② 강한 송풍을 이용한 급랭
③ 냉동실에서 냉각
④ 수분 분사 방식

해설 | 바람이 없는 실내의 상온에서 냉각하는 방법을 자연 냉각이라 한다.

15 토핑용과 충전용의 재료인 생크림에 대한 설명으로 틀린 것은?

① 크림 100%에 대하여 1.0~1.5%의 분설탕을 사용하여 단맛을 낸다.
② 생크림의 보관이나 작업 시 제품온도는 3~7℃가 좋다.
③ 휘핑 시간이 적정 시간보다 짧으면 기포의 안정성이 약해진다.
④ 유지방 함량 35~45% 정도의 진한 생크림을 휘핑하여 사용한다.

해설 | 생크림 100%에 대하여 10~15%의 분설탕을 사용하여 단맛을 낸다.

16 다음 중 발효시간을 연장시켜야 하는 경우는?

① 식빵 반죽온도가 27℃이다.
② 발효실 온도가 24℃이다.
③ 이스트 푸드가 충분하다.
④ 1차 발효실 상대 습도가 80%이다.

해설 | 식빵 반죽을 기준으로 1차 발효는 온도 27℃, 상대습도 75~80% 조건에서 1~3시간 진행하는데, 발효실 온도가 정상보다 낮으면 발효시간이 길어진다.

17 안치수가 그림과 같은 식빵 철판의 용적은?

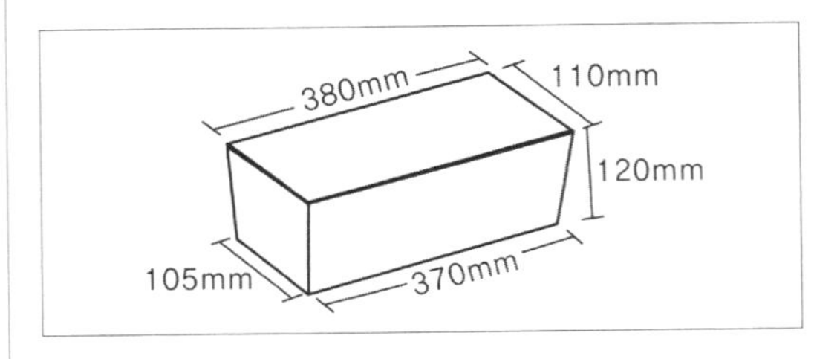

① 4,662cm³ ② 4,837.5cm³
③ 5,018.5cm³ ④ 5,218.5cm³

해설 |

$$\frac{(380+370)}{2} \times \frac{(110+105)}{2} \times 120 \div 1{,}000 = 4{,}837.5\text{cm}^3$$

18 다음 중 중간 발효에 대한 설명으로 옳은 것은?

① 상대습도 85% 전후로 시행한다.
② 중간 발효 중 습도가 높으면 껍질이 형성되어 빵 속에 단단한 소용돌이가 생성된다.
③ 중간 발효 온도는 27~29℃가 적당하다.
④ 중간 발효가 잘되면 글루텐이 잘 발달한다.

해설 |
- 상대습도 75%로 시행한다.
- 중간 발효 중 습도가 낮으면 껍질이 형성되어 빵 속에 단단한 소용돌이가 생성된다.
- 중간 발효가 잘되면 손상된 글루텐 구조를 재정돈한다.

19 2% 이스트로 4시간 발효했을 때 가장 좋은 결과를 얻는다고 가정할 때, 발효시간을 3시간으로 감소시키려면 이스트의 양은 얼마로 해야 하는가?(단, 소수 셋째자리에서 반올림하시오)

① 2.16% ② 2.67%
③ 3.16% ④ 3.67%

정답 13 ② 14 ① 15 ① 16 ② 17 ② 18 ③ 19 ②

해설 | 가감하고자 하는 이스트량

$= \frac{\text{기존 이스트량} \times \text{기존 발효 시간}}{\text{조절하고자 하는 발효시간}}$

$= \frac{2\% \times 4\text{시간}}{3\text{시간}} = 2.666 \therefore 2.67\%$

20 냉동반죽법에서 혼합 후 반죽의 결과온도로 가장 적합한 것은?

① 0℃ ② 10℃
③ 20℃ ④ 30℃

해설 | 냉동반죽법의 반죽온도는 반죽의 글루텐 생성과 발전능력, 급속냉동 시 냉해에 대한 피해 방지를 고려하여 설정한다.

21 다음 무게에 관한 것 중 옳은 것은?

① 1kg은 10g이다.
② 1kg은 100g이다.
③ 1kg은 1000g이다.
④ 1kg은 10000g이다.

해설 | 무게의 기본 단위인 g에 kilo(k)는 g×1000이라는 뜻이므로, 1kg은 1000g이다.

22 빵의 노화를 지연시키는 경우가 아닌 것은?

① 냉장고에서 보관한다.
② 21~35℃에서 보관한다.
③ 고율배합으로 한다.
④ 저장온도를 －18℃ 이하로 유지한다.

해설 | 노화의 원인은 제품의 수분손실이다. 빵을 저온건조한 냉장고에 보관하면 제품의 수분손실이 많아진다.

23 수평형 믹서를 청소하는 방법으로 올바르지 않은 것은?

① 물을 가득 채워 회전시킨다.
② 청소하기 전에 전원을 차단한다.
③ 생산 직후 청소를 실시한다.
④ 금속으로 된 스크래퍼를 이용하여 반죽을 긁어낸다.

해설 | 수평형 믹서는 플라스틱으로 된 스크래퍼를 이용하여 반죽을 긁어낸다.

24 반죽제조 단계 중 렛다운(Let down) 상태까지 믹싱하는 제품으로 적당한 것은?

① 옥수수 식빵, 밤 식빵
② 크림빵, 앙금빵
③ 바게트, 프랑스빵
④ 잉글리시 머핀, 햄버거 빵

해설 | 잉글리시 머핀과 햄버거 빵은 반죽에 흐름성을 부여하기 위해 높은 가수율과 오랜 믹싱(렛다운 단계)을 한다.

25 빵, 과자 배합표의 자료 활용법으로 적당하지 않은 것은?

① 빵의 생산기준 자료
② 재료 사용량 파악 자료
③ 원가 산출
④ 국가별 빵의 종류 파악 자료

해설 | 빵, 과자 배합표는 국가별 빵의 종류를 파악할 수는 없지만, 빵의 특성을 파악하는 자료로 활용할 수 있다.

26 제빵 시 적절한 2차 발효점은 완제품 용적의 몇 %가 가장 적당한가?

① 40~45%
② 50~55%
③ 70~80%
④ 90~95%

해설 | 2차 발효점은 굽기 시 오븐팽창을 고려하여 완제품 용적의 70~80%가 가장 적절하다.

20 ③ 21 ③ 22 ① 23 ④ 24 ④ 25 ④ 26 ③

27 **빵을 구웠을 때 갈변이 되는 것은 어떤 반응에 의한 것인가?**

① 비타민 C의 산화에 의하여
② 효모에 의한 갈색반응에 의하여
③ 마이야르(Maillard) 반응과 캐러멜화 반응이 동시에 일어나서
④ 클로로필(Chlorophyll)이 열에 의해 변성되어서

해설 |
- 마이야르(Maillard) 반응은 환원당과 아미노산이 결합하여 일어나는 반응이다.
- 캐러멜화 반응은 설탕 성분이 갈변하는 반응이다.

28 **식빵의 밑이 움푹 패는 원인이 아닌 것은?**

① 2차 발효실의 습도가 높을 때
② 팬의 바닥에 수분이 있을 때
③ 오븐 바닥열이 약할 때
④ 팬에 기름칠을 하지 않을 때

해설 | 식빵의 밑바닥이 움푹 들어가는 원인
① 반죽 정도가 부족하거나 심하다.
② 믹서의 회전속도가 느렸다.
③ 반죽이 질었다.
④ 틀이 뜨거웠다.
⑤ 틀에 기름을 칠하지 않았다.
⑥ 2차 발효실의 습도가 높았다.
⑦ 오븐의 바닥온도가 높았다.

29 **다음 중 분할에 대한 설명으로 옳은 것은?**

① 1배합당 식빵류는 30분 내에 하도록 한다.
② 기계 분할은 발효과정의 진행과는 무관하여 분할 시간에 제한을 받지 않는다.
③ 기계 분할은 손 분할에 비해 약한 밀가루로 만든 반죽 분할에 유리하다.
④ 손 분할은 오븐 스프링이 좋아 부피가 양호한 제품을 만들 수 있다.

해설 | 손 분할은 기계 분할보다 반죽의 손상이 적으므로 오븐 스프링이 좋아 부피가 양호한 제품을 만들 수 있다.

30 **펀치의 효과와 거리가 먼 것은?**

① 산소 공급으로 반죽의 산화 숙성을 진전시킨다.
② 반죽의 온도를 균일하게 한다.
③ 성형을 용이하게 한다.
④ 이스트의 활성을 돕는다.

해설 | 분할과 둥글리기 하는 과정에서 반죽에 생긴 긴장을 이완시켜 반죽에 유연성과 탄력성을 부여하며 성형을 용이하게 하는 공정은 중간 발효이다.

31 **달걀껍질을 제외한 전란의 고형질 함량은 일반적으로 약 몇 %인가?**

① 7% ② 12%
③ 25% ④ 50%

해설 |
- 전란의 고형질 함량 : 25%
- 난황(노른자)의 고형질 함량 : 50%
- 난백(흰자)의 고형질 함량 : 12%

32 **밀가루의 호화가 시작되는 온도를 측정하기에 가장 적합한 것은?**

① 레오그래프
② 아밀로그래프
③ 믹사트론
④ 패리노그래프

해설 | 아밀로그래프는 양질의 빵 속을 만들기 위한 밀가루 전분의 호화력을 그래프 곡선으로 나타낸다.

정답 27 ③ 28 ③ 29 ④ 30 ③ 31 ③ 32 ②

33 이스트에 존재하는 효소로 포도당을 분해하여 알코올과 이산화탄소를 발생시키는 것은?

① 말타아제(Maltase)
② 리파아제(Lipase)
③ 찌마아제(Zymase)
④ 인버타아제(Invertase)

해설 | 포도당과 과당은 이스트에 존재하는 찌마아제(Zymase)에 의해 2CO2(이산화탄소)+2C2H5OH(에틸알코올)+66cal(에너지) 등을 생성한다.

34 다음 중 설탕을 포도당과 과당으로 분해하여 만든 당으로 감미도와 수분 보유력이 높은 당은?

① 정백당 ② 빙당
③ 전화당 ④ 황설탕

해설 | 전화당 : 자당(설탕)을 산이나 효소로 가수분해하면 같은 양의 포도당과 과당이 생성되는데, 이 혼합물을 가리킨다.

35 바게트 배합률에서 비타민 C를 30ppm 사용하려고 할 때 이용량을 %로 올바르게 나타낸 것은?

① 0.3% ② 0.03%
③ 0.003% ④ 0.0003%

해설 |

- $30\text{ppm} = \frac{1}{1,000,000} \times 30 \times 100\% = 0.003\%$
- ppm=parts per million으로 $\frac{1}{1,000,000}$이다.

36 유화제를 사용하는 목적이 아닌 것은?

① 물과 기름이 잘 혼합되게 한다.
② 빵이나 케이크를 부드럽게 한다.
③ 달콤한 맛이 나게 하는 데 사용한다.
④ 빵이나 케이크가 노화되는 것을 지연시킬 수 있다.

해설 | 글리세린처럼 유화제의 종류에 따라서는 감미를 갖고 있기도 하지만, 유화제의 주된 기능은 아니다.

37 빈 컵의 무게가 120g이었고, 이 컵에 물을 가득 넣었더니 250g이 되었다. 물을 빼고 우유를 넣었더니 254g이 되었을 때 우유의 비중은 약 얼마인가?

① 1.03 ② 1.07
③ 2.15 ④ 3.05

해설 |

$$\frac{(254-120)}{(250-120)} = 1.03$$

38 다음 중 글리세린(Glycerin)에 대한 설명으로 틀린 것은?

① 무색, 무취로 시럽과 같은 액체이다.
② 지방의 가수분해 과정을 통해 얻어진다.
③ 식품의 보습제로 이용된다.
④ 물보다 비중이 가벼우며, 물에 녹지 않는다.

해설 | 글리세린은 물보다 비중이 무거우며, 물에 잘 섞인다.

39 유지 산패와 관계없는 것은?

① 금속 이온(철, 구리 등)
② 산소
③ 빛
④ 항산화제

해설 | 항산화제란 유지의 산화(산패)를 억제하는 재료라는 뜻이다.

40 이스트 푸드에 대한 설명으로 틀린 것은?

① 발효를 조절한다.
② 이스트의 영양을 보급한다.
③ 반죽조절제로 사용한다.
④ 밀가루 중량대비 1~5%를 사용한다.

해설 | 이스트 푸드의 사용량은 밀가루 중량대비 0.1~0.2%이다.

33 ③ 34 ③ 35 ③ 36 ③ 37 ① 38 ④ 39 ④ 40 ④

41 향신료(Spice&herb)에 대한 설명으로 틀린 것은?

① 스파이스는 주로 열대지방에서 생산되는 향신료로 뿌리, 열매, 꽃, 나무껍질 등 다양한 부위가 이용된다.
② 허브는 주로 온대지방의 향신료로 식물의 잎이나 줄기가 주로 이용된다.
③ 향신료는 고대 이집트, 중동 등에서 방부제, 의약품의 목적으로 사용되던 것이 식품으로 이용된 것이다.
④ 향신료는 주로 전분질 식품의 맛을 내는 데 사용된다.

해설 | 향신료는 주로 육류와 생선 요리에 많이 사용된다.

42 우유의 pH를 4.6으로 유지하였을 때, 응고되는 단백질은?

① 카세인(Casein)
② α－락트알부민(Lactalbumin)
③ β－락토글로불린(Lactoglobulin)
④ 혈청알부민(Serum albumin)

해설 | 우유 단백질인 카세인은 정상적인 우유의 pH인 6.6에서 pH 4.6으로 내려가면 칼슘과의 화합물 형태로 응고한다.

43 물의 경도를 높여주는 작용을 하는 재료는?

① 이스트 푸드 ② 이스트
③ 설탕 ④ 밀가루

해설 | 이스트 푸드에는 황산칼슘, 인산칼슘, 과산화칼슘 등이 함유되어 있어 물의 경도를 조절하여 제빵성을 향상시킨다.

44 퐁당 크림을 부드럽게 하고 수분 보유력을 높이기 위해 일반적으로 첨가하는 것은?

① 한천, 젤라틴 ② 물, 레몬
③ 소금, 크림 ④ 물엿, 전화당 시럽

해설 | 퐁당 크림을 부드럽게 하고 수분 보유력을 높이기 위해 사용하는 당의 형태는 액당(시럽)이다.

45 다음 중 숙성한 밀가루에 대한 설명으로 틀린 것은?

① 밀가루의 황색색소가 공기 중의 산소에 의해 더욱 진해진다.
② 환원성 물질이 산화되어 반죽의 글루텐 파괴가 줄어든다.
③ 밀가루의 pH가 낮아져 발효가 촉진된다.
④ 글루텐의 질이 개선되고 흡수성을 좋게 한다.

해설 | 숙성한 밀가루는 밀가루의 황색색소가 공기 중의 산소와 결합해서 산화되어 백색으로 바뀐다.

46 다음 중 체중 1kg당 단백질 권장량이 가장 많은 대상으로 옳은 것은?

① 1~2세 유아
② 9~11세 여자
③ 15~19세 남자
④ 65세 이상 노인

해설 | 인간의 생애주기표에서 가장 급격한 신체 발달이 일어나는 시기가 1~2세 유아기이므로 체중 1kg당 단백질 권장량이 가장 많다.

47 단당류의 성질에 대한 설명 중 틀린 것은?

① 선광성이 있다.
② 물에 용해되어 단맛을 가진다.
③ 산화되어 다양한 알코올을 생성한다.
④ 분자 내의 카르보닐기에 의하여 환원성을 가진다.

해설 |
- 단당류는 산화되어 에틸알코올만을 생성한다.
- 선광성이란 당용액에 직선편광을 비추었을 때, 당용액 속을 진행하는 사이에 편광면이 회전하는 성질이다. 이를 일명 광회전성이라고도 한다.

정답 41 ④ 42 ① 43 ① 44 ④ 45 ① 46 ① 47 ③

48 생체 내에서 지방의 기능으로 틀린 것은?

① 생체기관을 보호한다.

② 체온을 유지한다.

③ 효소의 주요 구성 성분이다.

④ 주요한 에너지원이다.

해설 | 효소의 주요 구성 성분은 단백질이다.

49 트립토판 360mg은 체내에서 니아신 몇 mg으로 전환되는가?

① 0.6mg ② 6mg

③ 36mg ④ 60mg

해설 |

- 트립토판은 체내에서 1.67%가 니아신으로 전환되므로
- 360mg×(1.67÷100)=360mg×0.0167=6.012mg

50 빵, 과자 중에 많이 함유된 탄수화물이 소화, 흡수되어 수행하는 기능이 아닌 것은?

① 에너지를 공급한다.

② 단백질 절약 작용을 한다.

③ 뼈를 자라게 한다.

④ 분해되면 포도당이 생성된다.

해설 | 뼈를 자라게 하는 것은 무기질이다.

51 질병 발생의 3대 요소가 아닌 것은?

① 병인 ② 환경

③ 숙주 ④ 항생제

해설 | 항생제는 질병을 억제하는 재료이다.

52 화농성 질병이 있는 사람이 만든 제품을 먹고 식중독을 일으켰다면 가장 관계가 깊은 원인균은?

① 장염 비브리오균

② 살모넬라균

③ 보툴리누스균

④ 황색 포도상구균

해설 | 황색 포도상구균은 조리사의 화농병소와 관련이 있고, 잠복기는 평균 3시간이다.

53 세균의 대표적인 3가지 형태 분류에 포함되지 않는 것은?

① 구균(Coccus)

② 나선균(Spirillum)

③ 간균(Bacillus)

④ 페니실린균(Penicillium)

해설 | 세균류의 형태

- 구균 : 공 모양으로 생긴 균
- 나선균 : 나사 모양으로 생긴 균
- 간균 : 약간 긴 구형의 균

54 경구감염병의 예방법으로 부적합한 것은?

① 모든 식품을 일광 소독한다.

② 감염원이나 오염물을 소독한다.

③ 보균자의 식품 취급을 금한다.

④ 주위 환경을 청결히 한다.

해설 | 모든 식품을 냉동보관한다.

55 다음 중 유지의 산화 방지를 목적으로 사용되는 산화방지제는?

① Vitamin B ② Vitamin D

③ Vitamin E ④ Vitamin K

해설 | 유지의 산화 방지(항산화제)로 쓰이는 비타민은 토코페롤(Vitamin E)이다.

48 ③ 49 ② 50 ③ 51 ④ 52 ④ 53 ④ 54 ① 55 ③

56 원인균이 내열성 포자를 형성하기 때문에 병든 가축의 사체를 처리할 경우 반드시 소각 처리하여야 하는 인수공통감염병은?

① 돈단독 ② 결핵
③ 파상열 ④ 탄저병

해설 | 탄저병 : 원인균은 바실러스 안트라시스이며, 수육을 조리하지 않고 섭취했거나 피부 상처 부위로 감염되기 쉽다. 원인균은 내열성 포자를 형성한다.

57 미나마타병은 어떤 중금속에 오염된 어패류의 섭취 시 발생되는가?

① 수은 ② 카드뮴
③ 납 ④ 아연

해설 |
- 수은(Hg) : 미나마타병
- 카드뮴(Cd) : 이타이이타이병

58 다음 중 사용이 허가되지 않은 유해감미료는?

① 사카린(Saccharin)
② 아스파탐(Aspartame)
③ 소르비톨(Sorbitol)
④ 둘신(Dulcin)

해설 | 유해감미료 : 둘신, 사이클라메이트, 페릴라틴, 에틸렌글리콜

59 다음 중 조리사의 직무가 아닌 것은?

① 집단급식소에서의 식단에 따른 조리업무
② 구매식품의 검수 지원
③ 집단급식소의 운영일지 작성
④ 급식설비 및 기구의 위생, 안전 실무

해설 | 집단급식소의 운영일지 작성은 영양사의 직무이다.

60 해수세균의 일종으로 식염농도 3%에서 잘 생육하며 어패류를 생식할 경우 중독될 수 있는 균은?

① 보툴리누스균 ② 장염 비브리오균
③ 웰치균 ④ 살모넬라균

해설 | 장염 비브리오균은 소금을 좋아하는 호염성균으로 해수(염분 3%)에서 잘 생육한다. 여름철에 어류, 패류, 해조류 등에 의해서 감염된다.

정답 56 ④ 57 ① 58 ④ 59 ③ 60 ②

실전모의고사

01 다음 중 25분 동안 동일한 분할량의 식빵 반죽을 구웠을 때 수분함량이 가장 많은 굽기온도는?

① 190℃ ② 200℃
③ 210℃ ④ 220℃

해설 | 굽는 시간이 동일한 경우에는 굽는 온도가 낮을수록 식빵 완제품의 수분 함량이 많다.

02 제빵에서 물의 양이 적량보다 적을 경우 나타나는 결과와 거리가 먼 것은?

① 수율이 낮다. ② 향이 강하다.
③ 부피가 크다. ④ 노화가 빠르다.

해설 | 글루텐의 가스보유력을 증진시키기 위해서는 적당한 양의 물이 공급되어야 한다. 만약에 물의 양이 적량보다 적으면 가스보유력이 떨어져 완제품의 부피가 작다.

03 액체발효법(액종법)에 대한 설명으로 옳은 것은?

① 균일한 제품생산이 어렵다.
② 공간 확보와 설비비가 많이 든다.
③ 한 번에 많은 양을 발효시킬 수 없다.
④ 발효 손실에 따른 생산손실을 줄일 수 있다.

해설 | 액체발효법의 장점
- 단백질 함량이 적어 발효내구력이 약한 밀가루로 빵을 생산하는 데도 사용할 수 있다.
- 한 번에 많은 양을 발효시킬 수 있다.
- 발효손실에 따른 생산손실을 줄일 수 있다.
- 펌프와 탱크설비로만 이루어지므로 공간, 설비가 감소된다.
- 균일한 제품생산이 가능하다.

04 냉동제품에 대한 설명 중 틀린 것은?

① 저장기간이 길수록 품질저하가 일어난다.
② 상대습도를 100%로 하여 해동한다.
③ 냉동반죽의 분할량이 크면 좋지 않다.
④ 수분이 결빙할 때 다량의 잠열을 요구한다.

해설 | 냉동제품은 냉장해동을 시키므로 냉장해동 시 냉장고의 상대습도를 100%로 맞출 수 없다.

05 오버헤드 프루퍼(Overhead Proofer)는 어떤 공정을 행하기 위해 사용하는 것인가?

① 분할 ② 둥글리기
③ 중간 발효 ④ 정형

해설 | 오버헤드 프루퍼(Overhead Proofer)의 뜻은 머리 위에 설치한 중간 발효기를 의미한다.

06 식빵 밑바닥이 움푹 패는 결점에 대한 원인이 아닌 것은?

① 굽는 처음 단계에서 오븐 열이 너무 낮았을 경우
② 바닥 양면에 구멍이 없는 팬을 사용한 경우
③ 반죽기의 회전속도가 느려 반죽이 언더믹스 된 경우
④ 2차 발효를 너무 초과했을 경우

해설 | 굽는 처음 단계에서 오븐 열이 너무 높으면 식빵 밑바닥이 움푹 팬다.

정답 01 ① 02 ③ 03 ④ 04 ② 05 ③ 06 ①

07 제빵에서 중간 발효의 목적이 아닌 것은?

① 반죽을 하나의 표피로 만든다.

② 분할공정으로 잃었던 가스의 일부를 다시 보완시킨다.

③ 반죽의 글루텐을 회복시킨다.

④ 정형과정 중 찢어지거나 터지는 현상을 방지한다.

해설 | 반죽을 하나의 표피로 만드는 공정은 믹싱 후나 둥글리기할 때이다.

08 ppm을 나타낸 것으로 옳은 것은?

① g당 중량 백분율　　② g당 중량 만분율

③ g당 중량 십만분율　④ g당 중량 백만분율

해설 | ppm이란 part per million의 약자로 g당 중량 백만분율을 의미한다.

09 발효손실에 관한 설명으로 틀린 것은?

① 반죽온도가 높으면 발효손실이 크다.

② 발효시간이 길면 발효손실이 크다.

③ 고배합률일수록 발효손실이 크다.

④ 발효습도가 낮으면 발효손실이 크다.

해설 |

- 발효손실은 발효공정을 거치는 동안 반죽 속의 수분이 증발하며, 탄수화물이 에틸알코올과 탄산가스로 산화되어 휘발하면서 발생한다.
- 발효손실은 발효의 활력이 강하거나 발효시간이 길수록 크다.
- 고율배합일수록 이스트의 발효력(발효의 활력)이 떨어져 발효손실이 작다.

10 빵을 포장할 때 가장 적합한 빵의 온도와 수분 함량은?

① 30℃, 30%　　② 35℃, 38%

③ 42℃, 45%　　④ 48℃, 55%

해설 |

- 포장온도 : 35~40℃
- 완제품의 수분함량 : 38%

11 생산관리의 3대 요소에 해당하지 않는 것은?

① 시장(Market)　　② 사람(Man)

③ 재료(Material)　④ 자금(Money)

해설 | 생산관리란 사람, 재료, 자금의 3요소를 유효적절하게 사용하여 좋은 물건을 싼 비용으로 필요한 만큼을 필요한 시기에 만들어내기 위한 관리 또는 경영이다.

12 제빵용 팬기름에 대한 설명으로 틀린 것은?

① 종류에 상관없이 발연점이 낮아야 한다.

② 백색 광유(Mineral oil)도 사용된다.

③ 정제라드, 식물유, 혼합유도 사용된다.

④ 과다하게 칠하면 밑껍질이 두껍고 어둡게 된다.

해설 | 제빵용 팬기름은 푸른 연기가 발생하는 발연점이 높아야 한다.

13 제빵에 있어 2차 발효실의 습도가 너무 높을 때 일어날 수 있는 결점은?

① 겉껍질 형성이 빠르다.

② 오븐 팽창이 적어진다.

③ 껍질색이 불균일해진다.

④ 수포가 생성되고 질긴 껍질이 되기 쉽다.

해설 | 2차 발효실의 습도가 높을 경우 제품에 미치는 영향

- 제품의 윗면이 납작해진다.
- 껍질에 수포가 생긴다.
- 껍질이 질겨진다.
- 껍질에 반점이나 줄무늬가 생긴다.

정답 07 ① 08 ④ 09 ③ 10 ② 11 ① 12 ① 13 ④

14 최종 제품의 부피가 정상보다 클 경우의 원인이 아닌 것은?

① 2차 발효의 초과　② 소금 사용량 과다
③ 분할량 과다　④ 낮은 오븐온도

해설 | 소금 사용량이 과다하면 반죽 내 삼투압이 상승하여 이스트의 활력이 떨어진다. 이로 인하여 최종제품의 부피가 작아진다.

15 식빵을 만드는데 실내 온도 15℃, 수돗물 온도 10℃, 밀가루 온도 13℃일 때 믹싱 후의 반죽온도가 21℃가 되었다면 이때 마찰계수는?

① 10　② 15
③ 20　④ 25

해설 | 마찰계수 = (결과 반죽온도×3) − (실내 온도 + 수돗물 온도 + 밀가루 온도)
= (21×3) − (15 + 10 + 13) = 25

16 소규모 식빵 전문점용으로 가장 많이 사용되며, 반죽을 넣는 입구와 제품을 꺼내는 출구가 같은 오븐은?

① 컨벡션 오븐　② 터널 오븐
③ 릴 오븐　④ 데크 오븐

해설 | 터널 오븐은 대량 생산라인에서 사용되며 반죽을 넣는 입구와 제품을 꺼내는 출구가 다르다.

17 2차 발효에 대한 설명으로 틀린 것은?

① 이산화탄소를 생성시켜 최대한의 부피를 얻고 글루텐을 신장시키는 과정이다.
② 2차 발효실의 온도는 반죽의 온도보다 같거나 높아야 한다.
③ 2차 발효실의 습도는 평균 75~90% 정도이다.
④ 2차 발효실의 습도가 높을 경우 겉껍질이 형성되고 터짐현상이 발생한다.

해설 | 겉껍질이 형성되고 터짐현상이 발생하는 원인은 2차 발효실의 습도가 낮은 경우이다.

18 다음 중 표준 스트레이트법에서 믹싱 후 반죽 온도로 가장 적합한 것은?

① 21℃　② 27℃
③ 33℃　④ 39℃

해설 |
- 비상 스트레이트법의 반죽온도 : 30℃
- 표준 스트레이트법의 반죽온도 : 27℃
- 표준 스펀지법의 스펀지 온도 : 24℃
- 비상 스펀지법의 스펀지 온도 : 30℃

19 우유 2,000g을 사용하는 식빵 반죽에 전지분유를 사용할 때 분유와 물의 사용량은?

① 분유 100g, 물 1,900g
② 분유 200g, 물 1,800g
③ 분유 400g, 물 1,600g
④ 분유 600g, 물 1,400g

해설 |
- 우유의 10%는 고형분이고 90%는 수분으로 이루어져 있다.
- 2,000g×0.1=200g은 분유로 대신한다.
- 2,000g×0.9=1,800g은 물로 대신한다.

20 냉동 페이스트리를 구운 후 옆면이 주저앉는 원인으로 틀린 것은?

① 토핑물이 많은 경우
② 잘 구워지지 않은 경우
③ 2차 발효가 과다한 경우
④ 해동온도가 2~5℃로 낮은 경우

해설 | 냉동 페이스트리를 해동시킬 때, 냉장이 아닌 고온에서 해동을 시키면 옆면이 주저앉는다.

14 ②　15 ④　16 ④　17 ④　18 ②　19 ②　20 ④

21 일반 제빵 제품의 성형과정 중 작업실의 온도 및 습도로 가장 바람직한 것은?

① 온도 25~28℃, 습도 70~75%
② 온도 10~18℃, 습도 65~70%
③ 온도 25~28℃, 습도 90~95%
④ 온도 10~18℃, 습도 80~85%

해설 |
- 작업실의 온도는 바게트 제조 시 25℃ 전후, 식빵과 과자빵 제조 시에는 27~28℃ 정도가 좋다.
- 작업실의 습도는 반죽 속의 수분량을 밀가루를 기준으로 하여 나타낸 백분율로 설정한다.

22 아이싱이나 토핑에 사용하는 재료의 설명으로 틀린 것은?

① 분당은 아이싱 제조 시 끓이지 않고 사용할 수 있는 장점이 있다.
② 쇼트닝은 첨가하는 재료에 따라 향과 맛을 살릴 수 있다.
③ 안정제는 수분을 흡수하여 끈적거림을 방지한다.
④ 생우유는 우유의 향을 살릴 수 있어 바람직하다.

해설 | 굽기를 하지 않는 아이싱이나 토핑물에 생우유를 사용하면 아이싱이나 토핑물이 상하기 쉽다.

23 노타임법에 의한 빵 제조에 관한 설명으로 잘못된 것은?

① 믹싱시간을 20~25% 길게 한다.
② 산화제와 환원제를 사용한다.
③ 물의 양을 1.5% 정도 줄인다.
④ 설탕의 사용량을 다소 감소시킨다.

해설 | 환원제인 L-시스테인, 단백질 가수분해효소인 프로테아제 등을 사용하여 밀단백질의 -S-S결합을 절단하여 반죽발전을 단축시켜 믹싱시간을 25% 정도 줄인다.

24 일반적인 1차 발효실의 가장 이상적인 습도는?

① 45~50% ② 55~60%
③ 65~70% ④ 75~80%

해설 | 1차 발효실의 습도는 반죽 속의 수분량을 밀가루를 기준으로 하여 나타낸 백분율보다 약간 더 올려 설정한다. 그래서 75~80% 정도가 이상적인 습도가 된다.

25 빵 제품의 노화(Staling)에 관한 설명으로 틀린 것은?

① 제품이 오븐에서 나온 후부터 서서히 진행된다.
② 소화흡수에 영향을 준다.
③ 내부 조직이 단단해진다.
④ 지연시키기 위하여 냉장고에 보관하는 것이 좋다.

해설 | 빵의 노화를 지연시키기 위하여 냉동고에 보관하는 것이 좋다.

26 다음 중 총 원가에 포함되지 않는 것은?

① 제조설비의 감가상각비
② 매출원가
③ 직원의 급료
④ 판매이익

해설 |
- 총 원가=직접 재료비+직접 노무비+직접 경비+제조간접비+판매비+일반관리비
- 매출원가는 판매비 혹은 영업비용(일반관리비)을 가리킨다.

27 완제품 중량이 400g인 빵 200개를 만들고자 한다. 발효 손실이 2%이고 굽기 및 냉각손실이 12%라고 할 때 밀가루 중량은?(단, 총 배합률은 180%이며, 소수점 이하는 반올림한다)

① 51,536g ② 54,725g
③ 61,320g ④ 61,940g

정답 21 ① 22 ④ 23 ① 24 ④ 25 ④ 26 ④ 27 ①

해설 |

- 제품의 무게 = 400g × 200개 = 80,000g
- 반죽의 무게 = 80,000g ÷ {1 − (12 ÷ 100)} ÷ {1 − (2 ÷ 100)} = 92,764g
- 밀가루의 무게 = 92,764 × 100% ÷ 180% = 51,536g

28 단과자빵의 껍질에 흰 반점이 생긴 경우 그 원인에 해당되지 않는 것은?

① 반죽온도가 높았다.

② 발효하는 동안 반죽이 식었다.

③ 숙성이 덜 된 반죽을 그대로 정형하였다.

④ 2차 발효 후 찬 공기를 오래 쐬었다.

해설 | 껍질에 흰 반점이 생기는 이유는 공정 중에 발효를 저해시키는 요인이 발생하여 숙성이 덜 된 반죽을 그대로 구웠기 때문이다.

29 반죽할 때 반죽의 온도가 높아지는 주된 이유는?

① 마찰열이 발생하므로

② 이스트가 번식하므로

③ 원료가 용해되므로

④ 글루텐이 발달되므로

해설 |

- 재료들을 믹서 볼에 넣고 믹싱을 하면 반죽온도가 변화하게 되는 데 두 가지 원인이 작용한다.
- 첫째, 반죽을 하는 동안 글루텐이 형성되기 시작하면서 반죽은 단단하게 되며 훅에 매달린 반죽은 훅이 돌아가는 속도에 의하여 믹서 볼에 부딪히며 때려주면서 마찰열을 발생시켜 반죽온도를 높인다.
- 둘째, 고에너지 상태에서 안정화된 무수물인 밀가루가 물을 흡수할 때 낮은 에너지 상태가 되고, 이때 기존에 가지고 있던 에너지를 열의 형태로 발산하는 수화열을 발생시켜 반죽온도를 낮춘다.
- 마찰열이 수화열에 의해 중화되면서도 반죽온도가 상승한다.

30 같은 조건의 반죽에 설탕, 포도당, 과당을 같은 농도로 첨가했다고 가정할 때 마이야르 반응속도를 촉진시키는 순서대로 나열된 것은?

① 설탕 > 포도당 > 과당

② 과당 > 설탕 > 포도당

③ 과당 > 포도당 > 설탕

④ 포도당 > 과당 > 설탕

해설 | 마이야르 반응속도는 이당류보다 단당류가 빠르고, 같은 단당류일 경우 감미도가 높은 당이 반응속도가 빠르다.

31 이스트에 질소 등의 영양을 공급하는 제빵용 이스트 푸드의 성분은?

① 칼슘염 ② 암모늄염

③ 브롬염 ④ 요오드염

해설 | NH_4로 구성된 암모늄염은 분해되면서 이스트에 N(질소)를 공급한다.

32 제빵에서 설탕의 기능으로 틀린 것은?

① 이스트의 영양분이 된다.

② 껍질색이 나게 한다.

③ 향을 향상시킨다.

④ 노화를 촉진시킨다.

해설 | 설탕은 수분보유력을 갖고 있어 빵의 노화를 지연시킨다.

33 계면활성제의 친수성−친유성 균형(HLB)이 다음과 같을 때 친수성인 것은?

① 5 ② 7

③ 9 ④ 11

해설 | HLB의 수치가 9 이하이면 친유성으로 기름에 용해되고, 11 이상이면 친수성으로 물에 용해된다.

28 ① **29** ① **30** ③ **31** ② **32** ④ **33** ④

34 다음 탄수화물 중 요오드 용액에 의하여 청색 반응을 보이며 β-아밀라아제에 의해 맥아당으로 바뀌는 것은?

① 아밀로오스 ② 아밀로펙틴
③ 포도당 ④ 유당

해설 |
- 아밀로오스는 요오드 용액에 청색 반응을 나타낸다.
- 아밀로펙틴은 요오드 용액에 적자색 반응을 나타낸다.

35 제빵에서 밀가루, 이스트, 물과 함께 기본적인 필수재료는?

① 분유 ② 유지
③ 소금 ④ 설탕

해설 | 빵이란 밀가루에 이스트, 소금, 물 등을 넣고 반죽을 만든 후 이것을 발효시켜 구운 것을 말한다.

36 안정제를 사용하는 목적으로 적합하지 않은 것은?

① 아이싱의 끈적거림 방지
② 크림 토핑의 거품 안정
③ 머랭의 수분 배출 촉진
④ 포장성 개선

해설 | 머랭에 안정제를 사용하면 수분 보유가 증진된다.

37 젖은 글루텐 중의 단백질 함량이 12%일 때 건조 글루텐의 단백질 함량은?

① 12% ② 24%
③ 36% ④ 48%

해설 |
- 건조 글루텐=젖은 글루텐÷3은 증발한 수분의 양을 의미한다. 그러므로 다음과 같은 식이 성립한다.
- 건조 글루텐의 단백질 함량=젖은 글루텐의 단백질 함량×3은 수분이 증발하므로 증가한 단백질 함량의 배수이다.

38 다음 중 물의 경도를 잘못 나타낸 것은?

① 10ppm - 연수
② 70ppm - 아연수
③ 100ppm - 아연수
④ 190ppm - 아경수

해설 | 아경수는 121ppm~180ppm 사이가 된다.

39 다음 효소 중 과당을 분해하여 CO_2와 알코올을 만드는 효소는?

① 리파아제 ② 프로테아제
③ 찌마아제 ④ 말타아제

해설 | 포도당, 과당, 갈락토오스를 산화시켜 CO_2와 에틸알코올로 만드는 효소는 찌마아제이다.

40 밀가루 반죽을 끊어질 때까지 늘여서 반죽의 신장성을 알아보는 기계는?

① 아밀로그래프 ② 패리노그래프
③ 익스텐시그래프 ④ 믹소그래프

해설 | 반죽의 신장성이란 늘어나는 성질을 뜻하므로 반죽을 잡아당겨 확인한다. 익스텐시그래프의 익스텐(Extend)은 '잡아당기다'라는 뜻이다.

41 글루텐을 형성하는 단백질 중 수용성 단백질은?

① 글리아딘 ② 글루테닌
③ 메소닌 ④ 글로불린

해설 | 글루텐 형성 단백질
① 글리아딘 : 70% 알코올에 용해
② 글루테닌 : 묽은 산, 알칼리에 용해
③ 메소닌 : 묽은 초산에 용해
④ 알부민 : 물에 용해되는 수용성 단백질
⑤ 글로불린 : 물에 불용성이나 학자에 따라선 물에 용해되는 것으로 구분함

정답 34 ① 35 ③ 36 ③ 37 ③ 38 ④ 39 ③ 40 ③ 41 ④

42 유지의 산패 정도를 나타내는 값이 아닌 것은?

① 산가 ② 요오드가
③ 아세틸가 ④ 과산화물가

해설 | 요오드가는 불포화지방산에 있는 2중 결합의 개수나 위치를 측정할 때 사용된다.

43 우유 성분으로 제품의 껍질색을 빨리 일어나게 하는 것은?

① 젖산 ② 카세인
③ 무기질 ④ 유당

해설 | 우유의 성분 중 열반응을 일으키는 성분은 이당류인 유당이다.

44 수소이온농도(pH)가 5인 경우의 액성은?

① 산성 ② 중성
③ 알칼리성 ④ 무성

해설 |
① 산성 : pH 6 이하
② 중성 : pH 7
③ 알칼리성 : pH 8 이상

45 다음 중 신선한 계란의 특징은?

① 8% 식염수에 뜬다.
② 흔들었을 때 소리가 난다.
③ 난황계수가 0.1 이하이다.
④ 껍질에 광택이 없고 거칠다.

해설 |
① 8% 소금물에 가라앉는다.
② 흔들었을 때 소리가 안 난다.
③ 난황계수가 0.4이다.

46 췌장에서 생성되는 지방분해 효소는?

① 트립신 ② 아밀라아제
③ 펩신 ④ 리파아제

해설 |
① 트립신 : 췌장에서 효소 전구체 트립시노겐의 형태로 생성되는 단백질 분해효소
② 아밀라아제 : 탄수화물 분해효소
③ 펩신: 위선에서 생성되는 단백질 분해효소
④ 췌장(이자) : 위 및 간 근처의 복막 밖에 있는 길이 약 15cm의 어두운 누런빛의 장기

47 비타민의 일반적인 결핍증이 잘못 연결된 것은?

① 비타민 B_{12} – 부종
② 비타민 D – 구루병
③ 나이아신 – 펠라그라
④ 리보플라빈 – 구내염

해설 | 비타민 B_{12} : 악성빈혈, 간 질환, 성장 정지

48 유당분해효소결핍증(유당불내증)의 일반적인 증세가 아닌 것은?

① 복부경련 ② 설사
③ 발진 ④ 메스꺼움

해설 |
① 유당불내증 : 유당을 분해하는 락타아제라는 효소의 결핍으로 발병
② 발진 : 피부 부위에 작은 종기(염증)가 광범위하게 돋는 온갖 병

49 아미노산과 아미노산 간의 결합은?

① 글리코사이드 결합
② 펩타이드 결합
③ 알파 –1, 4 결합
④ 에스테르 결합

해설 | 아미노산은 단백질을 구성하는 기본 단위로 아미노산과 아미노산 간의 결합을 펩타이드 결합이라고 한다.

42 ② 43 ④ 44 ① 45 ④ 46 ④ 47 ① 48 ③ 49 ②

50 건조된 아몬드 100g에 탄수화물 16g, 단백질 18g, 지방 54g, 무기질 3g, 수분 6g, 기타 성분 등을 함유하고 있다면 이 건조된 아몬드 100g의 열량은?

① 약 200kcal ② 약 364kcal
③ 약 622kcal ④ 약 751kcal

해설 | 아몬드의 열량 = (탄수화물×4) + (지방×9) + (단백질×4) = (16×4) + (54×9) + (18×4) = 622kcal

51 정제가 불충분한 기름 중에 남아 식중독을 일으키는 고시폴(Gossypol)은 어느 기름에서 유래하는가?

① 피마자유 ② 콩기름
③ 면실유 ④ 미강유

해설 | 면실유는 목화씨를 압착하여 얻는다.

52 클로스트리디움 보툴리늄 식중독과 관련 있는 것은?

① 화농성 질환의 대표균
② 저온살균 처리로 예방
③ 내열성 포자 형성
④ 감염형 식중독

해설 | 클로스트리디움 보툴리누스균은 신경독인 뉴로톡신을 생성하며, 포자가 내열성이 강하므로 완전 가열 살균되지 않은 통조림에서 발아하여 신경마비를 일으킨다.

53 장염 비브리오균에 감염되었을 때 나타나는 주요 증상은?

① 급성위장염 질환
② 피부수포
③ 신경마비 증상
④ 간경변 증상

해설 | 장염 비브리오균은 호염성균으로 1차 오염된 어패류의 생식이나 2차 오염된 조리기구의 사용으로 여름철에 집중 발생한다.

54 세균성 식중독과 비교하여 경구감염병의 특징이 아닌 것은?

① 적은 양의 균으로도 질병을 일으킬 수 있다.
② 2차 감염이 된다.
③ 잠복기가 비교적 짧다.
④ 감염 후 면역 형성이 잘 된다.

해설 | 경구감염병은 일반적으로 잠복기가 길다.

55 다음 중 세균에 의한 경구감염병은?

① 콜레라 ② 유행성 간염
③ 폴리오 ④ 살모넬라증

해설 | 세균성 경구감염병의 종류에는 세균성이질, 장티푸스, 파라티푸스, 콜레라, 성홍열, 디프테리아가 있다.

56 식품 첨가물의 사용 조건으로 바람직하지 않은 것은?

① 식품의 영양가를 유지할 것
② 다량으로 충분한 효과를 낼 것
③ 이미, 이취 등의 영향이 없을 것
④ 인체에 유해한 영향을 끼치지 않을 것

해설 | 식품 첨가물은 미량으로도 효과가 커야 한다.

57 다음 중 우리나라에서 허용되어 있지 않은 감미료는?

① 시클라민산나트륨
② 사카린나트륨
③ 아세설팜 K
④ 스테비아 추출물

해설 | 허용되어 있지 않는 감미료의 종류 : 둘신, 에틸렌글리콜, 페릴라틴, 시클라메이트

정답 50 ③ 51 ③ 52 ③ 53 ① 54 ③ 55 ① 56 ② 57 ①

58 미생물에 의해 주로 단백질이 변화되어 악취, 유해물질을 생성하는 현상은?

① 발효(Fermentation)

② 부패(Putrefaction)

③ 변패(Deferioratation)

④ 산패(Rancidity)

해설 |
① 발효 : 식품에 미생물이 번식하여 식품의 성질이 변화를 일으키는 현상인데, 식용이 가능한 경우를 말한다.
③ 변패 : 탄수화물, 지방 식품에 미생물의 분해작용으로 냄새나 맛이 변화하는 현상이다.
④ 산패 : 지방의 산화 등에 의해 악취나 변색이 일어나는 현상이다.

59 식중독에 관한 설명 중 잘못된 것은?

① 세균성 식중독에는 감염형과 독소형이 있다.

② 자연독 식중독에는 동물성과 식물성이 있다.

③ 곰팡이독 식중독은 맥각, 황변미 독소 등에 의하여 발생한다.

④ 식이성 알레르기는 식이로 들어온 특정 탄수화물 성분에 면역계가 반응하지 못하여 생긴다.

해설 | 식이성 알레르기를 일으키는 주된 성분과 식품은 유황화합물과 꽁치, 고등어 등이 있다.

60 다음 중 저온장시간 살균법으로 가장 일반적인 조건은?

① 71.7℃, 15초간 가열

② 60~65℃, 30분간 가열

③ 130~150℃, 1초 이하 가열

④ 95~120℃, 30~60분간 가열

해설 | 우유의 가열법
- 저온장시간 : 60~65℃, 30분간 가열
- 고온단시간 : 71.7℃, 15초간 가열
- 초고온 순간 : 130~150℃, 1~3초간 가열

58 ② 59 ④ 60 ②

실전모의고사

01 데니시 페이스트리 반죽의 적정 온도는?

① 18~22℃ ② 26~31℃
③ 35~39℃ ④ 45~49℃

해설 | 데니시 페이스트처럼 냉장공정을 거치는 빵, 과자반죽은 18~22℃에 맞춘다.

02 픽업(Pick up) 단계에서 믹싱을 완료해도 좋은 제품은?

① 스트레이트법 식빵 ② 스펀지/도법 식빵
③ 햄버거빵 ④ 데니시 페이스트리

해설 |
- 스트레이트법 식빵 : 최종 단계
- 스펀지/도법 식빵 : 청결(클린업) 단계
- 햄버거 빵 : 지친(렛다운) 단계
- 데니시 페이스트리 : 혼합(픽업) 단계

03 식빵 제조 시 정상보다 많은 양의 설탕을 사용했을 경우 껍질색은 어떻게 나타나는가?

① 여리다. ② 진하다.
③ 회색을 띤다. ④ 설탕량과 무관하다.

해설 | 설탕의 캐러멜화 반응과 메일라드 반응에 의해 껍질색이 진하게 난다.

04 오븐 온도가 높을 때 식빵 제품에 미치는 영향이 아닌 것은?

① 부피가 작다.
② 껍질색이 진하다.
③ 언더 베이킹이 되기 쉽다.
④ 질긴 껍질이 된다.

해설 | 질긴 껍질이 되는 경우는 2차 발효실의 습도가 높거나 오븐에 스팀을 많이 분사한 경우이다.

05 500g의 완제품 식빵 200개를 제조하려 할 때, 발효손실이 1%, 굽기 냉각손실이 12%, 총 배합률이 180%라면 밀가루의 무게는 약 얼마인가?

① 47kg ② 55kg
③ 64kg ④ 71kg

해설 | 500g×200개÷{1－(12÷100) }÷{1－(÷100)}×100%÷180%＝63.769kg

06 빵 도넛 제조 시 튀김용 유지로 가장 적당한 것은?

① 버터 ② 라드
③ 면실유 ④ 유화쇼트닝

해설 | 도넛 튀김용 유지로는 푸른 연기가 발생하는 발연점이 높은 면실유가 적당하다.

07 빵 제품의 껍질색이 여리고, 부스러지기 쉬운 껍질이 되는 경우에 가장 크게 영향을 미치는 요인은?

① 지나친 발효 ② 발효 부족
③ 지나친 반죽 ④ 반죽 부족

해설 | 발효가 지나치면 잔당이 적고 단백질이 많이 가수분해되어 껍질색이 여리고, 부서지기 쉬운 껍질이 된다.

정답 01 ① 02 ④ 03 ② 04 ④ 05 ③ 06 ③ 07 ①

08 냉장, 냉동, 해동, 2차 발효를 프로그래밍에 의하여 자동적으로 조절하는 기계는?

① 도우 컨디셔너(Dough conditioner)
② 믹서(Mixer)
③ 라운더(Rounder)
④ 오버헤드 프루퍼(Overhead proofer)

해설 |
- 믹서 : 교반기
- 라운더 : 둥글리기기
- 오버헤드 프루퍼 : 중간 발효실
- 도우 컨디셔너 : 자동조절 1차, 2차 발효실

09 굽기 후 빵을 썰어 포장하기에 가장 좋은 온도는?

① 17℃ ② 27℃
③ 37℃ ④ 47℃

해설 | 빵을 절단, 포장하기에 적당한 온도와 습도는 빵 속의 온도는 35~40℃, 수분 함량은 38%이다.

10 다음 제품 제조 시 2차 발효실의 습도를 가장 낮게 유지하는 것은?

① 풀먼 식빵 ② 햄버거빵
③ 과자빵 ④ 빵 도넛

해설 | 빵 도넛을 2차 발효시킬 때 2차 발효실의 습도를 높게 유지하면 튀김 시 빵 도넛의 표면에 수포가 생긴다.

11 발효 손실의 원인이 아닌 것은?

① 수분이 증발하여
② 탄수화물이 탄산가스로 전환되어
③ 탄수화물이 알코올로 전환되어
④ 재료 계량의 오차로 인해

해설 | 재료 계량의 오차로 인한 손실은 작업 손실이 된다.

12 노무비를 절감하는 방법으로 바람직하지 않은 것은?

① 공정시간 단축
② 설비 휴무
③ 표준화
④ 단순화

해설 | 노무비(인건비)를 절감하는 방법은 생산성을 향상시키는 것인데, 설비 휴무는 생산성을 떨어뜨린다.

13 다음 중 빵의 노화속도가 가장 빠른 온도는?

① −18~−1℃
② 0~10℃
③ 20~30℃
④ 35~45℃

해설 |
- 빵의 노화가 가장 빠른 온도 범위를 노화대라 하며, 그 범위는 −6.6~10℃이다.
- 전분의 노화대를 Stale zone이라고 한다.

14 중간 발효에 대한 설명으로 틀린 것은?

① 중간 발효는 온도 32℃ 이내, 상대습도 75% 전후에서 실시한다.
② 반죽의 온도, 크기에 따라 시간이 달라진다.
③ 반죽의 상처회복과 성형을 용이하게 하기 위함이다.
④ 상대습도가 낮으면 덧가루 사용량이 증가한다.

해설 | 상대습도가 낮으면 반죽의 표면이 건조해지므로 덧가루 사용량이 감소한다.

08 ① 09 ③ 10 ④ 11 ④ 12 ② 13 ② 14 ④

15 냉동반죽법에서 반죽의 냉동온도와 저장온도의 범위로 가장 적합한 것은?

① −5℃, 0~4℃
② −20℃, −18~0℃
③ −40℃, −25~−18℃
④ −80℃, −18~0℃

해설 | −40℃로 급속 냉동하여 얼음결정을 최소화한다.

16 제빵 시 2차 발효의 목적이 아닌 것은?

① 성형공정을 거치면서 가스가 빠진 반죽을 다시 부풀리기 위해
② 발효산물 중 유기산과 알코올이 글루텐의 신장성과 탄력성을 높여 오븐팽창이 잘 일어나도록 하기 위해
③ 온도와 습도를 조절하여 이스트의 활성을 촉진시키기 위해
④ 빵의 향에 관계하는 발효산물인 알코올 유기산 및 그 밖의 방향성 물질을 날려 보내기 위해

해설 | 제빵 시 2차 발효는 빵의 향에 관계하는 발효산물인 알코올 유기산 및 그 밖의 방향성 물질을 포집하기 위함이다.

17 어떤 과자점에서 여름에 반죽 온도를 24℃로 하여 빵을 만들려고 한다. 사용수 온도는 10℃, 수돗물의 온도는 18℃, 사용수 양은 3kg, 얼음 사용량은 900g일 때 조치사항으로 옳은 것은?

① 믹서에 얼음만 900g을 넣는다.
② 믹서에 수돗물만 3kg을 넣는다.
③ 믹서에 수돗물 3kg과 얼음 900g을 넣는다.
④ 믹서에 수돗물 2.1kg과 얼음 900g을 넣는다.

해설 | 전체 사용할 물 3kg 중에서 얼음 사용량을 뺀 수돗물 양을 구한 후 얼음 사용량과 조절한 수돗물 양을 믹서에 넣는다.

18 분할기에 의한 식빵 분할은 최대 몇 분 이내에 완료하는 것이 가장 적합한가?

① 20분 ② 30분
③ 40분 ④ 50분

해설 |
- 분할기에 의한 식빵 분할시간 : 20분
- 분할기에 의한 단과자빵 분할시간 : 30분

19 어느 제과점의 지난 달 생산실적이 다음과 같은 경우 노동분배율은?

• 외부가치 600만원	• 생산가치 3,000만원
• 인건비 1,500만원	• 총 인원 10명

① 50% ② 45%
③ 55% ④ 60%

해설 |
- 노동 분배율 = $\frac{\text{인건비}}{\text{생산가치(부가가치)}} \times 100$
- $\frac{15,000,000}{30,000,000} \times 100 = 50\%$

20 스펀지/도법에서 스펀지의 표준온도로 가장 적합한 것은?

① 18~20℃ ② 23~25℃
③ 27~29℃ ④ 30~32℃

해설 | 스펀지 반죽은 장시간 발효를 시켜야 하므로 스트레이트 반죽보다 반죽 표준온도를 약간 낮춘다.

21 다음 중 제품의 특성을 고려하여 혼합 시 반죽을 가장 많이 발전시키는 것은?

① 불란서빵 ② 햄버거빵
③ 과자빵 ④ 식빵

해설 | 햄버거빵은 반죽에 흐름성을 부여하기 위하여 렛다운 단계까지 믹싱한다.

정답 15 ③ 16 ④ 17 ④ 18 ① 19 ① 20 ② 21 ②

22 주로 소매점에서 자주 사용하는 믹서로서 거품형 케이크 및 빵 반죽이 모두 가능한 믹서는?

① 핀 믹서(Pin Mixer)
② 수직 믹서(Vertical Mixer)
③ 스파이럴 믹서(Spiral Mixer)
④ 수평 믹서(Horizontal Mixer)

해설 | 회전하는 축이 수직인 수직믹서는 소규모 제과점에서 사용하며 빵, 과자반죽을 만들 때 사용한다.

23 성형한 식빵 반죽을 팬에 넣을 때 이음매의 위치는 어느 쪽이 가장 좋은가?

① 위 ② 아래
③ 좌측 ④ 우측

해설 | 반죽을 팬에 넣을 때 이음매를 아래로 놓아야 빵 반죽이 부풀면서 이음매가 벌어지지 않는다.

24 포장에 대한 설명 중 틀린 것은?

① 온도, 충격 등에 대한 품질 변화에 주의한다.
② 미생물에 오염되지 않은 환경에서 포장한다.
③ 뜨거울 때 포장하여 냉각손실을 줄인다.
④ 포장은 제품의 노화를 지연시킨다.

해설 | 뜨거울 때 포장하면 포장지에 습기가 서려 미생물이 번식하기 쉬워진다.

25 냉동 반죽법에 적합한 반죽의 온도는?

① 18~22℃ ② 26~30℃
③ 32~36℃ ④ 38~42℃

해설 | 냉동 반죽법은 반죽의 글루텐이 생성 · 발전될 수 있고, 이스트의 활동이 활발하지 않은 20℃ 전 · 후를 반죽온도로 설정한다.

26 팬에 바르는 기름은 다음 중 무엇이 높은 것을 선택해야 하는가?

① 산가 ② 크림성
③ 가소성 ④ 발연점

해설 | 발연점이 낮은 기름을 사용하면, 지방이 지방산과 글리세린으로 분해되고, 글리세린이 탈수되어 자극성 냄새를 가진 아크롤레인으로 변하여 빵에 스며들어 풍미를 저하시킨다.

27 빵의 제품평가에서 브레이크와 슈레드 부족현상의 이유가 아닌 것은?

① 발효시간이 짧거나 길었다.
② 오븐의 온도가 높았다.
③ 2차 발효실의 습도가 낮았다.
④ 오븐의 증기가 너무 많았다.

해설 | 오븐의 증기가 많으면, 오븐 속에서 이스트가 사멸하는 시간이 길어져 빵의 팽창이 너무 커진다. 그러면 브레이크(터짐)와 슈레드(찢어짐)가 많아진다.

28 스펀지법에 비교해서 스트레이트법의 장점은?

① 노화가 느리다.
② 발효에 대한 내구성이 좋다.
③ 노동력이 감소된다.
④ 기계에 대한 내구성이 증가한다.

해설 | 스펀지법은 두 번 반죽하고 스트레이트법은 한 번 반죽하므로, 스트레이트법이 노동력과 시설이 감소된다.

29 다음 중 빵 굽기의 반응이 아닌 것은?

① 이산화탄소의 방출과 노화를 촉진시킨다.
② 빵의 풍미 및 색깔을 좋게 한다.
③ 제빵 제조 공정의 최종 단계로 빵의 형태를 만든다.
④ 전분의 호화로 식품의 가치를 향상시킨다.

해설 | 빵 굽기 중에 오븐열에 의해서 이산화탄소의 방출과 수분 증발은 일어나지만, 수분 증발을 노화라고는 하지 않는다.

22 ② 23 ② 24 ③ 25 ① 26 ④ 27 ④ 28 ③ 29 ①

30 진한 껍질색의 빵에 대한 대책으로 적합하지 못한 것은?

① 설탕, 우유 사용량 감소
② 1차 발효 감소
③ 오븐 온도 감소
④ 2차 발효 습도 조절

해설 | 1차 발효를 감소시키면, 이스트에 의해 사용되지 않고 반죽에 남아있는 당류의 양이 많아져 진한 껍질색의 빵이 된다.

31 반추위 동물의 위액에 존재하는 우유 응유효소는?

① 펩신　② 트립신
③ 레닌　④ 펩티다아제

해설 |
- 반추위 동물이란 되새김 동물을 가리킨다.
- 유단백질 중 주된 단백질인 카제인은 효소 레닌에 의해 응유되어 치즈가 된다.

32 다음 혼성주 중 오렌지 성분을 원료로 하여 만들지 않는 것은?

① 그랑 마르니에(Grand Marnier)
② 마라스키노(Maraschino)
③ 쿠앵트로(Cointreau)
④ 큐라소(Curacao)

해설 | 마라스키노는 체리를 원료로 한 리큐르이다.

33 전분의 노화에 대한 설명 중 틀린 것은?

① −18℃ 이하의 온도에서는 잘 일어나지 않는다.
② 노화된 전분은 소화가 잘 된다.
③ 노화란 α전분이 β전분으로 되는 것을 말한다.
④ 노화된 전분은 향이 손실된다.

해설 |
- 호화된 전분은 소화가 잘 된다.
- 전분의 호화는 덱스트린화, 젤라틴화, 전분의 α화라고도 한다. 전분에 물을 넣고 가열하면 수분을 흡수하면서 팽윤되며 점성이 커진다. 그리고 투명도도 증가하여 반투명의 α−전분 상태가 된다. 예를 들어 밥, 떡, 과자, 빵 등이 대표적인 전분이 호화된 식품이다.
- 전분의 노화는 α−전분(익힌 전분)이 β−전분(생 전분)으로 변화하는 것으로, 호화된 전분의 수분 보유상태가 떨어지는 것을 의미하기도 한다.

34 다음 중 중화가를 구하는 식은?

① $\frac{\text{중조의 양}}{\text{산성제의 양}} \times 100$

② $\frac{\text{중조의 양}}{\text{산성제의 양}}$

③ $\frac{\text{산성제의 양} \times \text{중조의 양}}{100}$

④ 중조의 양×100

해설 | 중화가란 산염제(산성제) 100g을 중화시키는 데 필요한 중조의 양을 가리키므로 식을 세우면 다음과 같다.

$$\text{중화가} = \frac{\text{중조의 양}}{\text{산성제의 양}} \times 100$$

35 일시적 경수에 대한 설명으로 맞는 것은?

① 가열 시 탄산염으로 되어 침전된다.
② 끓여도 경도가 제거되지 않는다.
③ 황산염에 기인한다.
④ 제빵에 사용하기 가장 좋다.

해설 | 일시적 경수란 탄산칼슘의 형태로 들어 있는 경수로, 끓이면 불용성 탄산염으로 분해되어 연수가 된다.

36 생크림 보존온도로 가장 적합한 것은?

① −18℃ 이하　② −5~−1℃
③ 0~10℃　④ 15~18℃

해설 | 생크림을 오래 보관하고자 하면 −18℃ 이하에 넣어두고, 바로 사용 가능한 상태로 보관하고자 하면 0~10℃에 넣어 둔다.

정답 30 ② 31 ③ 32 ② 33 ② 34 ① 35 ① 36 ③

37 제과 · 제빵에서 유지의 기능이 아닌 것은?

① 연화 기능　② 공기 포집 기능
③ 보존성 개선 기능　④ 노화 촉진 기능

해설 | 유지는 설탕처럼 과자의 수분을 보유하는 기능이 있어, 제품의 노화를 억제한다.

38 제과 · 제빵용 건조재료와 팽창제 및 유지 재료를 알맞은 배합률로 균일하게 혼합한 원료는?

① 프리믹스　② 팽창제
③ 향신료　④ 밀가루 개량제

해설 | 프리믹스(Premix : pre – 미리, mix – 혼합의 뜻)는 가루재료를 미리 혼합하여 둔 것으로 액체재료만 부어 반죽할 수 있도록 만들어진 것이다.

39 반죽의 신장성과 신장에 대한 저항성을 측정하는 기기는?

① 패리노그래프
② 레오퍼멘토메터
③ 믹서트론
④ 익스텐소그래프

해설 | 익스텐소그래프(Extensograph : extend – 잡아당기다, graph – 측정의 뜻)는 반죽의 신장성과 신장에 대한 저항성을 측정하는 기기이다.

40 전화당을 설명한 것 중 틀린 것은?

① 설탕의 1.3배의 감미를 갖는다.
② 설탕을 가수분해시켜 생긴 포도당과 과당의 혼합물이다.
③ 흡습성이 강해서 제품의 보존기간을 지속시킬 수 있다.
④ 상대적 감미도는 맥아당보다 낮으나 쿠키의 광택과 촉감을 위해 사용한다.

해설 | 상대적 감미도가 전화당(130), 맥아당(32)이다.

41 커스터드 크림에서 달걀의 주요 역할은?

① 영양가를 높이는 역할
② 결합제의 역할
③ 팽창제의 역할
④ 저장성을 높이는 역할

해설 | 커스터드 크림 제조 시 계란은 크림을 걸쭉하게 하는 농후화제 역할을 하면서, 점성을 부여하므로 결합제 역할도 한다.

42 우유에 대한 설명으로 옳은 것은?

① 시유의 비중은 1.3 정도이다.
② 우유 단백질 중 가장 많은 것은 카제인이다.
③ 우유의 유당은 이스트에 의해 쉽게 분해된다.
④ 시유의 현탁액은 비타민 B2에 의한 것이다.

해설 |
① 시유(시장에서 파는 우유)의 비중은 1.030 전 · 후이다.
③ 유당을 가수분해하는 락타아제가 이스트에 없다.
④ 시유의 현탁액은 비타민 A의 전구체인 β–카로틴에 의한 것이다.

43 안정제의 사용 목적이 아닌 것은?

① 흡수제로 노화 지연 효과
② 머랭의 수분 배출 유도
③ 아이싱이 부서지는 것 방지
④ 크림 토핑의 거품 안정

해설 | 안정제는 물과 기름, 기포 등의 불안정한 상태를 안정된 구조로 바꾸어 주는 역할을 한다.

44 카카오 버터의 결정이 거칠어지고 설탕의 결정이 석출되어 초콜릿의 조직이 노화하는 현상은?

① 템퍼링(Tempering)
② 블룸(Bloom)
③ 콘칭(Conching)
④ 페이스트(Paste)

해설 | 템퍼링이 잘못되면 카카오 버터에 의한 지방 블룸(Fat bloom)이 생기고, 보관이 잘못되면 설탕에 의한 설탕 블룸(Sugar bloom)이 생긴다.

37 ④　38 ①　39 ④　40 ④　41 ②　42 ②　43 ②　44 ②

45 과실이 익어감에 따라 어떤 효소의 작용에 의해 수용성 펙틴이 생성되는가?

① 펙틴리가아제
② 아밀라아제
③ 프로토펙틴 가수분해효소
④ 브로멜린

해설 | 과실의 껍질에 있으면서 과일의 껍질을 단단하고 윤기나게 만들던 펙틴이 과실이 익어감에 따라 프로토펙틴에 가수분해되면서 수용성 펙틴을 만들어 과실을 말랑말랑하게 한다.

46 소화기관에 대한 설명으로 틀린 것은?

① 위는 강알칼리의 위액을 분비한다.
② 이자(췌장)는 당대사호르몬의 내분비선이다.
③ 소장은 영양분을 소화 · 흡수한다.
④ 대장은 수분을 흡수하는 역할을 한다.

해설 | 위는 pH 2인 강산의 위액을 분비한다.

47 한 개의 무게가 50g인 과자가 있다. 이 과자 100g 중에 탄수화물 70g, 단백질 5g, 지방 15g, 무기질 4g, 물 6g이 들어 있다면, 이 과자 10개를 먹을 때 얼마의 열량을 낼 수 있는가?

① 1,230kcal ② 2,175kcal
③ 2,750kcal ④ 1,800kcal

해설 |
- 100g 기준 과자 1개의 총 열량 = (70g × 4kcal) + (5g × 4kcal) + (15g × 9kcal) = 435kcal
- 50g 기준 과자 1개의 총 열량 = 435kcal ÷ (100g ÷ 50g) = 217.5kcal
- 50g 기준 과자 10개의 총 열량 = 217.5kcal × 10개 = 2,175kcal

48 비타민과 관련된 결핍증의 연결이 틀린 것은?

① 비타민 A – 야맹증
② 비타민 B_1 – 구내염
③ 비타민 C – 괴혈병
④ 비타민 D – 구루병

해설 |
- 비타민 A(레티놀) : 야맹증
- 비타민 B_1(티아민) : 각기병
- 비타민 B_2(리보플라빈) : 구내염
- 비타민 C(아스코르브산) : 괴혈병
- 비타민 D(칼시페롤) : 구루병
- 비타민 E(토코페롤) : 쥐의 불임증
- 비타민 K(필로퀴논) : 혈액응고 지연

49 적혈구, 뇌세포, 신경세포의 주요 에너지원으로 혈당을 형성하는 당은?

① 과당 ② 설탕
③ 유당 ④ 포도당

해설 | 포도당은 포유동물의 혈당(혈액 중에 있는 당)으로 0.1% 가량 포함되어 있다.

50 다음 중 수소를 첨가하여 얻는 유지류는?

① 쇼트닝 ② 버터
③ 라드 ④ 양기름

해설 | 식물성 액체유에 니켈을 촉매로 수소를 첨가시켜 식물성 고체유를 만든다. 종류에는 쇼트닝, 마가린 등이 있다.

51 장염 비브리오 식중독을 일으키는 주요 원인 식품은?

① 달걀 ② 어패류
③ 채소류 ④ 육류

해설 | 장염 비브리오균 식중독은 여름철에 어류, 패류(조개), 해조류에 의해서 감염된다.

52 다음 중 HACCP 적용의 7가지 원칙에 해당하지 않는 것은?

① 위해요소 분석
② HACCP 팀 구성
③ 한계기준 설정
④ 기록유지 및 문서관리

정답 45 ③ 46 ① 47 ② 48 ② 49 ④ 50 ① 51 ② 52 ②

해설 | HACCP 실시단계 7가지 원칙 : 위해요소 분석, 중요관리점 설정, 허용한계 기준 설정, 모니터링 방법의 설정, 시정조치의 설정, 검증방법의 설정, 기록유지

53 빵을 제조하는 과정에서 반죽 후 분할기로부터 분할할 때나 구울 때 달라붙지 않게 할 목적으로 허용되어 있는 첨가물은?

① 글리세린 ② 프로필렌 글리콜
③ 초산 비닐수지 ④ 유동 파라핀

해설 | 이형제 : 빵을 제조하는 과정에서 반죽 후 분할기에서 분할할 때나 구울 때 달라붙지 않게 할 목적으로 사용한다.

54 부패를 판정하는 방법으로 사람에 의한 관능검사를 실시할 때 검사하는 항목이 아닌 것은?

① 색 ② 맛
③ 냄새 ④ 균수

해설 | 균은 일반적으로 너무 작은 미생물로 육안으로 균의 수를 확인하기는 어렵다.

55 위생동물의 일반적인 특성이 아닌 것은?

① 식성 범위가 넓다.
② 음식물과 농작물에 피해를 준다.
③ 병원미생물을 식품에 감염시키는 것도 있다.
④ 발육기간이 길다.

해설 | 위생동물인 쥐, 파리, 바퀴벌레는 발육기간이 짧다.

56 물수건의 소독방법으로 가장 적합한 것은?

① 비누로 세척한 후 건조한다.
② 삶거나 차아염소산으로 소독 후 일광건조한다.
③ 3% 과산화수소로 살균 후 일광건조한다.
④ 크레졸(Cresol) 비누액으로 소독하고 일광건조한다.

해설 |
① 일반비누가 아닌 역성비누가 좋다.
③ 과산화수소는 피부, 상처 소독에 좋다.
④ 크레졸 비누액은 오물 소독, 손 소독에 좋다.

57 경구감염병의 예방대책 중 감염경로에 대한 대책으로 올바르지 않은 것은?

① 하수도 시설을 완비하고, 수세식 화장실을 설치한다.
② 환기를 자주 시켜 실내공기의 청결을 유지한다.
③ 우물이나 상수도의 관리에 주의한다.
④ 식기, 용기, 행주 등은 철저히 소독한다.

해설 | 경구감염병의 예방대책 중 환경에 대한 예방대책
- 음료수, 식품의 위생적 관리와 보관
- 식품 취급과 식품 취급자의 개인위생 관리
- 식품 취급자의 정기적인 건강검진

58 감자의 싹이 튼 부분에 들어 있는 독소는?

① 솔라닌
② 아미그달린
③ 삭카린나트륨
④ 엔테로톡신

해설 |
- 솔라닌 : 감자
- 아미그달린 : 청매, 은행, 살구씨
- 삭카린나트륨 : 인공감미료
- 엔테로톡신 : 황색 포도상구균

59 급성 감염병을 일으키는 병원체로 포자는 내열성이 강하며 생물학전이나 생물테러에 사용될 수 있는 위험성이 높은 병원체는?

① 브루셀라균 ② 탄저균
③ 결핵균 ④ 리스테리아균

53 ④ 54 ④ 55 ④ 56 ② 57 ② 58 ① 59 ②

해설 | 탄저병의 특징

- 사람의 탄저병은 주로 가축 및 축산물로부터 감염되며 감염 부위에 따라 피부, 장, 폐탄저가 된다.
- 탄저병이 침입한 피부 부위에는 홍반점이 생기며, 종창, 수포, 가피도 생긴다.
- 탄저병이 기도를 통해 폐에 침입하면 급성폐렴을 일으켜 폐혈증이 된다.
- 원인균은 바실러스 안트라시스로 세균성 질병이며 수육을 조리하지 않고 섭취하였거나 피부상처 부위로 감염되기 쉽다.

60 세균성 식중독에 관한 사항 중 옳은 내용으로만 짝지은 것은?

1. 황색포도상구균(Staphylococcusaureus) 식중독은 치사율이 아주 높다.
2. 보툴리누스균Clostridium botulinum)이 생산하는 독소는 열에 아주 강하다.
3. 장염 비브리오균(Vibrio parahaemolyticus)은 감염형 식중독균이다.
4. 여시니아균(Yersinia enterocolitica)은 냉장온도와 진공 포장에서도 증식한다.

① 1, 2　　② 2, 3

③ 2, 4　　④ 3, 4

해설 |

- 황색 포도상구균 식중독은 치사율이 아주 낮다.
- 보툴리누스균의 독소인 뉴로톡신은 80℃에서 30분 정도 가열하면 파괴된다.

정답 60 ④

실전모의고사

01 빵의 포장재에 대한 설명으로 틀린 것은?

① 방수성이 있고 통기성이 있어야 한다.
② 포장을 하였을 때 상품의 가치를 높여야 한다.
③ 값이 저렴해야 한다.
④ 포장 기계에 쉽게 적용할 수 있어야 한다.

해설 | 방수성이 있고, 통기성(공기가 통과하는 성질)이 없어야 한다.

02 식빵 제조 시 부피를 가장 크게 하는 쇼트닝의 적정한 비율은?

① 4~6% ② 8~11%
③ 13~16% ④ 18~20%

해설 |
- 쇼트닝 3~4% 첨가 시 가수 보유력에는 좋은 효과가 생긴다.
- 교수마다 제시하는 수치에 약간씩 차이가 있으니 근사값을 선택할 것

03 스트레이트법에 의한 제빵 반죽 시 보통 유지를 첨가하는 단계는?

① 픽업 단계 ② 클린업 단계
③ 발전 단계 ④ 렛다운 단계

해설 | 유지를 클린업 단계 직후에 투입하면 믹싱 시간이 단축된다.

04 정형기(Moulder)의 작동 공정이 아닌 것은?

① 둥글리기 ② 밀어펴기
③ 말기 ④ 봉하기

해설 | 둥글리기는 라운더(Rounder)의 작동 공정이다.

05 제빵 시 적량보다 많은 분유를 사용했을 때의 결과 중 잘못된 것은?

① 양 옆면과 바닥이 움푹 들어가는 현상이 생김
② 껍질색은 캐러멜화에 의하여 검어짐
③ 모서리가 예리하고 터지거나 슈레드가 적음
④ 세포벽이 두꺼우므로 황갈색을 나타냄

해설 | 단백질이 함유된 분유를 많이 사용하면 구조력이 강해지므로 양 옆면과 바닥이 움푹 들어가지 않는다.

06 냉동 반죽법의 장점이 아닌 것은?

① 소비자에게 신선한 빵을 제공할 수 있다.
② 운송, 배달이 용이하다.
③ 가스 발생력이 향상된다.
④ 다품종 소량생산이 가능하다.

해설 | 냉동 반죽법은 반죽 후 급속 냉동을 시키는 과정에서 이스트가 약간 사멸하므로 가스 발생력이 감소된다.

07 다음 중 생산관리의 목표는?

① 재고, 출고, 판매의 관리
② 재고, 납기, 출고의 관리
③ 납기, 재고, 품질의 관리
④ 납기, 원가, 품질의 관리

해설 | 생산 관리의 목표
- 생산 준비
- 생산량 관리(납기일에 맞추어 생산계획을 세운다)
- 품종, 품질 관리
- 원가 관리

정답 01 ① 02 ① 03 ② 04 ① 05 ① 06 ③ 07 ④

08 둥글리기의 목적이 아닌 것은?

① 글루텐의 구조와 방향 정돈
② 수분 흡수력 증가
③ 반죽의 기공을 고르게 유지
④ 반죽 표면에 얇은 막 형성

해설 | 수분 흡수력을 조절할 수 있는 제빵 공정은 믹싱(반죽) 단계이다.

09 표준 스펀지/도법에서 스펀지 발효시간은?

① 1시간~2시간 30분
② 3시간~4시간 30분
③ 5시간~6시간
④ 7시간~8시간

해설 |
- 표준스트레이트법의 1차 발효시간은 1~3시간이다.
- 표준 스펀지/도법의 스펀지 발효시간은 3~4시간 30분이다.

10 단백질 함량이 2% 증가된 강력밀가루 사용 시 흡수율의 변화로 가장 적당한 것은?

① 2% 감소 ② 1.5% 증가
③ 3% 증가 ④ 4.5% 증가

해설 | 단백질 1% 증가에 흡수율이 1.5% 증가하므로 단백질 함량이 2% 증가하면 흡수율은 3% 증가한다.

11 빵 도넛을 튀긴 기름의 산패를 일으키는 원인 요소와 가장 거리가 먼 것은?

① 산소 ② 금속
③ 열 ④ 수소

해설 | 수소는 유지를 경화(단단화게)시킬 때 사용된다.

12 2%의 이스트를 사용했을 때의 최적 발효시간이 120분이라면 2.2%의 이스트를 사용했을 때의 예상 발효시간은?

① 130분 ② 109분
③ 100분 ④ 90분

해설 |
- 예상발효시간 $= \frac{\text{기존 이시트의 양} \times \text{기존 발효시간}}{\text{가감한 이스트의 양}}$
- $\frac{2\% \times 120\text{분}}{2.2\%} = 109\text{분}$

13 빵굽기 과정에서 오븐 스프링(Oven Spring)에 의한 반죽 부피의 팽창 정도로 가장 적당한 것은?

① 본래 크기의 약 1/2까지
② 본래 크기의 약 1/3까지
③ 본래 크기의 약 1/5까지
④ 본래 크기의 약 1/6까지

해설 | 오븐 스프링이란 반죽온도가 49℃에 달하면 반죽이 짧은 시간 동안 급격하게 부풀어 처음 크기의 약 1/3 정도 팽창하는 것을 말한다.

14 찐빵을 찔 때 사용하는 열원인 찜(수증기)의 주열전달 방식은?

① 대류 ② 전도
③ 초음파 ④ 복사

해설 |
① 대류 : 가열된 오븐에 의해 뜨거워진 공기가 팽창하여 순환하면서 반죽을 가열하는 것
② 전도 : 가열된 오븐에 팬이 직접 닿음으로써 열이 전달되어 반죽을 가열하는 것
③ 초음파 : 주파수가 들을 수 있는 가청주파수보다 커서 인간이 청각을 이용해 들을 수 없는 음파이다.
④ 복사 : 가열된 오븐의 측면 및 윗면으로부터 방사되는 적외선이 반죽에 흡수되어 열로 변환된 후 반죽을 가열하는 것

정답 08 ② 09 ② 10 ③ 11 ④ 12 ② 13 ② 14 ①

15 **일반적인 빵 제조 시 2차 발효실의 가장 적합한 온도는?**

① 25~30℃　② 30~35℃
③ 35~40℃　④ 45~50℃

해설 |
- 1차 발효실의 온도 설정기준은 반죽의 온도와 원하는 발효시간을 고려하여 맞춘다.
- 2차 발효실의 온도 설정기준은 성형의 형태(하스형, 팬형, 틴형)와 완제품에서 표현하고자 하는 특성을 고려하여 맞춘다.
- 35~45℃의 2차 발효실의 온도 설정기준은 단과자빵과 식빵에 적용된다.
- 2차 발효실의 온도 범위는 32~45℃이다.

16 **데니시 페이스트리에서 롤인 유지함량 및 접기 횟수에 대한 내용 중 틀린 것은?**

① 롤인 유지함량이 증가할수록 제품 부피는 증가한다.
② 롤인 유지함량이 적어지면 같은 접기 횟수에서 제품의 부피가 감소한다.
③ 같은 롤인 유지함량에서는 접기 횟수가 증가할수록 부피는 증가하다 최고점을 지나면 감소한다.
④ 롤인 유지함량이 많은 것이 롤인 유지함량이 적은 것보다 접기 횟수가 증가함에 따라 부피가 증가하다가 최고점을 지나면 감소하는 현상이 현저하다.

해설 | 접기 횟수가 증가함에 따라 부피가 증가하다가 최고점을 지나면 감소하는 현상이 서서히 일어난다.

17 **빵 반죽의 흡수에 대한 설명으로 잘못된 것은?**

① 반죽 온도가 높아지면 흡수율이 감소한다.
② 연수는 경수보다 흡수율이 증가한다.
③ 설탕 사용량이 많아지면 흡수율이 감소한다.
④ 손상전분이 적량 이상이면 흡수율이 증가한다.

해설 | 경수는 연수보다 흡수율이 증가한다.

18 **빵류의 2차 발효실 상대습도가 표준습도보다 낮을 때 나타나는 현상이 아닌 것은?**

① 반죽에 껍질 형성이 빠르게 일어난다.
② 오븐에 넣었을 때 팽창이 저해된다.
③ 껍질색이 불균일하게 되기 쉽다.
④ 수포가 생기거나 질긴 껍질이 되기 쉽다.

해설 | 2차 발효의 습도가 높을 때 수포가 생기거나 질긴 껍질이 되기 쉽다.

19 **다음 중 빵의 노화가 가장 빨리 발생하는 온도는?**

① −18℃　② 0℃
③ 20℃　④ 35℃

해설 | 노화란 빵의 껍질과 속에서 일어나는 물리 · 화학적 변화로 제품의 맛, 향기가 변화하며 딱딱해지는 현상을 말한다.

20 **빵 발효에 영향을 주는 요소에 대한 설명으로 틀린 것은?**

① 사용하는 이스트의 양이 많으면 발효시간은 감소된다.
② 삼투압이 높으면 발효가 지연된다.
③ 제빵용 이스트는 약알칼리성에서 가장 잘 발효된다.
④ 적정량의 손상된 전분은 발효성 탄수화물을 공급한다.

해설 | 제빵용 이스트는 약산성에서 가장 잘 발효된다.

21 **연속식 제빵법을 사용하는 장점과 가장 거리가 먼 것은?**

① 공장면적과 믹서 등 설비의 감소
② 발효손실의 감소
③ 인력의 감소
④ 발효향의 증가

15 ③　16 ④　17 ②　18 ④　19 ②　20 ③　21 ④

해설 |

- 연속식 제빵법은 액체발효기에서 액종을 짧게 발효시키므로 발효손실이 감소하고 발효향도 감소한다.
- 스펀지법과 비교해서 공장면적과 믹서 등 설비가 감소한다.

22 오븐 온도가 낮을 때 제품에 미치는 영향은?

① 2차 발효가 지나친 것과 같은 현상이 나타난다.
② 껍질이 급격히 형성된다.
③ 제품의 옆면이 터지는 현상이다.
④ 제품의 부피가 작아진다.

해설 | 너무 낮은 오븐 온도가 제품에 미치는 영향

- 껍질이 잘 형성되지 않는다.
- 제품의 부피가 크다.
- 굽기손실 비율이 크다.
- 풍미가 떨어진다.
- 껍질이 두꺼워져 옆면이 터지지 않는다.

23 페이스트리 성형 자동밀대(파이롤러)에 대한 설명 중 맞는 것은?

① 기계를 사용하므로 밀어 펴기의 반죽과 유지와의 경도는 가급적 다른 것이 좋다.
② 기계에 반죽이 달라붙는 것을 막기 위해 덧가루를 많이 사용한다.
③ 기계를 사용하여 반죽과 유지는 따로따로 밀어서 편 뒤 감싸서 밀어 펴기를 한다.
④ 냉동휴지 후 밀어 펴면 유지가 굳어 갈라지므로 냉장휴지를 하는 것이 좋다.

해설 | 페이스트리를 밀어 펴기 할 때 일반적으로 손밀대를 사용하여 반죽을 밀어 편 후 경도를 알맞게 조절한 유지를 놓고 자동 밀대로 덧가루를 적당히 뿌리면서 유지를 감싼 반죽을 밀어 편다. 반죽과 유지의 경도를 가급적 같게 하기 위해 냉장휴지를 시킨다.

24 패닝 시 주의할 사항으로 적합하지 않은 것은?

① 패닝 전 팬의 온도를 적정하고 고르게 한다.
② 틀이나 철판의 온도를 25℃로 맞춘다.
③ 반죽의 이음매가 틀의 바닥에 놓이도록 패닝한다.
④ 반죽의 무게와 상태를 정하여 비용적에 맞추어 적당한 반죽량을 넣는다.

해설 | 틀이나 철판의 온도는 32℃로 맞춘다.

25 생산액이 2,000,000원이고, 외부가치가 1,000,000원, 생산가치가 500,000원, 인건비가 800,000원 일 때 생산가치율은?

① 20% ② 25%
③ 35% ④ 40%

해설 |

$$생산가치율 = \frac{생산가치}{생산액} \times 100$$

$x = 500,000 \div 2,000,000 \times 100 = 25\%$

26 발효에 미치는 영향이 가장 적은 것은?

① 이스트 양 ② 온도
③ 소금 ④ 유지

해설 | 여기서 말하는 발효는 가스 발생력을 의미한다. 유지는 가스 보유력에만 영향을 미친다.

27 반죽법에 대한 설명 중 틀린 것은?

① 스펀지법은 반죽을 2번에 나누어 믹싱하는 방법으로 중종법이라고 한다.
② 직접법은 스트레이트법이라고 하며, 전 재료를 한 번에 넣고 반죽하는 방법이다.
③ 비상반죽법은 제조시간을 단축할 목적으로 사용하는 반죽법이다.
④ 재 반죽법은 직접법의 변형으로 스트레이트법 장점을 이용한 방법이다.

해설 | 재 반죽법은 직접법의 변형으로 스펀지법의 장점을 이용한 방법이다.

정답 22 ① 23 ④ 24 ② 25 ② 26 ④ 27 ④

28 냉동반죽법의 냉동과 해동방법으로 옳은 것은?

① 급속냉동, 급속해동
② 급속냉동, 완만해동
③ 완만냉동, 급속해동
④ 완만냉동, 완만해동

해설 | 이스트와 글루텐의 냉해를 막기 위하여 급속냉동을 시키고 반죽의 균일한 발효상태를 유도하기 위하여 완만해동을 시킨다.

29 포장 전 빵의 온도가 너무 낮을 때는 어떤 현상이 일어나는가?

① 노화가 빨라진다.
② 썰기(Slice)가 나쁘다.
③ 포장지에 수분이 응축된다.
④ 곰팡이, 박테리아의 번식이 용이하다.

해설 | 낮은 온도에서 포장하는 경우
- 노화가 가속된다.
- 껍질이 건조된다.

30 빵의 부피가 가장 크게 되는 경우는?

① 숙성이 안 된 밀가루를 사용할 때
② 물을 적게 사용할 때
③ 반죽이 지나치게 믹싱되었을 때
④ 발효가 더 되었을 때

해설 | 발효가 더 되면 빵 반죽을 팽창시키는 발효 산물이 많이 생성되어 굽기 시 지나친 Oven Spring을 일으킨다.

31 생란의 수분함량이 72%이고, 분말계란의 수분함량이 4%라면, 생란 200kg으로 만들어지는 분말계란 중량은?

① 52.8kg ② 54.3kg
③ 56.8kg ④ 58.3kg

해설 |
- 생란의 고형분 = 생란 × 28% = 200kg × 0.28 = 56kg
- 수분함량이 4%인 분말계란 = 생란의 고형분 ÷ (1 − 4%) = 56kg ÷ {1 − (4 ÷ 100)} = 56kg ÷ 0.96 = 58.3kg

32 단백질을 분해하는 효소는?

① 아밀라아제(Amylase)
② 리파아제(Lipase)
③ 프로테아제(Protease)
④ 찌마아제(Zymase)

해설 |
① 아밀라아제 : 전분
② 리파아제 : 지방
③ 프로테아제 : 단백질
④ 찌마아제 : 포도당, 과당

33 우유에 함유된 질소화합물 중 가장 많은 양을 차지하는 것은?

① 시스테인 ② 글리아딘
③ 카세인 ④ 락토알부민

해설 | 질소화합물은 단백질을 가리키며, 우유의 단백질 중 80%가 카세인으로 구성되어 있다.

34 지방은 지방산과 무엇이 결합하여 이루어지는가?

① 아미노산 ② 나트륨
③ 글리세롤 ④ 리보오스

해설 | 지방은 3분자 지방산과 1분자 글리세린(글리세롤)으로 결합된다.

35 강력분의 특성으로 틀린 것은?

① 중력분에 비해 단백질 함량이 많다.
② 박력분에 비해 글루텐 함량이 적다.
③ 박력분에 비해 점탄성이 크다.
④ 경질소맥을 원료로 한다.

해설 | 글루텐은 단백질의 질과 함량에 의하여 결정된다.

28 ② 29 ① 30 ④ 31 ④ 32 ③ 33 ③ 34 ③ 35 ②

36 다음 중 찬물에 잘 녹는 것은?

① 한천(Agar) ② 씨엠씨(CMC)
③ 젤라틴(Gelatin) ④ 일반 펙틴(Pectin)

해설 | 씨엠씨는 식물의 뿌리에 있는 셀룰로오스에서 추출하며, 냉수에 쉽게 팽윤된다.

37 생이스트(Fresh Yeast)에 대한 설명으로 틀린 것은?

① 중량의 65~70%가 수분이다.
② 20℃ 정도의 상온에서 보관해야 한다.
③ 자기소화를 일으키기 쉽다.
④ 곰팡이 등의 배지 역할을 할 수 있다.

해설 | 5℃ 정도의 냉장온도에서 보관한다.

38 다음과 같은 조건에서 나타나는 현상과 밑줄 친 물질을 바르게 연결한 것은?

> 초콜릿의 보관방법이 적절치 않아 공기 중의 수분이 표면에 부착한 뒤 그 수분이 증발해버려 어떤 물질이 결정 형태로 남아 흰색이 나타났다.

① 팻블룸(Fat Bloom) – 카카오매스
② 팻블룸(Fat Bloom) – 글리세린
③ 슈가블룸(Sugar Bloom) – 카카오버터
④ 슈가블룸(Sugar Bloom) – 설탕

해설 | 템퍼링이 잘못되면 카카오버터에 의한 팻블룸이, 보관이 잘못되면 설탕에 의한 슈가블룸이 생긴다.

39 패리노그래프(Farinograph)의 기능 및 특징이 아닌 것은?

① 흡수율 측정
② 믹싱 시간 측정
③ 500B.U.를 중심으로 그래프 작성
④ 전분 호화력 측정

해설 | 전분의 호화력을 측정하는 기계는 아밀로그래프이다.

40 일반적으로 양질의 빵 속을 만들기 위한 아밀로그래프의 범위는?

① 0~150B.U. ② 200~300B.U.
③ 400~600B.U. ④ 800~1,000B.U.

해설 | 양질의 빵 속을 위한 전분의 호화력을 그래프 곡선으로 나타내면 400~600B.U.이다.

41 다음 중 유지의 경화공정과 관계가 없는 물질은?

① 불포화지방산 ② 수소
③ 콜레스테롤 ④ 촉매제

해설 | 유지의 경화란 불포화지방산에 니켈을 촉매로 수소를 첨가시켜 지방의 불포화도를 감소시킨 것을 가리킨다.

42 다음 중 전분당이 아닌 것은?

① 물엿 ② 설탕
③ 포도당 ④ 이성화당

해설 |
- 전분당이란 전분을 가수분해하여 얻는 당을 가리킨다.
- 설탕은 사탕수수나 사탕무로부터 추출하여 얻는 당이다.

43 영구적 경수(센물)를 사용할 때의 조치로 잘못된 것은?

① 소금 증가
② 효소 강화
③ 이스트 증가
④ 광물질 감소

해설 | 이스트 푸드, 소금과 무기질(광물질)을 감소시킨다.

정답 36 ② 37 ② 38 ④ 39 ④ 40 ③ 41 ③ 42 ② 43 ①

44 빵 도넛 위에 글레이즈(Glaze) 사용 시 다음 중 가장 적합한 온도는?

① 15℃ ② 25℃
③ 35℃ ④ 45℃

해설 | 도넛이 식기 전에 도넛글레이즈를 45℃로 데워 토핑을 한다.

45 다음 중 이당류가 아닌 것은?

① 포도당 ② 맥아당
③ 설탕 ④ 유당

해설 | 포도당은 단당류이다.

46 비타민과 생체에서의 주요 기능이 잘못 연결된 것은?

① 비타민 B_1 – 당질대사의 효소
② 나이아신 – 항 펠라그라(Pellagra)인자
③ 비타민 K – 항 혈액응고 인자
④ 비타민 A – 항 빈혈인자

해설 |
- 비타민 B_{12} : 항 빈혈인자
- 비타민 A : 시력과 성장발육에 관여함

47 하루에 섭취하는 총에너지 중 식품이용을 위한 에너지 소모량은 평균 얼마인가?

① 10% ② 30%
③ 60% ④ 20%

해설 | 식품이용을 위한 에너지를 식품의 열생산효과(TEF)라고 한다. TEF는 기초대사와 활동대사에 필요한 에너지의 대략 10%에 달한다. 그러므로 하루의 총에너지 필요량을 계산하려면 기초대사량과 활동대사량을 합한 다음에 이에 10%를 더해주어야 한다.

48 유당불내증이 있을 경우 소장 내에서 분해가 되어 생성되지 못하는 단당류는?

① 설탕(Sucrose)
② 맥아당(Maltose)
③ 과당(Fructose)
④ 갈락토오스(Galactose)

해설 | 유당은 소장에서 분해가 되어 포도당과 갈락토오스를 생성한다.

49 다음 중 효소와 활성물질이 잘못 짝지어진 것은?

① 펩신 – 염산
② 트립신 – 트립신활성효소
③ 트립시노겐 – 지방산
④ 키모트립신 – 트립신

해설 | 엔테로키나제는 트립시노겐을 활성화시키고 트립시노겐은 트립신을 활성화시키며 트립신은 키모트립신을 활성화시킨다.

50 다음 중 인체 내에서 합성할 수 없으므로 식품으로 섭취해야 하는 지방산이 아닌 것은?

① 리놀레산(Linoleic Acid)
② 리놀렌산(Linolenic Acid)
③ 올레산(Oleic Acid)
④ 아라키돈산(Arachidonic Acid)

해설 | 필수지방산이 아닌 것을 찾는 문제로 올레산이다.

51 밀가루 등으로 오인되어 식중독이 유발된 사례가 있으며, 습진성 피부질환 등의 증상을 보이는 것은?

① 수은 ② 비소
③ 납 ④ 아연

44 ④ 45 ① 46 ④ 47 ① 48 ④ 49 ③ 50 ③ 51 ②

52 다음에서 설명하는 균은?

> • 식품 중에 증식하여 엔테로톡신(Enterotoxin) 생성
> • 잠복기는 평균 3시간
> • 감염원은 화농소
> • 주요증상은 구토, 복통, 설사

① 살모넬라균
② 포도상구균
③ 클로스트리디움 보툴리늄
④ 장염 비브리오균

53 다음 중 곰팡이 독이 아닌 것은?

① 아플라톡신 ② 시트리닌
③ 삭시톡신 ④ 파툴린

해설 | 섭조개, 대합 : 삭시톡신

54 단백질 식품이 미생물의 분해작용에 의하여 형태, 색택, 경도, 맛 등의 본래의 성질을 잃고 악취를 발생하거나 유해물질을 생성하여 먹을 수 없게 되는 현상은?

① 변패 ② 산패
③ 부패 ④ 발효

해설 |
• 부패 : 단백질이 미생물에 의해 상한 경우
• 변패 : 탄수화물, 지방이 미생물에 의해 상한 경우
• 산패 : 지방이 산소와 산화작용을 한 경우

55 저장미에 발생한 곰팡이가 원인이 되는 황변미 현상을 방지하기 위한 수분함량은?

① 13% 이하 ② 14~15%
③ 15~17% ④ 17% 이상

해설 |
• 밀가루의 수분함량 : 10~14%
• 쌀의 수분함량 : 11~14%
• 저장용 쌀의 수분함량 : 13% 이하

56 위해요소중점관리기준(HACCP)을 식품별로 정하여 고시하는 자는?

① 환경부장관
② 보건복지부장관
③ 식품의약품안전처장
④ 시장, 군수 또는 구청장

해설 | 식품의약품안전처장을 줄임말로 '식약처장'이라고 한다.

57 인수공통감염병 중 오염된 우유나 유제품을 통해 사람에게 감염되는 것은?

① 탄저 ② 결핵
③ 야토병 ④ 구제역

해설 | 인수공통감염병은 인간과 척추동물 사이에 자연적으로 전파되는 질병으로 같은 병원체에 의해 똑같이 발생하는 감염병을 말한다.

58 다음 중 일반적으로 잠복기가 가장 긴 것은?

① 유행성 간염 ② 디프테리아
③ 페스트 ④ 세균성 이질

해설 | 유행성 간염의 잠복기는 20~25일로 경구감염병 중에서 가장 길다.

59 다음 중 감염형 식중독을 일으키는 것은?

① 보툴리누스균 ② 살모넬라균
③ 포도상구균 ④ 고초균

해설 | 감염형 식중독의 종류
• 살모넬라균 식중독
• 장염비브리오균식중독
• 병원성 대장균 식중독

60 빵 및 케이크류에 사용이 허가된 보존료는?

① 탄산수소나트륨 ② 포름알데히드
③ 탄산암모늄 ④ 프로피온산

해설 |
• 탄산수소나트륨은 소다로 화학팽창제이다.
• 포름알데히드는 유해방부제이다.
• 탄산암모늄은 이스파타의 성분으로 화학팽창제이다.

정답 52 ② 53 ③ 54 ③ 55 ① 56 ③ 57 ② 58 ① 59 ② 60 ④

실전모의고사

01 다음 중 과자빵 충전용 버터크림 당액 제조 시 설탕에 대한 물 사용량으로 알맞은 것은?

① 25% ② 50%
③ 75% ④ 100%

해설 | 버터크림 당액 제조법은 설탕, 물(설탕의 25~30%), 물엿, 주석산 크림은 114~118℃로 끓여서 만든다.

02 대형공장에서 사용되고, 온도조절이 쉽다는 장점이 있는 반면에 넓은 면적이 필요하고 열손실이 큰 결점인 오븐은?

① 릴 오븐(Reel oven)
② 회전식 오븐(Rack oven)
③ 데크 오븐(Deck oven)
④ 터널식 오븐(Tunnel oven)

해설 | 데크 오븐은 소형 제과점에서 터널 오븐은 대형공장에서 많이 사용한다.

03 성형에서 반죽의 중간 발효 후 밀어펴기하는 과정의 주된 효과는?

① 글루텐 구조의 재정돈
② 가스를 고르게 분산
③ 부피의 증가
④ 단백질의 변성

해설 | 좁은 의미의 성형 공정(밀기 → 말기 → 봉하기) 중 밀기는 가스를 고르게 분산시켜 완제품의 기공을 균일하게 만든다.

04 총 원가는 어떻게 구성되는가?

① 제조원가+판매비+일반관리비
② 직접재료비+직접노무비+판매비
③ 제조원가+이익
④ 직접원가+일반관리비

해설 | 총 원가는 제조직접비와 제조간접비로 구성되는 제조원가에 판매비, 일반관리비를 합한 금액이다.

05 발효에 직접적으로 영향을 주는 요소와 가장 거리가 먼 것은?

① 반죽 온도 ② 계란의 신선도
③ 이스트의 양 ④ 반죽의 pH

해설 | 발효(가스 발생력)에 영향을 주는 요소 : 충분한 물(반죽의 수분함량), 적당한 온도(반죽 온도), 산도(반죽의 pH), 이스트의 양, 발효성 탄수화물의 양(이스트의 먹이), 설탕과 소금의 삼투압, 무기물(인, 칼륨)의 함량

06 빵 제품의 평가항목에 대한 설명으로 틀린 것은?

① 외관 평가는 부피 겉껍질 색상이다.
② 내관 평가는 기공, 속색, 조직이다.
③ 종류 평가는 크기, 무게, 가격이다.
④ 빵의 식감 특성은 냄새, 맛, 입안에서의 감촉이다.

해설 | 빵 제품의 평가항목에는 외부(외관) 평가, 내부(내관) 평가, 식감 평가 등이 있다. 여기서 가장 중요한 평가항목은 맛이다.

정답 01 ① 02 ④ 03 ② 04 ① 05 ② 06 ③

07 식빵 제조에 있어서 소맥분의 4%에 해당하는 탈지분유를 사용할 때 제품에 나타는 영향으로 틀린 것은?

① 빵 표피색이 연해진다.

② 영양가치를 높인다.

③ 맛이 좋아진다.

④ 제품 내상이 좋아진다.

해설 | 탈지분유에는 유당이 함유되어 있어 빵 표피색을 진하게 한다.

08 다음 중 가스 발생량이 많아져 발효가 빨라지는 경우가 아닌 것은?

① 이스트를 많이 사용할 때

② 소금을 많이 사용할 때

③ 반죽에 약산을 소량 첨가할 때

④ 발효실 온도를 약간 높일 때

해설 | 소금을 많이 사용하면 삼투압이 높아져 이스트의 가스 발생량이 적어져 발효가 늦어진다.

09 같은 크기의 틀에 넣어 같은 체적의 제품을 얻으려고 할 때 반죽의 분할량이 가장 적은 제품은?

① 밀가루 식빵 ② 호밀 식빵

③ 옥수수 식빵 ④ 건포도 식빵

해설 | 문제의 요지는 가장 많이 부푼 식빵을 고르는 것으로, 밀가루 식빵 반죽에 다른 곡류나 충전물을 많이 넣으면 넣을수록 글루텐을 형성하는 밀단백질의 함량이 희석되므로 완제품의 부피가 작아진다.

10 찜(수증기)을 이용하여 만들어진 제품이 아닌 것은?

① 호빵 ② 중화 만두

③ 소프트 롤 ④ 찜 케이크

해설 |
- 찜은 수증기가 갖고 있는 잠열(1g당 539cal)을 이용하여 식품을 가열하는 조리법이다.
- 소프트 롤은 구워서 만드는 제품이다.

11 스트레이트법으로 일반 식빵을 만들 때 믹싱 후 반죽의 온도로 가장 이상적인 것은?

① 20℃ ② 27℃

③ 34℃ ④ 41℃

해설 |
- 표준 스트레이트법의 반죽 온도 : 27℃
- 비상 스트레이트법의 반죽 온도 : 30℃

12 굽기 손실이 가장 큰 제품은?

① 식빵 ② 바게트

③ 단팥빵 ④ 버터롤

해설 |
- 제품별 굽기 손실은 제품의 패닝과 밀접한 관계가 있다.
- 하스브레드(바게트) 〉 틴브레드(식빵) 〉 팬브레드(단팥빵, 버터롤)
- 하스는 구움대를, 틴은 틀을 의미한다.
- 제품의 굽기 손실률은 배합률, 굽기온도, 굽기시간, 패닝방식 등에 영향을 받는다.

13 다음은 식빵 배합표이다. ( ) 안에 적합한 것은?

강력분	100%	1,500g
설 탕	(㉠)%	75g
이스트	3%	(㉡)g
소 금	2%	30g
버 터	5%	75g
이스트 푸드	(㉢)%	1.5g
탈지분유	2%	30g
물	70%	1,050cc

① ㉠ 5 ㉡ 45 ㉢ 0.01

② ㉠ 5 ㉡ 45 ㉢ 0.1

③ ㉠ 0.5 ㉡ 4.5 ㉢ 0.01

④ ㉠ 50 ㉡ 450 ㉢ 1

해설 |
- g÷%=배(倍) • g÷倍=% • %×倍=g

정답 07 ① 08 ② 09 ① 10 ③ 11 ② 12 ② 13 ②

14 소금을 늦게 넣어 믹싱 시간을 단축하는 방법은?

① 염장법 ② 후염법
③ 염지법 ④ 훈제법

해설 | 소금을 클린업 단계 직후에 투입을 하면 믹싱 시간이 단축되며 흡수율이 증가한다.

15 오랜 시간 발효과정을 거치지 않고 배합 후 정형하여 2차 발효를 하는 제빵법은?

① 재반죽법 ② 스트레이트법
③ 노타임법 ④ 스펀지법

해설 | 이스트 발효에 의한 밀가루 글루텐의 생화학적 숙성을 산화제와 환원제의 화학적 숙성으로 대신함으로써 발효시간을 단축 · 제조하는 방법이 노타임법이다.

16 이스트를 2% 사용했을 때 최적 발효시간이 120분이라면 발효시간을 90분으로 단축할 때 이스트를 약 몇 % 사용해야 하는가?

① 1.5% ② 2.7%
③ 3.5% ④ 4.0%

해설 |

$$\text{가감하고자 하는 이스트량} = \frac{\text{기존 이스트량} \times \text{기존 발효시간}}{\text{조절하고자 하는 발효시간}}$$

$$= \frac{2\% \times 120\text{분}}{90\text{분}} = 2.66$$

∴2.7%(반올림)

17 정형공정의 방법이 순서대로 옳게 나열된 것은?

① 반죽→중간 발효→분할→둥글리기→정형
② 분할→둥글리기→중간 발효→정형→패닝
③ 둥글리기→중간 발효→정형→패닝→2차 발효
④ 중간 발효→정형→패닝→2차 발효→굽기

해설 |

- 넓은 의미의 정형공정 순서 : 분할→둥글리기→중간 발효→정형→패닝
- 좁은 의미의 정형공정 순서 : 밀기→말기→봉하기

18 직접반죽법으로 식빵을 제조하려고 한다. 실내 온도 23℃, 밀가루 온도 23℃, 수돗물 온도 20℃, 마찰계수 20일 때 희망하는 반죽온도를 28℃로 만들려면 사용해야 할 물의 온도는?

① 15℃ ② 18℃
③ 21℃ ④ 24℃

해설 | 물의 온도 = (희망 반죽온도×3) − (실내 온도 + 밀가루 온도 + 마찰계수)

∴ (28×3) − (23 + 23 + 20) = 18℃

19 제빵 시 적량보다 설탕을 적게 사용하였을 때의 결과가 아닌 것은?

① 부피가 작다.
② 색상이 검다.
③ 모서리가 둥글다.
④ 속결이 거칠다.

해설 |

- 이스트의 먹이(설탕) 부족으로 이스트 활성이 저하되어 가스 발생이 적으므로 부피가 작다.
- 캐러멜화 반응을 일으키는 잔당이 적어 갈변반응이 저해되므로 껍질의 색상이 엷다.
- 수분에 대한 결합체(설탕)의 감소로 밀가루 수화가 상대적으로 증가되어 반죽의 팬 흐름성이 작아지므로 모서리가 둥글다.
- 가스 발생 부족과 신장성이 감소되어 기공이 붕괴되고 구멍이 생기므로 속결이 거칠다.

20 다음 중 빵 제품이 가장 빨리 노화되는 온도는?

① −18℃ ② 3℃
③ 27℃ ④ 40℃

해설 | 빵 제품이 빨리 노화되는 온도는 −7~10℃이다.

14 ② **15** ③ **16** ② **17** ② **18** ② **19** ② **20** ②

21 생산공장시설의 효율적 배치에 대한 설명 중 적합하지 않은 것은?

① 공장의 소요면적은 주방설비의 설치면적과 기술자의 작업을 위한 공간면적으로 이루어진다.
② 작업용 바닥면적은 그 장소를 이용하는 사람들의 수에 따라 달라진다.
③ 공장의 모든 업무가 효과적으로 진행되기 위한 기본은 주방의 위치와 규모에 대한 설계이다.
④ 판매장소와 공장의 면적배분(판매 3 : 공장 1)의 비율로 구성되는 것이 바람직하다.

해설 | 판매장소와 공장의 면적배분이 판매 2 : 공장 1의 비율에서 판매 1 : 공장 1의 비율로 구성되는 추세이다.

22 식빵의 가장 일반적인 포장 적온은?

① 15℃ ② 25℃
③ 35℃ ④ 45℃

해설 | 식빵의 포장 적정 온도는 35~40℃이다.

23 다음은 어떤 공정의 목적인가?

> 자른 면의 점착성을 감소시키고 표피를 형성하여 탄력을 유지시킨다.

① 분할 ② 둥글리기
③ 중간 발효 ④ 정형

해설 | 둥글리기란 분할한 반죽을 손이나 전용 기계(라운더)로 뭉쳐 둥글림으로써 반죽이 잘린 단면을 매끄럽게 마무리하고 가스를 균일하게 조절한다.

24 제빵 제조공정의 4대 중요 관리항목에 속하지 않는 것은?

① 시간관리 ② 온도관리
③ 공정관리 ④ 영양관리

해설 | 제빵 제조공정의 4대 중요 관리항목은 시간, 온도, 습도, 공정을 관리하는 것이다.

25 반죽의 내부 온도가 60℃에 도달하지 않은 상태에서 온도 상승에 따른 이스트의 활동으로 부피의 점진적인 증가가 진행되는 현상은?

① 호화(Gelatinization)
② 오븐 스프링(Oven Spring)
③ 오븐 라이즈(Oven Rise)
④ 캐러멜화(Caramelization)

해설 | 오븐 라이즈(Oven Rise)란 반죽의 내부 온도가 아직 60℃에 이르지 않은 상태에서 이스트가 사멸 전까지 활동하여 가스를 생성시켜 반죽의 부피를 조금씩 키우는 과정이다.

26 냉동제법에서 믹싱 다음 공정은?

① 1차 발효 ② 분할
③ 해동 ④ 2차 발효

해설 | 냉동제법은 1차 발효시간이 길어지면 반죽의 온도가 높아지고 수분이 생성되어 냉동 중 냉해로 인해 이스트가 죽어 냉동 저장성이 짧아지고 가스 발생력도 떨어지므로 요즘에는 화학첨가제를 많이 넣어 1차 발효를 생략하고 분할공정으로 바로 넘어간다.

27 가스 발생력에 영향을 주는 요소에 대한 설명으로 틀린 것은?

① 포도당, 자당, 과당, 맥아당 등 당의 양과 가스 발생력 사이의 관계는 당량 3~5%까지 비례하다가 그 이상이 되면 가스 발생력이 약해져 발효시간이 길어진다.
② 반죽온도가 높을수록 가스 발생력은 커지고 발효시간은 짧아진다.

정답 21 ④ 22 ③ 23 ② 24 ④ 25 ③ 26 ② 27 ④

③ 반죽이 산성을 띨수록 가스 발생력이 커진다.
④ 이스트 양과 가스 발생력은 반비례하고 이스트 양과 발효시간은 비례한다.

해설 | 이스트 양이 많아지면 가스 발생력은 증가하고 발효 시간은 짧아진다.

28 식빵 50개, 파운드 케이크 300개, 앙금빵 200개를 제조하는데 5명이 10시간 동안 작업하였다. 1인 1시간 기준의 노무비가 1,000원일 때 개당 노무비는 약 얼마인가?

① 81원 ② 91원
③ 100원 ④ 105원

해설 |
- 1인 1시간 생산량=총 개수÷인÷시간
  =(50+300+200)÷5명÷10시간=11개
- 개당 노무비=1인 1시간 노무비÷1인 1시간 생산량
  =1000÷11=90.9 ∴91원(반올림)

29 우유 식빵 완제품 500g짜리 5개를 만들 때 분할손실이 4%라면 분할 전 총 반죽무게는 약 얼마인가?

① 2,604g ② 2,505g
③ 2,518g ④ 2,700g

해설 | 총 반죽무게=총 완제품 중량÷{1−(분할손실÷100)}
500×5÷{1−(4÷100)}=2,604.16
∴2,604g

30 하스 브레드의 종류에 속하지 않는 것은?

① 불란서 빵 ② 베이글 빵
③ 비엔나 빵 ④ 아이리시 빵

해설 | 하스 브레드란 오븐의 구움대에 바로 굽는 빵을 가리킨다. 베이글은 2차 발효 중에 끓는 물에 데쳐낸 후 옥수수가루를 묻혀준 뒤 다시 2차 발효를 더 시키므로 공정상 오븐의 구움대에 바로 굽기는 어렵다.

31 다음 중 식물계에는 존재하는 않는 당은?

① 과당 ② 유당
③ 설탕 ④ 맥아당

해설 | 유당은 우유에 존재하는 동물성 당류이다.

32 물을 결합수와 유리수로 나눌 때 다음 그래프에서 유리수의 영역에 속하는 부분은?

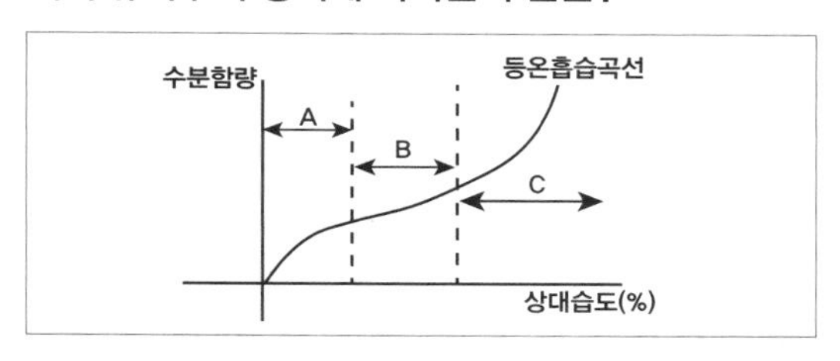

① A ② B
③ C ④ A, B, C

해설 |
- 원점에서 저습도 영역의 굴곡점까지의 A영역의 수분은 식품의 조직성분과 이온결합을 통해 단분자층을 이루는 결합수이다.
- 저습도 영역의 굴곡점에서 고습도 영역의 굴곡점까지의 B영역의 수분은 물–물 또는 물–용질 사이의 수소 결합에 의해 다중층으로 흡착된 준 결합수로서 식품의 가용성 성분을 용해한다.
- 고습도 영역인 굴곡점 이상의 C영역의 수분은 식품의 다공질 구조에 응축하여 존재하며 결합도가 가장 약하여 이동이 자유로운 자유수(유리수)로서 전체 물의 95% 이상을 차지한다.

33 모노글리세리드(Monoglyceride)와 디글리세리드(Diglyceride)는 제과에 있어 주로 어떤 역할을 하는가?

① 유화제 ② 항산화제
③ 감미제 ④ 필수영양제

해설 | 유화제란 물과 기름처럼 서로 혼합되지 않는 두 종류의 액체를 혼합할 때 분리되지 않고 분산시키는 기능을 갖는 물질을 가리킨다. 종류에는 대두 인지질, 글리세린, 레시틴, 모노-디-글리세리드 등이 있다.

28 ② 29 ① 30 ② 31 ② 32 ③ 33 ①

34 다음 중 제과제빵 재료로 사용되는 쇼트닝(Shortening)에 대한 설명으로 틀린 것은?

① 쇼트닝을 경화유라고 말한다.
② 쇼트닝성과 공기포집 능력을 갖는다.
③ 쇼트닝은 융점(Melting point)이 매우 낮다.
④ 쇼트닝은 불포화 지방산의 이중결합에 촉매 존재하에 수소를 첨가하여 제조한다.

해설 |
- 쇼트닝은 단단하게 만든 기름(경화유)이므로 융점(녹는점)이 높다.
- 쇼트닝은 니켈을 촉매로 수소를 첨가하여 경화유를 만든다.

35 탈지분유 20g을 물 80g에 넣어 녹여 탈지분유액을 만들었을 때 탈지분유액 중 단백질의 함량은 몇 %인가?(단, 탈지분유 조성은 수분 4%, 유당 57%, 단백질 35%, 지방 4%이다)

① 5.1% ② 6%
③ 7% ④ 8.75%

해설 |
- 탈지분유에 함유된 단백질 함량＝탈지분유×단백질 비율
  20×(35÷100)＝7g
- 탈지분유액 중 단백질 비율＝탈지분유에 함유된 단백질 함량÷탈지분유액 함량×100
  7÷100×100＝7% ∴7%

36 다음 중 신선한 달걀의 특징은?

① 난각에 광택이 있다.
② 난각 표면이 매끈하다.
③ 난각 표면에 기름기가 있다.
④ 난각 표면에 광택이 없고 선명하다.

해설 | 난각(계란 껍질) 표면에 광택이 없고 윤기가 없고 선명하다(까슬까슬하다).

37 제빵용 효모에 의하여 발효되지 않는 당은?

① 포도당 ② 과당
③ 맥아당 ④ 유당

해설 | 유당은 동물성 당류이므로 생물학적 성상이 아주 작은 단세포 식물인 효모는 먹이로 사용할 수 없다.

38 제빵에서 소금의 역할이 아닌 것은?

① 글루텐을 강화시킨다.
② 유해균의 번식을 억제시킨다.
③ 빵의 내상을 희게 한다.
④ 맛을 조절한다.

해설 | 소금은 빵 내부를 누렇게 혹은 회색으로 만든다.

39 이스트에 질소 등의 영양을 공급하는 제빵용 이스트 푸드의 성분은?

① 칼슘염 ② 암모늄염
③ 브롬염 ④ 요오드염

해설 | 이스트는 다른 식물과 마찬가지로 질소, 인산, 칼륨의 3대 영양소를 필요로 하는데, 이스트 푸드는 이 중 부족한 질소를 제공한다. 이 목적으로 첨가하는 것이 암모늄염(염화암모늄, 황산암모늄, 인산암모늄)이다.

40 밀가루 25g에서 젖은 글루텐을 9g 얻었다면 건조글루텐의 함량은?

① 3% ② 5%
③ 7% ④ 12%

해설 |
- 젖은 글루텐(%)＝(젖은 글루텐 반죽의 중량÷밀가루 중량)×100＝(9÷25)×100＝36%
- 건조 글루텐(%)＝젖은 글루텐(%)÷3
  36÷3＝12%

정답 34 ③ 35 ③ 36 ④ 37 ④ 38 ③ 39 ② 40 ④

41 **찐빵 또는 찜만쥬 등에 사용하는 이스트 파우더의 특성이 아닌 것은?**

① 중조와 산제를 이용한 팽창제이다.

② 제품의 색을 희게 한다.

③ 암모니아 냄새가 날 수 있다.

④ 팽창력이 강하다.

해설 |

- 중조와 산제를 이용한 팽창제는 베이킹파우더이다.
- 이스트 파우더는 암모니아계 합성 팽창제로 염화암모늄, 탄산수소나트륨, 전분, 주석산수소칼륨 등이 혼합되어 만들어진 것이다.

42 **아미노산에 대한 설명으로 틀린 것은?**

① 식품단백질을 구성하는 아미노산은 20여 가지다.

② 단백질을 구성하는 아미노산은 거의 L-형이다.

③ 아미노산은 물에 녹아 양이온과 음이온의 양전하를 갖는다.

④ 아미노기($-NH_2$)는 산성을 카르복실기(-COOH)는 염기성을 나타낸다.

해설 | 아미노기($-NH_2$)는 염기성을, 카르복실기(-COOH)는 산성을 나타낸다.

43 **세계보건기구(WHO)는 성인의 경우 하루 섭취열량 중 트랜스지방의 섭취를 몇 % 이하로 권고하고 있는가?**

① 0.5% ② 1%

③ 2% ④ 3%

해설 | 트랜스지방이란 불포화지방산의 이중결합에 니켈을 촉매로 하여 수소를 첨가시키면 불포화도가 감소되어 포화도가 높아지므로 유지(지방)의 성질이 바뀐 것이다.

44 **아밀로그래프의 최고점도(Maximum viscosity)가 너무 높을 때 생기는 결과가 아닌 것은?**

① 효소의 활성이 약하다.

② 반죽의 발효상태가 나쁘다.

③ 효소에 대한 전분, 단백질 등의 분해가 적다.

④ 가스 발생력이 강하다.

해설 | 아밀로그래프의 최고점도가 너무 높으면 효소에 대한 전분, 단백질 등의 분해가 적어 가스 발생력이 약하다.

45 **전분을 가수분해할 때 처음 생성되는 덱스트린은?**

① 에리트로덱스트린(Erythrodextrin)

② 아밀로덱스트린(Amylodextrin)

③ 아크로덱스트린(Achrodextrin)

④ 말토덱스트린(Maltodextrin)

해설 | 전분을 산, 효소, 열 등으로 가수분해할 때 이당류인 맥아당으로 분해되기까지 만들어지는 중간 생성물의 총칭이다. 처음 생성되는 덱스트린을 아밀로덱스트린이라고 하고 마지막에 생성되는 덱스트린을 말토덱스트린이라고 한다.

46 **섬유소(Cellulose)를 완전하게 가수분해하면 어떤 물질로 분해되는가?**

① 포도당 ② 설탕

③ 아밀로오스 ④ 맥아당

해설 | 전분이 포도당으로 이루어진 저장성 탄수화물이라면 섬유소는 포도당으로 이루어진 구조형성 탄수화물이다.

47 **소화기관에 대한 설명으로 틀린 것은?**

① 위는 강알칼리의 위액을 분비한다.

② 이자(췌장)는 당대사호르몬의 내분비선이다.

③ 소장은 영양분을 소화 · 흡수한다.

④ 대장은 수분을 흡수하는 역할을 한다.

해설 | 위는 강산의 위액을 분비한다.

41 ① 42 ④ 43 ② 44 ④ 45 ② 46 ① 47 ①

48 1일 섭취 열량이 2,000kcal인 성인의 경우 지방에 의한 섭취 열량으로 가장 적합한 것은?

① 700~900kcal ② 500~700kcal
③ 300~500kcal ④ 100~300kcal

해설 | 지질의 1일 섭취량은 15~25%이므로, 2,000kcal×0.15=300kcal
2,000kcal×0.25=500kcal

49 무기질의 일반적인 기능이 아닌 것은?

① 단백질의 절약 작용
② 체액의 산, 염기 평형 유지
③ 체조직의 구성 성분
④ 생리적 작용에 대한 촉매 작용

해설 | 단백질의 절약 작용은 탄수화물의 기능이다.

50 음식 100g 중 질소 함량이 4g이라면 음식에는 몇 g의 단백질이 함유된 것인가?(단, 단백질 1g에는 16%의 질소가 함유되어 있다)

① 25g ② 35g
③ 50g ④ 64g

해설 | 단백질 양=질소의 양×질소계수(100÷16)
4×6.25=25g

51 부패의 진행에 수반하여 생기는 부패산물이 아닌 것은?

① 암모니아 ② 황화수소
③ 메르캅탄 ④ 일산화탄소

해설 | 단백질의 부패 생성물에는 황화수소, 아민류, 암모니아, 페놀, 메르캅탄 등이 있다.

52 다음 중 치명률이 가장 높은 것은?

① 보툴리누스균에 의한 식중독
② 살모넬라 식중독
③ 황색 포도상구균 식중독
④ 장염 비브리오 식중독

해설 | 보툴리누스균은 신경독인 뉴로톡신으로 보기 중에서 치사율이 가장 높다.

53 이타이이타이병의 원인 물질은?

① 카드뮴(Cd) ② 구리(Cu)
③ 수은(Hg) ④ 납(Pb)

해설 |
① 카드뮴(Cd) : 이타이이타이병
② 구리(Cu) : 급성 중독의 경우 메스꺼움, 구토, 발한
③ 수은(Hg) : 미나마타병
④ 납(Pb) : 만성 중독은 빈혈, 소화기장애, 시력장애

54 식품 등을 통해 감염되는 경구감염병의 특징이 아닌 것은?

① 원인 미생물은 세균, 바이러스 등이다.
② 미량의 균량에서도 감염을 일으킨다.
③ 2차 감염이 빈번하게 일어난다.
④ 화학물질이 주로 원인이 된다.

해설 | 화학물질에 의한 식중독은 화학물질이 주요 원인이 된다.

55 식품의 변질에 관여하는 요인과 거리가 먼 것은?

① pH ② 압력
③ 수분 ④ 산소

해설 | 식품의 변질에 영향을 미치는 인자에는 영양소, 수분, 온도, pH, 산소, 삼투압 등이 있다.

정답 48 ③ 49 ① 50 ① 51 ④ 52 ① 53 ① 54 ④ 55 ②

56 밀가루의 표백과 숙성기간을 단축시키는 데 밀가루 개량제로 적합하지 않은 것은?

① 과산화벤조일　　② 과황산암모늄
③ 아질산나트륨　　④ 이산화염소

해설 | 아질산나트륨은 식품 중에 존재하는 유색물질과 결합하여 그 색을 안정화하거나 선명하게 또는 발색되게 하는 발색제이다.

57 노로바이러스에 대한 설명으로 틀린 것은?

① 이중나선구조 RNA 바이러스이다.
② 사람에게 급성장염을 일으킨다.
③ 오염음식물을 섭취하거나 감염자와 접촉하면 감염된다.
④ 환자가 접촉한 타월이나 구토물 등은 바로 세탁하거나 제거하여야 한다.

해설 | 노로바이러스 식중독의 일반증상

- 잠복기 : 24~28시간
- 지속시간 : 1~2일 정도
- 주요증상 : 설사, 탈수, 복통, 구토 등
- 발병률 : 40~70% 발병
- 단일나선구조 RNA 바이러스

58 다음 중 동종간의 접촉에 의한 감염병이 없는 것은?

① 세균성이질　　② 조류독감
③ 광우병　　④ 구제역

해설 | 광우병은 동종간의 섭취에 의해 발병한다.

59 식중독균 등 미생물의 성장을 조절하기 위해 사용하는 저장 방법과 그 예의 연결이 틀린 것은?

① 산소 제거 – 진공포장 햄
② pH 조절 – 오이피클
③ 온도 조절 – 냉동 생선
④ 수분활성도 저하 – 상온보관 우유

해설 | 수분활성도 저하 – 건어물, 건과류

60 탄수화물이 많이 든 식품을 고온에서 가열하거나 튀길 때 생성되는 발암성 물질은?

① 니트로사민(Nitrosamine)
② 다이옥신(Dioxins)
③ 벤조피렌(Benzopyrene)
④ 아크릴아마이드(Acrylamide)

해설 | 탄수화물이 많이 든 감자를 고온에서 가열하거나 튀길 때 아크릴아마이드라는 발암성 물질이 생성된다.

56 ③ **57** ① **58** ③ **59** ④ **60** ④

제6회 실전모의고사

01 빵 도넛을 글레이즈할 때 글레이즈의 적정한 품온은?

① 23~27℃ ② 28~32℃
③ 33~36℃ ④ 43~49℃

해설 | 빵 도넛 글레이즈는 분당에 물을 넣으면서 물이 고루 분산되도록 개어 퐁당 상태로 만든다. 도넛 글레이즈의 사용 온도는 45~50℃가 적당하다.

02 일정한 굳기를 가진 반죽의 신장도 및 신장 저항력을 측정하여 자동기록함으로써 반죽의 점탄성을 파악하고 밀가루 중의 효소나 산화제, 환원제의 영향을 자세히 알 수 있는 그래프는?

① 믹서트론(Mixortron)
② 알베오그래프(Alveograph)
③ 스트럭토그래프(Structograph)
④ 익스텐시그래프(Extensigraph)

해설 |
- 익스텐시그래프(Extensigraph)의 Extens는 Extend에서 유래하여 '잡아 늘리다'라는 뜻으로 한자어로 '신장'이 된다(=Extensograph).
- Mixotron=Mixatron

03 분할을 할 때 반죽의 손상을 줄일 수 있는 방법이 아닌 것은?

① 스트레이트법보다 스펀지법으로 반죽한다.
② 반죽온도를 높인다.
③ 단백질 양이 많은 질 좋은 밀가루로 만든다.
④ 가수량이 최적인 상태의 반죽을 만든다.

해설 | 반죽온도를 높이면 글루텐의 경도가 낮아져 분할을 할 때 반죽의 손상이 더 쉽게 일어난다.

04 식빵의 옆면이 쑥 들어간 원인으로 옳은 것은?

① 믹서의 속도가 너무 높았다.
② 팬 용적에 비해 반죽양이 너무 많았다.
③ 믹싱시간이 너무 길었다.
④ 2차 발효가 부족했다.

해설 | 식빵의 옆면이 찌그러진(쑥 들어간) 경우의 원인
- 지친 반죽
- 오븐열이 고르지 못함
- 팬 용적보다 넘치는 반죽량
- 지나친 2차 발효

05 빵 발효에서 다른 조건이 같을 때 발효손실에 대한 설명으로 틀린 것은?

① 반죽온도가 낮을수록 발효손실이 크다.
② 발효 시간이 길수록 발효손실이 크다.
③ 소금, 설탕 사용량이 많을수록 발효손실이 적다.
④ 발효실 온도가 높을수록 발효손실이 크다.

해설 | 반죽온도가 높을수록 이스트의 가스 발생력이 커져 발효손실이 크다.

06 다음 중 제품의 가치에 속하지 않는 것은?

① 교환가치 ② 귀중가치
③ 사용가치 ④ 재고가치

해설 | 제품의 재고량과 재고기간은 제품의 가치를 떨어뜨리는 요인이 된다.

정답 01 ④ 02 ④ 03 ② 04 ② 05 ① 06 ④

07 **다음 중 어린 반죽에 대한 설명으로 옳지 않은 것은?**

① 속색이 무겁고 어둡다.

② 향이 강하다.

③ 부피가 작다.

④ 모서리가 예리하다.

해설 |
- 어린 반죽이 완제품에 미치는 영향
  - 속색이 무겁고 어둡다.
  - 향이 약하다.
  - 부피가 작다.
  - 모서리가 예리하다.
- 어린 반죽이란 발효가 덜 된 반죽이다.
- 어린 반죽의 반대는 지친 반죽이다.
- 지친 반죽이란 발효가 많이 된 반죽이다.

08 **단과자빵 제조에서 일반적인 이스트의 사용량은?**

① 0.1~1% ② 3~7%

③ 8~10% ④ 12~14%

해설 | 단과자빵은 이스트의 활성을 저해시키는 설탕(삼투압 작용에 의해)이 많이 들어가므로 이스트 사용량이 다른 빵보다 많다.

09 **일반적인 빵 반죽(믹싱)의 최적 반죽 단계는?**

① 픽업 단계 ② 클린업 단계

③ 발전 단계 ④ 최종 단계

해설 |
- 일반적인 빵 반죽의 기준은 식빵을 가리키며, 최적 반죽 단계는 반죽에 윤기가 나며 신장성이 최고인 최종 단계이다.
- 최종 단계를 반죽형성 후기단계라고도 한다.

10 **냉동반죽의 특성에 대한 설명 중 틀린 것은?**

① 냉동반죽에는 이스트 사용량을 늘린다.

② 냉동반죽에는 당, 유지 등을 첨가하는 것이 좋다.

③ 냉동 중 수분의 손실을 고려하여 될 수 있는 대로 진 반죽이 좋다.

④ 냉동반죽은 분할량을 적게 하는 것이 좋다.

해설 | 냉동반죽을 질게 만들면 수분이 얼면서 부피팽창을 하여 이스트를 사멸시키거나 글루텐을 파괴한다.

11 **제빵 시 팬기름의 조건으로 적합하지 않은 것은?**

① 발연점이 낮을 것

② 무취일 것

③ 무색일 것

④ 산패가 잘 안 될 것

해설 | 팬기름의 발연점이 낮으면 '아크롤레인'이 생성되는데 이것이 빵, 과자에 스며들어 이상한 맛과 냄새가 배도록 한다.

12 **다음 중 익히는 방법이 다른 것은?**

① 찐빵

② 엔젤 푸드 케이크

③ 스펀지 케이크

④ 파운드 케이크

해설 |
- 찐빵은 증기로 익히는 방법을 사용한다.
- 찐빵을 익히는 찌기는 수증기가 갖고 있는 잠열(1g당 539kal)을 이용하여 식품을 가열하는 조리법이다.

13 **믹서(Mixer)의 구성에 해당되지 않는 것은?**

① 믹서 볼(Mixer bowl)

② 휘퍼(Whipper)

③ 비터(Beater)

④ 배터(Batter)

해설 | 믹서를 구성하는 부대물에는 믹서 볼, 휘퍼, 비터, 훅 등이 있다.

07 ② **08** ② **09** ④ **10** ③ **11** ① **12** ① **13** ④

14 굽기 과정 중 일어나는 현상에 대한 설명 중 틀린 것은?

① 오븐 팽창과 전분호화 발생
② 단백질 변성과 효소의 불활성화
③ 빵 세포 구조 형성과 향의 발달
④ 캐러멜화와 갈변 반응의 억제

해설 | 굽기 시 당의 열반응은 캐러멜화와 갈변 반응을 촉진한다.

15 최종 제품의 부피가 정상보다 클 경우의 원인이 아닌 것은?

① 2차 발효의 초과
② 소금 사용량 과다
③ 분할량 과다
④ 낮은 오븐온도

해설 | 소금 사용량이 과다하면 이스트에 대한 삼투압이 증가하여 발효에 저해가 일어난다. 이로 인하여 최종 제품의 부피가 정상보다 작다.

16 일반적으로 식빵에 사용되는 설탕은 스트레이트법에서 몇 % 정도일 때 이스트 작용을 지연시키는가?

① 1% ② 2%
③ 4% ④ 7%

해설 | 설탕은 5% 이상일 때 삼투압으로 이스트 작용을 지연시킨다.

17 600g짜리 빵 10개를 만들려 할 때 발효손실 2%, 굽기 및 냉각손실이 12%이면 반죽해야 할 반죽의 총 무게는 약 얼마인가?

① 6.17kg ② 6.42kg
③ 6.96kg ④ 7.36kg

해설 | (600g×10개)÷{1−(12÷100)}÷{1−(2÷100)}÷1000=6.96kg

18 냉동제품의 해동 및 재가열 목적으로 주로 사용하는 오븐은?

① 적외선 오븐 ② 릴 오븐
③ 데크 오븐 ④ 대류식 오븐

해설 | 냉동제품의 해동 및 재가열을 할 수 있는 가정용 전자레인지와 원리가 같은 적외선 오븐을 사용한다.

19 반죽의 온도가 25℃일 때 반죽의 흡수율이 61%인 조건에서 반죽의 온도를 30℃로 조정하면 흡수율은 얼마가 되는가?

① 55% ② 58%
③ 62% ④ 65%

해설 | 반죽온도가 5℃ 올라가면 흡수율은 3% 줄고, 반죽온도가 5℃ 내려가면 흡수율은 3% 늘어난다.

20 2차 발효 시 3가지 기본적 요소가 아닌 것은?

① 온도 ② pH
③ 습도 ④ 시간

해설 | 2차 발효 때 관리하는 3가지 항목은 온도, 습도, 시간 등이다.

21 건포도 식빵을 구울 때 건포도에 함유된 당의 영향을 고려하여 주의할 점은?

① 윗불을 약간 약하게 한다.
② 굽는 시간을 늘린다.
③ 굽는 시간을 줄인다.
④ 오븐 온도를 높게 한다.

해설 | 건포도에 함유된 당의 영향으로 빵 껍질의 착색이 진하게 나므로 굽기 시 윗불을 약간 약하게 한다.

정답 14 ④ 15 ② 16 ④ 17 ③ 18 ① 19 ② 20 ② 21 ①

22 1차 발효실의 상대습도는 몇 %로 유지하는 것이 좋은가?

① 55~65% ② 65~75%
③ 75~85% ④ 85~95%

해설 | 1차 발효실의 상대습도 비율은 총 배합률에 함유된 수분 함량의 비율에 맞추어 설정한 범위로 75~85% 정도이다.

23 노화에 대한 설명으로 틀린 것은?

① α화 전분이 β화 전분으로 변하는 것
② 빵의 속이 딱딱해지는 것
③ 수분이 감소하는 것
④ 빵의 내부에 곰팡이가 피는 것

해설 | 빵의 내부에 곰팡이가 피는 것은 부패이다.

24 저율배합의 특징으로 옳은 것은?

① 저장성이 짧다.
② 제품이 부드럽다.
③ 저온에서 굽기한다.
④ 대표적인 제품으로 브리오슈가 있다.

해설 | 저율배합은 설탕, 유지의 함량이 적기 때문에 제품의 수분을 보유하는 능력이 떨어진다. 그래서 저율배합 제품은 저장성이 짧다.

25 빵 제품의 제조공정에 대한 설명으로 올바르지 않은 것은?

① 반죽은 무게 또는 부피에 의하여 분할한다.
② 둥글리기에서 과다한 덧가루를 사용하면 제품에 줄무늬가 생성된다.
③ 중간 발효시간은 보통 10~20분이며 27~29℃에서 실시한다.
④ 성형은 반죽을 일정한 형태로 만드는 1단계 공정으로 이루어져 있다.

해설 | 좁은 의미의 성형은 밀기 → 말기 → 봉하기의 3단계 공정으로 이루어져 있다.

26 빵이 팽창하는 원인이 아닌 것은?

① 이스트에 의한 발효활동 생성물에 의한 팽창
② 효소와 설탕, 소금에 의한 팽창
③ 탄산가스, 알코올, 수증기에 의한 팽창
④ 글루텐의 공기포집에 의한 팽창

해설 | 빵의 팽창은 이스트에 의한 발효활동 생성물인 탄산가스(물에 용해된 이산화탄소), 에틸알코올, 수증기 등과 체질, 믹싱 등의 공정으로 인한 글루텐의 공기포집이 원인이 된다.

27 산형 식빵의 비용적으로 가장 적합한 것은?

① 1.5~1.8 ② 1.7~2.6
③ 3.2~3.5 ④ 4.0~4.5

해설 |
- 산형 식빵은 2개 이상의 봉긋한 모양으로 이루어진 식빵을 가리킨다.
- 비용적은 반죽 1g을 발효시켜 구웠을 때 차지하는 용적 혹은 체적이다.

28 냉동 반죽법에서 믹싱 후 1차 발효시간으로 가장 적합한 것은?

① 0~20분 ② 50~60분
③ 80~90분 ④ 110~120분

해설 | 냉동 반죽법의 반죽제조방법은 노타임법을 차용하므로 1차 발효시간이 거의 없다.

29 냉각 손실에 대한 설명 중 틀린 것은?

① 식히는 동안 수분 증발로 무게가 감소한다.
② 여름철보다 겨울철이 냉각손실이 크다.
③ 상대습도가 높으면 냉각손실이 작다.
④ 냉각손실은 5% 정도가 적당하다.

해설 | 냉각손실은 2% 정도가 적당하다.

22 ③ **23** ④ **24** ① **25** ④ **26** ② **27** ③ **28** ① **29** ④

30 기업경영의 3요소(3M)가 아닌 것은?

① 사람(Man) ② 자본(Money)
③ 재료(Material) ④ 방법(Method)

해설 | 3M이란 기업활동의 7가지 구성요소 중 제1차 관리대상인 3가지를 가리킨다. Man(사람, 질과 양), Material(재료, 품질), Money(자금, 원가) 등이 관리대상과 관리목표이다.

31 설탕의 전체 고형질을 100%로 볼 때 포도당과 물엿의 고형질 함량은?

① 포도당은 91%, 물엿은 80%
② 포도당은 80%, 물엿은 20%
③ 포도당은 80%, 물엿은 50%
④ 포도당은 80%, 물엿은 5%

해설 | 포도당과 물엿의 고형질 함량과 수분 함량 비율은 제조회사마다 많은 차이를 나타내므로 사용 시 각별히 주의해야 한다.

32 계란이 오래되면 어떠한 현상이 나타나는가?

① 비중이 무거워진다.
② 점도가 감소한다.
③ pH가 떨어져 산패된다.
④ 기실이 없어진다.

해설 |
- 기실가스가 들어있는 공간이 커져 계란이 물에 뜨므로 비중이 작아진다.
- pH가 떨어지면 산패가 아닌 부패가 일어난다.

33 다음 중 pH가 중성인 것은?

① 식초 ② 수산화나트륨 용액
③ 중조 ④ 증류수

해설 |
- 식초 pH 2.4~3.4
- 수산화나트륨 용액 pH 10 이상
- 중조 pH 8.4~8.8
- pH가 중성이란 pH 7을 의미한다.

34 10% 이상의 단백질 함량을 가진 밀가루로 케이크를 만들었을 때 나타나는 결과가 아닌 것은?

① 제품이 수축되면서 딱딱하다.
② 형태가 나쁘다.
③ 제품의 부피가 크다.
④ 제품이 질기며 속결이 좋지 않다.

해설 | 10% 이상의 단백질 함량을 가진 밀가루는 강력분이다. 강력분으로 케이크를 만들면 글루텐이 많이 생성 · 발전되어 반죽에 인장력(잡아당기는 힘)이라는 물리적 성질을 부여하므로 완제품의 부피가 작아진다.

35 제분에 대한 설명 중 틀린 것은?

① 제분 시 밀기울이 많이 들어가면 밀가루의 회분 함량이 낮아진다.
② 제분율이란 밀을 제분하여 밀가루를 만들 때 밀에 대한 밀가루의 백분율을 말한다.
③ 밀은 배유부가 치밀하거나 단단하지 못하여 도정할 경우 싸라기가 많이 나오기 때문에 처음부터 분말화하여 활용하는 것을 제분이라고 한다.
④ 넓은 의미의 개념으로 제분이란 곡류를 가루로 만드는 것이지만 일반적으로 밀을 사용하여 밀가루를 제조하는 것을 제분이라고 한다.

해설 | 밀기울 부위에는 무기질이 많이 함유되어 있기 때문에 제분 시 밀기울이 많이 들어가면 밀가루의 회분(무기질) 함량이 높아진다.

36 다음 중 코팅용 초콜릿이 갖추어야 하는 성질은?

① 융점이 항상 낮은 것
② 융점이 항상 높은 것
③ 융점이 겨울에는 높고, 여름에는 낮은 것
④ 융점이 겨울에는 낮고, 여름에는 높은 것

해설 | 코팅용 초콜릿(파타글라세) : 카카오매스에서 카카오버터를 제거한 다음 식물성 유지와 설탕을 넣어 만든 것으로 번

정답 30 ④ 31 ① 32 ② 33 ④ 34 ③ 35 ① 36 ④

거로운 템퍼링 작업 없이도 언제 어디서나 손쉽게 사용할 수 있다. 사용의 용이함을 주기 위하여 융점이 겨울에는 낮고, 여름에는 높다.

37 다음 중 우유 단백질이 아닌 것은?

① 카제인(Casein)

② 락토알부민(Lactoalbumin)

③ 락토글로불린(Lactoglobulin)

④ 락토오스(Lactose)

해설 | 락토오스(유당, 젖당)으로 우유에 함유되어 있는 동물성 탄수화물이다.

38 10kg의 베이킹파우더에 28%의 전분이 들어 있고 중화가가 80이라면 중조의 함량은?

① 3.2kg ② 4.0kg

③ 4.8kg ④ 7.2kg

해설 |

- 베이킹파우더는 전분, 산염제, 탄산수소나트륨 등으로 이루어져 있다.
  전분의 양 $10kg \times \frac{28}{100} = 2.8kg$, 산염제의 양 $= \chi kg$
  중화가가 80이므로 중조(탄산수소나트륨, 소다)의 양 $= 0.8\chi + \chi$
  $1.8\chi = 7.2kg$
  $\chi = 4.0kg$
  산염제가 4.0kg이므로 중조는 3.2kg이다.
- 중화가란 산염제 100을 중화시키는 데 필요한 탄산수소나트륨의 양을 가리킨다.

39 50g의 밀가루에서 15g의 젖은 글루텐을 채취했다면 이 밀가루의 건조 글루텐 함량은?

① 10% ② 20%

③ 30% ④ 40%

해설 |

- 젖은 글루텐(%)=(젖은 글루텐 반죽의 중량÷밀가루 중량)×100
- 건조 글루텐(%)=젖은 글루텐(%)÷3=(15g÷50g)×100÷3=10%

40 강력분의 특징과 거리가 먼 것은?

① 초자질이 많은 경질소맥으로 제분한다.

② 제분율을 높여 고급 밀가루를 만든다.

③ 상대적으로 단백질 함량이 높다.

④ 믹싱과 발효 내구성이 크다.

해설 | 제분율을 낮추면 회분 함량이 적어지는데, 회분(무기질, 광물질, 재) 함량이 적을수록 고급 밀가루가 된다. 반대로 제분율을 높이면 밀가루에 회분 함량이 많아져 밀가루의 등급이 떨어진다.

41 물에 대한 설명으로 틀린 것은?

① 물은 경도에 따라 크게 연수와 경수로 나뉜다.

② 경수는 물 100㎖ 중 칼슘, 마그네슘 등의 염이 10~20mg 정도 함유된 것이다.

③ 연수는 물 100㎖ 중 칼슘, 마그네슘 등의 염이 10mg 이하 함유된 것이다.

④ 일시적인 경수란 물을 끓이면 물 속의 무기물이 불용성 탄산염으로 침전되는 것이다.

해설 |

- mg／ℓ=ppm, 1000㎖=1ℓ 같은 단위이다.
- (10mg/100㎖)×10배=100mg／1000㎖
  100mg／ℓ ∴100ppm
- 물 100㎖ 중 칼슘, 마그네슘 등의 염이 10~20mg 정도는 아경수에 가깝다.

42 기본적인 유화쇼트닝은 모노-디 글리세리드 역가를 기준으로 유지에 대하여 얼마를 첨가하는 것이 가장 적당한가?

① 1~2% ② 3~4%

③ 6~8% ④ 10~12%

해설 | 일반 쇼트닝은 자기 무게의 100~400%를 흡수하나, 유화쇼트닝은 800%까지 흡수한다. 고율배합에는 많은 설탕을 녹일 만한 다량의 물을 사용하면서 상당량의 유지를 함께 쓰므로 유화쇼트닝이 필수적이다. 일반 쇼트닝으로 대신하고자 한다면 모노-디 글리세리드 역가를 기준으로 6~8% 첨가하는 것이 적당하다.

37 ④ 38 ① 39 ① 40 ② 41 ② 42 ③

43 식물성 안정제가 아닌 것은?

① 젤라틴 ② 한천
③ 로커스트빈검 ④ 펙틴

해설 | 젤라틴은 동물의 껍질이나 연골 속의 콜라겐을 정제한 것이다.

44 술에 대한 설명으로 틀린 것은?

① 제과 · 제빵에서 술을 사용하면 바람직하지 못한 냄새를 없앨 수 없다.
② 양조주란 곡물이나 과실을 원료로 하여 효모로 발효시킨 것이다.
③ 증류주란 발효시킨 양조주를 증류한 것이다.
④ 혼성주란 증류주를 기본으로 하여 정제당을 넣고 과실 등의 추출물로 향미를 낸 것으로 대부분 알코올 농도가 낮다.

해설 | 혼성주는 알코올 농도가 높은 증류주를 기본으로 하여 만들기 때문에 알코올 농도가 높다. 제과 · 제빵에서 술을 사용하는 이유 중 하나는 바람직하지 못한 냄새를 없애기 위해 사용하지만 이취를 모두 제거할 수는 없다.

45 반죽의 물리적 성질을 시험하는 기기가 아닌 것은?

① 패리노그래프(Farinograph)
② 수분활성도 측정기(Water Activity Analyzer)
③ 익스텐소그래프(Extensograph)
④ 폴링넘버(Falling Number)

해설 | 수분활성도 측정기는 반죽 속에 함유되어 있는 수분의 결합형태(자유수 형태, 결합수 형태)를 측정하는 기기이다.

46 노인의 경우 필수지방산의 흡수를 위하여 다음 중 어떤 종류의 기름을 섭취하는 것이 좋은가?

① 콩기름 ② 닭기름
③ 돼지기름 ④ 쇠기름

해설 | 리놀레산, 리놀렌산, 아라키돈산 등의 필수지방산은 콩기름에 많이 함유되어 있다.

47 1일 2,000kcal를 섭취하는 성인의 경우 탄수화물의 적절한 섭취량은?

① 1,100~1,400g ② 850~1,050g
③ 500~725g ④ 275~350g

해설 | 1일 섭취 열량 중에서 55~70%를 탄수화물로 섭취해야 한다.
탄수화물은 1g에 4kcal의 열량을 낸다.
2,000kcal×0.55=1,100÷4=275g
2,000kcal×0.7=1,400÷4=350g

48 "태양광선 비타민"이라고도 불리며 자외선에 의해 체내에서 합성되는 비타민은?

① 비타민 A ② 비타민 B
③ 비타민 C ④ 비타민 D

해설 | 에르고스테롤과 콜레스테롤은 자외선에 의해 비타민 D_2와 비타민 D_3로 변한다.

49 지질의 대사산물이 아닌 것은?

① 물 ② 수소
③ 이산화탄소 ④ 에너지

해설 | 지방은 TCA회로를 거쳐 에너지, CO_2, H_2O 등을 생성한다.

50 각 식품별 부족한 영양소의 연결이 틀린 것은?

① 콩류 – 트레오닌
② 곡류 – 리신
③ 채소류 – 메티오닌
④ 옥수수 – 트립토판

해설 | 콩가루(대두분)는 밀가루에 의해 부족한 각종 아미노산을 함유하고 있어서 세계 각국에서 밀가루의 영양소 보강을 위해 많이 사용한다. 그리고 콩을 가리켜 필수 아미노산을 모두 함유한 완전식품이라고 한다.

정답 43 ① 44 ④ 45 ② 46 ① 47 ④ 48 ④ 49 ② 50 ①

51 소독제로 가장 많이 사용되는 알코올의 농도는?

① 30%　② 50%
③ 70%　④ 100%

해설 | 알코올 70% 수용액은 금속, 유리기구, 손 소독 등에 사용한다.

52 식품 첨가물에 대한 설명 중 틀린 것은?

① 성분규격은 위생적인 품질을 확보하기 위한 것이다.
② 모든 품목은 사용대상 식품의 종류 및 사용량에 제한을 받지 않는다.
③ 조금씩 사용하더라도 장기간 섭취할 경우 인체에 유해할 수도 있으므로 사용에 유의한다.
④ 용도에 따라 보존료, 산화방지제 등이 있다.

해설 | 모든 식품 첨가물은 사용 대상, 식품의 종류 및 사용량에 제한을 받는다.

53 곰팡이의 대사생산물이 사람이나 동물에 어떤 질병이나 이상한 생리작용을 유발하는 것은?

① 만성 감염병　② 급성 감염병
③ 화학적 식중독　④ 진균독 식중독

해설 | 곰팡이 식중독을 진균독 식중독이라 하며, 아플라톡신 중독, 맥각 중독, 황변미 중독 등이 이에 속한다.

54 기구, 용기 또는 포장 제조에 함유될 수 있는 유해금속과 거리가 먼 것은?

① 납　② 카드뮴
③ 칼슘　④ 비소

해설 | 칼슘은 유해금속이 아니라 뼈를 구성하는 무기질이다.

55 균체의 독소 중 뉴로톡신(Neurotoxin)을 생산하는 식중독균은?

① 포도상구균
② 클로스트리디움 보툴리늄균
③ 장염 비브리오균
④ 병원성 대장균

해설 |

- 포도상구균의 독소는 엔테로톡신이다.
- 클로스트리디움 보툴리늄균의 독소는 뉴로톡신이다.

56 인체 유래 병원체에 의해 감염병의 발생과 전파를 예방하기 위한 올바른 개인위생관리로 가장 적합한 것은?

① 정기적으로 건강검진을 받는다.
② 식품 작업 중 화장실 사용 시 위생복을 착용한다.
③ 식품 취급 시 장신구는 순금제품을 착용한다.
④ 설사증이 있을 때에는 약을 복용한 후 식품을 취급한다.

해설 | 식품 취급자는 1년에 한 번씩 보건증을 발급받으면서 건강검진을 받는다.

57 어떤 첨가물의 LD_{50}의 값이 작을 때의 의미로 옳은 것은?

① 저장성이 나쁘다.
② 저장성이 좋다.
③ 독성이 많다.
④ 독성이 적다.

해설 |

- LD_{50}은 통상 포유동물의 독성을 측정하는 것으로 LD값과 독성은 반비례한다.
- LD_{50}(Lethal Dose 50%) : 약물 독성 치사량 단위이다.

51 ③　52 ②　53 ④　54 ③　55 ②　56 ①　57 ③

58 **경구감염병 중 바이러스에 의해 감염되어 발병되는 것은?**

① 성홍열　　② 장티푸스
③ 홍역　　④ 아메바성 이질

해설 | 경구감염병 중 바이러스에 의해 감염되어 발병되는 것에는 유행성 간염, 폴리오(소아마비, 급성회백수염), 홍역 등이 있다.

59 **경구감염병의 예방대책으로 잘못된 것은?**

① 환자 및 보균자의 발견과 격리
② 음료수의 위생 유지
③ 식품취급자의 개인위생 관리
④ 숙주 감수성 유지

해설 | 숙주 감수성이란 병에 잘 걸리기 쉽다는 뜻이다.

60 **산양, 양, 돼지, 소에게 감염되면 유산을 일으키고, 인체 감염 시 고열이 주기적으로 일어나는 인수공통감염병은?**

① 파상열　　② 공수병
③ 광우병　　④ 탄저병

해설 | '주기적으로 일어나는'을 한자어로 파상열이라고 한다. 또는 파상열을 브루셀라증이라고도 한다.

정답 58 ③ 59 ④ 60 ①

실전모의고사

01 패닝 방법 중 풀만 브레드와 같이 뚜껑을 덮어 굽는 제품에 반죽을 길게 늘여 U자, N자, M자형으로 넣는 방법은?

① 직접 패닝
② 트위스트 패닝
③ 스파이럴 패닝
④ 교차 패닝

해설 | 교차 패닝은 대량생산라인에서 몰더로 반죽을 길게 늘여 반죽이 힘을 받게 식빵팬에 U자, N자, M자형으로 넣는 방법이다.

02 제빵 생산 시 물 온도를 구할 때 필요한 인자와 가장 거리가 먼 것은?

① 쇼트닝 온도 ② 실내 온도
③ 마찰계수 ④ 밀가루 온도

해설 |
- 빵 반죽 제조에 사용되는 쇼트닝의 양은 비교적 적은 양이므로 필요한 인자로 잡지 않는다.
- 인자(因子)란 어떤 작용의 원인이 되는 요소를 가리킨다.

03 냉동반죽법의 재료 준비에 대한 사항 중 틀린 것은?

① 저장온도는 −5℃가 적합하다.
② 노화방지제를 소량 사용한다.
③ 반죽은 조금 되게 한다.
④ 크로아상 등의 제품에 이용된다.

해설 | 냉동반죽은 −40℃로 급속냉동 후 −25~−18℃에서 저장한다.

04 스펀지법에 비교해서 스트레이트법의 장점은?

① 발효에 대한 내구성이 좋다.
② 노화가 느리다.
③ 기계에 대한 내구성이 증가한다.
④ 노동력이 감소된다.

해설 | 스펀지법은 2번 반죽하고 스트레이트법은 한 번 반죽하므로, 스트레이트법이 노동력과 시설이 감소된다.

05 주로 소매점에서 자주 사용하는 믹서로서 거품형 케이크 및 빵 반죽이 모두 가능한 믹서는?

① 수직 믹서(Vertical Mixer)
② 스파이럴 믹서(Spiral Mixer)
③ 수평 믹서(Horizontal Mixer)
④ 핀 믹서(Pin Mixer)

해설 | 수직 믹서를 버티컬 믹서라고도 한다.

06 표준 식빵의 재료 사용 범위로 부적합한 것은?

① 설탕 0~8%
② 생이스트 1.5~5%
③ 소금 5~10%
④ 유지 0~5%

해설 | 소금은 1~2% 사용한다.

정답 01 ④ 02 ① 03 ① 04 ④ 05 ① 06 ③

07 1인당 생산가치는 생산가치를 무엇으로 나누어 계산하는가?

① 인원수 ② 시간
③ 임금 ④ 원 재료비

해설 | 1인당 생산가치＝생산가치÷인원수

08 액체발효법에서 가장 정확한 발효점 측정법은?

① 산도 측정
② 거품의 상태 측정
③ 액의 색 변화 측정
④ 부피의 증가도 측정

해설 | 액종의 발효 완료점은 pH 4.2~5.0으로 산도를 측정하여 확인한다.

09 연속식 제빵법(Continuous mixing system)에 관한 설명으로 틀린 것은?

① 발효 손실 감소, 인력 감소 등의 이점이 있다.
② 액체발효법을 이용하여 연속적으로 제품을 생산한다.
③ 자동화 시설을 갖추기 위해 설비공간의 면적이 많이 소요된다.
④ 3~4기압의 디벨로퍼로 반죽을 제조하기 때문에 많은 양의 산화제가 필요하다.

해설 | 연속식 제빵법은 설비 감소, 설비공간과 설비면적이 감소하는 장점이 있다.

10 믹싱시간, 믹싱내구성, 흡수율 등 반죽의 배합이나 혼합을 위한 기초자료를 제공하는 것은?

① 패리노그래프(Farinograph)
② 아밀로그래프(Amylograph)
③ 익스텐시그래프(Extensigraph)
④ 알베오그래프(Alveograph)

해설 | 패리노그래프는 밀가루 속에 들어있는 단백질의 질을 측정하여 믹싱시간, 믹싱내구성, 흡수율 등 반죽의 배합이나 혼합을 위한 기초자료를 제공한다.

11 이스트 푸드에 대한 설명으로 틀린 것은?

① 발효를 조절한다.
② 밀가루 중량대비 1~5%를 사용한다.
③ 이스트의 영양을 보급한다.
④ 반죽조절제로 사용한다.

해설 | 이스트 푸드의 사용량은 밀가루 중량대비 0.1~0.2%를 사용한다.

12 다음의 빵 제품 중 일반적으로 반죽의 되기가 가장 된 것은?

① 피자도우
② 잉글리쉬 머핀
③ 단과자빵
④ 식빵

해설 | 피자도우 위에 수분이 많은 토핑을 얹어야 하므로 반죽을 되게 만든다. 반죽의 되기가 가장 진 것은 잉글리시 머핀이다.

13 이스트 2%를 사용하여 4시간 발효시킨 경우 양질의 빵을 만들었다면 발효시간을 3시간으로 단축하고자 할 때 얼마 정도의 이스트를 사용해야 하는가?

① 약 1.5% ② 약 2.0%
③ 약 2.7% ④ 약 3.0%

해설 | 2%×4시간÷3시간＝2.7%

정답 07 ① 08 ① 09 ③ 10 ① 11 ② 12 ① 13 ③

14 데니시 페이스트리에서 롤인 유지함량 및 접기 횟수에 대한 내용 중 틀린 것은?

① 롤인 유지함량이 증가할수록 제품 부피는 증가한다.

② 롤인 유지함량이 적어지면 같은 접기 횟수에서 제품의 부피가 감소한다.

③ 같은 롤인 유지함량에서는 접기 횟수가 증가할수록 부피는 증가하다 최고점을 지나면 감소한다.

④ 롤인 유지함량이 많은 것이 롤인 유지함량이 적은 것보다 접기 횟수가 증가함에 따라 부피가 증가하다가 최고점을 지나면 감소하는 현상이 현저하다.

해설 | 롤인 유지함량이 많은 것이 롤인 유지함량이 적은 것보다 접기 횟수가 증가함에 따라 부피가 증가하다가 최고점을 지나면 감소하는 현상이 서서히 나타난다.

15 2차 발효의 상대습도를 가장 낮게 하는 제품은?

① 옥수수 식빵 ② 데니시 페이스트리
③ 우유 식빵 ④ 팥앙금빵

해설 | 데니시 페이스트리는 껍질이 바삭바삭해야 하므로 상대습도를 낮게 설정한다. 반대로 잉글리시 머핀과 햄버거 빵은 높게 설정한다.

16 빵 반죽의 흡수율에 영향을 미치는 요소에 대한 설명으로 옳은 것은?

① 설탕 5% 증가 시 흡수율은 1%씩 감소한다.

② 빵 반죽에 알맞은 물은 경수(센물)보다 연수(단물)이다.

③ 반죽온도가 5℃ 증가함에 따라 흡수율이 3% 증가한다.

④ 유화제 사용량이 많으면 물과 기름의 결합이 좋게 되어 흡수율이 감소된다.

해설 |
② 빵 반죽에 알맞은 물은 아경수이다.
③ 반죽온도가 5℃ 증가함에 따라 흡수율이 3% 감소한다.
④ 유화제의 사용량은 수분 흡수율을 증가시킨다.

17 냉동반죽을 2차 발효시키는 방법 중 가장 올바른 것은?

① 냉장고에서 15~16시간 냉장 해동시킨 후 30~33℃, 상대습도 80%의 2차 발효실에서 발효시킨다.

② 실온(25℃)에서 30~60분간 자연 해동시킨 후 38℃, 상대습도 85%의 2차 발효실에서 발효시킨다.

③ 냉동반죽을 30~33℃, 상대습도 80%의 2차 발효실에 넣어 해동시킨 후 발효시킨다.

④ 냉동반죽을 38~43℃, 상대습도 90%의 고온다습한 2차 발효실에 넣어 해동시킨 후 발효시킨다.

해설 | 냉동반죽은 냉장고에서 냉장해동을 장시간에 걸쳐 완만해동시킨 후 30℃ 정도에서 2차 발효를 시켜야 2차 발효 동안 반죽이 퍼지지 않는다.

18 다음 제빵공정 중 시간보다 상태로 판단하는 것이 좋은 공정은?

① 분할 ② 성형
③ 2차 발효 ④ 포장

해설 | 발효 시 여러 변수가 작용하기 때문에 발효공정은 시간보다 상태로 판단하는 것이 좋다.

14 ③ 15 ② 16 ① 17 ① 18 ③

19 다음 표에 나타난 배합 비율을 이용하여 빵 반죽 1,802g을 만들려고 한다. 다음 재료 중 계량된 무게가 틀린 것은?

순서	재료명	비율(%)	무게(g)
1	강력분	100	1,000
2	물	63	(가)
3	이스트	2	20
4	이스트 푸드	0.2	(나)
5	설탕	6	(다)
6	쇼트닝	4	40
7	분유	3	(라)
8	소금	2	20
합계		180.2	1,802

① (가) 630g　　② (나) 2.4g
③ (다) 60g　　④ (라) 30g

해설 |
- g÷%=배(倍), g÷배(倍)=%, %×배(倍)=g
- 1kg=1,000g, 1g=1,000mg, 1g=0.001kg, 1mg=0.001g

20 빵의 원재료 중 밀가루의 글루텐 함량이 많을 때 나타나는 결함이 아닌 것은?

① 겉껍질이 두껍다.　　② 기공이 불규칙하다.
③ 비대칭성이다.　　④ 윗면이 검다.

해설 | 밀가루의 글루텐 함량이 많아지면 아미노산과 환원당이 결합하여 일으키는 메일라드 반응을 촉진시켜 껍질색이 약간 진해지지만 제품의 윗면을 검게 하지는 않는다.

21 빵 도넛에 토핑한 글레이즈가 끈적이는 원인과 대응방안으로 틀린 것은?

① 유지 성분과 수분의 유화 평형 불안정 – 원재료 중 유화제 함량을 높임
② 안정제, 농후화제 부족 – 글레이즈 제조 시 첨가된 검류의 함량을 높임
③ 온도, 습도가 높은 환경 – 냉장 진열장 사용 또는 통풍이 잘되는 장소 선택
④ 빵 도넛 제조 시 지친 반죽, 2차 발효가 지나친 반죽 사용

해설 | 빵 도넛 글레이즈는 일반적으로 젤라틴, 젤리, 시럽, 퐁당, 초콜릿 등으로 만들므로 유화제를 사용하지 않는다.

22 프랑스빵에서 스팀을 사용하는 이유로 부적당한 것은?

① 거칠고 불규칙하게 터지는 것을 방지한다.
② 겉껍질에 광택을 내준다.
③ 얇고 바삭거리는 껍질이 형성되도록 한다.
④ 반죽의 흐름성을 크게 증가시킨다.

해설 |
- 반죽의 흐름성은 믹싱 정도, 반죽의 수분 함량, 발효실의 온도와 습도의 영향을 받는다.
- 반죽의 흐름성을 증가시켜야 하는 제품에는 햄버거 번, 잉글리시 머핀 등이 있다.
- 반죽의 흐름성은 억제시키고 탄력성을 증가시키는 제품이 프랑스빵이다.

23 다음 제빵냉각법 중 적합하지 않은 것은?

① 자연냉각
② 급속냉각
③ 터널식 냉각
④ 에어컨디션식 냉각

해설 | 급속냉각을 할 경우
- 크러스트(껍질)에 균열이 일어난다.
- 수분손실 등 피해가 커진다.
- 노화를 촉진시킨다.

24 오븐 내에서 뜨거워진 공기를 강제 순환시키는 열전달 방식은?

① 대류　　② 전도
③ 복사　　④ 전자파

해설 | 대류 : 열 때문에 유체(액체와 기체)가 상하로 뒤바뀌며 움직이는 현상으로 컨벡션 오븐의 열전달 방식이다.

정답 19 ② 20 ④ 21 ① 22 ④ 23 ② 24 ①

25 빵의 노화 방지에 유효한 첨가물은?

① 이스트 푸드

② 산성탄산나트륨

③ 모노글리세리드

④ 탄산암모늄

해설 | 모노글리세리드는 빵의 수분을 보유하여 노화를 방지하는 유화제(계면활성제)의 일종이다.

26 굽기 후 빵을 썰어 포장하기에 가장 좋은 온도는?

① 17℃ ② 27℃

③ 37℃ ④ 47℃

해설 | 빵의 냉각과 포장으로 적합한 온도는 35~40℃이다.

27 생산된 소득 중에서 인건비와 관련된 부분은?

① 노동 분배율

② 생산 가치율

③ 가치적 생산성

④ 물량적 생산성

해설 | 노동 분배율은 인건비를 생산가치로 나눈 값으로 생산가치에서 차지하는 인건비의 비율을 나타낸 것이다.

28 성형 시 둥글리기의 목적과 거리가 먼 것은?

① 표피를 형성시킨다.

② 가스포집을 돕는다.

③ 끈적거림을 제거한다.

④ 껍질색을 좋게 한다.

해설 | 빵의 껍질색은 배합비, 발효 정도, 굽는 온도와 시간 등에 영향을 받는다.

29 ppm을 나타낸 것으로 옳은 것은?

① g당 중량 백분율

② g당 중량 만분율

③ g당 중량 십만분율

④ g당 중량 백만분율

해설 | ppm : part per million이란 의미로 g당 중량 백만분율이다.

30 제빵 배합률 작성 시 베이커스 퍼센트(Baker's %)에서 기준이 되는 재료는?

① 설탕 ② 물

③ 밀가루 ④ 유지

해설 | 베이커스 퍼센트는 기준이 밀가루이고 True %는 기준이 전체 반죽량이다.

31 다음 중 전화당의 특성이 아닌 것은?

① 껍질색의 형성을 빠르게 한다.

② 제품에 신선한 향을 부여한다.

③ 설탕의 결정화를 감소 · 방지한다.

④ 가스 발생력이 증가한다.

해설 | 가스 발생력을 직접적으로 향상시키는 발효성 탄수화물은 설탕, 맥아당과 포도당이고 전화당은 약간 거리가 있다.

32 화이트 초콜릿에 들어 있는 카카오 버터의 함량은?

① 70% 이상 ② 20% 이상

③ 10% 이하 ④ 5% 이하

해설 | 화이트 초콜릿은 비터 초콜릿에서 코코아 고형분을 뺀 것으로 미국 기준으로 카카오 버터의 함량이 20% 이상이다.

25 ③ 26 ③ 27 ① 28 ④ 29 ④ 30 ③ 31 ④ 32 ②

33 다음 중 코코아에 대한 설명으로 잘못된 것은?

① 코코아에는 천연 코코아와 더취 코코아가 있다.
② 더취 코코아는 천연 코코아를 알칼리 처리하여 만든다.
③ 더취 코코아는 색상이 진하고 물에 잘 분산된다.
④ 천연 코코아는 중성을 더취 코코아는 산성을 나타낸다.

해설 | 천연 코코아는 산성을 나타내고 더취 코코아는 중성을 나타낸다.

34 밀가루를 전문적으로 시험하는 기기로 이루어진 것은?

① 패리노그래프, 가스크로마토그래피, 익스텐소그래프
② 패리노그래프, 아밀로그래프, 파이브로미터
③ 패리노그래프, 익스텐소그래프, 아밀로그래프
④ 아밀로그래프, 익스텐소그래프, 펑츄어테스터

해설 |
- 패리노그래프 : 밀가루의 흡수율을 측정한다.
- 아밀로그래프 : 밀가루의 알파-아밀라제의 효과를 측정한다.
- 익스텐소그래프 : 밀가루 개량제의 효과를 측정한다.

35 다음 밀가루 중 빵을 만드는 데 사용되는 것은?

① 박력분 ② 중력분
③ 강력분 ④ 대두분

해설 | 빵을 만들 때 사용하는 밀가루는 단백질 함량이 많아야 가스 보유력이 증가하므로 강력분이 좋다.

36 일반적인 생이스트의 적당한 저장온도는?

① −15℃ ② −10~−5℃
③ 0~5℃ ④ 15~20℃

해설 | 생이스트의 활동을 정지시킬 수 있는 냉장온도에 보관한다.

37 계란 흰자가 360g 필요하다고 할 때 전란 60g짜리 계란은 몇 개 정도 필요한가?(단, 계란 중 난백의 함량은 60%)

① 6개 ② 8개
③ 10개 ④ 13개

해설 | 360g÷(60g×0.6)=10개

38 젤리 형성의 3요소가 아닌 것은?

① 당분 ② 유기산
③ 펙틴 ④ 염

해설 | 젤리는 당분 60~65%, 펙틴 1.0~1.5%, pH3.2의 산성이 되어야 형성된다.

39 일반적으로 가소성 유지제품(쇼트닝, 마가린, 버터 등)은 상온에서 고형질이 얼마나 들어 있는가?

① 20~30% ② 50~60%
③ 70~80% ④ 90~100%

해설 | 가소성 유지제품 : 고체 형태의 지방을 가리키며 상온(실온)에서 고형질이 20~30% 들어있다. 자료마다 약간의 차이는 있다.

40 제빵용 이스트에 들어있지 않은 효소는?

① 찌마아제 ② 인버타아제
③ 락타아제 ④ 말타아제

해설 | 동물성 당류인 유당을 가수분해하는 락타아제는 이스트에 들어있지 않다.

정답 33 ④ 34 ③ 35 ③ 36 ③ 37 ③ 38 ④ 39 ① 40 ③

41 일반적으로 제빵에 사용하는 밀가루의 단백질 함량은?

① 7~9% ② 9~10%
③ 11~13% ④ 14~16%

해설 | 제빵에 사용하는 밀가루는 강력분이고, 단백질 함량은 11~13%이다.

42 상대적 감미도가 올바르게 연결된 것은?

① 과당 : 135 ② 포도당 : 75
③ 맥아당 : 16 ④ 전화당 : 100

해설 | 과당(175) 〉 전화당(130) 〉 설탕(100) 〉 포도당(75) 〉 맥아당(32), 갈락토오스(32) 〉 유당(16)

43 다음 중 호화(Gelatinization)에 대한 설명 중 맞는 것은?

① 호화는 냉장온도에서 잘 일어난다.
② 호화는 주로 단백질과 관련된 현상이다.
③ 호화되면 소화되기 쉽고 맛이 좋아진다.
④ 유화제를 사용하면 호화를 지연시킬 수 있다.

해설 |
① 노화는 냉장온도에서 잘 일어난다.
② 호화는 주로 전분과 관련된 현상이다.
③ 호화는 60℃ 이상에서 잘 일어난다.
④ 유화제를 사용하면 호화를 촉진시킬 수 있다.

44 유장(Whey products)에 탈지분유, 밀가루, 대두분 등을 혼합하여 탈지분유의 기능과 유사하게 한 제품은?

① 시유 ② 농축 우유
③ 대용 분유 ④ 전지 분유

해설 |
- 유장 부산물(Whey products)은 우유에서 버터를 만들기 위해 유지방, 치즈를 만들기 위해 카세인을 분리하고 남은 액체(Whey)를 건조시킨 것이다.
  ① 시유 : 시장에서 판매하는 Market milk
  ② 농축 우유 : 연유처럼 수분을 제거한 우유
  ④ 전지 분유 : 우유에서 수분을 제거하고 건조시킨 분말

45 이스트 푸드에 관한 사항 중 틀린 것은?

① 물 조절제 – 칼슘염
② 이스트 영양분 – 암모늄염
③ 반죽 조절제 – 산화제
④ 이스트 조절제 – 글루텐

해설 |
- 이스트 조절제는 이스트 영양원인 암모늄염이 작용하는 성분이다.
- 암모늄염이 반응하여 이스트에 꼭 필요한 영양소인 질소를 제공한다.
- 암모늄염은 염산이온, 황산이온, 인산이온 등과 화합물 형태로 이스트 푸드에 첨가되어 있다.
- 종류에는 염화암모늄, 황산암모늄, 인산암모늄 등이 있다.

46 음식물을 통해서만 얻어야 하는 아미노산과 거리가 먼 것은?

① 메티오닌(Methionine)
② 리신(Lysine)
③ 트립토판(Tryptophan)
④ 글루타민(Glutamine)

해설 |
- 음식물을 통해서만 얻는 아미노산은 필수아미노산이며, 그 종류에는 이소류신, 류신, 리신, 메티오닌, 페닐알라닌, 트레오닌, 트립토판, 발린 등이 있다.
- 글루타민은 글루탐산과 암모니아로부터 합성되는 불필수아미노산으로 인체 내 질소의 주된 운반체이며 많은 세포에서 중요한 에너지원으로 이용된다.

47 성장기 어린이, 빈혈환자, 임산부 등 생리적 요구가 높을 때 흡수율이 높아지는 영양소는?

① 철분 ② 나트륨
③ 칼륨 ④ 아연

해설 | Fe(철분) : 헤모글로빈을 구성하는 체내 기능 물질로서 성장기 어린이, 빈혈환자, 임산부 등 생리적 요구가 높을 때 흡수율이 높아지는 영양소이다.

41 ③ 42 ② 43 ③ 44 ③ 45 ④ 46 ④ 47 ①

48 다당류 중 포도당으로만 구성되어 있는 탄수화물이 아닌 것은?

① 셀룰로오스　② 전분
③ 펙틴　④ 글리코겐

해설 | 펙틴은 다량의 포도당에 유리산, 암모늄, 칼륨, 나트륨염 등이 결합된 복합 다당류이다.

49 콜레스테롤에 관한 설명 중 잘못된 것은?

① 담즙의 성분이다.
② 비타민 D_3의 전구체가 된다.
③ 탄수화물 중 다당류에 속한다.
④ 다량 섭취 시 동맥경화의 원인물질이 된다.

해설 | 콜레스테롤은 지방 중 유도 지방에 속한다.

50 니아신(Niacin)의 결핍증은?

① 괴혈병　② 야맹증
③ 신장병　④ 펠라그라

해설 | 펠라그라는 체조직 내의 니아신이나 그 전구체인 트립토판이 결핍되어 여러 기관에 병변을 나타내는 영양장애에 의한 질환으로 피부염, 설사, 치매를 일으키며, 치료하지 않으면 사망에 이를 수 있다.

51 합성감미료와 관련이 없는 것은?

① 화학적 합성품이다.
② 아스파탐이 이에 해당한다.
③ 일반적으로 설탕보다 감미 강도가 낮다.
④ 인체 내에서 영양가를 제공하지 않는 합성감미료도 있다.

해설 | 합성감미료는 일반적으로 설탕보다 감미 강도가 높다.

52 식품과 부패에 관여하는 주요 미생물의 연결이 옳지 않은 것은?

① 곡류 – 곰팡이
② 육류 – 세균
③ 어패류 – 곰팡이
④ 통조림 – 포자형성 세균

해설 | 어패류는 수분활성도가 높아 곰팡이가 아닌 세균이 부패에 관여한다.

53 병원성 대장균의 특성이 아닌 것은?

① 감염 시 주증상은 급성 장염이다.
② 그람양성균이며 포자를 형성한다.
③ Lactose를 분해하여 산과 가스(CO_2)를 생산한다.
④ 열에 약하며 75℃에서 3분간 가열하면 사멸된다.

해설 |

- 병원성 대장균은 그람음성균이며 무포자 간균이다.
- 그람염색은 세균 염색법의 하나로 질병을 일으킨 원인균의 추측과 항생제의 선택에 중요한 지표가 되므로 모든 세균에 대해 행해지고 있는 중요한 염색법이다.
- 세균을 먼저 보라색 색소로 염색한 후, 알코올 탈색을 한다. 여기에서 탈색되지 않고 보라색을 띠면 그람양성균이다.
- 탈색되는 균에 붉은 색소를 물들인 균을 그람음성균이라고 한다.
- 포자는 포아, Spore 라고 하며 세포 내에 형성하는 소체로서 외부의 물리적, 화학적 작용에 저항력이 강하고 장시간 생존이 가능하다.

54 물과 기름처럼 서로 혼합이 잘 되지 않는 두 종류의 액체를 혼합 · 분산시켜 주는 첨가물은?

① 유화제　② 소포제
③ 피막제　④ 팽창제

해설 | 유화제 : 글리세린, 레시틴, 모노–디–글리세리드, 글리세린지방산에스테르 등이 있다.

정답 48 ③　49 ③　50 ④　51 ③　52 ③　53 ②　54 ①

55 다음 중 경구감염병을 일으키는 원인과 감염병이 바르게 연결되지 않은 것은?

① 곰팡이에 의한 것 – 아플라톡신

② 바이러스에 의한 것 – 유행성간염

③ 원충류에 의한 것 – 아메바성 이질

④ 세균에 의한 것 – 장티푸스

해설 |

- 경구감염병 : 세균성 감염, 바이러스성 감염, 원충성 감염 등이 있다.
- 곰팡이에 의한 것 : 아플라톡신이라는 내용은 맞지만, 경구감염병이 아니다.
- 곰팡이에 의한 병은 감염병(전염병)이 아니다.

56 절대적으로 공기와의 접촉이 차단된 상태에서만 생존할 수 있어 산소가 있으면 사멸되는 균은?

① 호기성균 ② 편성 호기성균

③ 통성 혐기성균 ④ 편성 혐기성균

해설 | 호기성균을 필요로 하는 산소량에 따른 분류

- 편성 호기성균 : 산소가 존재하는 상태에서만 증식
- 미호기성균 : 산소가 약간 존재하는 상태에서 증식
- 편성 혐기성균 : 산소가 없는 상태에서 증식

57 식중독에 대한 설명 중 틀린 것은?

① 클로스트리듐 보툴리늄균은 혐기성 세균이기 때문에 통조림 또는 진공포장 식품에서 증식하여 독소형 식중독을 일으킨다.

② 장염 비브리오균은 감염형 식중독 세균이며, 원인식품은 식육이나 유제품이다.

③ 리스테리아균은 균수가 적어도 식중독을 일으키며 냉장온도에서도 증식이 가능하기 때문에 식품을 냉장 상태로 보존하더라도 안심할 수 없다.

④ 바실러스 세레우스균은 토양 또는 곡류 등 탄수화물 식품에서 식중독을 일으킬 수 있다.

해설 | 장염 비브리오균은 감염형 식중독 세균이며, 원인식품은 어류, 패류, 해조류 등이다.

58 다음 중 인수공통감염병은?

① 폴리오 ② 이질

③ 야토병 ④ 감염성 설사병

해설 | 인수공통감염병 : 탄저병, 파상열(브루셀라증), 결핵, 야토병, 돈단독, Q열, 리스테리아증 등이 있다.

59 우리나라의 식품위생법에서 정하고 있는 내용이 아닌 것은?

① 조리사 및 영양사의 면허

② 건강진단 및 위생교육

③ 식중독에 관한 조사보고

④ 건강기능식품의 검사

해설 | 건강기능식품의 검사는 식품으로 인한 위생상의 위해사고 방지를 위한 검사가 아니므로 식품위생법에서 정하는 내용이 아니다.

60 페디스토마의 제1중간 숙주는?

① 돼지고기 ② 소고기

③ 참붕어 ④ 다슬기

해설 |

- 페디스토마 제1중간 숙주 : 다슬기
- 간디스토마 제1중간 숙주 : 왜우렁이

55 ① 56 ④ 57 ② 58 ③ 59 ④ 60 ④

제 5 편

상시시험 빈출문제 내용 요약

1회차 상시시험 빈출문제 내용 요약

2회차 상시시험 빈출문제 내용 요약

3회차 상시시험 빈출문제 내용 요약

상시시험 빈출문제 내용 요약

제1편 빵류 재료

[설탕의 분자식]
포도당($C_6H_{12}O_6$)과 과당($C_6H_{12}O_6$)이 축합하여 설탕과 물을 생성($C_{12}H_{22}O11+H_2O$)하므로 설탕의 분자식은 $C_{12}H_{22}O_{11}$이다.

[유지의 구성]
유지(중성지방)는 3분자의 지방산과 1분자의 글리세린(글리세롤)이 결합되어 만들어진 에스테르, 즉 트리글리세리드이다.

[단백질을 구성하는 원소]
탄소(C), 수소(H), 질소(N), 산소(O), 황(S) 등의 원소로 구성된 유기화합물로 질소가 단백질의 특성을 규정짓는다.

[제빵 시 곰팡이에서 추출한 효소 아밀라아제의 효과]
① 밀가루 전분을 당화시킨다.
② 껍질색을 개선시킨다.
③ 저장성을 증가시킨다.
④ 특유의 향을 부여한다.

[밀가루의 제분수율(%)에 따른 변화]
① 제분수율이 증가하면 일반적으로 소화율(%)은 감소한다.
② 제분수율이 증가하면 일반적으로 비타민 B_1, B_2 함량이 증가한다.
③ 제분수율이 증가하면 일반적으로 무기질 함량이 증가한다.
④ 목적에 따라 제분수율이 조정되기도 한다.

[이스트의 최적 보관온도와 보관기간]
−1℃에서 3개월간 보관하면서 사용하면 이스트 본래의 특성을 유지할 수 있다.

[달걀 흰자의 기포성과 안정성]
① 달걀 흰자의 기포성을 좋게 하는 재료 : 주석산 크림, 레몬즙, 식초, 과일즙 등의 산성재료와 소금
② 달걀 흰자의 안정성을 좋게 하는 재료 : 설탕, 산성재료
③ 흰자와 설탕, 산성재료를 넣고 휘핑하여 만드는 머랭의 적정 pH는 5.2~6.0의 약산성이 좋다.

[제빵에 적합한 물]
아경수(121~180ppm)에 약산성(pH 5.2~5.6)을 띠는 물이 제빵에 적합하다.

[제빵에서 소금의 역할]
① 빵 반죽에 저항성과 신장성을 부여한다.
② 방부효과가 있다.
③ 빵 내부를 누렇게 만든다.
④ 껍질색이 갈색이 되게 한다.
⑤ 풍미를 증가시키고 맛을 조절한다.
⑥ 빵 내부의 기공을 좋게 한다.

[함수포도당]
포도당은 제빵 시 이스트의 영양원으로 일반적인 정제 설탕보다 좋은 효과가 있다. 즉, 빵의 촉감과 결을 부드럽게 하고 오랫동안 촉촉함을 유지시키며, 빵의 유연성과 탄력성을 높여준다. 그래서 대량생산업체에서 빵과 과자 제품을 만들고자 할 때 설탕 대신 포도당을 많이 사용한다. 포도당에는 무수포도당과 함수포도당이 있는데 제과용으로 쓰이는 것은 함수포도당이다.

[버터의 구성성분]
① 소금 : 1~3%
② 수분 : 14~17%
③ 우유지방 : 80~85%

[유지의 종류에 따라 가소성의 정도를 조절하는 온도별 고형질 계수]
① 10℃에서 파이용 마가린의 고형질 계수는 '24'

② 10℃에서 퍼프용 마가린의 고형질 계수는 '28'

[우유가 과자와 빵에 미치는 영향]

① 영양을 강화시킨다.

② 보수력이 있어서 과자와 빵의 노화를 지연시키고 선도를 연장시킨다.

③ 겉껍질 색깔을 강하게 한다.

④ 이스트에 의해 생성된 향을 착향시킨다.

⑤ 믹싱내구력을 향상시킨다.

[펙틴]

메톡실기 7% 이상의 펙틴은 당과 산이 있으면 젤리나 잼을 형성하며 과일의 껍질에서 추출한다. 젤화제, 증점제, 안정제, 유화제 등으로 사용된다.

[필수지방산의 흡수]

필수지방산이란 체내에서 합성되지 않아 음식물에서 섭취해야 하는 지방산으로 성장을 촉진하고 피부건강을 유지시키며, 혈액 내의 콜레스테롤 양을 저하시킨다. 노인의 경우 필수지방산의 흡수를 위하여 콩기름을 섭취하는 것이 좋다.

[단백질의 질소계수]

① 단백질 양=질소의 양×질소계수

② 질소계수 : 밀가루의 질소계수는 5.7, 밀가루 이외의 질소계수는 6.25이다.

[생물가(B.V)]

① 단백질의 체내 이용 정도를 평가하는 방법이다. 체내에 흡수된 질소량에 대한 체내에 보유된 질소량을 %로 나타낸다.

② $\text{생물가} = \dfrac{\text{체내에 보유된 질소량}}{\text{체내에 흡수된 질소량}} \times 100$

[칼슘의 흡수와 비타민]

비타민 D가 결핍되면 칼슘과 인의 부족으로 구루병, 골연화증, 골다공증을 일으킨다. 연어, 난황, 버터 등을 섭취해서 보충한다.

[유당불내증]

우유 중에 있는 유당을 소화하는 소화효소(락타아제)가 결여되어서 유당을 소화하지 못하기 때문에 오는 증상이다.

제2편 빵류 제조

[제빵법에 따른 반죽온도]

① 표준 스트레이트법의 반죽온도는 27℃가 적당하다.

② 표준 스펀지법의 스펀지 반죽온도는 24℃, 도우 반죽온도는 27℃가 적당하다.

③ 비상 스트레이트법 반죽온도는 30℃가 적당하다.

④ 비상 스펀지법의 스펀지 반죽온도는 30℃, 도우 반죽온도는 30℃가 적당하다.

⑤ 액체발효법의 액종온도는 30℃가 적당하다.

⑥ 냉동반죽법의 반죽온도는 20℃가 적당하다.

[비상 스트레이트법으로 전환 시 필수 조치사항]

① 물 사용량을 1% 증가시킨다.

② 설탕 사용량을 1% 감소시킨다.

③ 반죽시간을 20~30% 늘려서 글루텐의 기계적 발달을 최대로 한다.

④ 이스트 사용량을 2배로 증가시킨다.

⑤ 반죽온도를 30~31℃로 맞춘다.

⑥ 1차 발효를 15~30분 정도 한다.

[냉동반죽법에서 냉동온도와 저장온도]

반죽을 −40℃로 급속냉동 후 −25~−18℃에서 저장한다. 반죽을 −40℃로 급속냉동을 하는 이유는 수분이 얼면서 팽창하여 이스트를 사멸시키거나 글루텐을 파괴하는 것을 막기 위함이다.

[빵 반죽의 가소성]

① 반죽이 성형과정에서 형성되는 모양을 유지시키려는 물리적 성질이다.

② 믹싱공정 중 반죽에 부여하고자 하는 물리적 성질에는 탄력성, 점탄성, 신장성, 흐름성, 가소성 등이 있다.

[빵 반죽 시 단백질과 물 함량 비율]

밀가루 단백질 함량이 1% 증가할 때 반죽에 넣는 물 함량은 1.5~2% 증가한다.

[빵 반죽온도에 영향을 미치는 요인]

① 실내온도(작업장 온도)

② 재료온도(밀가루, 물, 유지, 설탕, 달걀)

③ 마찰열(마찰계수 : 반죽기 내에서 마찰력에 의해 상승한 온도)

[익스텐시그래프(Extensigraph)]

① Extensigraph의 extend는 '잡아당기다'라는 뜻으로, 반죽의 신장성에 대한 저항과 산화제를 첨가할 필요량을 측정하는 기계이다.

② 밀가루 반죽의 시험기계 종류 : 믹소그래프, 아밀로그래프, 익스텐시그래프, 레오그래프, 패리노그래프, 믹사트론(Mixatron), 폴링넘버(Falling Number)

[이스트의 발효(가스 발생력)에 영향을 주는 요소]

① 충분한 물

② 적당한 반죽온도

③ 발효성 탄수화물(설탕, 맥아당, 포도당, 과당, 갈락토오스)

④ 반죽의 pH(pH 4~6)

⑤ 설탕과 소금의 삼투압

※ 쇼트닝의 양은 가스 보유력에는 영향을 미치지만, 가스 발생력(발효)에는 영향을 미치지 않는다.

[빵 제품의 제조공정]

① 반죽은 무게 또는 부피에 의해 분할한다.

② 둥글리기에 과다한 덧가루를 사용하면 제품에 줄무늬가 생성된다.

③ 중간 발효 시간은 보통 10~20분이며, 27~29℃에서 실시한다.

④ 성형은 반죽을 일정한 형태로 만드는 밀기→말기→봉하기의 3단계 공정으로 이루어진다.

[제과제빵 패닝 시 주의사항]

① 종이 깔개를 사용한다.

② 철판에 넣은 반죽은 두께가 일정하도록 펴준다.

③ 패닝 후 즉시 굽는다.

④ 팬 기름을 많이 바르지 않는다. 팬 기름을 많이 바르면 빵의 껍질이 구워지는 것이 아니라 튀겨진다.

⑤ 빵 반죽은 32℃ 팬에 패닝한다.

[일반 빵 제조 시 2차 발효실의 온도와 습도]

2차 발효실의 온도와 습도를 설정하는 기준은 제품에 부여하고자 하는 특성을 발현시킬 수 있는 범위로 온도 32~40℃, 습도 85~95% 정도가 적당하다.

[오븐 온도가 높을 때 식빵 제품에 미치는 영향]

① 부피가 작다.

② 껍질색이 진하다.

③ 언더 베이킹이 되기 쉽다.

④ 굽기손실이 작다.

⑤ 눅눅한 식감이 난다.

⑥ 불규칙한 색이 나며 껍질이 분리된다.

[빵의 냉각방법]

① 자연냉각 : 바람이 없는 실내에서 냉각시키는 것이 가장 이상적이며, 3~4시간 정도 소요된다.

② 터널식 냉각 : 공기배출기를 이용한 냉각으로 2~2.5시간 정도 소요된다.

③ 공기조절식 냉각 : 온도 20~25℃, 습도 85%의 공기에 통과시켜 90분간 냉각한다.

[제품 보관 시 상대습도가 미치는 영향]

제품을 보관하는 장소의 상대습도는 완제품의 수분 이동에 관여하므로 완제품의 노화와 부패에 영향을 미친다.

[제품회전율]

① 제품의 시장성을 파악하는 지표이며, 제품 생산시스템을 관리하는 지표이다.

② 제품회전율 = $\frac{\text{매출액}}{\text{평균재고액}} \times 100$

제 3 편 위생관리

[식품위생의 대상 범위]

① 식품, 식품 첨가물, 기구, 용기와 포장 등에서 발생하는 오염을 대상으로 한다.

② 모든 음식물을 말하나 의약으로 섭취하는 것은 예외로 한다.

[세균 증식에 영향을 주는 요인]

① 미생물의 증식을 촉진하는 수분함량은 60~65%이다.

② 식중독의 원인균은 대체로 중온균으로 25~37℃에서 왕성하게 발육한다.

③ 일반 세균의 증식 최적 pH는 6.5~7.5(약산성에서 중성)이다.

[미생물의 종류]

① 세균은 주로 분열법으로 그 수를 늘리며, 식품 부패에 가장 많이 관여하는 미생물이다.

② 효모는 주로 출아법으로 그 수를 늘리며, 술 제조에 많

이 사용된다.

③ 곰팡이는 주로 포자에 의해 그 수를 늘리며, 빵, 밥 등의 부패에 관여하는 미생물이다.

④ 바이러스는 기생을 하면서 복제를 통하여 증식을 한다.

[로프균]

① 제과 · 제빵 작업 중 99℃의 제품 내부 온도에서도 생존할 수 있다.

② 내열성이 강하고 치사율이 매우 높다.

③ 산에 약하여 pH 5.5의 약산성에도 모두 사멸한다.

[아플라톡신 중독증]

① 아플라톡신을 생산하는 곰팡이에는 Aspergillus flavus, Aspergillus parasiticus, Aspergillus nomius 등이 있다.

② 이들 곰팡이는 영양원으로 탄수화물이 풍부한 기질(곡류)을 선호한다.

③ 이들이 아플라톡신을 생산하는 최적 조건은 기질(곡류) 수분 16% 이상, 상대습도 80~85% 이상, 온도 25~30℃이다.

④ 아플라톡신은 열에 매우 강하여 280~300℃로 가열하여야만 분해된다.

[기생충과 숙주]

① 유구조충(갈고리촌충) – 돼지

② 아니사키스 – 해산어류

③ 간흡충(간디스토마) – 왜우렁이, 잉어

④ 폐디스토마 – 다슬기

[중금속이 일으키는 식중독 증상]

① 납(Pb) : 적혈구 혈색소 감소, 체중감소, 신장장애, 호흡장애 등

② 비소(As) : 구토, 위통, 경련 등 급성중독과 피부질환

③ 수은(Hg) : 미나마타병 발병, 구토, 복통, 설사, 위장장애, 전신경련 등

④ 카드뮴(Cd) : 이타이이타이병 발병, 신장장애, 골연화증 등

[질병 발생의 3대 요소]

① 병인 : 질병 발생의 직접적인 원인이 되는 요소

② 환경 : 병인과 숙주 간의 맥 역할을 하거나 양자의 조건에 영향을 주는 요소

③ 숙주 : 인종, 유전인자, 연령, 성별, 직업, 면역 여부 등에 따라 감수성의 수준이 다르다.

[경구감염병의 종류]

① 세균성 감염 : 세균성 이질, 장티푸스, 파라티푸스, 콜레라, 성홍열, 디프테리아

② 바이러스성 감염 : 유행성간염, 감염성 설사증, 폴리오(급성회백수염, 소아마비), 천열, 홍역

③ 원충성 감염 : 아메바성 이질

[감염병 발생 시 대책]

① 식중독과 마찬가지로 의사는 환자의 증상이 확인되는 대로 행정기관(관할 시 · 군보건소장)에 보고한다.

② 환자와 보균자를 격리하고, 접촉자에 대한 진단과 검변을 실시한다.

③ 환자나 보균자의 배설물, 오염물의 소독 등 방역 조치를 취한다.

④ 추정 원인식품을 수거하여 검사기관에 보낸다.

[식품 첨가물 – 밀가루 개량제]

① 밀가루의 표백과 숙성기간을 단축시키고, 제빵 효과의 저해물질을 파괴시켜 품질을 개량한다.

② 종류에는 과산화벤조일, 과황산암모늄, 브롬산칼륨, 염소, 이산화염소 등이 있다.

[식품 첨가물–호료]

① 식품에 점착성 증가, 유화 안정성, 선도 유지, 형체 보존에 도움을 주며, 점착성을 줌으로써 촉감을 좋게 하기 위해 사용한다.

② 종류에는 메틸셀룰로오스, 구아검, 알긴산나트륨, 카제인 등이 있다.

상시시험 빈출문제 내용 요약

제1편 빵류 재료

[이당류]

이당류는 단당류 2분자가 결합된 당류로 종류에는 자당(설탕, Sucrose), 맥아당(엿당, Maltose), 유당(젖당, Lactose)이 있다.

[아밀로펙틴의 특성]

① 요오드 테스트를 하면 자주빛 붉은색(적자색)을 띤다.

② 노화되는 속도가 느리다.

③ 호화되는 속도가 느리다.

④ 곁사슬(측쇄상) 구조이다.

⑤ 대부분의 천연전분은 아밀로펙틴의 구성비가 높다.

[전분 호화의 정의와 호화 시작온도]

전분은 다량의 포도당이 아밀로오스와 아밀로펙틴의 배열형태로 규칙적이고 빽빽하게 채워져 있어서 물이 침투되지 않는 결정상으로 된 미셀(micell)구조로 되어 있다. 이러한 전분에 물을 가해서 가열하면, 전분의 규칙적인 미셀구조가 느슨해져서 그 틈에 물이 침투해 들어가 팽윤하고 점성을 갖게 되는 전분의 상태가 호화이다. 순수한 밀가루 전분은 55~60℃에서 호화가 시작된다.

[포화지방산과 불포화지방산의 종류]

① 반드시 암기해야 하는 포화지방산의 종류 : 뷰티르산, 스테아르산, 팔미트산

② 반드시 암기해야 하는 불포화지방산의 종류 : 올레산, 리놀레산, 리놀렌산, 아라키돈산

[효소를 구성하는 주성분인 단백질의 특성]

① 탄소, 수소, 산소, 질소 등의 원소로 구성되어 있다.

② 아미노산이 펩티드와 결합을 하고 있는 구조이다.

③ 열에 불안정하여 가열하면 변성된다.

④ 섭취 시 4kcal의 열량을 낸다.

[기질을 효소로 분해하면 생성되는 분해산물]

① 유당을 분해하면 포도당과 갈락토오스가 생성된다.

② 설탕을 분해하면 포도당과 과당이 생성된다.

③ 맥아당을 분해하면 포도당과 포도당이 생성된다.

④ 과당, 포도당을 분해하면 이산화탄소(CO2)와 에틸 알코올이 생성된다.

[기질을 선택적으로 분해하는 효소]

① 과당이나 포도당을 분해하는 효소는 치마아제

② 자당(설탕)을 분해하는 효소는 인베르타아제

③ 맥아당을 분해하는 효소는 말타아제

④ 유당을 분해하는 효소는 락타아제

[밀가루의 구성성분 중에서 수분을 흡수하는 성분과 그 성분들의 흡수율]

① 전분 : 자기 중량의 0.5배의 흡수율을 갖는다.

② 단백질 : 자기 중량의 1.5~2배의 흡수율을 갖는다.

③ 펜토산 : 자기 중량의 15배의 흡수율을 갖는다.

④ 손상된 전분 : 자기 중량의 2배의 흡수율을 갖는다.

⑤ 밀가루의 성분 중 빵 반죽을 만들 때 가장 많이 수분을 흡수하는 것은 단백질이다.

[필요한 달걀의 양]

예 달걀 흰자가 360g 필요하다고 할 때 60g짜리 달걀은 몇 개 정도가 필요한가?(단, 달걀 중 난백의 함량은 60%, 난황의 함량은 30%, 껍질은 10%)

① 달걀의 개수 = 필요한 난백의 양 ÷ [달걀의 중량 × (난백의 비율 ÷ 100)]

② 360g ÷ (60 × 0.6) = 10개　　∴ 10개

[달걀 노른자 변색의 원인]

달걀 노른자에 함유된 무기질 중 철(Fe)은 달걀을 지나치게 삶으면 황(S)과 결합하여 황화철을 만들어 노른자가 변이한 색상을 띠게 만든다.

[제빵하기 적합한 물]

이스트의 가스 생산과 보유를 고려할 때 제빵하기에 가장 좋은 물은 약산성(pH 5.2~5.6)에 아경수(120~180ppm)

이다.

[전화당의 특징]

① 설탕을 산이나 효소로 처리하여 제조할 수 있다.

② 설탕을 가수분해시켜 생긴 포도당과 과당의 혼합물이 전화당이다.

③ 단당류의 단순한 혼합물이므로 갈색화 반응이 빠르다.

④ 설탕의 1.3배의 감미를 갖는다.

⑤ 전화당은 시럽의 형태로 존재하기 때문에 고체당으로 만들기 어렵다.

⑥ 설탕에 소량의 전화당을 혼합하면 설탕의 용해도를 높일 수 있다.

⑦ 10~15%의 전화당 사용 시 제과의 설탕 결정 석출이 방지된다.

[굽기를 할 때 당의 갈색화 반응 속도를 결정하는 요인]

① 단당류가 이당류보다 갈색화 반응 속도가 빠르다.

② 같은 단당류이면 상대적 감미도가 가장 큰 것이 갈색화 반응 속도가 빠르다.

[유단백질 중 산에 의해 응고되는 단백질]

유단백질 중 주된 단백질은 카제인으로서 산과 레닌 효소에 의해서 응고된다. 카제인을 뺀 나머지 단백질의 약 20% 정도를 차지하는 락토알부민과 락토글로불린은 열에 응고되기 쉽다.

[우유의 응고에 관여하는 단백질]

우유 단백질인 카제인은 정상적인 우유의 pH인 6.6에서 pH 4.6으로 내려가면 칼슘과의 화합물 형태로 응고한다.

[베이킹파우더(Baking Powder)의 특징]

① 탄산수소나트륨(중조, 소다)이 기본이 되고 여기에 산을 첨가하여 중화가를 맞추어 놓은 것이다.

② 베이킹파우더의 팽창력은 이산화탄소 가스에 의한 것이다.

③ 일반적으로 제과제품인 케이크나 쿠키를 제조할 때 많이 사용된다.

④ 과량의 산은 반죽의 pH를 낮게 만들고, 과량의 중조는 pH를 높게 한다.

[술의 특징]

① 제과 · 제빵에서 술을 사용하는 이유 중 하나는 바람직하지 못한 냄새를 없애주는 것이다.

② 양조주란 곡물이나 과실을 효모로 발효시킨 것으로 대부분 알코올 농도가 낮다.

③ 증류주란 발효시킨 양조주를 증류한 것으로 대부분 알코올 농도가 높다.

④ 혼성주란 증류주를 기본으로 하여 정제당을 넣고 과실 등의 추출물로 향미가 나게 한 것으로 대부분 알코올 농도가 높다.

[초콜릿 색소의 사용온도]

화이트 초콜릿에 초콜릿 전용 식용색소를 넣어 다양한 컬러 초콜릿을 만들고자 할 때 초콜릿을 30~35℃의 온도로 맞춘 후 색소를 섞는다.

[식품의 열량을 구하는 공식]

식품의 총 열량=(탄수화물×4kcal)+(단백질×4kcal)+(지방×9kcal)

[질소계수를 통해서 단백질의 양을 구하는 방법]

예시를 통해 제시된 질소의 양에 질소계수를 곱하면 단백질의 양을 구할 수 있다. 이때 질소계수는 식품의 종류에 따라 달라진다. 밀가루는 단백질 중 질소의 구성이 17.5%이기 때문에 질소계수가 100/17.5='5.7'이고 밀가루 이외의 식품은 단백질 중 질소의 구성이 16%이기 때문에 질소계수가 100/16='6.25'이다.

[암모니아의 최종분해산물]

아미노산의 여러 대사과정 중 생성되는 중간 분해산물인 암모니아의 대사로 생성되는 최종분해산물은 요소이다.

[비타민의 결핍증]

① 비타민 B_1 – 각기병

② 비타민 C – 괴혈병

③ 비타민 D – 구루병, 골연화증, 골다공증

④ 비타민 A – 야맹증, 안구건조증

[새우, 게의 껍질 주요성분]

새우, 게의 껍질에 함유된 주요 성분으로 콜레스테롤 상태 개선, 항균 작용, 면역력 증강 기능, 간 기능 회복 등을 하는 키토산(Chitosan)이 있다.

[들기름의 효능]

들기름에 함유되어 있는 DHA 성분은 아이의 두뇌발달과 기억력 향상에 도움을 주고, 노인들의 치매 예방에 좋다.

[스트레이트법에서 1차 발효 중간에 펀치를 하는 목적]

① 반죽온도를 균일하게 한다.

② 산소를 공급하여 이스트에 활성을 준다.

③ 반죽의 산화와 숙성을 촉진시킨다.

④ 반죽에 탄력성이 더해지고, 글루텐을 강화하여 볼륨 있는 빵을 만들 수 있다.

[빵 제조 시 마찰계수, 계산된 물 온도 등을 구하는 방법]

예 스트레이트법으로 식빵을 만들 때 밀가루 온도 22℃, 실내 온도 26℃, 수돗물 온도 17℃, 결과온도 30℃, 희망온도 27℃라면 계산된 물 온도는? 정답은 8℃이다.

① 마찰계수=(결과 반죽온도×3)-(밀가루 온도+실내 온도+수돗물 온도)

② 계산된 물 온도=(희망 반죽온도×3)-(밀가루 온도+실내 온도+마찰계수)

[제빵법의 변화에 따른 반죽온도]

① 표준 스트레이트법의 반죽온도 : 27℃

② 비상 스트레이트법의 반죽온도 : 30℃

③ 표준 스펀지법의 스펀지 반죽온도 :24℃, 도우 반죽온도 : 27℃

④ 비상 스펀지법의 스펀지 반죽온도 : 30℃, 도우 반죽온도 : 30℃

[아밀로그래프의 기능]

① 전분의 점도 측정

② 아밀라아제 효소의 활성능력 측정

③ 점도를 B.U. 단위로 측정

④ 적당한 전분의 호화력은 400~600B.U.

[둥글리기의 목적]

① 글루텐의 구조와 방향정돈

② 반죽의 기공을 고르게 유지

③ 중간 발효 시 가스 보유를 위한 반죽구조 형성

④ 반죽 표면에 얇은 막 형성

[정형한 식빵 반죽을 팬에 넣을 때 이음매의 위치]

정형한 식빵 반죽을 팬에 넣을 때 이음매의 위치를 아래로 향하게 놓아 2차 발효나 굽기 공정 중 이음매가 벌어지는 것을 막는다.

[제빵냉각법]

① 빵을 냉각시키는 제빵냉각법의 종류에는 자연 냉각법, 터널식 냉각법, 에어컨디션식(공기조절식) 냉각법 등이 있다.

② 빵은 급속냉각하면 크러스트(껍질)가 균열, 수분 손실 등 피해가 커지므로 급속냉각하지 않는다.

[굽기 후 빵을 썰어 포장하기에 좋은 온도]

굽기 후 빵을 썰어 포장하기에 가장 좋은 온도는 35~40℃이다.

[빵 제품의 노화]

① 노화는 제품이 오븐에서 나온 직후부터 서서히 진행된다.

② 노화가 일어나면 소화흡수율이 떨어진다.

③ 노화로 인하여 빵 속 내부 조직이 단단해진다.

④ 노화를 지연하기 위하여 냉동고에 보관하는 게 좋다.

[제과 · 제빵 공정상의 조도기준]

① 수작업 장식, 마무리 작업 : 300~700lux

② 계량, 반죽, 조리, 정형 : 150~300lux

③ 굽기, 포장, 기계장식 : 70~150lux

④ 발효 : 30~70lux

[생산관리의 3요소]

사람, 재료, 자금

[제과 생산관리의 제1차 관리요소]

사람, 재료, 자금

[비타민 C의 사용량]

예 바게트 배합률에서 비타민 C를 30ppm 사용하려고 할 때 이용량을 %로 올바르게 나타낸 것은?

① 30ppm은 30÷1,000,000을 의미한다.

② 백분율로 환산하면 30÷1,000,000×100=0.003%이다.

[어린 생지(반죽, 발효가 덜 된 것)로 만든 제품의 특성]

① 제품의 부피가 작다.

② 속결(조직)이 거칠다.

③ 빵 속 색깔은 어두운 색이다.

④ 예리한 모서리에 매끄럽고 유리 같은 옆면이다.

[세균성 식중독의 일반적인 특성]

① 대량의 생균 또는 증식과정에서 생성된 독소에 의해서 발병한다.

② 1차 감염만 되는 종말감염이며, 원인식품에 의해서만 감염해 발병한다. 2차 감염이 거의 없다.

③ 경구감염병(소화기계 감염병)보다 잠복기가 짧다.

④ 발병 후에도 면역성이 없다.

[동물성 식품의 CA 저장 목적]

육고기는 호기성 미생물에 의해 표면이 갈변하므로 CA 저장법(Controlled Atmosphere Storage Method)으로 이산화탄소 농도를 높여 호기성 미생물의 생육을 억제시킨다.

[유해감미료의 종류]

사이클라메이트, 둘신, 페릴라틴, 에틸렌글리콜, 사이클라민산나트륨

[화학적 식중독을 유발하는 것]

① 허가되지 않은 유해식품 첨가물

② 중금속의 섭취

③ 불량한 포장용기

④ 농약에 오염된 식품

[반수치사량(LD_{50}, Lethal Dose for 50percent kill, 半數致死量)]

① 일정한 조건 하에서 한 무리의 시험동물의 50%를 사망시키는 독성물질의 양 또는 방사선(放射線)의 선량을 말하며, 수량적으로 독성의 정도를 나타내는 지표로 널리 사용된다.

② 독성물질과 방사선의 투여량을 단계적으로 높여 동물에게 투여한 후 결과 값인 각 용량 단계의 사망률을 세로축에, 용량을 가로축에 대수눈금으로 기록하면 이론적으로는 시그모이드형의 용량반응곡선이 된다.

③ 투여한 독성물질 단위는 동물체중 1kg에 대한 독물양(mg)으로 나타낸다.

④ 어떤 첨가물의 LD의 값이 적을수록 독성은 커진다.

[경구감염병 중 병원체가 바이러스인 질병]

병원체가 바이러스인 질병에는 유행성간염, 감염성 설사증, 폴리오(급성회백수염, 소아마비), 천열, 홍역 등이 있다.

[동종 간의 접촉에 의한 감염병의 구분]

감염병은 동종 간 혹은 이종 간의 접촉으로 감염병의 매개체가 경피(피부를 통해)와 경구(입을 통해)를 통해 감염을 시킨다. 그러나 광우병은 인간이 의도적으로 초식동물인 소에게 동물사료를 먹이므로 광우병의 원인물질인 Prion(프리온)에 소가 감염되고, 이렇게 감염된 소를 인간이 섭취하면서 발생하는 병이다. 광우병은 동종간의 접촉에 의한 감염성은 없다.

[HACCP(해썹)의 지정]

HACCP(해썹)은 생물학적, 화학적, 물리적 식품위해요소 중점관리기준이며, 식품의약품안전처장이 지정한다.

[식품접객업]

식품위생법 제22조에 근거하여, 공중위생에 주는 영향이 현저한 영업으로서 식품위생법시행령 제7조에서 시설에 관한 기준을 정해야 되는 영업이며, 식품접객업에는 식품위생점검의 일반음식점, 휴게음식점, 단란주점, 유흥주점이 포함된다.

[자체 식품위생점검을 위한 식품조사처리 영업자의 준수사항]

조사연월일 및 시간, 조사대상식품명칭 및 무게 또는 수량, 조사선량 및 선량보증, 조사목적에 관한 서류를 작성하여야 하고, 최종 기재일부터 3년간 보관하여야 한다.

[빵 보존료]

빵의 부패와 변질을 방지하고 화학적인 변화를 억제하며 보존성을 높이는 보존료는 프로피온산 칼슘과 프로피온산 나트륨이다.

[계산문제 점검 – 1]

어느 회사의 특정 밀가루를 구입하는 데 포대당 20kg이고 수분함량을 14%로 1,000포를 계약했는데, 납품 시의 수분함량을 정량하였더니 15%가 되었다. 그렇다면 밀가루 회사로부터 몇 kg의 밀가루를 더 받아야 하는가?

① 계약 시 : 수분 14%일 때 20kg당 고형질 : 20×0.86=17.2kg

② 납품 시 : 수분 15%일 때 20kg당 고형질 : 20×0.85=17kg

③ 부족한 밀가루의 양 : 17.2−17=0.2×1,000=200kg

[계산문제 점검– 2]

용적이 1,500ml인 파운드 팬에 70% 정도 반죽을 담았다. 반죽의 비중은 0.75일 때 패닝한 반죽 중량은 얼마인가?

① 반죽이 담긴 용적=1,500ml×70%=1,500×0.7=1,050ml

② 패닝한 반죽 중량=0.75=$\frac{xg}{1,050ml}$=1,050×0.75 = 787.5g

[계산문제 점검 – 3]

일반적인 건조달걀 분말(수분함유량 5%) 300g에 얼마의 물을 넣고 풀어주면 생달걀(수분함유량 70%)과 같은 조성이 되는가?

① 건조달걀 분말의 300g 중 고형질 함량 : 300g×0.95=285g

② 수분 70%의 중량

30% : 285g=70% : xg

285g×70%÷30%=xg

∴ 665g

③ 건조달걀 분말에 넣는 실질적인 수분의 양 :

665g–15g=650g

④ 건조달걀 분말에 5%의 수분인 15g이 있기 때문에 650g을 넣으면 된다.

[계산문제 점검 – 4]

완제품 중량이 500g이고 발효손실이 1%, 굽기 및 냉각손실 12%라고 할 때 반죽 중량은?(단, 소수점 둘째자리까지 반올림한다)

① 분할 중량=완제품 중량÷[1–(굽기 및 냉각손실÷100)]
=500÷[1–(12÷100)]=500÷0.88=568.18g

② 반죽 중량=분할 중량÷[1–(발효손실÷100)]=568.18÷[1–(1÷100)]=568.18÷0.99=573.92g

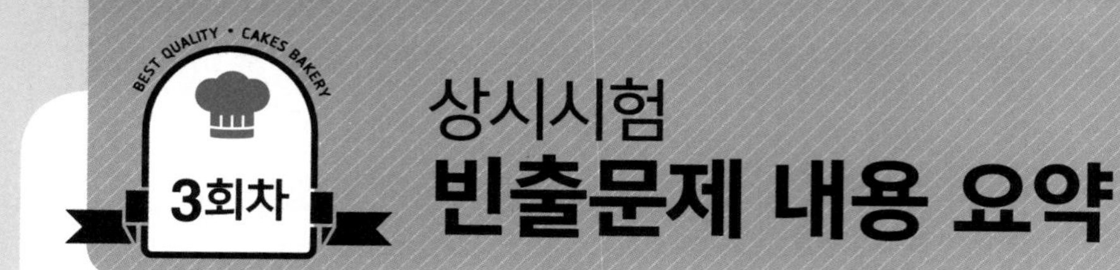

상시시험 빈출문제 내용 요약

제1편 빵류 재료

[맥아당]

① 이당류 중에서 가수분해되면 Glucose 두 분자가 되는 당류이다.

② 반드시 포도당의 학명인 Glucose를 암기해야 한다.

[알파-아밀라아제]

전분을 덱스트린(Dextrin)으로 변화시키는 효소이다.

[지방의 구성성분]

지방은 3분자의 지방산과 1분자의 글리세롤(글리세린)이 축합되어 만들어진다.

[육조직의 자기소화가 고기의 맛에 미치는 영향]

육조직(즉, 돼지고기와 소고기의 조직을 가리킴)에서 자기소화가 일어나면 육조직을 구성하는 단백질이 아미노산으로 분해되면서 맛이 좋아진다.

[효소의 구성 물질]

단백질로 되어 있다.

[치마아제]

과당이나 포도당을 분해하여 이산화탄소와 에틸알코올을 만드는 효소이다.

[레시틴]

달걀의 특징적 성분으로 지방의 유화력이 강한 성분이다.

[식염(소금)이 반죽의 물성 및 발효에 미치는 영향]

① 식염을 믹싱 초기에 넣으면 흡수율이 감소한다.

② 식염을 믹싱 초기에 넣으면 반죽시간이 길어진다.

③ 완제품의 껍질 색상을 더 진하게 한다.

④ 프로테아제와 같은 효소의 활성에는 영향을 미치지 않는다.

[당도를 구하는 방법]

예 물 100g에 설탕 25g을 녹이면 당도는?

용질(설탕)/[용질(설탕)+용매(물)]=25g/(25g+100g)×100=20%

[럼주의 원료]

당밀이다.

[제빵에서 설탕의 역할]

① 이스트의 영양분이 된다.

② 껍질색을 나게 한다.

③ 향을 향상시킨다.

④ 노화를 억제시킨다.

[튀김기름의 품질을 저하시키는 요인]

수분(물), 공기(산소), 반복가열(온도), 금속(구리와 철), 자외선

[유지의 물리적 특성과 제과 · 제빵 품목]

파이, 크루아상, 데니시 페이스트리 등의 제품은 유지가 층상 구조를 이루는 제품들로, 유지의 가소성이라는 물리적 성질을 이용한 것이다.

[시유에 함유된 탄수화물의 종류와 특징]

① 시유(시장에서 파는 우유)의 탄수화물 중 함량이 가장 많은 것은 유당이다.

② 식물계에는 존재하지 않는 동물성 당이다.

[검류의 특성]

① 유화제, 안정제, 점착제 등으로 사용된다.

② 탄수화물로 구성되어 있다.

③ 낮은 온도에서도 높은 점성을 나타낸다.

④ 냉수에 용해되는 친수성 물질이다.

[초콜릿 제조공정은 1차 가공과 2차 가공으로 이루어짐]

① 1차 가공 제조공정 : 카카오빈을 → 정선 → 볶기 → 껍질 제거 → 분쇄 → 카카오 매스로 만드는 공정까지이다.

② 2차 가공 제조공정 : 카카오 매스에 분유, 설탕, 코코아 버터를 넣고 → 혼합 → 정제→ 정련 → 템퍼링 → 정형 · 진동 → 냉각 · 틀 제거 → 포장 → 숙성공정까지이다.

[식이섬유소의 영양학적 기능]

① 당뇨병과 동맥경화증의 개선 : 소장의 당과 콜레스테롤 흡수를 방해한다.

② 비만 예방 : 포만감은 주면서 열량은 적다.

③ 대장암 예방효과 : 육체적인 활동이 많은 경우에는 대장의 운동성을 향상시켜 대장이 발암물질과 접촉하는 기회를 감소시킨다.

④ 고식이섬유소 식사의 문제 : 만일 물을 많이 먹지 않으면 분변이 매우 딱딱해져 배변이 어려워진다.

[포도당 1분자가 생성하는 피루브산 분자의 개수]

체내에 흡수된 포도당 1분자는 혈액에 섞여 각 조직에 운반되며, 세포 내의 해당 경로를 거쳐 효소의 도움을 받아 피루브산 2분자를 생성한다.

[트립토판 360mg은 체내에서 니아신(비타민 B3) 몇 mg으로 전환되는가?]

① 필수 아미노산인 트립토판을 섭취하면 1/60의 비율로 니아신(Niacin)이 된다.

② $360\text{mg} \times \frac{1}{60} = 6\text{mg}$

[수용성 비타민의 종류]

비타민 B군과 비타민 C, 비타민 P 등이다.

[성인에게 필요한 필수 아미노산 8종류]

① 트레오닌, 메티오닌, 류신, 이소류신, 페닐알라닌, 트립토판, 라이신(리신), 발린

② 어린이와 회복기 환자에게는 8종류 외에 히스티딘을 합한 9종류가 필요하다.

[단백질의 체내 주요 기능]

체조직과 혈액 단백질, 효소, 호르몬, 항체 등을 구성하는 구성영양소이다.

제2편 빵류 제조

[연속식 제빵법의 특징]

① 액체 발효법을 이용하여 연속적으로 제품을 생산한다.

② 발효 손실 감소, 인력 감소 등의 이점이 있다.

③ 3~4기압의 디벨로퍼로 반죽을 제조하기 때문에 많은 양의 산화제가 필요하다.

④ 자동화 시설을 갖추기 위한 설비공간의 면적이 작게 소요된다. 왜냐하면 1차 발효실, 분할기, 환목기(라운더), 중간 발효기, 성형기 등의 설비가 감소되어 공장 면적이 감소한다.

[노타임 반죽법]

산화제와 환원제의 사용으로 믹싱시간과 발효시간을 단축하며, 장시간 발효과정을 거치지 않고 배합 후 정형하여 2차 발효를 하는 제빵법이다.

[냉동빵(혹은 냉동반죽법)에서 반죽의 온도를 낮추는 가장 주된 이유]

이스트의 활동을 억제시켜둔 후 필요할 때마다 꺼내어 쓸 수 있도록 하기 위함이다.

[브레이크 다운(파괴) 단계]

반죽의 탄력성과 신장성이 상실되고 반죽에 생기가 없어지면서 글루텐 조직이 흩어지는 단계이다.

[밀단백질 1% 증가에 대한 흡수율 증가]

1.5~2%이다.

[반죽의 수분 흡수와 믹싱시간에 공통적으로 영향을 주는 재료]

소금을 넣는 시기, 밀가루의 종류, 설탕의 사용량, 분유의 사용량 등이 있다.

[빵, 과자 반죽온도에 영향을 미치는 요소]

① 재료들의 온도, 실내온도, 마찰열 등이다.

② 이때 재료들의 온도는 많이 사용하는 재료들만 변수로 사용한다.

③ 빵 반죽온도에서는 밀가루와 물의 온도만 변수로 사용한다.

④ 과자 반죽온도에서는 밀가루, 물, 설탕, 계란, 유지 등을 변수로 사용한다.

[패리노그래프(Farinograph)]

① 밀가루의 흡수율, 믹싱 내구성, 믹싱시간 등을 파동곡선 기록지로 해석하는 시험기계이다.

② 그래프의 곡선이 커브의 윗부분인 500B.U.에 도달하는 시간을 Arrival Time, 커브의 윗부분인 500B.U.를 연장하는 시간을 Peak Time 혹은 Mixing Time, 커브의 윗부분인 500B.U.를 떠나는 시간을 Departure Time이라고 한다.

[밀가루의 종류와 등급에 따른 패리노그래프의 결과 분석]

① 밀의 제분 후 단백질이 증가하면 흡수율은 증가하는 경향을 보인다.

② 밀의 제분 후 회분함량의 증가로 밀가루 등급이 낮을수록 흡수율은 증가하나 반죽시간과 안정도는 감소한다.

[성형 몰더(Moulder)를 사용할 때의 방법]

① 휴지 상자에 반죽을 너무 많이 넣지 않는다.

② 덧가루를 적정량 사용하여 반죽이 붙지 않게 한다.

③ 롤러 간격이 너무 넓으면 가스빼기가 불충분해진다.

④ 롤러 간격이 너무 좁으면 거친 빵이 되기 쉽다.

[제빵용 팬 기름이 갖추어야 할 조건]

① 발연점이 210℃ 이상 높은 것이 좋다.

② 무색, 무미, 무취이어야 한다.

③ 유동 파라핀오일, 정제라드(쇼트닝), 식물유, 혼합유도 사용한다.

④ 과다하게 칠하면 밑껍질이 두껍고 어둡게 되므로 반죽 무게의 0.1~0.2%를 칠한다.

[빵의 포장재료 용기가 갖추어야 할 조건]

① 방수성일 것

② 위생적일 것

③ 상품가치를 높일 수 있을 것

④ 통기성이 없을 것

⑤ 값이 저렴할 것

⑥ 포장 기계에 쉽게 적용할 수 있을 것

[포장을 완벽하게 해도 제과·제빵 제품에 노화가 일어나는 이유]

① 향의 변화

② 단백질의 변성

③ 수분의 이동

④ 알파 전분의 퇴화

[제품별 2차 발효실의 상대습도]

정통 불란서 빵(바케트)을 제조할 때 2차 발효실의 상대습도는 75~80%가 가장 적합하다.

[데니시 페이스트리 반죽의 적정 온도]

18~22℃가 좋다.

[발효가 지나친 반죽으로 빵을 구웠을 때의 제품 특성]

① 빵 껍질 색이 밝다.

② 신 냄새가 난다.

③ 체적(부피)이 작다.

④ 제품의 조직이 거칠다.

[어린반죽이 완제품에 미치는 영향]

① 속색(내상의 색상)이 무겁고 어둡다(검다).

② 부피가 작다.

③ 모서리가 예리하다.

④ 기공이 고르지 않다.

⑤ 세포벽이 두껍고 결이 거칠다.

⑥ 껍질의 색상이 진하다.

[최종제품의 부피가 정상보다 클 경우의 원인]

① 과다한 1차 발효와 2차 발효

② 소금 사용량 부족

③ 낮은 오븐 온도

④ 팬의 크기에 비해 많은 반죽

제 3 편 위생관리

[식품을 냉장하는 목적]

① 식품의 보존기간 연장

② 식품의 자기호흡 지연

③ 세균의 증식 억제

④ 식품의 냉장보관에 의한 단순한 미생물 증식 억제가 아닌 미생물을 멸균하려면 여러 방법의 살균법을 사용해야 한다.

[독소형 식중독균과 독소의 연결]

① 포도상구균이 생산하는 독소는 엔테로톡신이다.

② 보툴리누스균이 생산하는 독소는 뉴로톡신이다.

③ 웰치균이 생산하는 독소는 엔테로톡신이다.

[식중독균의 특징]

① 치사율이 가장 높은 식중독균은 보툴리누스균이다.

② 일반 가열 조리법으로 예방하기 어려운 식중독은 포도상구균에 의한 식중독이다.

③ 일반 가열 조리법으로 예방하기 가장 어려운 식중독은 보툴리누스균에 의한 식중독이다.

[쥐를 매개체로 감염되는 질병의 종류]

쯔쯔가무시증, 신증후군출혈열(유행성출혈열), 렙토스피라증, 페스트(흑사병) 등이 있다.

[브루셀라병의 증상]

장티푸스나 야토병과 비슷하나, 주기적으로 반복되어 열이 나므로 파상열이라고 부르는 인수공통감염병이다.

[인수공통감염병의 종류]

탄저병, 파상열(브루셀라증), 결핵, 야토병, 돈단독, Q열, 리스테리아증 등이 있다.

[감염병의 환경에 대한 예방대책]

제과사(파티쉐)와 제빵사(블랑제)는 1년에 1번은 보건소에 가서 건강검진을 받아야 한다.

[냉장고에 식품을 저장하는 방법]

① 생선과 버터는 가까이 두지 않는다.

② 식품을 냉장고에 저장하면 세균이 증식하는 것을 억제할 수 있다.

③ 조리하지 않은 식품과 조리한 식품은 분리해서 저장한다.

④ 오랫동안 저장해야 할 식품은 냉장고 중에서 가장 온도가 낮은 곳에 저장한다.

[HACCP 적용의 7가지 원칙]

① 1원칙 : 위해요소 분석

② 2원칙 : 중요 관리점 확인

③ 3원칙 : 한계기준 설정

④ 4원칙 : 모니터링 방법의 설정

⑤ 5원칙 : 개선조치의 설정

⑥ 6원칙 : 검증방법의 설정

⑦ 7원칙 : 기록유지 및 문서관리

[밀가루 개량제의 종류]

과산화벤조일, 과황산암모늄, 브롬산칼륨, 이산화염소 등이 있다.

MASTER NCS
제빵기능사 필기

발 행 일 2023년 2월 1일 개정3판 1쇄 인쇄
2023년 2월 10일 개정3판 1쇄 발행

저 자 김창석

발 행 처 크라운출판사
http://www.crownbook.com

발 행 인 李尙原
신고번호 제 300-2007-143호
주 소 서울시 종로구 율곡로13길 21
공 급 처 (02) 765-4787, 1566-5937, (080) 850~5937
전 화 (02) 745-0311~3
팩 스 (02) 743-2688, (02) 741-3231
홈페이지 www.crownbook.co.kr
I S B N 978-89-406-4693-9 / 13590

특별판매정가 22,000원

이 도서의 문의를 편집부(02-6430-7012)로 연락주시면
친절하게 응답해 드립니다.